智慧旅游管理与实务

（第2版）

李 凌 张 华 周相兵 编 著

北京理工大学出版社
BEIJING INSTITUTE OF TECHNOLOGY PRESS

内 容 简 介

本书从旅游参与者——旅游业管理者、经营服务者、旅游者等多视角解读智慧旅游理论基础、技术基础、建设实践和大数据技术、电子商务应用实务，全面阐释智慧旅游生态体系，强化应用性和参与性，加强对智慧旅游建设实践应用和智慧旅游领域创新创业的指导。

本书一方面可作为"旅游管理"相关专业基础课教材及计算机信息技术相关专业与旅游行业接轨的专业拓展教材，另一方面，也可作为旅游行业从业人员、计算机信息技术从业人员、旅游及计算机领域创新创业人员，全面了解智慧旅游建设与应用的参考书。

版权专有　侵权必究

图书在版编目（CIP）数据

智慧旅游管理与实务 / 李凌，张华，周相兵编著
. --2 版. --北京：北京理工大学出版社，2022.11
　ISBN 978-7-5763-1856-2

Ⅰ. ①智… Ⅱ. ①李… ②张… ③周… Ⅲ. ①旅游经济-经济管理 Ⅳ. ①F590

中国版本图书馆 CIP 数据核字（2022）第 221822 号

出版发行 / 北京理工大学出版社有限责任公司
社　　址 / 北京市海淀区中关村南大街 5 号
邮　　编 / 100081
电　　话 / （010）68914775（总编室）
　　　　　（010）82562903（教材售后服务热线）
　　　　　（010）68944723（其他图书服务热线）
网　　址 / http：//www.bitpress.com.cn
经　　销 / 全国各地新华书店
印　　刷 / 三河市龙大印装有限公司
开　　本 / 787 毫米×1092 毫米　1/16
印　　张 / 17.5
字　　数 / 407 千字
版　　次 / 2022 年 11 月第 2 版　2022 年 11 月第 1 次印刷
定　　价 / 89.00 元

责任编辑 / 李慧智
文案编辑 / 李慧智
责任校对 / 周瑞红
责任印制 / 李志强

图书出现印装质量问题，请拨打售后服务热线，本社负责调换

出版说明

用创新性思维引领应用型旅游管理本科教材建设

市场上关于旅游管理专业的教材很多，其中不乏国家级规划教材。然而，长期以来，旅游专业教材普遍存在定位不准、与企业实践背离、与行业发展脱节等现象，甚至出现大学教材、高职高专教材和中职中专教材从内容到形式都基本雷同的情况。当教育部确定大力发展应用型本科后，编写出一套真正适合应用型本科使用的旅游管理专业教材，成为应用型本科旅游管理专业发展必须解决的棘手问题。

北京理工大学出版社是愿意吃螃蟹的。2015年夏秋之交，出版社先后在成都召开了两次应用型本科教材研讨会，参会人员有普通本科院校、应用型本科院校和部分专科院校的一线教师及行业专家，会议围绕应用型本科教材的特点、应用型本科与普通本科教学的区别、应用型本科教材与高职高专教材的差异进行了深入探讨，大家形成许多共识，并在这些共识的基础上组建了教材编写组和大纲审定专家组，按照"新发展、新理念、新思路"的原则编写了这套教材。教材在以下四个方面有较大突破：

一是人才定位。应用型本科教材既要改变传统本科教材按总经理岗位设计的思路，避免过高的定位让应用型本科学生眼高手低，学无所用；又要与以操作为主、采用任务引领或项目引领方式编写的专科教材相区别，要有一定的理论基础，让学生知其然亦知其所以然，有发展的后劲。教材编写组最终确定将应用型本科教材定位为培养基层管理人才，使这种人才既懂管理，又会操作，能为旅游行业广为接纳。

二是课程和教材体系创新。在人才定位后，教材编写组对应用型本科课程和教材体系进行了创新，核心是弥补传统本科教材过于宏观的缺陷，按照市场需要和业务性质来创新课程体系，并根据新课程体系创新教材体系，如在《旅行社经营与管理》之外，配套《旅行社计调业务》《旅游产品设计与开发》《旅行社在线销售与门店管理》等教材。将《饭店管理》细化为《前厅服务与管理》《客房服务与管理》《餐饮服务与管理》，形成与人才定位一致的应用型本科课程体系和教材体系。与此同时，编写组还根据旅游业新的发展趋势，创新了许多应用型本科教材，如《乡村旅游经营与管理》《智慧旅游管理与实务》等，使教材体系更接地气并与产业结合得更加紧密。

三是知识体系的更新。由于旅游业发展速度很快，部分教材从知识点到服务项目再到业务流程都可能落后了，如涉旅法规的变更、旅游产品预订方式的在线化、景区管理的智慧化以及乡村旅游新业态的不断涌现等，所以要求教材与时俱进、不断更新。教材编写组在这方面做了大量工作，使这套教材能够及时反映中外旅游业的发展成就，掌握行业变化动态，传授最新知识体系，并与相关旅游标准有机融合，尽可能做到权威、全面、方便、适用。

四是融入导游考证内容。2016年1月19日，国家旅游局办公室正式发布了《2016年全国导游人员资格考试大纲》（旅办发〔2016〕14号），大纲明确规定：从2016年起，实行全国统一的导游人员资格考试，不指定教材。本套教材中的《旅游法规与政策》《导游实务》《旅游文化》等属于全国导游资格考试统考科目，教材紧扣《全国导游资格考试大纲》，融入了考证内容，便于学生顺利获取导游证书。

为了方便使用，本套教材的编写体例也极尽人性化，教材各章设计了"学习目标""实训要求""小知识""小贴士""知识归纳""案例解析"和"习题集"，同时配套相应的教学资源，无论是学生还是教师使用起来都十分方便。本套教材的配套资源可在北京理工大学出版社官方网站下载，下载网址为：www.bitpress.com.cn 或扫封底二维码关注出版社公众号。

当然，由于时间和水平有限，这套教材难免存在不足之处，敬请读者批评指正，以便教材编写组不断修订并日臻完善。希望这套教材，能够为旅游管理专业应用型本科教材建设探索出一条成功之路，进一步提升旅游管理专业应用型本科教学的水平。

四川省旅游协会副会长

四川省导游协会会长　　陈乾康

四川省旅发委旅行社发展研究基地主任

四川师范大学旅游学院副院长

总序

随着高等教育迈向大众化，人才培养逐渐由重理论、重学术向重实践、重能力转变，强调职业素质、职业技能与职业能力的培养，注重培养适应时代发展需要的应用型人才。旅游管理作为一门应用性极强的学科，在探索应用型本科的专业建设、课程体系重构、教学手段革新、丰富教学内容等方面走在前列，对其他专业向应用型本科转型具有引领示范作用。

2015年10月，国家旅游局、教育部联合出台了《加快发展现代旅游职业教育的指导意见》，其中指出要"加强普通本科旅游类专业，特别是适应旅游新业态、新模式、新技术发展的专业应用型人才培养"。在当今时代，本套"旅游管理专业应用型本科规划教材"对推动普通本科旅游管理专业转型，培养适应旅游产业发展需求的高素质管理服务人才具有重要的意义。具体来说，本套教材主要有以下特点：

一、理念超前，注重理论结合实际

本套教材始终坚持"教材出版，教研先行"的理念，经过调研旅游企业、征求专家意见、召开选题大会、举办大纲审定大会等多次教研活动，最终由几十位高校教师、旅游企业职业经理人共同开发、编写而成。

二、定位准确，彰显应用型本科特色

该套教材科学地区分了应用型本科教材与普通本科教材、高职高专教材的差别，以培养熟悉企业操作流程的基层管理人员为目标，理论知识按照"本科标准"编写，实践环节按照"职业能力"要求编写，在内容上做到了理论与实践相结合。

三、体系创新，符合职业教育的要求

本套教材按照"课程对接岗位"的要求，优化了教材体系。针对旅游企业的不同岗位，教材编写组编写了不同的课程教材，如针对旅行社业务的教材有《旅行社计调业务》《导游实务》《旅行社在线销售与门店管理》《旅游产品设计与开发》《旅行社经营与管理》等，保证了课程与岗位的对接，符合旅游职业教育的要求。

四、资源配备，搭建教学资源平台

本套教材以建设教学资源数据库为核心，制作了图文并茂的电子课件，方便教师教学，还提供了课程标准、授课计划、案例库、同步测试题及参考答案、期末考试题等教学资料，以便教师参考；同步测试题包括单项选择题、多项选择题、判断题、简答题、技能操作题及参考答案，便于学生练习和巩固所学知识。

在全面深化"大众创业，万众创新"的当今社会，学生的创新能力、动手能力与实践能力成为旅游管理应用型本科教育的关键点与切入点，而本套教材的率先出版可谓一个很好的出发点。让我们为旅游管理应用型本科的发展壮大而共同努力吧！

教育部旅游管理教学指导委员会副主任委员
湖北大学旅游发展研究院院长

第2版前言

顺应旅游业的发展趋势，为培养既懂旅游，又知晓新一代技术应用的创新型旅游行业应用人才，北京理工大学出版社于2017年出版了本书第1版。随着时间的推移，文化和旅游进一步融合发展，技术的更新和应用也有了新的模式，技术应用与文化旅游发展的融合更为紧密，我们对于文化旅游发展规律的认识更为深刻，对智慧旅游生态体系有了更全面的理解，第1版的一些内容需要与时俱进，进一步更新，为此，我们按照"理论与实践相结合""校企合作共同开发"的原则，对本教材进行了全面的修订。

此次修订仍然保持了原书的基本框架，未做大的调整，但对小节内容进行了增删修改，内容更为丰富、案例更为翔实，更注重理论支持、应用逻辑，在内容上增加了智慧旅游发展的理论基础，增加了新技术的介绍，以及新技术在文博领域的智慧应用，丰富了智慧旅游生态的内涵。特别是在上一版的基础上增加了"实训任务"，针对每一章的内容，进行实务的操作，将理论和案例学习，转化为实际的实践应用能力。

此次修订吸收了企业一线的工作经验和案例，得到了成都中科大旗软件股份有限公司彭容女士、洪江博士，深圳视界信息技术有限公司苏迅先生、陈列女士，北京数可视科技有限公司谈杰博士等企业专家的大力支持，他们一方面为本书提供了大量的案例，另一方面也直接参与了部分章节内容的开发与编写工作。

原四川大学管理学院副院长、四川旅游学院信息与工程学院特聘院长任佩瑜教授，四川大学旅游学院客座教授冷奇君先生，四川省智慧城乡大数据应用研究会秘书长张权先生等专家、学者对本书的修订给予了大量的指导和帮助，四川旅游学院信息与工程学院院长周相兵教授直接主编参与，四川旅游学院袁春平、王加梁、严雪、罗婉丽、杜思远、冯超颖、陈衡、朱春满、尹航、周庆伟、丁怡琼老师等也在修订讨论过程中参与了具体章节内容的编写、修订工作。

本书部分案例材料来源于《四川省数字文旅新技术新应用新场景案例集》和网络，在此对原创作者表示感谢！

书中疏漏难免，敬请读者批评指正。

编著者
2022.8.10

第1版前言

2013年年底，国家旅游局发布了《关于印发2014中国旅游主题年宣传主题及宣传口号的通知》，将2014年中国旅游主题确定为"智慧旅游年"。2014年8月，国务院颁布《国务院关于促进旅游业改革发展的若干意见》，明确提出要制定旅游信息化标准，加快旅游基础设施建设，包括加快智慧景区、智慧旅游企业建设，以及完善旅游服务体系。

智慧旅游是互联网和旅游两大领域深度融合和创新发展的新业态，是旅游行业受互联网技术不断创新驱动，在新常态下扩大内需推动经济发展的新动能。它以物联网、云计算、互联网为基础，智能地主动感知旅游信息资源，实现数据和信息的共享，高效便捷地为旅游参与各方提供各种信息服务和应用，实现完美体验、完善服务、完全智能化管理。

本教材根据我国智慧旅游建设与发展形势和旅游行业对从业人员的技能和素质的基本要求，遵循应用型本科院校学生的认知规律，在内容设置和体例安排上，充分体现对智慧旅游建设实践应用和智慧旅游领域创新创业的指导。全书共分为五章，前两章从旅游参与者（旅游业管理者、经营服务者、旅游者等）多视角解读智慧旅游理论基础、技术基础，激发读者的创意思考；后面三章，从智慧旅游的建设实践和大数据技术应用管理实务、电子商务应用创新实务，全面阐释智慧旅游生态体系，将理论与实践案例融合，强化本教材的应用性和参与性。

本教材由张华（四川旅游学院）、李凌（四川旅游学院）任主编，张建春（杭州师范大学）、严雪（四川旅游学院）任副主编。

本教材第一章由李凌、王加梁（四川旅游学院）编写；第二章由李凌、张华、丁怡琼（四川旅游学院）编写；第三章由张华、李凌、严雪编写；第四章由张建春、李凌、罗婉丽（四川旅游学院）、徐华林（四川旅游学院）编写；第五章由李凌、陈燕（四川旅游学院）、杜思远（四川旅游学院）编写，冯超颖（四川旅游学院）等完成了本教材的PPT等课程资料资源的准备。张华、李凌确定了本教材的体例结构和内容框架，并由李凌负责本教材的统稿、审订工作。

上海棕榈电脑系统有限公司陈亮先生、杭州西软信息技术有限公司王敏敏先生、成都汇旅信息技术有限公司李元先生等企业代表，为本教材编写提出宝贵的意见，并为本教材提供了部分案例素材，为本教材的完成做出了贡献，在此一并表示感谢。

　　由于时间仓促，且编者水平有限，书中难免存在疏漏之处，敬请读者批评指正，在此表示诚挚的感谢。

目录

第一章 智慧旅游概述 (001)
- 第一节 我国旅游和旅游业的发展 (001)
- 第二节 我国旅游信息化发展 (008)
- 第三节 旅游与旅游信息化发展理论 (015)
- 第四节 我国智慧旅游发展概述 (030)
- 第五节 智慧旅游概念 (033)
- 第六节 智慧旅游的体系框架 (040)

第二章 智慧旅游技术基础 (049)
- 第一节 文化和旅游科技体系 (049)
- 第二节 互联网与移动互联网技术 (053)
- 第三节 物联网技术 (065)
- 第四节 云计算技术 (075)
- 第五节 人机交互技术与可穿戴设备 (082)
- 第六节 虚拟现实技术 (086)
- 第七节 区块链 (095)
- 第八节 人工智能技术 (103)
- 第九节 地理信息系统和全球导航卫星系统、基于位置的服务 (112)

第三章 智慧旅游建设实践 (125)
- 第一节 智慧旅游标准建设 (125)
- 第二节 智慧旅游门户网站 (134)
- 第三节 基于目的地政府部门的智慧旅游应用体系建设 (138)
- 第四节 智慧景区建设 (147)
- 第五节 智慧酒店建设 (157)
- 第六节 智慧旅行社建设 (165)
- 第七节 智慧博物馆建设 (169)

第四章 基于文旅大数据的智慧文旅管理与服务 (176)
- 第一节 数据的度量和分类 (176)
- 第二节 大数据概述 (178)

第三节　大数据技术……………………………………………………（182）
　　第四节　大数据挖掘……………………………………………………（186）
　　第五节　文化旅游大数据………………………………………………（190）
　　第六节　八爪鱼网页数据采集与数据挖掘分析………………………（201）

第五章　旅游电子商务创新与变革……………………………………………（223）
　　第一节　电子商务与旅游电子商务基本概念…………………………（223）
　　第二节　旅游电子商务运行体系………………………………………（230）
　　第三节　在线旅游商务模式……………………………………………（238）
　　第四节　旅游电子商务创新发展新动态………………………………（242）

参考文献……………………………………………………………………………（262）

第一章 智慧旅游概述

> **学习目标**
>
> 1. 了解我国旅游和旅游产业的相关概念。
> 2. 了解我国旅游信息化发展进程。
> 3. 深刻理解旅游可持续发展、旅游低碳发展、复杂系统与管理熵、互联网+旅游、全域旅游等旅游与旅游信息化发展理论。
> 4. 深刻理解智慧旅游的概念与内涵，了解智慧旅游应用和建设主体对象。
> 5. 掌握智慧旅游体系架构。

第一节 我国旅游和旅游业的发展

2013年3月22日，习近平总书记在俄罗斯中国旅游年开幕式上的致辞中指出：

"旅游是传播文明、交流文化、增进友谊的桥梁，是人民生活水平提高的一个重要指标，出国旅游更为广大民众所向往。旅游业是综合性产业，是拉动经济发展的重要动力。旅游是修身养性之道，中华民族自古就把旅游和读书结合在一起，崇尚'读万卷书，行万里路'。旅游是增强人们亲近感的最好方式。"

旅游作为旅行和游览活动早已经存在，它是社会经济实力和人们收入水平发展到一定阶段的产物。一方面，社会生产力的发展和社会分工的扩大，为旅游活动的扩大奠定了物质基础，创造旅游供给要素条件，如交通工具、食宿设施等；另一方面，国家社会经济的发展，人民生活水平的提高，可自由支配的收入和闲暇时间的增多，为旅游活动的发展创造了需求条件。

按照全球休闲与旅游业发展的一般规律，一个国家当人均GDP达到1 000美元时，观光游剧增；当人均GDP达到2 000美元时，休闲游骤升；当人均GDP达到3 000美元时，旅游需求出现爆发性增长，度假游渐旺；当人均GDP到达6 000美元以上时，这个国家就将进入休闲时代。从图 1-1 我国人均 GDP（数据来源于国家统计局）来看，按照全球休闲与旅游业发展规律分析，我国旅游市场在 2013 年就已经从观光游阶段进入休闲度假游阶段，旅游业正在逐步成为国民经济"战略性支柱产业"，成为让人民群众更加满意的"现代服务业"。

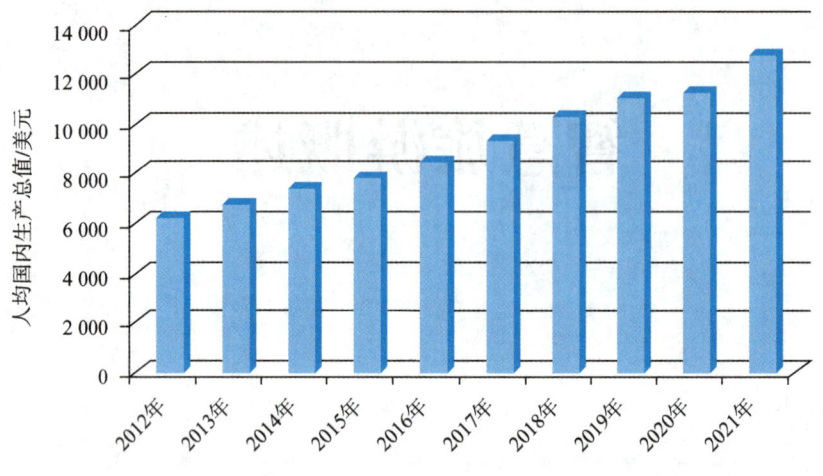

图 1-1　我国人均 GDP（数据来源于国家统计局）

一、旅游

旅游作为旅行和游览活动早已经存在，旅游的本质就是人们的一次经历、一次阅历、一次体验，一次离开家门异地生活方式的差异化体验，包含人们旅行游览、观赏风物、增长知识、体育锻炼、度假疗养、消遣娱乐、探险猎奇、考察研究、宗教朝觐、购物留念、品尝佳肴以及探亲访友等活动。

（一）旅游的定义

有人说，旅游就是从自己活腻了的地方到别人活腻了的地方去，所以旅游的本质就是从一个地方到另一个地方的行为体验；有人说"世界那么大，我想去看看"，旅游就是去看没看过的风景，去见没见过的世面，结识没见过的朋友，所以旅游的本质是一种探索未知的过程……

关于旅游有无数的定义，每个定义都有自己不同的角度。世界旅游组织、世界旅游理事会与地球理事会联合制定的《关于旅游业的 21 世纪议程》给出了"旅游"的定义："旅游是指人们为休闲、商务或其他目的，离开他们惯常环境，而去他处并在那里逗留连续不超过一年的活动。"这种旅行的主要目的是在到访地从事某种不获得报酬的活动。

在这个定义中，有三个要点需要注意：

①目的性，规定了外出目的，包括休闲、商务、娱乐、度假、探亲访友、专业访问、健康、医疗、宗教朝圣、体育等，不涉及任何赚钱的目的。

②异地性，游客离开其惯常环境到异地活动。

③暂时性和时间性，游客不会因为旅游而在异地永久居留，在外连续停留时间不超过一年。

旅游是一种新型的高级消费形式，旅游成行需要有钱有经济基础、有闲有时间外出、有驱动、有需求、有供给，它是社会经济实力和人们收入水平发展到一定阶段的产物。

1. 旅游供给提供旅游产品

社会生产力的发展和社会分工的扩大，为旅游活动的扩大奠定了物质基础，创造旅游供给要素条件，如交通工具、食宿设施等。对于供给方而言，旅游的核心就是提供旅游产品。

旅游产品是旅游经营者通过开发、利用旅游资源提供给旅游者（即游客）吸引物与服务的组合。可以有以下类型：观光产品（自然观光、名胜古迹、工业农业……）、休闲产品（海滨休闲、温泉休闲、城市休闲、乡村休闲……）、运动产品（健身骑行步道、滑雪滑草、戏水、高尔夫……）、文娱产品（主题公园、博物馆、寺庙、名人故居、古镇、灯光夜景秀、裸眼 3D、实景表演、歌舞剧目、剧本杀……）、节会产品（节庆活动、博览会、运动会……）、特色产品（豪华专列、特色民宿、美食、旅游商品、旅游纪念品……）、特种产品（探险、登山、潜水、科考、考古……）等。

2. 旅游需求促成旅游消费

经济的发展，人们生活水平的提高，可自由支配的收入和闲暇时间的增多，为旅游活动的发展创造了需求条件。对于需求方而言，旅游的核心就是一次旅游消费。

按照旅游消费的性质和目的，旅游消费可以分为一般消遣旅游、商务会议旅游、宗教旅游、体育旅游、探险旅游、邮轮旅游、生态旅游、主题旅游、文化旅游、健康旅游、研学旅游、红色旅游等多种类型。还可以按参与旅游活动的人数，分为团队旅游、散客旅游、自助旅游、互助旅游等。

旅游是一次出行活动，根据游客来源和出行区域，也可以分为入境游（外国游客入境游、港澳同胞入境游、台湾同胞入境游）、出境游（国内居民出境旅游）、境内游（国内居民国内旅游）、边境游等。

（二）旅游业、旅游事业、旅游产业、旅游行业

旅游业、旅游事业、旅游产业、旅游行业四个概念既有关联，又有区别。其中旅游业的范畴最大，它包括了旅游产业、旅游事业、旅游行业，也包括了旅游参与者、旅游从业者、旅游管理者，是旅游需求和供给的总和。旅游产业与旅游事业，是旅游业两大主体，旅游事业主要是公益性、公共性的，旅游产业主要是经营性、市场性的，两者关系并列。旅游行业通常具体到旅游行业协会和旅游企业，它的范畴最小。

1. 旅游行业

旅游行业一般是指提供旅游产品和服务的各类组织机构的集合，包括旅游行业各类协会、旅游企业。旅游行业与旅游智业、商业、制造业、营销、建设、交通、接待、游憩等均有交集。

2. 旅游事业

旅游事业是一个重要的经济部门，是以旅游资源、旅游设施为条件，为旅游者提供服务的一种服务行业，主要是公益的、公共性的，涉及旅游公共服务部门、旅游管理部门。旅游事业是一个综合性的经济部门，和国民经济其他部门有着极其密切的联系，所以旅游事业的发展必将推动与旅游事业有关的国民经济各部门的发展。

3. 旅游产业

旅游产业，是以出游的消费为基础，凭借旅游资源和设施，专门或者主要从事招徕、接待游客，为其提供交通、游览、住宿、餐饮、购物、文娱等环节的综合性服务类消费产业，包括旅游行业、涉旅行业和部门，是旅游业市场主体，具有市场性、经营性。

围绕旅游消费者的基本消费需求，人们首先就会提及旅游产业的"六要素"——"食、住、行、游、购、娱"。

"吃、住、行"是最基本、最基础的要素，其中"食"代表了餐饮业，包括各种规模的餐饮场所，属于餐饮业产业链；"住"代表了住宿业，属于住宿业产业链；"行"代表了运输业，包括民航、铁路等远距离运输，以及地铁、公交、出租等市内运输，属于交通运输业产业链。从旅游的定义来看，"行"是首要的要素，旅游一定是从一个地方到另一个地方。

"游、购、娱"是满足人们游览、游玩、娱乐所需要的游乐要素，其中"游"主要指观光业，主要包括风景名胜、文物古迹、城市乡村等观光，属于游览业产业链；"购"代表了零售业，提供各类商业服务场所，属于商业服务；"娱"代表了娱乐业，能为人们提供精神愉悦的健康场所，属于娱乐业产业链。"游、购、娱"更多体现了"旅游"的"体验"属性，满足游客出游的目的需求。

围绕着游客的审美需求、愉悦需求、健康需求、文化需求、求知需求、精神需求等旅游需求，在旅游产品的供给上，呈现跨产业、跨行业、跨部门的"综合性"特点，由多个产业中的部分产品和劳务进行组合。旅游产业吸引游客、运送游客、向游客提供咨询信息、提供住处，为旅游者提供从其离开居住地到目的地再返回其居住地整个过程中所需的产品和服务，具体涉及宾馆酒店业、餐饮业、运输业、文化业、娱乐业、体育业、保健美容业、疗养业、博彩业、会展业、生态与观光农业、加工工业和技术产业等独立产业和通信互联网业。旅游产业具有两个特点：第一，综合性，旅游产业的关联产业有100多个；第二，经济性，经济性是旅游产业最根本的属性，是旅游产业的核心和实质。旅游产业与传统制造业不同，不是严格意义上的"生产相同产品的单个企业的集合"，而是各个其他产业中某一部分产品和劳务的多重"集合"。旅游产业的关联部门数量众多，产业体系具有区域差异。组成旅游产业的任何单个行业如交通、食宿都不能成为旅游产业。

如今，激发人们旅游的动机和体验要素越来越多，如"商、养、学、闲、情、奇"，"商"是指商务旅游，包括商务旅游、会议会展、奖励旅游等；"养"是指养生旅游，包括养生、养老、养心、体育健身等健康旅游新需求；"学"是指研学旅游，包括修学旅游、科考、培训、拓展训练、摄影、采风、各种夏令营和冬令营等活动；"闲"是指休闲度假，包括乡村休闲、都市休闲、度假等各类休闲旅游新产品，是未来旅游发展的方向和主体；"情"是指情感旅游，包括婚庆、婚恋、纪念日旅游、宗教朝觐等各类精神和情感的旅游新业态；"奇"是指探奇，包括探索、探险、探秘、游乐、新奇体验等探索性的旅游新产品。

4. 旅游业

旅游业是旅游产业与旅游事业的总和，旅游需求者与供给者的总和，旅游者、旅游从业人员和旅游管理者的总和。旅游业不仅具有旅游产业所具有的综合性和经济性，还具有社会性和文化性。社会性使旅游成为必不可少的生活方式，使旅游成为普遍的社会现象，文化性是旅游业发展的重要基础和灵魂。文化和旅游融合发展，旅游是载体，文化是灵魂，这更反映了旅游业的本质。

2009年，原文化部、国家旅游局联合发布《文化部 国家旅游局关于促进文化与旅游结合发展的指导意见》，高度重视文化与旅游的结合发展，提出"文化是旅游的灵魂，旅游是文化的重要载体。加强文化和旅游的深度结合，有助于推进文化体制改革，加快文化产业发展，促进旅游产业转型升级，满足人民群众的消费需求；有助于推动中华文化遗产的传承保护，扩大中华文化的影响力，提升国家软实力，促进社会和谐发展"。2018年中共中央公布《深化党和国家机构改革方案》，为增强和彰显文化自信，坚持中国特色社会主义文化发展道路，统筹文化事业、文化产业发展和旅游资源开发，提高国家文化软实力和中华文化影响力，将文化部、国家旅游局的职责整合，组建文化和旅游部，作为国务院组成部门。至此，文化事业和旅游事业融合在一起了，更进一步推动了文化产业和旅游产业的融合发展。

随着中国特色社会主义进入新时代，旅游越来越成为人民群众对新时代美好生活向往的重要内容，越来越成为促进人的全面发展和全体人民共同富裕的重要渠道，越来越成为美丽经济、健康产业、幸福产业之首（在2016年的夏季达沃斯论坛上，李克强总理首次把"旅游、文化、体育、健康、养老"五个产业称为"五大幸福产业"）。

现代旅游业成为经济发展新常态下新的增长点，表现在九个方面：第一，旅游业是资源消耗低、环境友好型、生态共享型的新增长点；第二，旅游业是消费潜力大、消费层次多、持续能力强的新增长点；第三，旅游业是兼具消费、投资、出口"三驾马车"功能的新增长点；第四，旅游业是就业容量大、层次多样、类型丰富、方式灵活、前景广阔的新增长点；第五，旅游业是带动全方位开放，推进国际化发展的新增长点；第六，旅游业是增强国民幸福感、提升国民健康水平、促进社会和谐的新增长点；第七，旅游业是优化区域布局、统筹城乡发展、促进新型城镇化的新增长点；第八，旅游业是促进脱贫致富、乡村振兴，实现共同小康的新增长点；第九，旅游业是新的经济社会组织方式，是有助于提高全社会资源配置效率的新增长点。

在党的十九大报告中，习近平总书记指出：新时代我国社会主要矛盾是人民日益增长的美好生活需要和不平衡不充分的发展之间的矛盾。满足人民过上美好生活新期待，必须提供丰富的精神食粮。作为直接服务于人民美好生活的文化和旅游业，要紧紧把握新时代我国社会发展的主要矛盾，将文化和旅游业发展提升到新的水平，在党领导人民创造美好生活的伟大征程中发挥应有的作用。

二、我国旅游业的发展

旅游业是战略性产业，资源消耗低，带动系数大，就业机会多，综合效益好。改革开放40多年来，旅游业跟随国家战略，随着国家总体经济的发展，特别是国内生产总值不断向上突破，旅游业发展不断嵌入改革开放和经济社会发展的进程，大致每10年进入一个新的发展阶段。

（一）现代旅游业发展进程

1. 旅游初创阶段

1978年、1979年，国家为改革开放大局所需提出"大力发展旅游事业"。1981年国务院 80 号文件《国务院关于加强旅游工作的决定》对旅游业发展有两个定位：第一个是双重性质双重目标，"旅游事业在我国既是经济事业的一部分，又是外事工作的一部分"，旅游业发展要"政治经济双丰收"；第二个是把旅游放在经济领域中比较、调试后的定位，"旅游事业是一项综合性事业，是国民经济的一个组成部分，是关系到国计民生的一项不可缺少的事业"。

2. 旅游产业化进程阶段

1986 年国民经济"七五"计划，到 1998 年 12 月，中央经济工作会议把旅游业明确为"国民经济新的增长点"。旅游业产业化进程和国家 20 世纪 90 年代开始的扩大内需和经济结构转型同轨同频同行。旅游业随着 1992 年国家市场机制的完善而转型，主动在国民经济发展中承担更大的责任。

3. 旅游市场化进程深入的阶段

1998 年到 2009 年，"假日制度"推出，大众旅游风生水起，旅游市场繁荣兴旺。在国家整体转型继续深入推进经济结构转型的大背景下，为充分发挥旅游业在"保增长、扩内需、调结构"等方面的积极作用，2009 年国务院《加快发展旅游业的意见》（国发〔2009〕41 号）提出，"把旅游业培育成为国民经济的战略性支柱产业和人民群众更加满意的现代服务业"。

4. 旅游业"全面融入国家战略"阶段

党的十八大以来，按照国家《关于促进旅游业改革发展的若干意见》（国发〔2014〕31 号），旅游业以主动与新型工业化、信息化、城镇化和农业现代化相结合的更大格局，以对经济社会文化生态多方协同的改革精神，全面融入国家战略体系，在推动"旅游+""大旅游""全域旅游"的过程中，转型升级形成了新格局。

在改革开放早期，我国经济发展急需外汇，旅游业以发展入境旅游为主，进行创汇。后来国民经济发展良好，国民有了出游的条件，国内旅游开始兴起，入境旅游市场和国内旅游市场并驾齐驱。再后来，随着我国国民经济的发展，人均 GDP 的不断上升，出境游也开始起步，规模不断扩大，同时，国内旅游收入占的比重彻底反超入境旅游收入占总外汇收入的比重，成为中国旅游业第一市场。近年来，国内旅游得到进一步发展，牢固树立了在产业中的主体地位，旅游消费在居民消费中的比例持续上升，在扩大内需战略中发挥了重要作用，确保了我国旅游业平稳较快增长。旅游已经成为人民群众重要的生活方式，有力地推动了人民素质提高和生活质量提升。

在 2019 年疫情之前，旅游业是稳增长的重要引擎，是调结构的重要突破口，是惠民生的重要抓手，是生态文明建设的重要支撑，是繁荣文化的重要载体，是对外交往的重要桥梁，在国民经济和社会发展中的重要战略地位更加凸显，旅游业经历了一路的高歌猛进，旅游市场持续向好，规模不断扩大，收入逐年走高。

2019 年我国全年接待入境游客 1.45 亿人次，国内游客 60.06 亿人次，旅游总收入达到 6.56 万亿元，对全国 GDP 的直接贡献占 GDP 总量的 6.65%，综合贡献超出了 GDP 总量的 10%。同时，旅游业无论是作为劳动密集型产业，还是作为技术密集型产业，旅游产业都需要对人口终端进行"贴身服务"，这种和人口增长呈线性关系的产业特性，决定了旅游业对劳动和人力资本都有极大的吸纳能力，在旅游业直接就业和间接就业的人数，也已经占到全国就业人口的 10% 以上。

但是，旅游产业又是一种高敏行业，很容易受到各种突发事件的影响，如政治、战争、自然灾害、疫情等的影响。自 2020 年新冠疫情在全球爆发以来，我国旅游产业面临着前所未有的挑战。

（二）疫情之下，我国旅游产业经济遭受断崖式下滑，发展面临巨大挑战

2020 年在疫情的影响下，国内旅游人数大幅下降至 28.79 亿人次，年度旅游总收入下跌至仅 2.23 万亿元，中国旅游市场收入遭受断崖式下滑，我国旅游产业经济发展面临巨大的挑战。

1. 文旅产业在疫情防控之下，消费乏力

在疫情影响之下，"景区、场馆、酒店、餐饮、影视、音乐、娱乐等全关闭""飞机、火车、汽车、地铁等交通全缩减""文旅产业企业全亏损""文旅产业员工收入全下降""文旅产业股票全下跌"。更重要的是"五全"情况，严重挫伤了文旅产业的投资信心，消费后劲乏力，影响持续时间较长，行业复工重振艰难。

2. 文旅产业从业人员大量流失

从 2018 年中国旅游业游客接待人数和就业人数的对照比例来看，疫情直接影响全国近 900 万人的就业。同时，根据文旅产业链条长、与其他产业交融深的特点，这种影响还会向其他关联产业延伸，持续时间也会较长，最终导致文旅从业人员分流、转向或失业，从根本上影响文旅产业复苏重振。

疫情持续时间越长，对文旅产业的影响越大，最终将影响文旅产业内生增长动力。长时间的停摆，将进一步导致产业链中断，资金流枯竭，从业人员失业流失，文旅载体退化，中小型文旅企业举步维艰，甚至倒闭或转向，严重影响文旅产业发展。

但是我们应该看到，旅游需求并没有因为疫情而消失，只是有所延后和改变。在疫情防控下，出境游受阻、长途游频次降低，人们的出游半径大幅缩小，原来的长线游用户正加速向以本地为核心的小范围区域回流。可以预见，在旅游需求依然旺盛，而旅游需求结构却发生改变的背景下，以周边游和本地游为代表的"微旅游"时代或将全面到来。

（三）旅游产业"战略性支柱产业""现代服务业"地位不变，旅游业终将振兴

现代旅游业作为综合性大产业，旅游业关联度大、涉及面宽、拉动力强，对稳增长、调结构、惠民生意义重大。无论是对 GDP 的贡献，对消费、投资、出口的贡献，还是对相关重点行业的贡献、对就业的贡献等，都充分体现了旅游业是一个国家和地区的硬实力。

疫情终将过去，市场始终存在，消费不会消失，旅游业终将振兴，这要求旅游产业能顺应周期不同阶段的变化，既能在涨潮时把握尺度，不过于乐观；也能在退潮时保持战略定力，化危为机。

1. 持续抓好疫情防控工作，统筹安排有序复工复产

各级旅游行政管理部门要根据中央"两手抓""两不误"的指示精神，调整工作部署，统筹协调安排，根据文旅行业特点，预判疫情发展期、解除期、消退期、复苏期、重振期，实现分类分步分层有序复工复产，保持文旅经济发展，稳定从业人员队伍。

2. 加大政策扶持，引导企业渡过难关

在现有扶持政策基础上，用好用活关于文旅企业的扶持政策，简化行政审批，放宽经营门槛，切实落实"放管服"措施。同时，加大对文旅企业财政金融政策扶持，鼓励金融机构设立疫情期间文旅企业贷款审批"绿色通道"，并适当降低贷款利息，减少或免除中小企业税收等支持政策。

3. 着力谋划各地方文旅产业复苏重振计划

由各地方文旅行政部门牵头，采取多种渠道和方式，立即组织有关部门、行业协会商会和高校等研究机构，深入进行专题调研，摸清底数，研究措施，提出针对性和可行性的复苏重振方案，布置贯彻落实。

4. 努力提高文旅企业生存能力

文旅企业加快改革以适应新市场发展阶段的脚步，要保存实力、锤炼内功、积蓄力量、压缩开支，迎接疫后重振生机。同时，强化内部管理，抓好从业人员培训，努力留住专业人才，积蓄发展实力，为疫情解除后复苏发展奠定基础。

5. 做好疫后宣传促销活动准备

疫情解除后，预计会迎来旅游热潮，届时周末游将成为主流，暑期游将成为重点，自驾游将成为常态。因此，要按照消费特点打造强信心和重实惠的文旅产品吸引消费者。

6. 创新多元化文旅产品

创新思路、拓展市场，丰富产品、开展定制，创新文旅产业复苏重振新模式。加强新技术应用和产品创新，采用智慧文旅思维，创新文旅消费新场景，探索发展微型、网络、人文、组合、就地等文旅融合新模式，力求"堤外"损失"堤内"补，实现文旅行业复苏重振。

7. 加强国际合作，践行互利共赢

在世界范围内，新冠肺炎疫情阴霾未散，单边主义、保护主义抬头，经济全球化遭遇逆流，国际旅游交流与合作经受严峻考验。旅游业要坚持高质量发展和高水平开放，加强国际合作、践行互利共赢，努力探索入出境旅游开放的条件和路线图，积极提升入境、出境旅游竞争力，发挥入境、出境旅游影响力，积极推动对外文化交流和多层次文明对话。

我们无法确定旅游消费模式在疫情后是否会出现永久性改变，但能肯定的是，旅游产业"战略性支柱产业""现代服务业"地位没有发生变化，未来的旅游业发展将会有更多的机会。

第二节　我国旅游信息化发展

从历史的视角，纵观旅游业的发展，大致经历了四大阶段：

①旅游1.0阶段，即传统的农业文明阶段。此时的旅游是个体自发的离散的风景观光体验式旅游，交通方式是人力和畜力。

②旅游2.0阶段，即工业文明阶段。此时的旅游是个体与群体相结合，有组织的旅游方式，旅游产业不断跨界和综合，不仅有景区观光，还有工业旅游、文化旅游、科学旅游、休闲旅游等，且交通方式也进步为现代交通工具，如汽车、火车、轮船、飞机等，可较容易地实现远距离旅游。

③旅游3.0阶段，即数字化信息化阶段。旅游产业是信息密集型产业，信息是其得以生存和运转的基础，贯穿于旅游活动的全过程。此时的旅游产业在前期发展的基础上，进一步发展成由信息技术和网络技术进行产业组织和管理，大大地提升了旅游产业的组织和管理效率，也极大地提高了游客的安全性、舒适度和满意度。

④旅游4.0阶段，即智能化智慧化阶段。此时的旅游产业在数字信息化的基础上，全面应用旅游新的信息技术手段，充分利用旅游产业在日常经营中会产生、传递、处理、交换和应用海量的信息，在旅游服务、旅游管理、旅游营销、旅游体验方面全面创新，实现跨系统、跨行业、跨企业、跨部门的全程化、一体化、智能化管理与服务。

旅游产业渗透力强、涉及面广、关联度高，联结着"食、住、行、游、购、娱"等多个要素，旅游产业在日常经营中会产生、传递、处理、交换和应用海量的信息，信息是旅游产业得以生存和运转的基础。旅游3.0阶段、4.0阶段都是以旅游信息化为基础，以数字资源为生产要素的旅游新阶段。在这两个阶段，游客在选择目的地时需要便利地获取信息来做出消费选择，旅游经营者设计产品和营销方式依据的是旅游市场的需求信息，旅游管理者制订发展规划、做出科学决策同样离不开对旅游产业环境信息的准确掌握。信息的传递和流通，是沟通旅游产业内部诸环节的重要纽带，如何有效地、可靠地获取信息显得尤为重要。对信息的高度依赖，决定了旅游部门、企业和游客都将对通过信息化手段来保证旅游信息的及时、准确获取与可靠传递、交换产生浓厚的兴趣。

一、我国旅游信息化发展历程

20世纪80年代以来，信息技术的快速发展和广泛应用，引发了一场新的全球性产业革命。信息化是当今世界科技、经济与社会发展的重要趋势，也已经成为我国生产力发展的重要核心和国家战略资源。现代旅游的流动频度和广度较之传统旅游有了相当大的提高，涉及的信息量大幅增加，迫切需要通过功能强大的信息管理辅助手段来为各行业、部门及游客提供及时、准确、全面的旅游信息服务。我国旅游信息化发展起步于20世纪80年代，经过40多年的发展，取得了长足的进步。其发展历程总体上经过了以下四个阶段：

（一）内部业务管理信息阶段

20世纪80年代初是我国旅游信息化发展的起步阶段。随着国外旅游企业开始进军国内市场，计算机技术在一些外资和合资旅游企业中率先得到应用，然后逐步影响到国内旅游企业的信息化进程。比如旅行社开始引进计算机系统，用于旅游团数据处理、财务管理和数据统计，酒店业开始引入酒店管理系统（PMS）和构建运营局域网（LAN）等前台系统，将以前大量人工来做的一些办公、财务报表、收银结账、预订房态统计、预订客房、登记住房、消费记录等冗繁的事务性工作，通过计算机系统来完成。

这一阶段的主要特点是：互联网应用尚未普及，旅行社、酒店等对外接触较早的单位开始建设信息化站点，主要进行内部信息化管理，部分业务用计算机进行处理。

（二）在线电子商务阶段

20世纪90年代，随着互联网的发展，旅游信息化进入了局部覆盖阶段。国内旅游网站全面兴起，不少旅游企业开始注重对信息化技术的应用，越来越多地使用多媒体技术进行宣传推广，并通过将自身站点加入Internet这一世界上最大的全球计算机互联网，从而在更为广泛的领域获取和发布信息。

在国内旅游业务网络化建设方面，旅游行业在这一阶段有较大的发展。以国际旅行社、中国青年旅行社为代表的众多知名旅行社在这一期间形成了多站点的联网和信息互通。酒店、民航等旅游服务单位的信息网络覆盖区域也不断扩大，逐步形成了覆盖全国的数据管理和信息发布网络。

在旅游信息咨询和电子商务方面，多个省市都开通了自己的旅游信息服务热线并建设了网站，同时行业性旅游服务网站也发展起来，如一些景区、旅游产品厂商、特色餐厅等都开始建设自己的旅游服务网站。这些站点作为在线服务供应商，为社会公众提供问题咨询、信息查询、产品发布、在线预订、意见反馈等服务，起到了良好的作用。

这一阶段的主要特点是：基于互联网的应用服务开始普及，能够为游客提供一些基本的单一事件的在线服务，如订房、订票等服务，并提供了电子支付的手段。但是系统建设和使用规模较小，功能单一，系统之间不存在信息交互和关联，缺乏互动性。

（三）旅游信息化集成阶段

进入 21 世纪，旅游信息化发展到了信息化集成阶段。这一阶段，由于互联网技术，特别是移动互联网技术和智能移动终端的发展，以及 3S 空间信息技术的推广应用，产生了新的旅游服务形式。同时，旅游电子商务快速发展，逐渐替代了传统旅游企业的部分功能，正在成为旅游行业的生力军。

这一阶段的旅游信息化发展主要有以下特点：

1. 移动智能终端成为主流

作为旅游电子商务的新兴媒介，移动智能终端（智能手机、平板电脑、笔记本）的出现，使得旅游网络营销的图景变得更加多元，享受在线服务变得更为便捷。例如，用户可以通过移动终端来获得旅游信息、下载旅游电子指南和地图、购买旅游产品和服务、登录旅游虚拟社区等，享受到丰富、多样化的服务。

2. 在线服务市场快速崛起，从原来的单一功能服务逐步向多种功能集成服务转变

2009 年，国务院《关于加快发展旅游业的意见》提出："以信息化为主要途径，提高旅游服务效率。积极开展旅游在线服务、网络营销、网络预订和网上支付，充分利用社会资源构建旅游数据中心、呼叫中心，全面提升旅游企业、景区和重点旅游城市的旅游信息化服务水平。"全国各省市建立旅游网络信息门户网站服务游客，以携程、途牛、艺龙、去哪儿为代表的各种商业性旅游服务网站快速成长，旅游在线服务、网络营销、网络预订和网上支付繁荣发展，极大地改善了人们获得旅游信息化服务的渠道和手段。

（四）智慧旅游新阶段

智慧旅游阶段的主要特点，在于新技术的全面应用和创新，是基于技术逻辑的创新，体现的是互联网思维，基于旅游信息"生产、组织、交换和呈现"，创新旅游业服务模式和管理模式，实现跨系统、跨行业、跨企业、跨部门的全程化、一体化、智能化服务和管理。

以行业管理为例，智慧旅游将客流、安全、环境、导游等数据抽取汇聚，通过数据挖掘、信息聚合为管理者在一个可视化的界面下进行多维度的展现和智能化的分析，让城市和行业的管理者有的放矢，更好地进行内部管理，进而为行业和游客服务。

以游客服务为例，智慧旅游将景点、旅行社、宾馆、饭店、购物、交通等一系列旅游

资源整合在一起，形成基于旅游门户网站、旅游卡及手机终端的综合性旅游应用服务，包括为游客提供一站式的查询、推荐、导航、预订、旅游商城、行程规划、作品分享等旅行全程一站式的服务，打造"一张卡、一部手机游遍全城"的智慧型旅游模式。游客想去哪个城市旅游，登录该城市旅游门户网站，就可以享受到个性化的行程规划、景点指引、美食查询、特色产品推介等多样化的服务；游客只需依靠一张旅游卡、一部手机，就能够享受到路线导航、景点导览、商品导购、一卡通消费等贴身伴游服务；畅游后，游客登录门户网站的互动社区，能够上传分享出行日志、视频、照片等多媒体资料，与更多的游客分享旅游收获。

目前，旅游信息化进程仍然处于这一阶段。随着更多新技术的应用，特别是元宇宙概念在旅游领域的落地发展，智慧旅游无论在多样旅游产品的设计供给、旅游管理效能提升，还是在高品质服务游客方面，都会有更多的发展。

二、新一代信息技术与旅游业的融合发展

邓小平同志提出了一个重要的论断——科学技术是第一生产力。技术作为生产力中最活跃的因素正快速推动着旅游业的蓬勃发展。

（一）新一代信息技术

新一代信息技术以互联网技术、移动互联网技术、智能终端技术、物联网技术、云计算技术、大数据技术、人工智能技术、5G技术、虚拟现实技术、区块链技术、GIS（地理信息系统）与LBS（基于位置的服务）技术、北斗导航应用技术为代表，关于这些技术的概念和应用，我们将会在后面的内容中对他们做进一步阐释，这里不做详解。

总之，新一代信息技术融合计算机软件、计算机硬件和信息通信网络，帮助企业处理内部和外部旅游信息流，提供可用于产品生产、管理经营和服务供给的便捷工具，它们是旅游产业的外部环境系统之一。

新一代信息技术在旅游产业中的应用，从大的方面来说，主要包括全面的游客信息服务智慧化、旅游企业经营管理信息化、旅游电子商务、旅游电子政务等内容。

1. 全面的游客信息服务

全面的游客信息服务主要指围绕游客出行的前、中、后各环节提供链条式信息服务，在游客出游的游前、游中、游后各个环节，提供旅游资讯获取、旅游线路设计、交通地图、虚拟体验、酒店住宿、餐厅用餐、交通来往、垂直搜索、网上预订、游览景点、分享经历等信息服务和技术支持过程。

传统时代，游客的需求仅有"食、住、行、游、购、娱"线下六要素。而在互联网时代，随着信息化的发展，游客的需求也逐渐开始转变，升级为线上线下融合的N要素，即在原有旅游六要素的基础上，又增加了分享、咨询、投诉等线上要素。相对于传统商业模式，旅游消费者在互联网时代表现出个性化、精准性、互动性、分享性和便捷性的特征。

作为"自媒体"的游客也不再满足于浏览官方发布或别人发布的信息，而是对创造信息和沟通交流产生了更浓厚的兴趣。互联网带给人们更多可供选择的获取信息的途径以及更为丰富的信息，游客可以通过搜索引擎、门户网站、社区论坛等各种方式找到自己感兴趣的信息，从而使人们的购买决策习惯发生转变。

网友们对于旅游目的地的体验分享，以及对旅游目的地资源和服务的评点，也成为影

响游客选择目的地的一个决定因素。信息传递、获取贯穿了游客旅游活动全过程。表1-1显示了游客在不同时代背景下的信息活动方式。

表1-1 游客在不同时代背景下的信息活动方式

时代背景		旅游前	旅游中	旅游后
20世纪80—90年代	传统旅游时代	依靠报纸、电视等媒体获取旅游资讯信息	依靠旅行团订购旅游产品	交谈式分享
2000—2009年	互联网时代	依靠网络获取旅游信息	依靠网络预订旅游产品	论坛、博客分享
2010年—现今	移动互联网时代	依靠手机终端获取旅游信息——预订服务、目的地信息咨询等	依靠手机提供全面的信息化服务——电子门票、导游导览导购、地图定位、咨询投诉等	微博、微信分享

2. 旅游企业经营管理信息化

旅游企业经营管理信息化主要指企业内部的信息化、财务一体化。通过建设信息网络和信息系统，调整和重组企业组织结构和业务模式，提高企业的竞争能力。

对于旅游企业而言，不管是提供实体服务还是信息服务的旅游企业，将游客的需求放在首位，是互联网时代旅游企业发展的良策之一。面向游客如何定制？面向游客数据如何利用？面向游客终端如何开放？面向游客市场如何对接？面向游客问题如何管理？满足游客需要，根据人们获取信息的新习惯，定制更为多样化、个性化的旅游服务和信息服务，探索在新技术条件下如何进行企业管理创新、服务创新、营销创新，整合旅游企业的内部和外部资源，构建一个旅游者与旅游企业之间知识共享、增进交流与平台交互的网络化运营模式，是新时代的必然选择。

对于景区类旅游企业，包括智慧体验、智慧监管、智能监督、智慧应急指挥，还包括对景区运营数据的采集和集中分析处理，做到智能决策、智慧营销。

3. 旅游电子商务

旅游电子商务是指旅游企业对外部的电子商务活动，旨在利用现代信息技术手段宣传促销旅游目的地、旅游企业和旅游产品，加强旅游市场主体间的信息交流与沟通，提高旅游市场运行效率和服务水平。

4. 旅游电子政务

旅游电子政务是指各级旅游管理部门对旅游环境整治、旅游产业运行监控、旅游资源开发、旅游政务审批以及旅游安全管理等电子化、智能化、信息化，形成旅游产业运行监测平台、安全与应急管理平台、旅游产业诚信管理系统、旅游企业评定系统、旅游产业供给管理系统、旅游执法系统和旅游项目管理系统，建成旅游电子政务应用系统，由此提升旅游政府机构的工作效率，促使其快速成为开放型、扁平型、服务型的公共管理机构。

由于网络的客观环境和相关信息量的激增，需要政府部门注重公共信息资讯的安全保障及质量监管，形成舆论监测机制，为游客构建健康、有序的旅游互动资讯平台，发布公共信息服务，提供投诉建议渠道。在营销上，开通专门的官方网站作为窗口，使旅游目的地形象宣传整体化。

在服务领域，政府部门应借助互联网时代的信息技术及其发展演化，构建旅游服务平台，积极运用新媒体平台，建立旅游资讯网站体系。另外，通过官方网站的建立，与在线旅游网络运营商合作，推动当地旅游商务平台建设，从而为旅游者的新需求提供全面的信息服务。

在营销领域，政府部门充分运用互联网特征，树立旅游目的地的整体形象。注重整合营销和事件驱动，做到传统媒体与新媒体相结合，活动策划与网络传播相结合，实现线上、线下互动，境内与境外传播。在管理上，政府部门开始借助互联网开展电子政务。

（二）旅游企业的竞争力是由企业信息技术应用水平所决定的

新一代信息技术给所有企业流程、整个价值链和旅游企业与其利益团体之间的战略关系都带来了变革。

利用新一代信息技术使旅游企业的效率和效益最大化，决定了企业的竞争力，这种竞争力取决于企业如何利用内部网重组内部流程，如何利用外部网与可信任的合作伙伴、与旅游消费者进行交易，如何利用互联网与所有利益团体之间形成互动。

1. 再造企业流程

新一代信息技术应用到企业，企业流程重新设计，采用综合性营运系统，改善控制和决策程序，使企业减少了重复劳动，从而压缩了人力成本，提高了效率。

2. 直接接触全球市场

信息互联网技术使旅游企业能直接与全球市场接触，同时能更经济、更便捷地与世界各地的其他企业形成联盟，全世界的企业都通过网上直接进行交易，减少了产品的中介佣金成本。

3. 企业与顾客友好互动

新一代信息技术应用到企业与顾客的友好互动，使企业能不断根据顾客的需求改进产品以满足顾客的期望。旅游消费者可以在办公室或在家里、在旅行途中进行网上交易，而且可以全年候（365天）、全天候（24小时）地交易，旅游企业在回应消费者的要求方面也变得更灵活、更有效和更快捷。

4. 企业与利益团体有效互动

信息通信技术为旅游系统建立起一个信息空间，使每个旅游企业及其信息基础设施在其中运行。在信息空间中，行业成员能找到超细分市场，与供应商、中介和虚拟企业发展合作伙伴关系以共同开发和生产旅游产品。信息空间给所有利益团体带来潜在的利益和挑战，为行业在全球范围内的有效合作提供了有力工具。

（三）信息是旅游业的基础性资源，是支撑旅游业运转的"血脉"

"旅游业是一种信息密集型活动，很少有其他行业像旅游业那样在日常经营中产生、收集、处理、应用和交换如此大量的信息。"旅游服务产品与耐用消费品不同，它是无形的、不可见的和多变的，既不可能物化地呈现，也不可能在购买前就进行检验。因此旅游产品的销售是完全依赖于解说和描述的，体现出来就是印刷品、音像制品、网络文字、视频、图片等形式的信息。

在旅游企业服务旅游者的过程中，也就是从传播信息（营销）、收集信息（需求）开始，根据需求信息对旅游产业链的资源进行采购、调配和整合，最终提供给旅游者所需要的服务。

旅游产品的开发、旅行社的经营、旅游市场的营销、旅游行程的预订等，也全都依赖信息或信息渠道。

可以这样说，信息是旅游业的基础性资源，是支撑旅游业运转的"血脉"。有效地利用新一代信息技术是保持行业竞争力和行业繁荣的关键。

我们把在旅游信息的提供和获取过程中主要涉及的行为主体分为三类，如表1-2所示。

表1-2 旅游主体的信息供求分类

主体	供（能够发布的信息）	求（希望获取的信息）
游客	旅游需求（选择或偏爱的旅游目的地、出行方式、支付方式、消费习惯等） 旅游体验（评价、投诉等） 游客个人资料（姓名、客源地、联系方式等）	旅游市场信息（景区景点种类、价格水平、旅游线路、旅游项目、住宿、交通、餐饮、购物、娱乐设施、目的地民风民俗等） 其他游客提供的旅游体验（评价、投诉等）
旅游经营者	旅游市场信息（景区景点种类、价格、特色、旅游线路、旅游项目、住宿、交通、目的地民风民俗等） 旅游经营数据（收入、利润、接待人数、从业者资料等）	旅游需求（选择或偏爱的旅游目的地、出行方式、支付方式、消费习惯等） 旅游体验（评价、分享等） 游客个人资料（姓名、客源地、联系方式等）
旅游管理者	旅游政策法规信息 旅游管理数据（接待量、旅游收入、利润、客流数、客流预测、客源地、投诉处理、旅游预警、旅游规划、诚信监督）	旅游经营数据（收入、利润、接待人数、从业者资料等） 旅游需求（选择或偏爱的旅游目的地、出行方式、消费习惯等） 旅游体验（评价、投诉、分享等）

第一类主体是游客。游客自身能够提供的信息主要集中在旅游需求、旅游体验和个人资料三方面。例如，游客对旅游目的地的选择倾向，消费旅游产品时的目的和动机，影响其消费选择的主要因素、购买方式、消费评价等。游客希望获取的信息主要是旅游市场信息和其他游客分享的旅游体验。例如景点种类、价格水平、旅游项目、交通线路、娱乐设施、历史文化背景以及其他游客提供的评价、反馈等一切有助于游客做出合理消费决策的信息。

第二类主体是旅游经营者。旅游经营者是旅游目的地主要的旅游服务提供者，他们在对旅游资源开发、利用的过程中，能够提供游客所需的旅游市场信息。以景区的经营者为例，他们能够将景区的景点名胜、游览线路、最新活动、历史文化背景、开放时间、消费价格等信息对外进行发布。旅游经营者还可以提供在经营过程中获得的经济信息，如收入、利润、接待量等。作为旅游产品的供应商，旅游经营者最希望获取消费者即游客的消费习惯、动机、影响其消费行为的外在因素、经济水平等信息。

第三类主体是旅游管理者。一方面，旅游管理者需要制定和发布各项旅游政策法规信息,及时公开各项旅游管理数据。另一方面,为了保证旅游管理数据发布的准确性、权威性,管理者需要科学、精确、全面地收集各项旅游经营数据。

在信息化时代,旅游产业各环节都会产生海量的信息,正是这些信息在产业链条之间的交换和流通,串接起了旅游产业的运转。如果在链条中存在信息不对称,则会造成产业链条运作效率低下,甚至因为不透明而产生"脱节"的现象。

(四)应用新一代信息技术也同样给旅游企业增加了成本

旅游行业属于劳动密集型产业,因此行业中的很多行为还是以传统方式进行的,但技术革命带来的企业流程再造和观念的转变将不可避免地影响整个旅游业,因为消费者本身对新技术的熟悉和热爱,使他们希望能以这种方式与旅游行业互动,这就是为什么大部分技术创新都是由消费者首先提出来的,或由极少数有远见的旅游企业首先实施的。

应用新一代信息技术也同样给旅游企业增加了成本,这方面的成本包括购买硬件设施、软件产品和通信设施的费用,以及设计开发网页和维护更新网页、维护在线形象的费用。开发企业内部网和与其他企业之间的联网设施也需要一定的投入。对互联网服务功能和注册域名的营销需要在搜索引擎和一些网站上进行一定的广告投入。与旅游中介和门户网站的互联通常需要支付基础费用和佣金,新程序新系统的开发也需要额外的投入。最后,对于新技术、新设施、新系统的投入使用,企业还要考虑引进专门人才和培训的费用。

因此,每个企业都要针对这方面的投入认真地做成本收益分析。随着技术的进步和应用成本费用的降低,许多旅游企业开始热情拥抱新技术革命,特别是国内旅游企业掀起了以应用新一代信息技术为特征的智慧旅游企业建设高潮,传统旅游企业,如九寨沟景区、青城山-都江堰景区、黄龙酒店、中国青年旅行社等,已经通过应用新技术,提高了自己的竞争力和市场地位,同时带动了同类型旅游企业对信息技术的利用水平。

那些不能结合新一代信息技术提供的新工具改进自己的战略和经营管理的企业将越来越落后,会逐渐丧失自己的市场份额,在未来有被淘汰的危险。

第三节 旅游与旅游信息化发展理论

旅游与旅游信息化的发展,都有一定的规律,形成了一些发展理论,这些理论又反过来指导旅游与旅游信息化的发展。

一、旅游可持续发展理论

旅游经济要实现向现代服务业的转型,旅游产业要实现可持续的发展,就必须站在全局的高度系统地分析问题,提出科学合理的整体的解决方案。旅游可持续发展是旅游发展的必然趋势。

(一)可持续发展理论

在世界环境和发展委员会(WECD)于 1987 年发表的《我们共同的未来》研究报告中,对可持续发展的定义为:"既满足当代人的需求又不危及后代满足其需求的发展。"这是一个了不起的概念,它的核心思想是:当代人不要把资源都用完,要给下一代人、下下代人留下可供发展的资源和机会。

可持续发展理论基本内容体现在四个方面,那就是发展、持续性、公平性、共同性。

1. 发展

可持续发展强调首先要发展。发展是人类永恒的主题,是人类共同的、普遍的权利和要求,这里的发展包括经济、社会和自然环境在内的多种因素的共同发展。

2. 持续性

可持续发展强调持续性,即生态经济发展的持续性。一方面,经济增长必须在自然资源及其所提供服务质量的前提下,使经济利益的增加达到最大限度。另一方面,可持续发展要求人类对生态环境的利用必须在生态环境的承载能力之内,也就是对发展规模、发展速度要有一定程度上的限制,改变长期以来人类在追求发展、经济利益的过程中以牺牲生态环境、历史文化遗产为代价的做法,以保证地球资源的开发利用能持续到永远,以便给后代留下更广阔的发展空间。

3. 公平性

可持续发展强调公平性。可持续发展应满足全体人民的基本需求并给全体人民机会以满足他们要求较好生活的愿望。要给世界以公平的分配权和公平的发展权,要将消除贫困作为可持续发展进程的特别问题来考虑。

4. 共同性

可持续发展强调共同性。可持续发展共同性是源于人类生活在同一个地球上,地球的完整性和人类的相互依赖性决定了人类有着共同的根本利益。地球上的人,生活在同一个大气圈、水圈、生物圈中,无论是穷人还是富人,本国还是别国,彼此之间都是相互影响的。因此,全球必须采取共同的联合行动。

(二) 旅游可持续发展理论

旅游业作为以服务消费与精神消费为内容的高层次消费,对环境有很强的依赖性,旅游天然地要求有好的环境,旅游具有实现可持续发展的内在动力。在可持续发展理念提出后,世界旅游组织就提出了旅游可持续发展理论。

1. 旅游可持续发展的定义和主要内涵

1993年世界旅游组织对旅游可持续发展给出的定义是:在维持文化完整、保持生态环境的同时,满足人们对经济、社会和审美的要求。它能为今天的主人和客人们提供生计,又能保护和增进后代人的利益并为其提供同样的机会。在这一定义中,体现了可持续旅游发展理论中维持旅游资源持续性,保护旅游参与各方利益、机会的公平理念。

可持续旅游发展的实质就是要求旅游与自然、文化和人类生存环境成为一个整体,旅游业的可持续发展不是单纯的经济发展,而是生态、经济、社会整体系统的可持续发展。

旅游可持续发展与一般意义上的可持续发展理论具有本质上的一致性,主要有以下三层含义:

一是满足目的地发展需要、目的地居民需要和游客需要。

发展旅游业首先是通过适度利用环境资源,实现经济创收,满足东道社区的基本需要,提高东道居民生活水平;在此基础上,再满足旅游者对更高生活质量的渴望,满足其发展与享乐等高层次需要。

二是旅游承载力与环境限制。

资源满足人类目前和未来需要的能力是有限的，这种限制体现在旅游业中就是旅游环境承载力，即一定时期、一定条件下某地区环境所能承受人类活动作用的阈值。它是旅游环境系统本身具有的自我调节功能的度量，而可持续旅游的首要标志是旅游开发与环境的协调。因此，作为旅游环境系统与旅游开发中间环节的环境承载力，应当成为评价旅游业可持续发展的一个重要指标。

三是公平性，旅游资源的可持续发展。

强调本代人之间、各代人之间公平分配有限的旅游资源，旅游需要的满足不能以旅游区环境的恶化为代价，当代人不能为满足自己的旅游需求以及从旅游中获得利益而损害后代公平利用旅游资源的权利与利用水平。应牢记这样一个旅游发展理念，环境既是我们从先辈那里继承来的，也是我们从后代那里借来的；要把旅游看成这样一种活动：当代人为了保护好前代人遗留下来的环境，或是利用前代人留下的环境，为后代人创造更加优异环境的行动。

2. 可持续旅游的目标

可持续旅游发展理论是可持续发展理论在旅游业中的具体体现，它的基本目标有以下几方面：

①资源的完整多样性，增进人们对旅游所产生的环境、经济效应的理解，强化其生态意识。

②游客畅爽体验，向旅游者提供高质量的旅游经历。

③目的地社区受益，改善旅游接待地的生活质量。

④促进旅游的公平发展，投资商得到合理回报。

3. 旅游可持续发展实现途径

（1）旅游承载力

生态承载力——地区环境问题产生的限制；心理承载力——游客在转向另外的旅游景区前，在该地期望得到的最低满意度；社会承载力——目的地居民对来访游客最大忍耐度，和游客能接受的拥挤程度；经济承载力——在不影响目的地居民活动的情况下能举行旅游活动的能力。

（2）环境影响评估

识别旅游项目中可能产生的旅游活动的性质；识别环境中受旅游影响较大的因素；评估旅游对环境起初和随后的影响；管理旅游对环境产生的正面和负面影响；教育旅游者、旅游企业、从业人员和当地居民。

（3）分区

分区是可持续发展的重要工具，分区管理的目的是保护自然环境与提供浏览体验机会，包括时间分区、空间分区。

时间分区：比如许多旅游景区在候鸟、鱼类繁殖期禁止游客进入。旅游景区分时轮休、分时进入也是时间分区的概念。

空间分区：在景区的开发中注意生态保护，比如我国自然保护区将其结构分为核心区、缓冲区和实验区，核心区进行严格保护，缓冲区可开展旅游活动。

（4）游客管理

可持续发展也涉及游客行为管理，包括编制旅游指南、设施引导、语言引导、集中引导、事前引导与示范引导。管理方法有直接管理与间接管理。直接管理包括实施规则、时空分流、分区管理、限制利用、限制活动；间接管理包括物理变更、宣传与适当要求。

二、旅游低碳发展理论

节能环保是构建节约型社会、打造绿色城市、保障旅游业可持续发展的重要依托。旅游设施、酒店等的节电、节水，以及废弃物的回收、循环利用都是其中的内容。选择节能减排、低碳环保，不只是企业的社会责任、响应政府的号召，更是为企业提供一种全新视角来审视流程、定位、行业、供应链、价值链，从而降低成本、增加效益、创造价值并打造自己的竞争优势。

（一）低碳经济

随着人类生态文明建设进程的不断推进，低碳经济正日益影响和诱导着人类的生产和生活方式。

2003年，英国政府在其发布的能源白皮书《我们能源的未来：创建低碳经济》中，首次提及"低碳经济"，指出低碳经济是通过更少的自然资源消耗和更少的环境污染，获得更多的经济产出。实际上，低碳经济是为缓解全球气候变化、应对能源危机、生态危机，人类所倡导的一种"低能耗、低污染、低排放和高效能、高效率、高效益"的经济可持续发展模式。

全球气候变暖、能源安全、产业升级是推动低碳经济发展的主要动力。低碳经济发展的核心理念是在兼顾经济发展的前提下，通过技术创新、制度创新、管理创新，降低资源的消耗，尽可能最大限度地减少温室气体和污染物的排放，以更少的碳排放量来获得更大的经济、环境和社会效益，实现经济、社会、生态的低碳均衡式可持续发展。

低碳经济的实现途径：

从发展模式来看，低碳经济，作为一种发展方式，将经济、社会、生态三个子系统引入具有复杂巨系统特征的人类复合生态系统中，以维护全球碳平衡为最终目标，一方面是通过源头控制，减少碳排放，另一方面则通过末端控制吸收碳排放，以实现经济增长与控制碳环境。当前，低碳经济模式的实现主要通过三个方面进行：运用低碳技术、推进"碳汇机制"、倡导低碳生活方式。

（1）运用低碳技术

低碳经济的实现要求通过技术进步，创新低碳技术，在提高能源使用效率的同时，尽可能降低碳排放。

低碳技术是各种"节能、减排"技术和对大气中温室气体的"碳中和"技术的统称，其包含了煤的清洁与高效利用、可再生能源及新能源利用、二氧化碳的捕集或埋存等各项技术，涉及电力、交通、建筑、冶金、化工、石化等不同部门。

（2）推进"碳汇机制"

"碳汇机制"是指国际"碳排放权交易制度"（以下简称"碳汇"），来源于《联合国气候变化框架公约》（UNFCCC）缔约国签订的《京都议定书》，它指"从大气中清除二氧化碳的过程、活动或机制"。"碳汇机制"倡导通过增加森林等"自然碳汇体"的方式来中和大气中温室气体含量。自然界中重要的碳汇体有森林、湿地、海洋等，其中森林碳汇是推行碳汇机制的主要载体。

（3）倡导低碳生活方式。

倡导低碳生活方式，改变人们的高碳消费倾向，减少碳足迹。低碳生活方式是指通过各种节能减排措施或"碳中和"的生活消费方式，旨在减少个人生活中碳足迹的一种绿色生活方式，如"碳补偿"或"碳抵消"。

（二）低碳旅游

旅游作为一种综合性的人类活动，涉及"食、住、行、游、娱、购"等诸多层面，是人类体验物质文明、精神文明与生态文明成果的综合性大舞台。低碳经济时代到来，全球环境问题凸显，都对旅游业的发展提出了新要求。在旅游经济发展的同时，要注重对生态环境的保护与修复，降低游客行为对生态的不利影响，实现单位碳排放带来的最大化经济效益，追求资源使用效率。

根据低碳经济的理论，低碳旅游是指在旅游发展过程中，为获得更高的旅游体验质量，获得更大的旅游经济、社会、环境、生态效益，通过运用低碳技术、推行碳汇机制和倡导低碳旅游消费方式，而实现的一种可持续旅游发展新方式。

低碳旅游发展路径：

低碳旅游在旅游新技术的应用、旅游吸引物的构建、旅游设施的建设、旅游体验环境的培育、旅游消费方式的引导中，响应发展低碳经济模式和路径，实现旅游的低碳化发展目标。

（1）低碳技术创新与管理集成

降低因发展旅游经济而带来的大量游客对景区生态的破坏程度，调节高峰期游客量对景区的影响幅度，实现对游客与景区的统一管理控制，低碳技术的创新与发展、集成管理是关键所在。创新低碳技术，应用生态环境监测技术，在时间和空间上对景区的生态系统结构、功能等进行系统的测定和观察，实时监测碳排放量、大气、生态地质、植被、水体资源等，利用现代信息技术，监控和解决景区旅游高峰拥挤和生态环境破坏加剧的矛盾问题；提升景区经营管理与服务水平，加强集成管理方式，与低碳技术应用相匹配，发挥合力效应，为发展环境友好型的低能耗、低污染、低排放的旅游经济奠定基础。

（2）运用低碳技术构建低碳旅游吸引物

低碳旅游吸引物是指用来吸引旅游者前来旅游的一切有形的、无形的、物质的、非物质的、自然的、人工的低碳旅游吸引要素，既可以是各种自然低碳景观，如湿地、海洋、森林等自然旅游资源，也可以是人工创造的低碳设施景观，如低碳建筑设施、低碳产业示范园区，还可以是多样化的低碳旅游活动产品，如运动休闲活动、康体活动。

通过科学的旅游开发模式（生态标签地行动，如建设国家森林公园、国家湿地公园、国家风景名胜区、国家地质公园、生态旅游区等），充分挖掘森林、海洋、湿地、海塘、湖泊、江河等自然高碳汇体资源的旅游价值，提升自然旅游吸引物的质量。

策划以低能耗、低耗损为主的低碳旅游活动产品。

将低碳产业园区、低碳社区（如低碳街区、低碳城镇、低碳乡村等）以及相应低碳港区、低碳校区包装转化为低碳旅游吸引物。

通过生态化的技术手段，修复受损湿地（如湖泊、河流源地）、受损土地（如矿山、油田），营造自然与人工结合的综合型低碳旅游吸引物。

（3）配置低碳旅游设施

低碳旅游设施是基于低碳技术改造或直接使用低碳技术产品所建造的用于提供旅游接待服务的基础设施和专用设施。低碳旅游基础服务设施主要包括低碳道路交通设施、低碳环境卫生设施、低碳能源供应设施等；低碳旅游专项服务设施主要包括低碳旅游住宿餐饮设施、低碳旅游购物设施、低碳旅游娱乐设施以及低碳旅游游憩设施。

通过建设生态停车场，使用电瓶车、新型能源车等低碳旅游交通工具，以及建设低碳旅游道路等途径，发展低碳旅游交通设施。

在旅游景区的建设过程中，通过使用循环污水处理装置建设生态厕所，使用生态垃圾桶等方式，发展低碳旅游环境卫生设施。

通过利用太阳能、风能、水能等可再生能源技术，建设新型的低碳旅游能源供应系统。

通过使用低碳建筑，建设低碳旅游住宿、餐饮、购物、娱乐设施，如低碳酒店、低碳商贸建筑。

通过使用新能源观光游览车、低碳旅游休闲设施（如运动、健身设施）、低碳旅游观光设施、低碳娱乐体验设施，发展低碳游憩观光。

（4）培育碳汇旅游体验环境

碳汇旅游体验环境应该是基于自然碳汇机理所形成的一种和谐、高质量的旅游体验环境。旅游者以及目的地社区居民是重要的碳排放体，这些排放的碳最好能通过景区或目的地的碳汇机制进行吸收和储备，实现碳中和或碳平衡，使景区或目的地不仅成为"零排放"的旅游景区，还能成为区域性的碳汇地。培育碳汇旅游体验环境主要通过政府、旅游企业、旅游目的地社区以及旅游者的共同努力来实现。

政府要通过推行旅游碳汇机制，制定碳汇旅游体验环境的评估指标和监督机构，不断增强旅游目的地或旅游区的碳汇能力，消除碳排放的消极影响，培育高品级的碳汇旅游体验环境。

旅游企业要引入碳汇机制的旅游环境培育理念，注重提供企业生态文明建设，尽快实施低碳技术装备和服务方式转型，打造低碳旅游企业。

旅游目的地社区要积极参与旅游环境的建设与维护，实施低碳社区行动，构建和谐、畅爽的低碳旅游社区环境。

旅游者要自觉规范自身的旅游行为，树立"碳中和"的旅游消费理念，实行"碳补偿"或"碳抵消"的旅游消费方式。

（5）倡导低碳旅游消费方式

低碳旅游消费方式是指旅游者在旅游消费的过程中，通过各种方式和途径来减少旅游者的个人旅游碳足迹。倡导低碳旅游消费方式，主要包括以下几种：

①倡导低碳旅游交通方式。旅游者在选择旅游交通方式的过程中，应尽量以徒步、自行车、公共汽车、铁路等相对低碳的旅游交通方式取代自驾车、航空等高碳的旅游交通方式。旅游者在选择同一类型的旅游线路时，尽量选择个人旅游碳足迹相对少的旅游线路。

②倡导低碳旅游住宿餐饮方式。旅游者在选择旅游住宿餐饮服务时，尽量选择带有"绿色标签"的旅游酒店；在选择餐饮食物时，应优先考虑各种绿色食品、生态食品，不使用一次性餐饮工具。

③优先选择低碳旅游活动。旅游者在选择旅游活动时，应优先选择体育、运动、康体

低碳旅游体验活动。低碳旅游是在全球气候变化问题以及旅游发展价值公益化取向日益明显的生态文明时代新背景下，为获得更大的旅游经济、社会和环境效益寻求可持续旅游发展方式的一次全新突破，是旅游对发展低碳经济的具体行动。

三、复杂系统与管理熵理论

当旅游信息化进入智慧旅游阶段，各种数据、各类系统多源性、混杂性大大增加，对管理有序、服务有序提出了更高要求。

（一）复杂系统

系统是由时空交叠或分布的组件构成，组件之间、组件与环境之间会发生各种各样的交互作用。

自然界和人类社会中的所有系统可以分成两类：一类是简单系统——系统的整体行为或特性可由其组件的行为或特性来解释。简单系统具有可统计的特征，因此可以由"还原论"方法来解释；另一类是复杂系统——系统的整体行为或特性不能由其组件的行为或特性来确定。复杂系统中各组分（元素、子系统）按照某种组织结构相互关联、相互作用、相互制约、相互激发，涌现出子系统无法呈现的复杂特性。

目前公认的开放复杂巨系统有：生物体系统、人脑系统、人体系统、地理系统（包括生态系统）、社会系统、天体系统等。这些系统与以往工程系统的明显区别是往往将大量活的、有生命的物体作为系统中的子系统，这些子系统相互之间有强烈的交互作用，呈现出以下性质：

1. 开放性

系统本身及其子系统与周围的环境有物质的交换、能量的交换和信息的转换。

2. 复杂性

系统中子系统的种类繁多，子系统之间有交互作用。

3. 层次性

子系统到整体系统之间层次很多，甚至有几个层次也不清楚。

复杂系统是由众多子系统组成的，系统的整体行为或特性不能由其组件的行为或特性来解释（即整体不等于部分之和），组件的自主性，以及组件间交互的复杂性，使得整个系统呈现复杂性。

（二）熵与熵增定律

熵（Entropy），最早在1865年由德国物理学家鲁道夫·克劳修斯（Rudolf Clausius，1822—1888年）提出。他用熵来度量一个系统内在的混乱程度，或者是系统中的无效能量。能量分布得越均匀，熵就越大，而熵越大，则系统的混乱程度就越大，系统可以做功的能量就越少，当熵达到极大值时，系统就衰亡。

克劳修斯定义的熵，是一个与过程无关的状态函数：

$$S = Q/T$$

式中，S代表熵，Q代表热能，T代表温度。

科学家们研究发现，在自然界中存在一个普遍规律，系统"熵将随着时间而增大"，也就是能量密度的差异倾向于变成均等，这就是熵增定律。

在一个系统中，如果听任它自然发展，那么，能量差总是倾向于消除的。让一个热物体同一个冷物体相接触，热就会以下面所说的方式流动：热物体将冷却，冷物体将变热，直到两个物体达到相同的温度为止。如果把两个水库连接起来，并且其中一个水库的水平面高于另一个水库，那么，万有引力就会使一个水库的水面降低，而使另一个水库的水面升高，直到两个水库的水面均等，而势能也取平为止。

在一个孤立系统里，如果没有外力做功，其总混乱度（熵）会不断增大。物质总是向着熵增演化，屋子不收拾会变乱，手机会越来越卡，耳机线会凌乱，热水会慢慢变凉，太阳会不断燃烧衰变……直到宇宙的尽头——热寂；自律总是比懒散痛苦，放弃总是比坚持轻松，变坏总是比变好容易；大公司的组织架构会变得臃肿，员工会变得官僚化，整体效率和创新能力也会下降；封闭的国家会被世界淘汰。

（三）耗散结构

熵增定律被称为最让人沮丧的定律。它不仅预示了宇宙终将归于热寂，生命终将消失。而且，从小的方面来说，它左右着国家和企业的发展规律，让组织变得臃肿，缺乏效率和创新；它左右着个人的方方面面，让我们安于懒散、难以坚持、难以自律……

那么这还有办法可解决吗？从定义来说，熵增的条件有两个：封闭系统+无外力做功。只要打破这两个条件，我们就有可能实现熵减。

1969年，普里高津（Prigogine）提出了耗散结构理论，这一理论指出，一个远离平衡的开放系统（力学的、物理的、化学的、生物的，乃至社会的、经济的系统），通过不断地与外界交换物质和能量而获得负熵，在外界条件的变化达到一定的阈值时，可能从原有的混沌无序的混乱状态，转变为一种在时间上、空间上或功能上的有序状态，这种在远离平衡下通过环境补偿系统的能量耗散所形成的新的有序结构，就称为"耗散结构"。

形成耗散结构的条件包括以下几方面：

1. 远离平衡态

远离平衡态是指系统内可测的物理性质极不均匀的状态。当熵逐渐增大，虽然系统会变得越来越混乱无序，但是这种结构却更稳定，这种稳定就是平衡态。只有在远离平衡态条件下，才能使系统内部各子系统具有势能，并在此基础上出现涨落，从而使系统通过混沌、自组织而走向新的宏观有序的状态。

2. 非线性

系统产生耗散结构的内部动力学机制，正是子系统间的非线性相互作用，在临界点处，一个微小的变化也有可能导致一个巨大的突变。

3. 开放系统

耗散结构一定不是一个孤立系统，孤立系统的熵一定会随时间增大，熵达到极大值，系统达到最无序的平衡态。

在开放的条件下，系统的熵增量是由系统与外界的熵交换和系统内的熵产生两部分组成的，外界给系统注入的熵可为正、零或负，这要根据系统与其外界的相互作用而定。

开放系统的总熵增 dS 是由系统内部产生的熵 d_iS 和外部流入的熵 d_eS 的和所构成，即：

$$dS = d_iS + d_eS$$

式中，d_iS 恒大于零，d_eS 可为正也可为负。当 d_eS 为负且绝对值大于 d_iS，则系统的总熵增为负，反之则为正。

4. 涨落

一个由大量子系统组成的系统，其可测的宏观量是众多子系统的统计平均效应的反映。但系统在每一时刻的实际测度并不都精确地处于这些平均值上，而是或多或少有些偏差，这些偏差就叫涨落。涨落是偶然的、杂乱无章的、随机的，系统"通过涨落达到有序"。

5. 突变

临界值对系统性质的变化有着根本的意义。在控制参数越过临界值时，原来的热力学分支失去了稳定性，同时产生了新的稳定的耗散结构分支，在这一过程中系统从热力学混沌状态转变为有序的耗散结构状态，其间微小的涨落起到了关键的作用。这种在临界点附近控制参数的微小改变导致系统状态明显的大幅度变化的现象，叫作突变。耗散结构的出现都是以这种临界点附近的突变方式实现的。

（四）管理熵、管理耗散结构

1. 管理熵

企业作为一个具有生物特性、自然特性和社会特性的开放的复杂巨系统，其发展在各种因素交互影响下，表现为一个从孕育、创立、成长到成熟、变异的动态演化的复杂过程，这一过程使企业发展充满了不确定性和混沌。

所谓管理熵，是指管理系统在一定时空中表示能量状态和有序程度的综合集成的非线性效能比值状态。

企业管理熵公式：

$$MS = k\ln W$$

式中，管理熵 MS 是反映企业系统有序度的宏观状态；W 是与宏观态相对应的微观状态数，k 是行业系数，这是为了消除行业差异对管理效率、效益的影响而设定的，使不同行业的企业能在同一尺度上进行比较。

任何管理系统内部都存在着管理熵的矛盾运动，并决定着管理系统的发展。管理熵越大，表明企业内部管理越混乱；反之，则表明企业内部管理越有序，管理效率就越高。任何一种企业系统的组织、制度、政策、方法、文化、理论、技术等管理的能量和生产经营要素，在孤立的组织系统运动过程中，总呈现出做功的有效能量递减，而无效能量递增的不可逆过程；也决定了管理效率不断降低的过程，孤立的企业组织系统必然从有序向无序状态发展，最终趋于衰亡。

2. 管理耗散结构

管理耗散结构就是管理耗散过程中形成的自组织和自适应管理系统。管理耗散是指当一个远离平衡态的开放的复杂管理系统，在自身消耗物资、能量和信息的同时，又不断地与外部环境进行物质、能量和信息的交换并得到补偿，在管理系统内部各单元之间的相互作用下，系统的负熵增加大于正熵增加，使组织有序度的增加大于自身无序度的增加，形成效能的有序结构和产生新的能量的过程。

管理耗散结构的形成，必然通过企业与环境不断地进行生产要素和产品交换，在交换过程中，实现管理的负熵增，使企业运行有序，进而促进管理效率增长。管理耗散结构的形成，必然导致管理效率不断提高。

形成管理耗散和管理耗散结构的前提条件有以下几方面：

①管理系统是远离平衡态的开放复杂系统，同环境有常态化的物质、能量和信息的交换，如资金、原材料、产品、技术和市场及政策信息等的交换。

②外部环境条件变化达到一定的阈值且引起内部各子系统的非线性相对运动和协同，如行业技术、市场、产业政策等变化，必然引起企业内部调整。

③通过内部多个子系统相对关系的涨落和突变，涌现出新的有序的系统特性。一个由大量子系统组成的企业系统，其可测的宏观量（如利润、发展趋势等）是众多子系统的微观量（如成本、劳动生产率、产销率等）统计平均效应的反映。但系统在每一时刻的实际测度并不都精确地处于这些平均值上，而是或多或少有些偏差，这些偏差就叫企业系统的涨落。

3. 管理熵理论在复杂景区系统中的应用

随着我国旅游业的飞速发展，旅游对生态环境造成的压力也越来越大，对旅游地区过度开发而产生的消极效应也开始出现，特别是在国家级热点风景名胜区，旅游高峰期景区环境承载力与突发的客流高峰矛盾尤为突出，游客拥堵现象严重，造成巨大的安全隐患，环境质量急剧恶化，所有这些都不同程度地威胁着景区生态旅游业的可持续发展。

旅游景区系统是一个涵盖了经济系统、社会系统和自然环境生态系统的开放性复杂巨系统。在这个开放性复杂巨系统里，既包括了景区游客活动与旅游资源互动，又包含了人类活动与自然生态环境的关系，同时囊括了景区中各种因素交互作用，所有影响因素间的作用机理属非线性，具有复杂性特征。

旅游景区是能够满足游客的旅游需求、具备旅游资源、提供旅游服务的管理区域。景区旅游管理系统是景区管理者对大规模具有独立自主行动意识的游客在景区中的旅游活动进行监督和管理的系统，主要涉及游客流、旅游资源以及旅游服务支持设施等对象。在运营管理的干预下，景区系统是一个具有管理耗散结构特性的非平衡开放系统，系统内部与外部进行着物质流、信息流、能量流、价值流等交换，如图1-2所示。

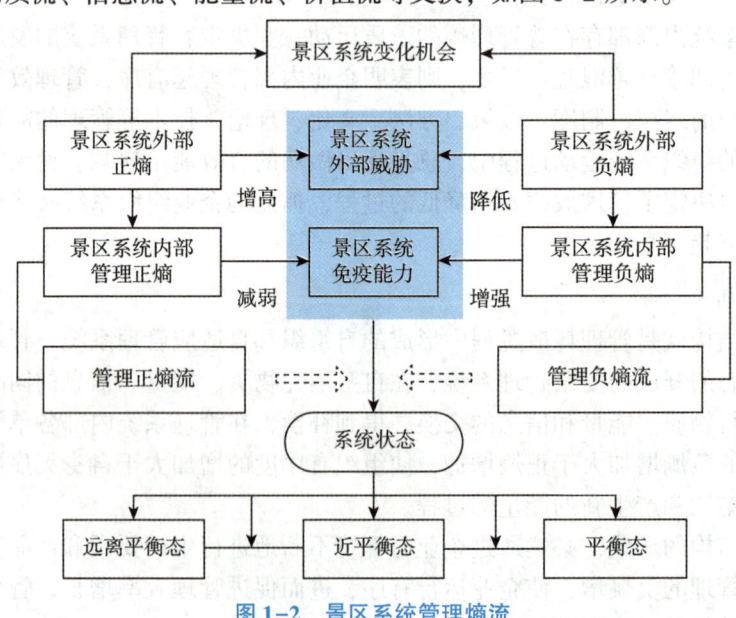

图1-2 景区系统管理熵流

景区系统内部的管理熵流来源于景区系统内部及外部共同作用的结果。管理正熵流是系统外部正熵增多及景区无效管理过程中产生的管理熵增共同导致的，管理负熵流是系统外部负熵的增多与景区系统有效管理过程中产生的管理熵减共同引起的。

伴随系统内各单元间的内耗与抑制作用加剧，形成的管理正熵流导致景区系统走向无序状态；而各要素间相互协同作用，有效信息、能量等资源的引入，在景区系统内部形成管理负熵流，促进景区系统趋向有序状态。

四、"互联网+"与"+互联网"、"旅游+"与"+旅游"、互联网+旅游

互联网正在以人们始料未及的速度改变着旅游组织方式、市场经营模式以及游客的出游方式和消费方式。

（一）关于"+"

这个"+"，是结合的意思，"+"本身就是一种跨界，就是变革，就是开放，就是一种融合。比如"互联网+商店=淘宝""互联网+出租车=滴滴打车""互联网+电话短信=微信"，这种"+"不是"1+1=2"的"+"，而是"1+1>2"的"+"，这个"+"可能是对原有产业的升级换代，是一种质的变化，当然也可能只是原有产业上叠加新生产要素，但却可能带来新的变化，产生新的效果。

"互联网+"与"+互联网"，一个"+"在后，一个"+"在前，二者有区别吗？很多时候，我们并没有去严格区分它们，其实，从思维逻辑和二者结合的理念角度来讲，二者有很大的区别。

"互联网+"，是"网络为体、创新为用"，是以互联网新技术应用为主体，用互联网思维去创新、催生一大批新产品、新业态。"+互联网"，是"传统为体、网络为用"，是在传统的业务、传统的产业，用互联网技术、新的装备去提升效率，绝对不是对传统业务、传统产业的颠覆。

"+"在前还是在后，显然有明显的差异，"+"前面的是主体、主业，这一点用在"旅游+"上就更是这样了，它涉及我们基本的开发设计理念和思想。比如"旅游+农业""农业+旅游"，一般情况下，这二者不是平衡的，在前面的才是最重要的主体，后面的就是叠加的辅体了。

关于"+"的问题，我们可以进一步引申出"技术+"和"+技术"的问题，一个是基于技术可能引起颠覆的变革，比如组织变革、流程再造，又如出现新的业态、新的行业；而另一个"+技术"呢，可能只是采用新技术对原来业务水平进行提升，对工作方式进行改进。

（二）"互联网+"

"互联网+"这个概念，于2012年在业界被首次提出，强调互联网与各传统产业进行跨界深度融合。腾讯创始人马化腾认为"互联网+"是以互联网平台为基础，利用信息通信技术与各行业的跨界融合，推动产业转型升级，并不断创造出新产品、新业务与新模式，构建连接一切的新生态。

2015年3月5日上午9时，人民大会堂，第十二届全国人民代表大会第三次会议隆重开幕。李克强总理在《政府工作报告》中提出，要制定"互联网+"行动计划，推动移动互联网、云计算、大数据、物联网等与现代制造业结合，促进电子商务、工业互联网和互联网金融健康发展，"互联网+"正式成为国家战略。

1. 在"互联网+"中，互联网的主体作用

第一，用互联网的思维来改造与提升传统产业。

互联网思维，就是在大数据、云计算等科技不断发展的背景下，对市场、用户、产品、企业价值链乃至对整个商业生态重新进行审视的思考方式。"互联网+"从科技、管理、商业模式等多个方面创新，赋予传统产业新的活力。

科技方面的创新，体现在互联网与各行各业跨界融合之后，创造和应用互联网新知识和新技术、新工艺，采用互联网思维的新生产方式和经营管理模式，开发新产品，提高产品质量，提供新服务的过程；管理方面的创新，体现在互联网与各行各业跨界融合之后，推动宏观管理层面上的制度创新和微观管理层面上具体方法的创新；"互联网+"也会使商业模式发生很大的变化，它改变了人们的生活方式，改变了人和人的沟通方式，也改变了企业经营模式，创造了一些过去没有的形态，也在使一些传统的商业模式逐渐消亡。

第二，利用互联网技术进行全面连接、无缝连接。

互联网通过PC（个人电脑）或移动终端，实现人与人、人与物、人与服务、人与场景、人与未来的连接。"互联网+"是使互联网的创新成果与经济社会各领域深度融合，推动技术进步、效率提升和组织变革，提升实体经济的创新力和生产力，形成更广泛的以互联网为基础设施和创新要素的经济社会发展新形态。

2. "互联网+"中"+"的是什么

"互联网+"中"+"的是传统的各行各业，是"互联网+"以信息通信业为基础，全面跨界到第一、二、三产业，形成了互联网制造、互联网农业、互联网金融、互联网教育、互联网交通等新业态。

《国务院关于积极推进"互联网+"行动的指导意见》（国发〔2015〕40号）中提出了"互联网+"十一大行动计划："互联网+"创业创新、"互联网+"协同制造、"互联网+"现代农业、"互联网+"智慧能源、"互联网+"普惠金融、"互联网+"益民服务、"互联网+"高效物流、"互联网+"电子商务、"互联网+"便捷交通、"互联网+"绿色生态、"互联网+"人工智能，等等。

3. "旅游+"

"旅游+"是指充分发挥旅游业的拉动力、融合能力，及催化、集成作用，为相关产业和领域发展提供旅游平台，插上"旅游"翅膀，形成新业态，提升其发展水平和综合价值。《文化和旅游部关于提升假日及高峰期旅游供给品质的指导意见》（文旅资源发〔2018〕100号）中指出："要牢牢把握旅游消费加快升级的特征，大力推进旅游业供给侧结构性改革，坚持全域旅游发展方式，通过实施'旅游+'战略，扩大产品供给，打造产品品牌，提高产品质量。加大旅游新业态建设，着力开发文化体验游、乡村民宿游、休闲度假游、生态和谐游、城市购物游、工业遗产游、研学知识游、红色教育游、康养体育游、邮轮游艇游、自驾车房车游等。加快旅游产品升级改造，注重提升旅游产品的文化内涵、科技含量、绿色元素，重点打造以民宿为核心的乡村旅游产品，以教育传播为功能的体验产品。"

（1）旅游+农业、林业和水利

大力发展观光农业、休闲农业和现代农业庄园，鼓励发展田园艺术景观、阳台农艺等创意农业和具备旅游功能的定制农业、会展农业、众筹农业、家庭农场、家庭牧场等新型

农业业态，促进农副产品旅游商品化，促进农民增收和新村建设。因地制宜建设森林公园、湿地公园、沙漠公园，鼓励发展"森林人家""森林小镇"。鼓励水利设施建设融入旅游元素和标准，充分依托水域和水利工程，开发观光、游憩、休闲度假等水利旅游。

（2）旅游+城镇化、工业化和商贸

突出中国元素，体现区域风格，建设美丽乡村、旅游小镇、风情县城、文化街区、宜游名城以及城市绿道、骑行公园等慢行系统，支持旅游综合体、主题功能区、中央游憩区等建设。利用工业园区、工业展示区、工业历史遗迹等因地制宜开展工业旅游，鼓励发展旅游用品（如高尔夫设备、滑雪用具、宾馆饭店用品、户外用品等）、户外休闲用品和旅游装备（如房车、索道、小型旅游飞机、游乐设备等）制造业。完善城市商业区旅游服务功能，开发具有自主知识产权和鲜明地方特色的时尚性、实用性、便携性旅游工艺品与旅游纪念品，提高旅游购物在旅游收入中的比重，积极发展商务会展旅游。

（3）旅游+科技、教育、文化、卫生和体育

积极利用科技工程、科普场馆、科研设施等发展科技旅游。以弘扬社会主义核心价值观为主线，发展红色旅游，开发爱国主义和革命传统教育、国情教育、夏（冬）令营等研学旅游产品。依托非物质文化遗产、传统村落、文物遗迹及美术馆、艺术馆等文化场所，推进剧场、演艺、游乐、动漫等产业与旅游业融合，发展文化体验旅游。开发医疗健康旅游、中医药旅游、养生养老旅游等健康旅游业态。积极发展冰雪运动、山地户外运动、水上运动、汽车摩托车运动等体育旅游新产品。

（4）旅游+交通、环保和国土

建设自驾车房车旅游营地，打造旅游风景道和铁路遗产、大型交通工程等特色交通旅游产品，推广精品旅游公路自驾游线路，支持发展邮轮游艇旅游，开发多类型、多功能的低空旅游产品和线路。建设生态旅游区、地质公园、矿山公园以及山地旅游、海洋海岛旅游、避暑旅游等旅游产品。

（三）互联网+旅游

中国的网民规模和互联网普及率日益提升，互联网对于旅游者的旅游决策、旅游消费、旅游行为等都有很大的影响。

互联网的信息丰富、查找便捷让旅游者不再因处于"信息不对称"的劣势地位而"被旅行社选择"旅游产品。同时，旅游电子商务、在线旅游服务商的发展，让旅游者可以实惠、方便地购买旅游产品。而伴随着移动互联网时代的到来，旅游者可以在旅途中随时改变、决定、购买旅游行程相关的旅游产品，预订甚至在前往另一个旅游目的地的途中才开始预订酒店，在入住了当地酒店之后才开始挑选之后的文化、娱乐、餐饮等体验项目。

随着互联网对旅游业日益深入的渗透，无论从游客习惯、产业链条，还是从旅游业态、商业模式和管理方式上，都发生了重大的改变。

1. 游客消费习惯的改变

互联网让游客的消费习惯发生了巨大的变化。随着互联网时代和移动互联网的普及，电脑、手机、平板电脑等成为互联网时代旅游者获取旅游信息的主要渠道。互联网时代的旅游服务，不仅要有线下旅游要素的服务和支持，还要有网上的预订、查询、分享、投诉、咨询等线上服务支持。

2. 产业链条的变化

"互联网+"从两个方面对传统的旅游产业进行了改变。一是丰富了产业链条的环节。从旅游产品供应商到最终旅行消费用户，在传统的旅行社外增加了在线平台，使得整个行业发生了重大变革。在线媒体平台让旅游者有了更多的信息和对比的渠道，可帮助旅游者实现更多个性化、差异化的旅游需求。二是"互联网+"推动了传统企业的网络化和数字化，推进了产业链的联系，让"食、住、行、游、购、娱"各要素链紧密合作成为可能。

3. 旅游业态创新

传统产业链条正在被移动互联网公司高度切分，"互联网+"催生了旅游各环节新业态：在旅游计划阶段，"互联网+"开启了咨询模式，搭建了攻略、社交网络平台；在旅游要素对比和决策阶段，"互联网+"开启了搜索模式，为旅客提供酒店、机票等价格比对信息；在旅游要素预订阶段，催生了各类在线预订平台；在旅游过程中，催生了基于位置和场景的服务；在游后点评和分享阶段，催生了对酒店、景区、交通等服务进行点评和分享的需求服务。

4. 商业模式变革

传统旅游的商业模式主要是"游客—组团社—地接社—供应商（如景区、酒店等）"的佣金分成模式。随着互联网的发展，商业模式也日趋多元化：传统旅游企业开创的"直销模式"（F2C）、互联网企业的代理分销模式（B2C）、电商企业打造的平台模式（C2C）、个人对个人模式（P2P）、旅游服务的众筹模式（A2A、O2O）、旅游产品开发的"参与式定制"模式或社群模式（C2B），等等。

5. 管理方式管理重心的转移

一是数据、信息安全问题更加突出，旅游网络系统按照规定实行安全等级保护管理；二是对政府而言，需要从基于跟团游的管理向基于散客、自由行的管理转变，从基于旅行社的行业管理向基于旅游公共服务的管理转变，从基于传统的产品评级标准向基于公共服务的综合与专业管理标准转变，从基于景区为中心的应急管理向基于景区联动区域的应急管理转变；三是对旅游企业而言，在需求更个性化、差异化的时期，需要进行企业内部管理的革新。

五、全域旅游

2015年8月，为进一步发挥旅游业在转方式、调结构、惠民生中的作用，实现旅游业与其他行业产业的深度融合，原国家旅游局下发了《关于开展国家全域旅游示范区创建工作的通知》（旅发〔2015〕182号），这是全域旅游从理念向实践落实的重要推动，是地方践行全域旅游的重要指引。2018年3月，《国务院办公厅关于促进全域旅游发展的指导意见》（国办发〔2018〕15号）指出："发展全域旅游，将一定区域作为完整旅游目的地，以旅游业为优势产业，统一规划布局、优化公共服务、推进产业融合、加强综合管理、实施系统营销。"发展全域旅游成为国家战略。

（一）什么是全域旅游

"全域旅游"是指在一定行政区域内，以旅游业为优势主导产业，实现区域资源有机整合、产业深度融合发展和社会共同参与，通过旅游业带动乃至于统领经济社会全面发展的一种新的区域旅游发展理念和模式。

发展全域旅游要全面贯彻党的十九大精神，以习近平新时代中国特色社会主义思想为指导，认真落实党中央、国务院决策部署，统筹推进"五位一体"总体布局和协调推进"四个全面"战略布局，牢固树立和贯彻落实新发展理念，加快旅游供给侧结构性改革，着力推动旅游业从门票经济向产业经济转变，从粗放低效方式向精细高效方式转变，从封闭的旅游自循环向开放的"旅游+"转变，从企业单打独享向社会共建共享转变，从景区内部管理向全面依法治理转变，从部门行为向政府统筹推进转变，从单一景点景区建设向综合目的地服务转变。

（二）发展全域旅游的主要目标

1. 旅游发展全域化

推进全域统筹规划、全域合理布局、全域服务提升、全域系统营销，构建良好自然生态环境、人文社会环境和放心旅游消费环境，实现全域宜居宜业宜游。

2. 旅游供给品质化

加大旅游产业融合开放力度，提升科技水平、文化内涵、绿色含量，增加创意产品、体验产品、定制产品，发展融合新业态，提供更多精细化、差异化旅游产品和更加舒心、放心的旅游服务，增加有效供给。

3. 旅游治理规范化

加强组织领导，增强全社会参与意识，建立各部门联动、全社会参与的旅游综合协调机制。坚持依法治旅，创新管理机制，提升治理效能，形成综合产业综合抓的局面。

4. 旅游效益最大化

把旅游业作为经济社会发展的重要支撑，发挥旅游"一业兴百业"的带动作用，促进传统产业提档升级，孵化一批新产业、新业态，不断提高旅游对经济和就业的综合贡献水平。

（三）发展全域旅游的路径

1. 推进融合发展，创新产品供给

推动旅游与城镇化、工业化和商贸业融合发展；推动旅游与农业、林业、水利行业融合发展；推动旅游与交通、环保、国土、海洋、气象融合发展；推动旅游与科技、教育、文化、卫生、体育融合发展；提升旅游产品品质，提升传统工艺产品品质和旅游产品文化含量，提高旅游产品科技含量，提高旅游开发生态含量；培育壮大市场主体。

2. 加强旅游服务，提升满意指数

以标准化提升服务品质；以品牌化提高满意度；推进服务智能化，涉旅场所实现免费Wi-Fi、通信信号、视频监控全覆盖，主要旅游消费场所实现在线预订、网上支付，主要旅游区实现智能导游、电子讲解、实时信息推送，开发建设咨询、导览、导游、导购、导航和分享评价等智能化旅游服务系统；推行旅游志愿服务；提升导游服务质量。

3. 加强基础配套，提升公共服务

扎实推进"厕所革命"；构建畅达便捷的交通网络；完善集散咨询服务体系，继续建

设提升景区服务中心，加快建设全域旅游集散中心，在商业街区、交通枢纽、景点景区等游客集聚区设立旅游咨询服务中心，有效提供景区、线路、交通、气象、海洋、安全、医疗急救等信息与服务；规范旅游引导标识系统。

4. 加强环境保护，推进共建共享

加强资源环境保护；推进全域环境整治；强化旅游安全保障；大力推进旅游富民；营造良好社会环境，树立"处处都是旅游环境，人人都是旅游形象"的理念。

5. 实施系统营销，塑造品牌形象

制订营销规划，把营销工作纳入全域旅游发展大局；丰富营销内容；实施品牌战略；完善营销机制，建立政府、行业、媒体、公众等共同参与的整体营销机制；创新营销方式。

6. 加强规划工作，实施科学发展

加强旅游规划统筹协调；完善旅游规划体系；做好旅游规划实施工作。

7. 创新体制机制，完善治理体系

推进旅游管理体制改革；加强旅游综合执法；创新旅游协调参与机制；加强对旅游投诉举报的处理；推进文明旅游。

第四节　我国智慧旅游发展概述

在旅游管理信息化方面应用比较广泛的系统有两类。

一是旅游管理信息系统（Tourism Management Information System，TMIS），是以旅游信息数据库为基础，在计算机软硬件支持下，运用系统工程和信息科学的理论和方法，综合地、动态地获取、存储、管理、分析、查询和应用旅游信息的信息系统，即我们所说的传统意义上的旅游管理信息系统。

二是旅游地理信息系统（Tourism Geographic Information System，简称TGIS），是GIS技术和网络技术发展的结果，是以旅游地理信息数据库为基础，在计算机软硬件支持下，运用系统工程和信息科学的理论和方法，综合地、动态地获取、存储、管理、分析和应用旅游地理信息的多媒体信息系统。由于旅游资源具有区域唯一性，旅游商品如旅游产品、旅游服务等在消费上具有时序性、定点性等空间地理性，因此旅游地理信息体现了较强的地理属性。应用TGIS将能更加准确地根据旅游信息的特点对其加强管理。一切与旅游地理信息和数据相关联的信息，如景点、交通、住宿、娱乐、购物、文化特征、特色及提示等都是TGIS的研究对象。

但这些功能相对单一的信息系统都存在着各种形式的不足，如系统的自主性、直观性、可移植性、可扩展性、可维护性都很差等。随着物联网、云计算技术的迅速普及与运用，建立一个涵盖面更加广泛，旅游管理、旅游服务、旅游营销功能更加完善、更加智慧的智慧旅游生态体系，既是旅游事业发展的需要，又有现实市场的需求。

一、智慧旅游产生的背景

2008年11月，国际商用机器公司（International Business Machine Corporation，IBM）

首先提出"智慧地球"（Smarter Planet）概念。按照IBM的定义，"智慧地球"包括三个维度：第一，能够更透彻地感应和度量世界的本质和变化；第二，促进世界更全面地互联互通；第三，在上述基础上，所有事物、流程、运行方式都将实现更深入的智能化，企业因此获得更智能的洞察力。

在"智慧地球"时代，IT将变成让世界智慧运转的隐性能动工具，分布于人、自然系统、社会体系、商业系统和各种组织中，整个世界更加智能化，个人、组织、设施之间高效互动，为人类社会提供更好的发展契机。

IBM设想"智慧地球"，城市建筑将会像生物体那样具有感知能力及反应能力，有更智能、更绿色、更先进、更强大的供电网络，有更节能、更安全的智能供水系统。遍布的感应器将帮助政府机构、学校、医疗机构等提前做好健康防范措施，因此城市将会有更强的免疫系统。

"智慧地球"是以一种更智慧的方法通过利用新一代信息技术来改变政府、公司和人们相互交互的方式，以便提高交互的明确性、效率、灵活性和响应速度，它是一项庞大的工程，首先落实、落地在"智慧城市"（Smarter Cities）的建设上。

"智慧城市"建设的核心思想是充分运用信息技术手段，以物联网技术为重要基础，通过物与物、人与物的通信网全面感测分析、整合城市运行核心系统的各项关键信息，整合实现政务、教育、交通、医疗、金融、城管、社区、人文环境、自然环境、安防、应急指挥、灾害预警、农业、能源、建筑、旅游、食品药品、物流、电子商务等方面的智慧应用，为企业提供优质服务和广阔的创新空间，为市民提供更好的生活品质。

"智慧城市"这一理念与思路已被人们接受，并且在世界上的一些城市已有所体现。究其原因，"智慧城市"是一个城市发展的新思路；究其本质，"智慧城市"首先是一种看待城市的新角度，是一种发展城市的新思维。它要求城市的管理者和运营者把城市本身看成一个生命体，要求人们认识到，城市本身不是若干功能的简单叠加，城市是一个系统，城市中的人、交通、能源、商业、通信、旅游、水这些过去被分别考虑、分别建设的领域，实际上是普遍联系、相互促进、彼此影响的整体。只不过是由于科技手段不足，这些领域间的关系一直是隐形的存在。由于信息技术的快速发展，人们有可能通过感知化、物联化、互联化的方式把城市的这些物理基础设施、信息基础设施、社会基础设施和商业基础设施等连接起来，成为新一代智慧化的基础设施，使城市各系统成为一个有机整体，就像给城市装上了智能的神经网络系统，便于实时反映、运营管理及决策指挥等。

"智慧城市"通过建设云计算平台，对城市机关、事业单位和企业单位已有的数据资源进行标准化整合，建立科学且行之有效的"智慧城市"信息共享机制，切实地发挥"智慧城市"服务政府、企业、市民的重大作用。

智慧的基因正不断复制到社会的各个领域，旅游也不例外。随着感知技术、通信技术的发展和完善，云计算技术的新生和崛起，传感设备不断智能化、微型化、标准化，通信网络不断协同化、融合化、宽带化、泛在化，先进的信息技术手段和逐渐成熟的应用环境为旅游业的飞速发展插上了"智慧"的翅膀。

"智慧城市"的建设，包括了"智慧旅游"（Smarter Tourism）的建设。"智慧旅游"是在"智慧城市"的基础上发展而来，是"智慧城市"在旅游城市和城市旅游两大领域中的推广型应用，是将服务对象由城市居民向外来游客的内涵式延伸。"智慧城市"里的智慧社区、智慧医疗、智慧政务、智慧交通、智慧能源、智慧金融、智慧物流、智慧环境、智慧文化创意产业、智慧建筑、智慧城管、城市应急指挥等行业都与智慧旅游相关联，共同搭建智慧旅游的支撑平台，实现"智慧旅游"的某些功能可借助或共享"智慧城市"的已有成果。

应该说，是全球信息化浪潮促进了旅游产业的信息化进程，推动了"智慧旅游"的建设，说得更具体一点，"智慧旅游"源于"智慧地球"与"智慧城市"建设理念，它能得到快速发展，主要还是取决于下面四个方面的因素：

（1）新技术、新设备的进步与发展

以互联网为代表的现代信息技术持续更新迭代，为旅游业高质量发展提供了强大的动力。互联网、移动互联网、物联网、移动通信、云计算以及人工智能技术等新一代信息技术的成熟与发展，为智慧旅游建设提供了有力的技术支撑和可能性；智能手机、平板电脑等智能移动终端的普及为智慧旅游提供了应用载体。

（2）旅游产业的快速发展

旅游产业的快速发展，让它有了拥抱新技术、创造新的发展模式、新业态的需要和经济基础、产业环境。旅游业被国务院定位为"国民经济的战略性支柱产业和人民群众更加满意的现代服务业"，获得重大的发展机遇，旅游业与信息产业的融合发展成为引导旅游消费、提升旅游产业素质的关键环节。

（3）强大市场需求

最为重要的是，随着旅游者的增加和对旅游体验的深入需求，旅游者对信息服务的需求在逐渐增加，尤其旅游是在开放性的、不同空间之间的流动，旅游过程具有很大的不确定性和不可预见性，实时实地、随时随地获取信息是提高旅游体验感的重要方式，也昭示了智慧旅游建设的强大市场需求。

（4）旅游者的推动

整个社会的信息化水平逐渐提升了旅游者对信息手段的应用能力，使智能化的变革具有广泛的用户基础；同时，旅游者掌握的新技术、新方法，有更多更好的需求，对传统的旅游方式造成冲击，因此旅游企业、旅游相关部门需要做出相应的变革。

还需要指出的是，旅游并不仅发生在城市，"智慧旅游"与"智慧城市"体系下的"旅游"是两个不同的概念，前者要比后者具有更广泛的内涵。

二、我国智慧旅游建设发展现状

传统旅游信息化在建设思路上有一定的局限性，往往是就事论事，缺少从全局角度去构建整体化应用体系的思路，从而造成了各应用系统的支离破碎。那么，旅游信息化要实现向更高的阶段发展，旅游经济要实现向现代服务业的转型，旅游产业要实现可持续的发展，就必须站在全局的高度系统地分析问题，提出科学合理的整体的解决方案，智慧旅游正是在这样的时代背景下应运而生的，并将在未来成为旅游信息化发展的必然趋势。

智慧旅游在我国的发展，最初是政府工程，方便政府提升管理效能，但随着游客诉求的提升和企业服务意识、市场意识的增强，旅游企业也开始积极关注游客的智慧出行、智慧体验、智慧服务、智慧管理、智慧营销，在智慧旅游建设方面主动作为、积极探索新的服务项目，提升管理效率、服务水平和市场竞争力。

2011年，原国家旅游局在《中国旅游业"十二五"发展规划纲要》中提出，用10年时间基本实现智慧旅游，把旅游业发展为高信息含量、知识密集的现代服务业。2013年，原国家旅游局又推出了国家智慧旅游试点工程和"智慧旅游年"，使智慧旅游走向新高度。2014年8月，国务院颁布《关于促进旅游业改革发展的若干意见》，明确提出要制定旅游信息化标准，加快旅游基础设施建设，包括加快智慧景区、智慧旅游企业建设，以及完善旅游服务体系。2015年，国务院办公厅印发的《关于进一步促进旅游投资和消费的若干意见》中提出，到2020年，全国将打造10 000家智慧旅游乡村。与此同时，以移动互联网技术为代表的新技术及技术应用创新快速发展，不仅催生了旅游的新业态，而且大大改变了游客决策、消费等行为，也改变了旅游信息服务、旅游管理、旅游营销的方式。

我国智慧旅游建设发展，有以下几个标志性年份：

①2010年，江苏省镇江市在全国率先创造性地提出"智慧旅游"概念，开展"智慧旅游"项目建设。

②2012年，国家旅游局（今为文化和旅游部）为积极引导和推动全国智慧旅游发展，开始开展"国家智慧旅游试点城市""全国智慧旅游景区试点单位"申报建设工作。

③2014年，国家旅游局确定"2014中国智慧旅游年"，提出智慧旅游景区、智慧旅游乡村、智慧旅游公共服务等具体行动要求。

④2017年，《"十三五"全国旅游信息化规划》发布，详细规定了智慧旅游服务和管理的应用。

⑤2020年，《关于深化"互联网+旅游"推动旅游业高质量发展的意见》出台，提出了智慧旅游建设新目标和重点任务。

全国各地在市场推动和政府主导下，积极推动将智慧旅游初期成果直接应用于旅游产业要素，一批智慧旅游企业快速成长，旅游电子商务业务成为多数旅游企业选择的新盈利方式。而旅游监管部门也注重运用最新科技成果提升旅游服务和行业监管水平，转变旅游监管方式，提升监管服务水平。智慧旅游建设和应用蔚然成风。

第五节　智慧旅游概念

目前，与智慧旅游相关的概念主要有数字旅游、旅游信息化、智能旅游等。数字旅游主要以旅游电子政务为主，侧重于旅游信息数据的数字化与集成，本质上是计算机信息系统，服务的核心是政府管理部门；旅游信息化则主要侧重于信息技术在旅游业中的应用，对旅游产业链的改造，服务的核心是旅游企业管理和经营；智能旅游侧重于高科技智能设备在旅游业中的应用，是企业级的应用，是企业的经营行为。智慧旅游以服务游客为核心，是一种"技术+""互联网+"的创新思维，它建立在数字旅游、旅游信息化、智能旅游的基础之上，可以说是它们的更高阶段，它体现一种更高级的综合性，把旅游信息化进程推向了高潮，服务于公众、旅游企业及政府部门，形成可持续发展的旅游生态系统。

一、智慧旅游定义

(一) 智慧旅游

根据智慧旅游建设实践，可以认为，智慧旅游是指充分运用物联网、云计算、移动通信、人工智能等新一代信息技术手段，创新旅游服务、营销和管理理念，充分配置和整合人、旅游物理资源、信息和资金等旅游产业资源，服务于公众、企业和政府，形成高效、可持续发展的旅游生态系统。

(二) 关于智慧旅游的理解

1. 从技术层面来理解

智慧旅游是物联网、云计算、移动通信、人工智能等信息通信技术在旅游业中的应用，是全面物联，充分采集、整合各类旅游信息资源，并打破信息孤岛，克服旅游信息不对称，实现全流程、全时空信息高效共享。同时，还能够扩展接受和融合来自相关行业（如交通、商贸、卫生等）的信息，并与其他的智慧系统进行数据交换与共享，能够无缝接入层次更高的智慧化体系（如智慧城市）。

智慧旅游的发展，需要依托两类技术的发展。其一，信息科技核心技术的发展。云计算、移动通信技术、全球定位系统（GPS）等技术的发展使得相关的数据和功能得以生成，智慧旅游的建立将会推进技术在旅游行业内的普及应用，旅游业的应用将会形成示范效应，从而引起其他行业的同时跟进，因而，智慧旅游的应用将能推动核心技术的普及应用。其二，设备终端技术的发展。核心技术的应用最终应当使人们的生活更便捷，因而，越来越多的人通过智能终端来接收智慧旅游的相关信息，进而促进行业发展。

就技术的研发应用来看，智慧旅游技术主要包括三层：社会层、行业层和要素层。社会层是指整个社会大环境中的现代技术，如云计算、遥感技术（RS）和移动通信技术等，这些技术在社会中的广泛应用是智慧旅游发展的技术基础；行业层是指旅游行业中的现代技术，如虚拟旅游、旅游软件等，是智慧旅游发展的中坚技术；要素层则是在旅游行业具体要素范围内的技术，如电子票务系统、数码客房服务系统等，是智慧旅游的核心要件。无论何种技术层面，只有加强研发，并运用到发展实践中，才能提升智慧旅游服务社会的能力。

2. 从应用层面来理解

智慧旅游服务于公众、企业和政府部门，充分挖掘旅游信息资源，全面覆盖旅游者、旅游经营者和旅游管理者、旅游目的地居民等各类旅游参与主体的需要，为其提供完整无缺失的旅游应用服务。一是以游客互动体验为中心，为各类游客提供更加便捷的、智能化的旅游信息服务和旅游体验，想游客所想、供游客所需，打造集需求采集、服务交互、效果反馈于一体的游客互动新模式，实现全程化、多元化、个性化、智能化的旅游服务，为游客带来全新的旅游体验；二是扫清信息孤岛，实现行业与管理信息大贯通，为行业管理提供更加高效、智能化的信息管理平台，对旅游活动进行监测、分析和控制，达到旅游运行管理的最佳状态；三是充分配置和整合人、旅游物理资源、信息和资金等旅游产业资源，促进资源的有效共享和有效利用，创建高品质、高满意度的旅游新产品和旅游目的地服务系统。

3. 从创新旅游生态来理解

智慧旅游是技术创新引领的旅游经济新的增长模式，鼓励个人、企业和政府在智慧旅游的基础设施之上进行科技、业务和管理的创新应用，创新旅游服务、营销和管理理念，为智慧旅游这一全新的形态源源不断地注入活力。

智慧旅游从游客出发，创新旅游服务智慧化。通过科学的信息组织和呈现形式让游客方便快捷地获取旅游信息，帮助游客更好地安排旅游计划并形成旅游决策；通过信息技术提升游客的旅游体验和旅游品质。游客在旅游信息获取、旅游计划决策、旅游产品预订支付、享受旅游和回顾评价旅游的整个过程中都能感受到智慧旅游带来的全新服务体验；通过物联网、无线技术、定位和监控技术，实现信息的传递和实时交换，让游客的旅游过程更顺畅，提升其旅游的舒适度和满意度，为游客带来更好的旅游安全保障和旅游品质保障；智慧旅游还将推动传统的旅游消费方式向现代的旅游消费方式转变，并引导游客产生新的旅游习惯，创造新的旅游文化。

智慧旅游基于技术应用创新旅游管理智慧化。通过信息技术，可以及时准确地掌握游客的旅游活动信息和旅游企业的经营信息，实现旅游行业监管从传统的被动处理、事后管理向过程管理和实时管理转变。通过与公安、交通、工商、卫生、质检等部门形成信息共享和协作联动，结合旅游信息数据形成旅游预测预警机制，提高应急管理能力，保障旅游安全。实现对旅游投诉以及旅游质量问题的有效处理，维护旅游市场秩序。智慧旅游依托信息技术，主动获取游客信息，形成游客数据积累和分析体系，全面了解游客的需求变化、意见建议以及旅游企业的相关信息，实现科学决策和科学管理。旅游企业广泛运用信息技术，改善经营流程，提高管理水平，提升产品和服务竞争力。

智慧旅游通过旅游舆情监控和数据分析，创新旅游营销智慧化。智慧旅游挖掘旅游热点和游客兴趣点，引导旅游企业策划对应的旅游产品，制定对应的营销主题，从而推动旅游行业的产品创新和营销创新。通过量化分析和判断营销渠道，筛选效果明显、可以长期合作的营销渠道。智慧旅游还充分利用新媒体传播特性，吸引游客主动参与旅游的传播和营销，并通过积累游客数据和旅游产品消费数据，逐步形成自媒体营销平台。

智慧旅游通过对旅游服务、管理、营销的整合与创新，提升旅游服务附加值，延伸旅游产业链条，建设高效、可持续发展的新旅游生态系统，形成良性、健康的旅游发展环境，显著提升旅游经济、旅游文化等各方面的竞争力。

二、智慧旅游内涵

分析智慧旅游的理念可以看出，智慧旅游实质上是通过将先进的信息化技术手段与现有旅游资源（包括有形资源、无形资源）进行有机结合，在游客服务、政府管理和行业发展方面发挥良性促进作用，从而极大地提升旅游产业的管理和服务水平。

（一）智慧旅游是"以人为本"思想在游客服务方面的具体体现，以服务游客为核心

智慧旅游要求在服务上始终秉承"以人为本、服务在先"的旅游服务理念，注重旅游服务的泛在化、绿色化，重点关心游客的旅游体验。

智慧旅游以科学的信息组织和呈现形式，让游客方便、快捷地获取旅游信息，让游客享受更好的服务。

①获取服务的手段更加多样化，游客可以使用旅游热线、智能手机、PC、旅游查询互动一体机等各类终端，无论何时何地，都能随时获得旅游服务。

②获取服务的方式更加自由，不再仅仅局限于复杂、烦琐的键入式操作，语音识别、手写识别、二维码认证，多种方式可自由选择，让游客不用再为旅游中不断按键的麻烦所扰。

③获取服务的内容更加丰富。想了解景点情况，可以获得语音、图片、视频等多种景点介绍；想看看附近有没有合适的地方以供休憩、娱乐，基于位置的伴游服务可以帮你查找附近的酒店、餐馆、旅游点、商户、卫生间的位置和详尽信息；想到达目的地就能立刻享受到服务，各种预约预订服务应有尽有；想快速购买旅游商品，旅游商城在线平台为你推荐你想要的产品。

对游客而言，智慧旅游就是利用云计算、物联网等新技术，通过互联网、移动互联网，借助便携的上网终端等感知体系，游客可以通过多种接入方式，旅游全程无差别地享受信息化服务，在旅游前、旅游中、旅游后都能主动感知旅游资源、旅游经济、旅游活动等方面的信息，提升游客在食、住、行、游、购、娱各个旅游环节中的附加值，为游客带来超出预期的完美旅游体验。另外，智慧旅游还能给游客带来更好的旅游安全保障，虚拟旅游能够给游客带来不一样的旅游体验。

（二）基础设施现代化，以创新融合的通信与信息技术为基础，使旅游更加"智慧"

智慧旅游首先表现的是基础设施的现代化，是5G、大数据、云计算、物联网、人工智能、虚拟现实、增强现实、区块链等信息技术革命成果在旅游领域的应用普及，是智慧城市数字化、网络化、智能化转型升级在旅游领域的延伸应用，体现为基本的软硬件的建设与应用。随着旅游信息系统、旅游企业信息管理系统、旅游电子商务和旅游网站等旅游信息化平台的应用，以通信与信息技术为核心的信息化浪潮正推动着旅游业的产业链变革、管理组织创新、经营手段创新和产品服务创新。

智慧旅游以创新融合的通信与信息技术为基础，充分整合互联网、移动互联网、物联网等网络资源以及热线、网站等信息服务资源，依靠坚实的旅游信息资源基础，以游客互动体验为中心，以一体化的行业信息管理为保障，推动旅游信息服务体系协调发展，实现数据的高效汇聚、处理、分析、共享、应用的信息服务，推动培育发展新业态新模式，推动旅游业发展质量、效率和动力变革，使旅游的服务和管理更加"智慧"。

三、智慧旅游应用和建设的主体对象

智慧旅游的投资开发、运维管理和用户等主体分别是谁？为谁开发（For Whom）？由谁主导（By Whom）？谁来运维（Of Whom）？确定这些主体对于智慧旅游的可持续发展是十分重要的。一般来说，智慧旅游的应用主体由下列各相关利益方组成：

①以政府为代表的旅游公共管理部门与服务部门。

②以景区景点为代表的旅游企业。

③以目的地商家、居民为代表的目的地娱乐、购物、运输、餐饮、住宿等旅游要素企业等。

④旅游者。

智慧旅游既需要满足各类应用主体自身的需求，也需要满足各类应用主体之间的交互需求，应用主体共同构建智慧旅游的生态环境，如图1-3所示。

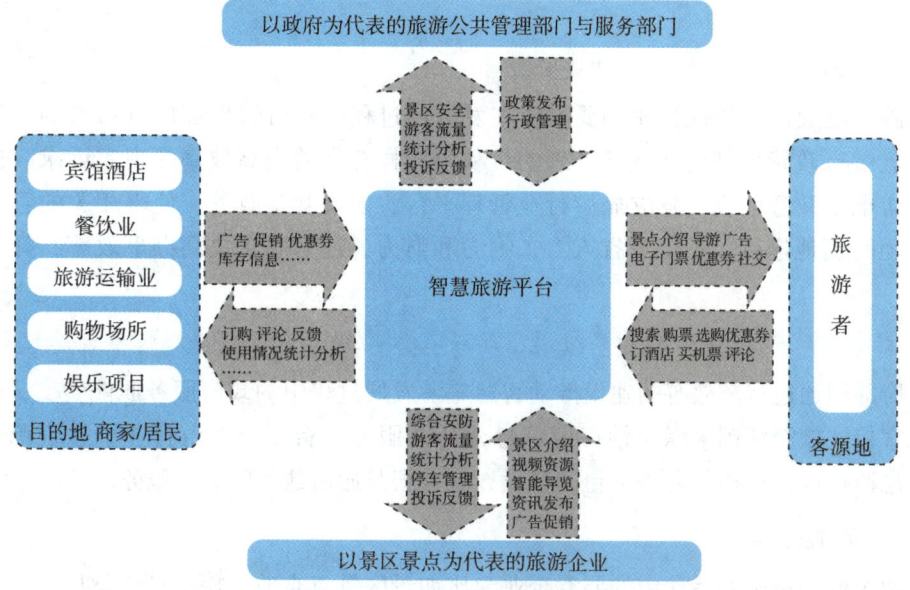

图1-3 智慧旅游平台生态

我国智慧旅游建设，特别是智慧旅游目的地建设，一直在政府的主导下进行，但智慧旅游的应用和建设，更应该是旅游市场主体的目标和游客的追求。在智慧旅游体系的建设中，政府管理部门以提供旅游公共管理和公益服务为主；旅游企业主要包括旅游景区、旅行社、酒店、餐饮业和乡村以及旅游网络营销、在线旅游电商等商业组织，以提供专业性商业服务为主；目的地居民及目的地商家以提供目的地旅游信息和辅助性旅游服务为主；旅游者以分享智慧旅游体验、参与提供旅游信息为主。智慧旅游在智慧城市外延下，不仅能够为旅游者提供服务，还能够使旅游管理、服务与目的地的整体发展相融合，使旅游者与目的地居民和谐相处。

应用主体，也是智慧旅游建设的主体。同时，智慧旅游平台建设必须有技术支持企业的参与、保障与运维。因此，智慧旅游建设的主体主要包括以下几个：

（一）政府部门

政府构建智慧旅游体系的出发点是提供公共服务。智慧旅游体系的建立，能够为公众提供各类服务，如城市交通导引系统、安全事故预警系统等。这些信息与其说是为旅游者提供的，不如说是为社会公众提供的，因为这种服务已经不单纯是旅游者所需要的，而是社会公众都需要获得的。为社会公众提供服务，一方面是发展旅游的需要，另一方面也是构建服务型政府的重要体现。

政府部门在智慧旅游建设中主要涉及以下三项内容：

1. 政策引导

编制和规划智慧旅游建设纲要，从建设内容、组织计划、运营投资政策、技术要求规范和建设标准及服务准则等方面建立指导，及时将相关的政策、法律和规范等公之于众，使人们了解相应的法律法规，因而能够使得行业运作更加透明；同时，及时地将旅游行业信息予以公布，使得旅游者和旅游企业自觉规范自身行为，能够有效促进行业自我管理。

2. 内部体系的建设，如智慧办公体系

旅游业发展涉及较多行业和要素，在发展的过程中政府管理部门有烦琐的工作需要处理，旅游行政管理部门在业务处理的过程中同样存在着提高效率等现实诉求。进一步推进旅游电子政务建设，建立旅游行业管理平台，实现智慧政务，使得相关的管理和服务工作随时随地进行，不仅节省人力、物力和财力，还有利于提高办事效率，降低行政成本。

3. 外部体系的建立，如智慧旅游公共服务体系的构建、应急指挥平台建设等

政府部门通过智慧旅游的建设推动智慧旅游发展过程中的政府服务职能转变，通过旅游资讯宣传、旅游营销、综合性旅游信息云公共服务平台以及旅游行业信息资源管理系统、信息监控应急指挥平台等平台的建设，完善智慧旅游建设的后台服务。

（二）旅游企业

旅游企业是指旅游活动中的要素企业，比如景区景点企业、旅行社、酒店、文化博物馆，等等，它们承载着智慧旅游项目落地以及服务支撑，同时它们也是智慧旅游的受益者。它们使用智慧旅游的建设成果，在向游客提供智慧旅游服务、接受政府行业监管的同时，也积极通过企业信息化建设来不断提高企业运营水平，降低运营成本，提高企业经营绩效。

旅游企业在智慧旅游建设中主要涉及以下五个方面的内容：

1. 智慧旅游助力旅游供给侧改革，丰富了产品的形态

传统的旅游产品过于单一，其主要局限于一般的旅游线路产品，如观光旅游产品、度假旅游产品、旅游景区和旅游酒店等内容。这些产品基本上处于旅游的初级阶段，只能满足基本的需求，产品的形态不够丰富，人们的个性化需求不能得到有效满足；同时，在经营管理的过程中，出于成本利润的考虑，个性化和定制化的旅游产品并不多。智慧旅游的出现、高科技的应用，使得旅游景区、旅行社等对旅游产品的开发力度加大，产品形态逐渐丰富，人们借助智慧旅游，更能使自身的需求得以满足，因而在一定程度上促进旅游产品的多向发展。同时，智慧旅游也拓宽了旅游的销售渠道，传统的营销和促销被逐渐地放大。智慧旅游将旅游产品搬到线上进行销售，旅游者更易获得。微博、微电影、空间等的出现，智能设备的广泛应用，使得人们接触的新媒体增多，而在新媒体上进行旅游产品的销售，并引入智慧旅游，可以极大地拓宽产品的销售渠道。

2. 智慧旅游展示旅游企业形象，拉近与旅游者之间的距离

智慧旅游的运用，智能终端的使用，使得旅游信息的发布更为快速和频繁。旅游企业可以通过产品来展示自身的形象，产品的多样化、个性化、人性化、标准化、人文化和科技化等成为旅游企业展示自身的一个重要途径。通过了解产品，人们可以了解旅游企业的经营方向和发展理念，形成对旅游企业的良好印象。旅游企业可以通过企业自身展示形象。自觉履行社会责任的企业将会赢得政府和社会的青睐。政府在推动智慧旅游发展过程中对旅游企业进行宣传，展示企业的优质产品、企业文化、经营理念等，通过正面宣传强化它们在公众心目中的良好形象，使它们既能在行业中起到模范与示范作用，又能得到免费宣传。旅游企业也可以通过旅游者展示形象。旅游企业为旅游者提供优质的产品和服务，得到旅游者的赞赏，旅游者在游览后会将旅游中的感受分享给他人，通过滚雪球效应不断强化其在人们心目中的美好形象。

3. 智慧旅游有助于低碳化运营，节约企业运营成本

臃肿的组织结构使得企业在经营的过程中成本增加，运行起来举步维艰，然而，智慧旅游的应用，能为企业节约成本。首先，旅游企业能通过网络获得旅游者的信息和需求，进而根据需求制定产品、价格、促销和渠道策略，从而避免以往进行市场调查持续时间长、耗费人力多、成本开支大的弊端；同时，在产品销售的过程中，通过网络进行智能化销售，运用机器设备实现销售水平的提高，从而节省人力资本。在信息的保存上，将企业信息进行云存储，随时更新随时应用，由机器进行管理，易于保存，不易损坏，取用方便，既节省人力物力，又避免资源的浪费，同时还能实现企业的低碳化运营。发展智慧旅游还能降低资金成本。以往采购物质资源、交通等费用是企业一项不小的开支，而且这种开支的发生频率很高，而智慧旅游的应用，将实现企业的虚拟化采购，从而极大地节约成本。

4. 智慧旅游优化企业管理，提高运行效率

企业在管理过程中需要依托较多的技术和设施设备，传统管理中的较多方法和实践是粗放型的，管理起来困难而庞杂。比较明显的例子是信息调用困难，如客户信息的管理、财务状况的记录，这些信息和资料通常以笔记的形式记录，储存量较大，修改、保存、查找和取用困难，为了调用一项信息或数据会花费较长时间，并且时常容易出错。智慧旅游建设运用云计算等技术，实现企业数据集中管理，将存储和计算等网络化、系统化、实时化、智能化，实现数据和信息应用的便捷化。这样既提高了企业的信息化水平，又提高了其经营运作效率，还推动了企业的标准化建设。

5. 智慧旅游促进企业调整产业结构，实现转型升级发展

首先，旅游市场由线下转变为线上线下相结合，智能设备与移动互联网的无缝对接，使得人们更加便捷地利用智能设备，实现旅游产品的网上购买。其次，促进旅游产品的优化升级。传统的旅游产品只能满足旅游者的基本需求，然而，随着智慧旅游的应用，旅游产品会向着科技化、人文化、个性化的方向发展，使得旅游产品更具文化内涵。智慧旅游的发展将调整产业结构、优化旅游方式，从而促进旅游业的转型升级。

（三）旅游者和目的地居民

旅游者和目的地居民在整个智慧旅游体系建设构成中，主要扮演在线信息共享、终端体验和展现的角色。

政府、目的地旅游企业、目的地居民、目的地涉旅企业从多个方面，共同打造智慧旅游目的地。以旅游在线服务商以及各种服务业者为代表的其他旅游从业者，主要是通过智慧旅游系统，获取精确的旅资源信息，服务于旅游者。

旅游者对智慧旅游"可用""便利""智能""经济"等需求，推动人们行为文化的发展变迁，例如，消费方式由线下转到线上；信息获取方式由交易过程中获取转变为交易前获取；支付方式由购买时支付转变为购买前或购买后支付；支付渠道由现场支付转变为网上支付。旅游者的行为方式随着技术和经济的发展而不断改变，同时促进智慧旅游的发展。

（四）技术支持企业

智慧旅游建设，为基础服务提供商，如物联网、通信网、数据处理、计算机信息服务企业等提供了巨大的商机，智慧旅游建设也必须在这些技术企业的支持下才能完成。因而智慧旅游建设基础服务提供商也是智慧旅游建设的重要对象。

智慧旅游建设技术支持企业主要包括智慧旅游规划机构、负责技术支撑层面的云计算基础设施服务提供者和云计算应用服务提供者、移动、联通、电信等通信运营商，与智慧旅游相关的信息化服务商，相关信息技术提供商、硬件设备提供商、软件开发商、项目实施和系统集成商等。

第六节　智慧旅游的体系框架

从城市的角度，智慧旅游可视作智慧城市信息网络和产业发展的一个重要子系统，可借助或共享智慧城市已有成果来实现智慧旅游的某些功能。

一、智慧旅游体系框架

智慧旅游生态系统的构建得益于新一代信息技术持续迭代更新，得益于互联网络、无线传感网络、行业云及大数据平台等新型应用基础设施的不断完善，得益于高新技术产业基础做实做强，同时，旅游产业发展环境、智慧旅游标准规范体系、智慧旅游安全保障体系、智慧建设管理体系的发展为智慧旅游建设提供了强大的支撑。

因此，我们可以将智慧旅游的框架体系分成三大部分：服务应用体系、公共基础体系、支持保障体系，如图1-4所示。

智慧旅游框架的三个体系：服务、基础、支持，服务是前端、基础是后台、支持是环境。服务体系是指智慧景区、智慧酒店、智慧旅行社、智慧交通等行业具体应用，是真正为旅游者、旅游企业、旅游行政主管部门提供服务的层面。公共基础体系包括智慧旅游外延基础和智慧旅游核心平台基础，智慧旅游外延基础是指智慧城市、智慧社区延伸旅游的基础设施、基础平台，智慧旅游的核心平台是专为旅游信息采集、旅游信息传输、旅游数据处理、旅游数据整合而建设的平台，它们构成了智慧旅游的技术架构。支持保障体系是指智慧旅游标准规范体系、安全保障体系、建设管理体系和产业体系等，它们构成智慧旅游发展的环境因素，为智慧旅游建设提供保障和支撑条件，确保智慧旅游体系的安全、可靠和可持续发展。

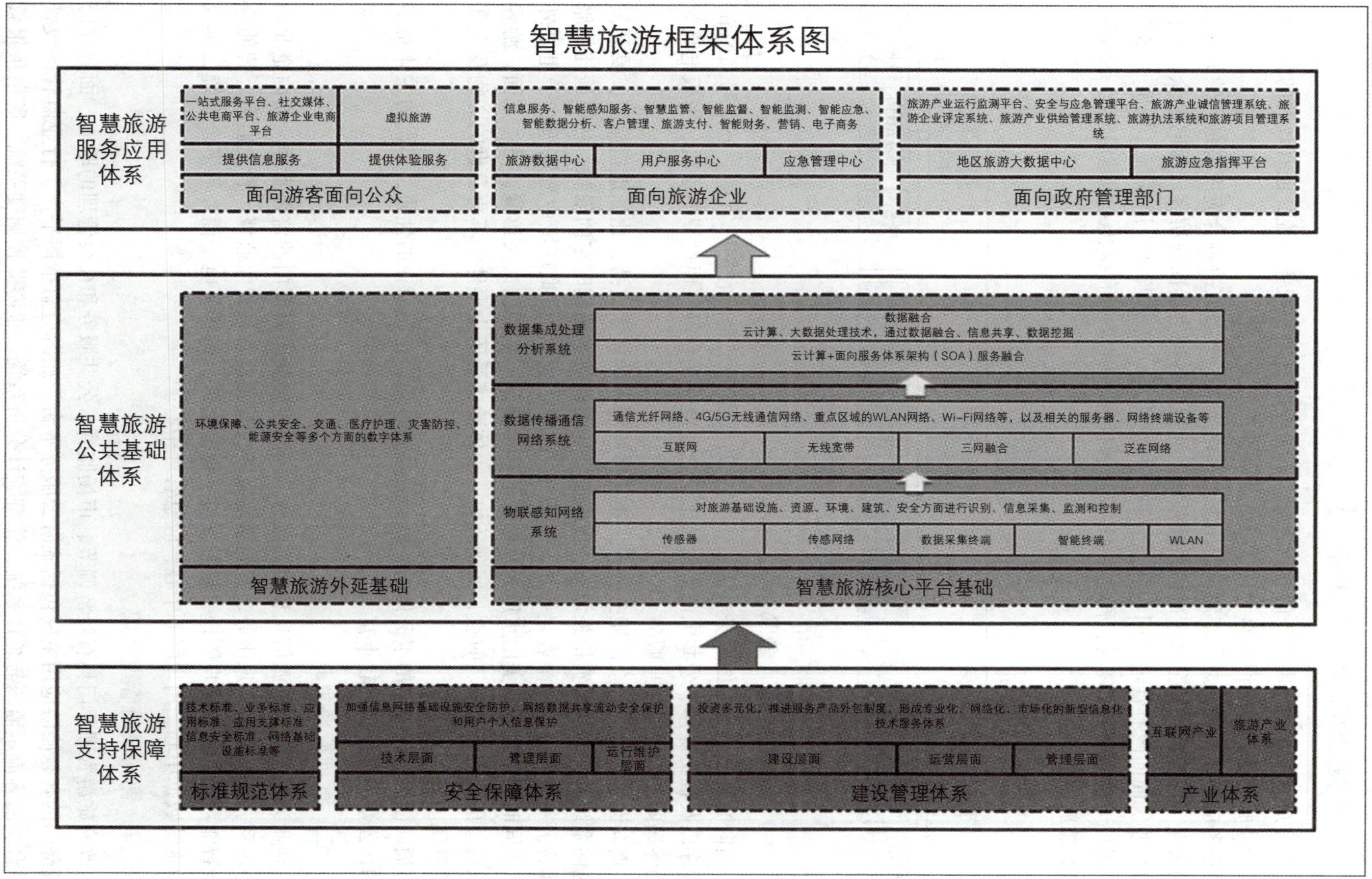

图1-4 智慧旅游框架体系

二、智慧旅游服务应用体系

对公众、企业、政府服务的各种终端，有企业的管理和服务系统，也有政府的管理系统和公共服务系统，它们都属于智慧旅游基础性的服务系统。

服务应用体系是智慧旅游建设的出发点和落脚点，智慧旅游融合应用层是智慧旅游建设的重点。在智慧旅游公共基础体系的基础上，提供各种直接面向游客、面向公众、面向旅游企业、面向政府管理部门的智慧管理、智慧服务、智慧营销应用系统，如图1-5所示。用户通过互联网PC端、移动WAP端、触摸屏、IPTV等直接接入智慧旅游服务体系，实现智慧旅游。

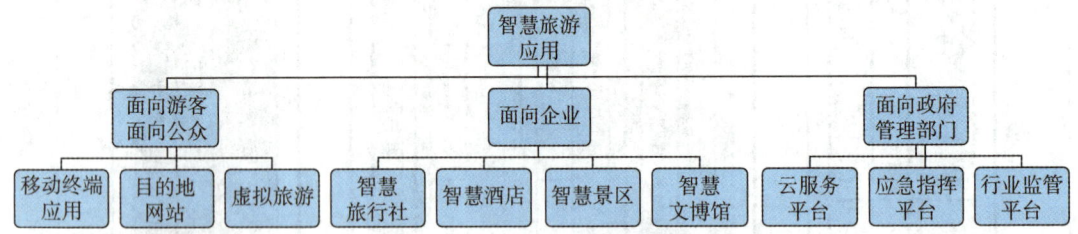

图1-5　智慧旅游应用体系

（一）面向游客面向公众

面向游客面向公众的服务体系，利用一站式服务平台、官网、官微、公众号、App、小程序以及社交媒体、公共电商平台、旅游企业电商平台等，通过智能手机、平板电脑等移动终端向公众提供信息服务。

面向游客、面向公众的服务还有一类是体验服务的技术支持，比如虚拟旅游，要开发相应的系统及资源、配置相关设备。虚拟旅游应用使游客超越时空的限制，获得最佳的旅游体验，一方面可以使游客足不出户，就能在三维立体的虚拟环境中游览远在千里之外的、不同时间季节的最美山水风光及形象逼真、细致、生动的人文馆藏；另一方面，游客可以通过虚拟现实，流转时空，回到历史，去体验感受历史事件和不再存世的文物及人文自然景观。

面向游客面向公众的服务体系，既有公益的性质，也有商业的性质，建设的主体是多元的，公众的选择也比较丰富。

（二）面向旅游企业

企业为游客提供资源信息和相关服务，同时也接受政府部门的监督管理。面向企业的服务体系，开发利用信息服务、智能感知服务、智慧监管、智能监督、智能监测、智能应急、智能数据分析、客户管理、旅游支付、智能财务、营销、电子商务等多个系统，集成建设旅游数据中心、用户服务中心、应急管理中心。

（三）面向政府管理部门

政府旅游管理部门具有经济调节、市场监管、公共服务和社会管理的职能。面向政府管理部门的智慧旅游应用主要包括旅游云服务平台、旅游应急指挥平台、行业监管行政管理平台、游客流量监测与统计系统、旅游统计分析系统、旅游监控调度系统、舆情预报救援系统、旅游诚信管理系统、旅游团队服务系统、旅游行业联盟系统等。

三、智慧旅游公共基础体系

公共基础体系包含智慧旅游外延基础和智慧旅游核心平台基础，大部分是由政府相关部门协同建设。

（一）智慧旅游外延基础

智慧旅游外延基础包括环境保障、公共安全、交通、医疗护理、灾害防控、能源安全等多个方面的数字体系，是智慧城市或智慧社区相关的系统及应用。

（二）智慧旅游核心平台基础

智慧旅游核心平台基础由物联感知网络系统、数据传播通信网络系统、数据集成处理分析系统构成，面向服务应用体系提供统一的支持系统，主要涉及基础感知网络、通信网络、数据采集、数据传输、旅游信息资源数据库、GIS 数据库、基础服务系统等。

1. 物联感知网络系统

物联网是通信网和互联网的拓展应用和网络延伸，它利用感知技术与智能装置对物理世界进行感知识别，通过网络传输互联，进行计算、处理和知识挖掘，实现人与物、物与物的信息交互和无缝链接，达到对物理世界实时控制、精确管理和科学决策的目的。

物联感知层是智慧旅游体系中的神经末梢，是智慧旅游的感知器官，它通过应用物联网条形码、二维码、射频识别技术（RFID）、智能终端、传感器（Sensor）、传感网络、遥感技术、GPS 终端、摄像头视频采集终端、地感线圈或微波交通流量监测等信息采集技术与设备，对旅游基础设施、资源、环境、建筑、安全方面进行识别、信息采集、监测和控制，实时采集旅游活动中各旅游活动对象的基本信息，为智慧旅游应用提供精准、有效的信息处理和相关决策依据。

2. 数据传播通信网络系统

数据传播通信网络是智慧旅游重要的有线及无线网络传输基础设施，主要包括通信光纤网络、4G/5G 无线通信网络、重点区域的 WLAN 网络、Wi-Fi 网络等，以及相关的服务器、网络终端设备等，是智慧旅游重要的数据传送通道，为智慧旅游应用提供无所不在的网络通信服务。

3. 数据集成处理分析系统

数据集成处理分析系统是智慧旅游的核心内容，是重要战略资源和智慧应用的基础。在数据集成管理的基础上，借助云计算、大数据处理技术，通过数据融合、信息共享、数据挖掘，实现智慧旅游信息资源的聚合、共享、共用，形成高价值的综合旅游信息资源库，为游客、企业和政府管理部门的应用服务，为各类智慧应用提供数据基础和服务支撑。

（1）数据资源

智慧旅游数据资源包括旅游基础信息资源、共享交换信息资源、应用领域信息资源、互联网信息资源等。将现有分散在各部门及各行业的数据，如 RS 遥感数据、GIS 数据、GPS 数据、视频录像类多媒体数据，以及各相关业务信息数据，按照"以对象为中心"的原则进行整合、组织和利用，整合集中建设智慧旅游基础数据库。以基础数据库对象为主线，采用"逻辑集中，物理分散"的方式，利用数据共享交换平台，统一数据标准，建设信息资源目录，实现各部门和各行业业务数据的互联互通。建设智慧旅游各类业务数据库，为各种行业应用提供一致性和权威性高的数据来源，提供面向政府、企业和游客的全方位、实时更新的基础信息服务。互联网覆盖整个智慧旅游大信息平台，支持对互联网承载信息高度智能化的整合处理，实现对资源的充分利用。

（2）数据融合

智慧旅游要实现"智慧"运作，需要对分布的、海量的数据进行汇聚、处理、分析，从信息和管理方面保证数据访问、使用、交换、传输的安全可靠性，进一步对数据进行挖掘分析。数据融合，是对数据资源的进一步处理和应用，包括海量数据汇聚与存储、数据融合与处理和智能挖掘分析等多个方面，整个智慧旅游平台的数据系统必须能够高效地汇聚与存储大量的数据，要保证数据访问、使用交换、传输的安全可靠和完整性。

（3）服务融合

通过 SOA（Service-Oriented Architecture，面向服务的体系结构或面向服务的架构）和云计算技术（将传统数据中心的不同架构、不同品牌、不同型号的服务器进行整合，通过云操作系统的调度，向应用系统提供一个统一的运行支撑平台），实现硬件资源统一整合和统一管理，实现资源的按需配置、快速配置，进行资源和服务的封装管理，为构建上层各类智慧旅游应用提供统一支撑平台，为旅游企业、游客提供丰富的旅游产品创意平台。

四、智慧旅游支持保障体系

智慧旅游标准规范体系、安全保障体系、建设管理体系和产业体系贯穿于智慧旅游建设的各个方面，为智慧旅游建设提供保障和支撑条件，确保智慧旅游体系的安全、可靠和可持续发展。

（一）标准规范体系

标准规范体系是智慧旅游建设和发展的基础，是确保系统互联互通、互操作的技术支撑，是智慧旅游工程项目规划设计、建设管理、运行维护、绩效评估的管理规范。标准体系包括技术标准、业务标准、应用标准、应用支撑标准、信息安全标准、网络基础设施标准等。

（二）安全保障体系

安全保障体系建设应按照国家等级保护的要求，从技术、管理和运行维护等方面，对智慧旅游的信息网络采取"主动防御、积极防范"的安全保护策略，建立计算环境安全、网络通信安全、计算网域边界安全三重防御体系，并在感知层、通信层、数据层、应用层和服务层，通过建设安全的传感网络、安全的通信网络、安全的数据中心和应用平台，实现对智慧旅游的层层防控。

（三）建设管理体系

建设管理体系主要包括建设、运营和管理等方面。坚持政府引导和市场运作相结合，形成以政府投入为导向、企业投入为主体、金融机构和其他社会资金共同参与的多渠道信息化投资模式。大力推进服务外包制度，围绕用户技术支持、系统运行维护、软件设计开发等服务需求，积极在相关部门中推行信息化、服务化的外包制度。鼓励、引导工程技术研究中心、生产力促进中心、创业服务中心等各类技术开发和中介服务机构，按照市场化运作的方式，结合智慧旅游建设，为政府、企业实现信息化提供需求诊断、方案设计、咨询论证、实施、监理、人员培训等方面的服务，形成专业化、网络化、市场化的新型信息化技术服务体系，最大限度地降低智慧旅游的建设风险。

（四）产业体系

智慧旅游产业体系建设将通过旅游产业链中各个环节的智慧化改造，提升整个旅游产业的发展规模和发展水平。通过改善旅游体验，可增加游客旅游信心，增强旅游消费需求；通过发展面向国际的网络营销和电子商务，将有效促进金融、物流、信息、计算机服务和软件、文化创新等战略性新兴产业与现代服务业的发展。

产业发展是可持续性的、粗放式的旅游开发模式，特别是重开发、轻保护等掠夺式的旅游资源开发模式已经不能适应经济发展的需要。智慧旅游通过信息技术在旅游产业中的应用，可增加旅游经济中的知识含量，实现旅游业从依赖大量投入物质资源的粗放式发展到提高投入要素使用效率的集约式发展方式的转变，更好地实现产业的可持续发展。智慧旅游将增强旅游产业竞争力，将极大地提高旅游产业服务水平、经营水平和管理水平，弥补传统旅游供应链中灵活性差、效率低下的不足，使供应链上各环节之间的联系更加通畅，促进供应链向动态的、虚拟的、全球化、网络化的方向发展，提高我国旅游产业的竞争力。

案 例

智游天府四川文化和旅游公共服务平台项目

1. 项目背景

文化和旅游产业是我国幸福产业的代表，是提升人民生活品质的重要行业，是我国现代服务业的重要组成部分。文旅产业综合性强、关联性高、拉动性大，对国民经济与社会发展的贡献和拉动作用日益突出，已成为国家稳增长、调结构、转方式、惠民生、促就业、减贫困、助振兴的国民经济战略性支柱产业。在文旅产业消费升级和供给侧结构性改革背景下，紧抓国家大力发展"新基建"的时代机遇，以"互联网+"为手段推动文化和旅游生产方式、服务方式、管理模式创新已成为时代必然。近年来，四川省紧密围绕文化和旅游产业发展的战略需求，大力推进"文化+旅游+科技"的创新能力建设与"产业数字化、数字产业化"的发展进程，加快文旅行业"上云用数赋智"，降低行业信息化应用成本，有效推动了文旅行业数字化转型。

《四川省旅游业发展"十三五"规划》提出，"十三五"期间需加快"互联网+旅游"进程，用互联网思维推动现代旅游业发展，夯实旅游信息化基础建设，强化智慧旅游行业监管能力，提升智慧旅游服务和营销水平，创新旅游宣传营销方式，优化营销宣传渠道，激发市场主体活力，促进产业投资与建设。同时，四川省还需加快建立健全现代的公共文化服务体系和文化市场监管体系，推动传统媒体和新兴媒体的融合，提高四川文化的对外开放水平。为此，四川省文化和旅游厅按照国家文旅部和四川省委省政府关于推动文旅智慧化建设要求，以服务大众和游客需求为切入点，以打造全省智慧文旅生态体系为核心，于2019年10月启动了"智游天府"四川文化和旅游公共服务平台（以下简称"智游天府"平台）建设，2020年9月25日平台正式上线。"智游天府"平台通过将云计算、大数据、物联网、移动互联网（含5G）、人工智能、区块链等新技术有机整合，为公众（游客和市民）提供了集文化旅游相关要素资源信息为一体的智慧信息平台，是当前文旅融合新形势下四川"文旅服务的总入口、文旅管理的总枢纽、文旅宣传的总展馆、文旅产销的总平台"，实现了"互联互通、资源共享、全域开放"的目标，是全省政务服务云的重要内容，是培育四川文旅数字经济生态的新引擎。

2. 项目核心建设内容

"智游天府"平台着眼于增强"服务公共性、文旅融合性、应用开放性"，着重于推动"共建共享、共创共赢"，着力于实现"管用、实用、好用"，按照"一中心、三板块"进行规划及建设；以云基础设施、文旅大数据中心、关键共性支撑体系（数据中台、技术中台、业务中台）、涵盖文旅产业发展的智慧应用体系（综合管理、公众服务、宣传推广）和运行保障体系（信息安全、运维服务）等部分组成。

（1）文旅大数据中心

通过建立统一的数据标准，全面实现"省、市、县"三级数据联通；横向与公安、工商、市场监督等实现数据对接，纵向与市（州）、县（区、市）等数据互通，外接运营商、OTA（Online Travel Agent，在线旅行社）、银联等数据；通过数据汇集、储存、分级，实现全省文旅数据的统一管理、统一展示、分类归档、统计分析、预测预警、授权应用等。对公众文化活动、文化关注热点、出行线路、旅游关注度、旅游消费行为以及文化旅游资源开发利用情况等进行全方位、多维度的精准分析，为公众文化精神需求、日常文旅产业运行监管、文旅资源合理配置、文化传播推广、文旅消费引导、宣传营销策略制定及安全应急指挥调度提供精准的数据支撑。

（2）综合管理板块

一是产业监测功能：实现文化和旅游主管部门对企业诚信监管、处理旅游投诉、旅游团队监管、旅游执法、游客抽样调查、综合经济分析、项目管理、文旅资源管理、市场秩序综合监管等功能的行业管理以及互联网舆情监测，实现实时客流量监测预警和历史客流量监测分析，实现文化和旅游消费监测，实现视频监控汇聚、调用，并进行实时的态势研判。二是指挥调度功能：分级实现用于游客投诉、咨询的客户服务和应急救援体系建设，基于定位技术及相关数据进行游客行为追踪和动态管理，按不同等级响应的应急事件处置指挥、舆情事件处置、文旅服务信息实时发布以及指挥调度所需的值守管理、预案管理和知识库管理等。三是决策支持：通过实时数据监测和分析，推导重点区域未来2~3小时内可能发生的拥堵、超限、客流预警、游客滞留等情况，根据系统推演情况给出处置建议，实现节假日高峰引流；提供未来一周、重点时段重点景区的客流预测；为政府和行业决策分析提供数据分析报告，内容包括文旅产业分析、互联网数据分析（旅游指数、实时舆情、事件分析等）、客流量对比分析、存在问题及产业发展建议等。解决文旅行业管理中的监管缺手段、信息上报和反馈不及时、决策缺乏依据等问题，促进行业管理由被动管理、事后管理向全程、实时管理转变。

（3）公共服务板块

构建全省文旅"一张图"及相关应用，整合全省文旅资源，使公众能够通过平台方便、无感地访问。为公众提供了全省预约预订、展览演出信息发布、在线虚拟体验、在线投诉、志愿者服务等旅游、文化、公共服务三大类20项主要服务。

（4）宣传推广板块

通过制定全省文旅产业统一宣传推广的标准（包括统一的 VI 设计、宣传口号、营销资源池等）、统一渠道、统一媒介建设，构建了 App、微信公众号（含订阅号、服务号、视频号）、小程序、微博、抖音、快手、小红书的新媒体矩阵，整合市（州）、省文旅厅直属单位新媒体号，形成省、市联动的"智游天府"平台融媒体宣传矩阵，实现全省各级文旅产业、行业的资源与产品、信息等统一汇总，形成全省文旅行业对外发布、宣传具有公信力和权威性的媒体推广联盟。

复习思考

一、名词解释

旅游：

旅游产业：

智慧旅游：

全域旅游：

二、单项选择题

1. 从经济学观点看，旅游是一种新型的高级消费形式，通常可以分为（　　）。

A. 境内旅游、入境旅游和出境旅游

B. 消遣旅游、商务会议旅游、宗教旅游

C. 团队旅游、散客旅游、自助旅游、互助旅游

D. 生态旅游、主题旅游、文化旅游、健康旅游

2. 现代旅游是跨产业、跨行业、跨部门的综合性"大旅游"概念，旅游产业最基本、最基础的要素是（　　）。

A. 食、住、行、游、购、娱、体、疗、学、悟

B. 食、住、行、游、购、娱

C. 食、住、行

D. 游、购、娱

3. 2013 年《中华人民共和国旅游法》和《国民旅游休闲纲要》出台，中国把旅游业定位成（　　）。

A. 劳动密集型产业

B. 龙头产业和主导产业

C. 技术密集型产业

D. 战略性的支柱产业和现代服务业

4. 互联网时代，新技术革命催生了客源市场对旅游信息化的更高层次需求，旅游信息化主要包括（　　）。

A. 旅游电子政务、旅游企业信息化、旅游电子商务

B. 自媒体、智慧景区、智慧旅行社、智慧酒店

C. 公共信息服务互动平台、行业监管平台、智慧经营管理平台

D. 智慧地球、智慧城市、智慧旅游

5. 智慧旅游是通过采用新一代信息技术整合旅游产业链，实现（　　）三大功能。
A. 旅游电子政务、旅游企业信息化、旅游电子商务
B. 智慧旅游服务、智慧的旅游管理和智慧的旅游营销
C. 智慧地球、智慧城市、智慧旅游
D. 感知、通信、数据及服务支撑

三、简答题

1. 智慧旅游和智慧地球、智慧城市之间的关系是什么？
2. 智慧旅游、数字旅游、旅游信息化的区别与联系是什么？
3. 分析智慧旅游体系建设的总体框架。

四、论述题

1. 旅游产业经济在中国经济发展中的地位和作用。
2. 智慧旅游在我国的发展现状和未来的发展趋势。

实训任务

1. 通过学校图书馆网站"中国知网"等文献管理工具，查找下载《文献综述及其撰写》文献，研读学习并掌握文献综述撰写的方法和技巧、策略，下载《国内智慧旅游研究综述》文献，参看文献综述的写法和论文排版格式。

2. 查找不少于以下10篇以"智慧旅游"为主题的文献：《智慧旅游的基本概念与理论体系》《智慧旅游与旅游公共服务体系建设》《智慧旅游：个性化定制和智能化公共服务时代的来临》《智慧旅游的构成、价值与发展趋势》《旅游信息服务视阈下的智慧旅游概念探讨》《浅谈智慧旅游感知体系和管理平台的构建》《我国智慧旅游的发展现状及对策研究》《智慧旅游评价指标体系研究》《智慧景区评价标准体系研究》《国内智慧旅游研究综述》，并认真研读。

3. 在对上述文献进行广泛阅读和理解的基础上，对智慧旅游的研究现状（包括主要学术观点、前人研究成果和研究水平、争论焦点、存在的问题及可能的原因等）、新水平、新动态、新技术和新发现、发展前景等内容进行综合分析、归纳整理和评论，并提出自己的见解，参照论文规范格式，撰写一份不少于5 000字的文献综述。

第二章 智慧旅游技术基础

> **学习目标**
>
> 1. 了解文化和旅游科技体系及其特征。
> 2. 理解互联网、移动互联网、物联网、云计算、人机交互、虚拟现实、区块链、人工智能、地理信息系统、卫星导航系统等新一代信息技术的概念、特点和发展趋势。
> 3. 熟悉互联网、移动互联网、物联网、云计算、人机交互、虚拟现实、区块链、人工智能、地理信息系统、卫星导航系统等新一代信息技术在旅游业中的应用场景。

第一节 文化和旅游科技体系

以云计算、物联网、人工智能、大数据等为代表的新一代信息技术为文化和旅游科技创新提供了不竭动力，新一轮科技革命和产业变革深入推进，文化和旅游科技创新集成应用、跨界协同特征进一步凸显，加速推动文化和旅游发展方式变革。

一、文化和旅游科技创新，推动文旅事业发展

文化和旅游科技创新由两方面力量共同推动：一方面，在需求层面拉动旅游科技不断创新。伴随我国经济增长和大众收入水平的提高，国民旅游消费需求提升，尤其是旅游大众化和消费升级趋势日益明显，旅游产业规模发展和服务质量提升对现代科技的需求增强，从而在需求层面拉动旅游科技不断创新；另一方面，在技术供给层面不断推陈出新，面对快速发展的巨大旅游市场，一批新兴科技企业敏锐捕捉到现代科技应用于旅游业所产生的巨大商机，从而在供给层面不断推出科技型产品、服务和运营管理系统。

从历史上看，交通科技、信息科技、节能环保科技的发展和应用，促进了文化旅游事业的快速发展。

(一) 交通科技发展改变了旅游市场的格局

交通科技的进步改变了旅游市场的格局。我国航空、铁路等交通科技的进步改变了旅游的出行方式，不仅使旅行更加快捷和安全，而且扩大了人们出游选择的视野，中远程旅游蓬勃发展，包括现代航空科技普及推动了国际旅游飞速发展，铁路尤其是高铁技术的发展促使国内中远程旅游空前繁荣。

(二) 信息科技发展革新了旅游交易、管理和生产的方式

以互联网为代表的信息化技术，革新了旅游交易、管理和生产的方式，形成了一系列文旅新业态。互联网信息技术的发展为旅游业发展注入了强大活力，以互联网为平台，酒店、景区、旅行社、文博、文艺演出等企业的运营模式得以彻底革新，服务效率飞速提升；同时，以网上预订、网上交易和网上结收为代表的新的交易方式逐渐普及，交易的广度迅速扩展，交易的安全性和便捷性大幅提高。

(三) 节能环保科技发展促成旅游可持续发展

节能减排科技、环保科技和循环经济模式在旅游业中的应用，大幅减少了旅游发展对资源的依赖和对环境的破坏，同时也降低了文化和旅游企业的运营成本，在生态化和低碳化的趋势引领下，文化和旅游业走上了一条更可持续的发展道路。

二、文化和旅游科技体系

文化和旅游科技围绕深入推进社会文明促进和提升工程、构建和完善新时代艺术创作体系、文化遗产保护传承利用体系、现代公共文化服务体系、现代文化产业体系、现代旅游业体系、现代文化和旅游市场体系、对外文化交流和旅游推广体系，主要还是由现代交通科技、现代信息科技、现代展陈科技、现代装备制造科技、现代资源环境保护科技等几个方面组成。

(一) 现代交通科技

现代交通科技的发展直接改变了游客的出行方式和旅游体验行为，提升了旅游的便捷性和安全性，使游客获得了更佳的体验感。

现代交通包括航空航天、高铁城铁、邮轮渡轮、绿色公交等公共交通，还包括游艇、旅游房车、越野车、低空飞行设备；现代交通科技包括无人驾驶技术、导航技术，可以为游客出行提供低能耗、高安全、智能化、高体验的旅游交通。

(二) 现代信息科技

通过现代电子信息技术、网络信息技术、地球空间信息技术手段，实现文化、旅游活动各环节的电子化、数字化和信息化，创新了生产、管理、消费各个环节，大幅提升了发展效率。

现代信息科技包括5G通信、互联网、物联网、遥感遥测、数据库、大数据、区块链、数字孪生、云计算、人工智能、资源数字化、安全监测与防控技术等共性关键技术，也包括文旅行业旅游网站平台、旅游搜索引擎、企业管理信息系统、公共服务信息系统、信息化安保安全监测系统、信息化救援系统、空间信息系统、数字旅游资讯传播平台系统、多终端一体化的游客行为识别和消费感应服务系统、数据中心、云展览云娱乐云平台等实现

技术和自主预约、智能游览、线上互动、资讯共享、安全防控等一体化服务和用户智能管理的综合平台技术。

（三）现代展陈科技

现代展陈科技以科学技术推动文化艺术、文化旅游资源的形式创新、内容创新、模式创新、呈现方式创新，提升表现力、感染力，推动互动化、参与式、体验式旅游。

现代展陈科技包括信息触摸屏、电子沙盘、模拟仿真展示、虚拟展示、多媒体展示、语音导览导游、360°全景展示、声光电展示科学技术以及舞美、灯光、音响、机械、视觉特效、观演互动等领域的设计制作技术、体验呈现技术、综合控制技术等。

（四）现代装备制造科技

现代装备制造科技是指旅游新基础设施设备、防疫防灾专用设施设备、安全检验检测设施设备、安全救援设施设备、游艺游乐类高端旅游设施设备、休闲体验类旅游设施设备、特种旅游保障装备设施的改良或制造科技，它能使文化旅游活动更加方便宜游、安全，并产生了一系列特种文化旅游新业态。

新基础设施包括智能化辅助创排工具、海外文化设施一体化专用装备、非接触式服务智能装备、观演环境体验互动与呈现装备、智能标识牌、自助导览机、智能语言翻译机、电子门票、各种门禁系统、各种展馆及陈列设备等；游艺游乐类高端旅游设施设备包括主体公园游乐设施、游艺游乐装置、全息展演、可穿戴表演设备、表演机器人、智能终端、无人机等；休闲体验类旅游设施设备包括高尔夫运动装备、野营旅游户外用品、户外运动装备器材、户外运动休闲用品；特种旅游保障装备设施包括面向冰雪旅游、海岛旅游、山地旅游的专用装备及高海拔地区特殊旅游装备、造雪设备、索道、缆车、观光电梯等。这一系列设备设施制备技术，以及文化和旅游公共服务场所防疫防灾专用设施装备、安全检验检测设施设备、安全救援设施设备，文化和旅游服务中典型装备安全运行保障技术，都在文化旅游业中得到发展应用，丰富了文化旅游活动形态，提高了旅游文化活动的体验感和安全感。

（五）现代资源环境保护科技

现代资源环境保护科技采用各类节能减排技术、生物生态技术、文物保护技术，以低碳和循环经济模式推进了旅游业可持续发展，使旅游业真正成为资源节约型和环境友好型产业。

各环节的节能减排技术，包括节能材料应用、清洁能源应用、水、热回收利用技术，智能空调系统技术，智能化照明管理技术等。生物生态技术，如生态旅游厕所、免水冲厕所技术，演出场馆、景区、度假区、休闲街区等文化和旅游服务场所垃圾一体化、无害化处理和无障碍技术等。各类文物保护技术，如古籍文献的数字化技术、文物检测技术、文物防护技术、文物修复技术等。

三、文化和旅游科技的特征

（一）技术转移、二次开发的特征明显

由于文化旅游科技主要依赖现代科技的产业化应用，因此表现出明显的技术转移、二

次开发特征。如无线射频识别技术，作为一类无方向性、远距离、信息储量巨大而又具有识别信息唯一性的自动识别技术，主要应用在身份识别与票务系统、公共交通管理、供应链与物流管理、实时安全监管、标识追踪与防伪以及图书馆管理等方面。但由于旅游业与这些领域分别具有一定的功能需求叠合，因此市场对其进行二次开发、不断应用到旅游业中，如旅游景区的门禁、票务与监控系统，旅游商品的供应链管理，旅游场馆、文博系统的管理等。而且，随着现代信息技术、新材料与先进制造、节能环保技术、声光电多媒体技术与控制系统、组织系统理论等的发展，已日渐呈现出多技术融合发展、技术群不断催生，并以累进式甚至爆炸式加速应用于旅游业的整体特征。

（二）文化旅游企业自身的技术创新能力较弱

文化旅游业是一个创新十分活跃的领域，但对文化旅游科技创新相对较少，尤其是企业自身的技术创新能力较弱。一方面，在地方竞争、市场竞争的环境中，由需求拉动的产品、服务、市场营销等创新不断升级：由传统的观光游览到休闲、度假与特种旅游复合发展，各类新产品与新业态层出不穷；星级服务、金钥匙服务、高质量的体验式和参与式等人性化服务日益体现出旅游业"以人为本"的服务业特征；智慧旅游工程、目的地营销系统、全球化网络营销、地区形象推广、事件与节事营销等，不断推动旅游营销创新升级。但另一方面，在文旅行业内，大量的市场主体——企事业单位，由于局限于行业发展惯性，研发投资与科技创新能力较弱，没有成为技术创新主体，在市场竞争压力下，主要依靠行业外的技术转移和扩散，属于被动式创新。

（三）技术驱动旅游高质量发展

在交通科技的发展应用下，我国支线航空、高速铁路和高速公路发展迅猛，同城化、近城化与区域一体化趋势日益显著，在大幅压缩旅游者时间距离的同时，扩大了出行的空间范围，旅游生产力布局、产品与线路组合等将进一步调整优化；在信息化科技创新不断的浪潮中，互联网、无线移动网、有线网的"三网融合"，将促进信息之间相互渗透、互相兼容，在很大程度上将改变游客消费方式、旅游管理方式，直至改变旅游业产业形态；在气候变暖、我国主动承担减排责任、制订节能减排计划的背景下，各类节能减排技术、循环经济模式和绿色低碳理念在旅游业中将迎来新的应用发展高潮，以实现宾馆饭店、景区景点用水用电量持续降低的目标。而且毫无疑问，未来的生物科技、航天科技和海洋科技的浪潮将会从更深层次对旅游业造成巨大冲击，科技与旅游结合得将更加紧密。

科学技术和行业发展的需要，使得相关技术的研发和应用增多，因而引发了新技术的产生和发展。文化和旅游行业具备较高的技术水平，在服务社会的过程中，自然就更加具备了技术优势，将文化和旅游行业技术运用到社会中，或者通过在文化旅游业中运用现代技术，为社会发展服务。

"十四五"时期，新发展格局为文化和旅游科技创新提供了广阔的空间和场景。文化和旅游科技创新的核心作用将更加突出，科技全面融入文化和旅游生产和消费各环节，全面赋能内容生产创新、产品和业态创新、商业模式创新、治理方式创新等各领域。要把握好数字化、网络化、智能化发展机遇，加强重点领域的关键技术研发和创新工程建设，促进文化和旅游高质量发展。

第二节　互联网与移动互联网技术

中国互联网络信息中心（CNNIC）第49次《中国互联网络发展状况统计报告》显示，截至2021年12月，我国累计建成并开通5G基站数达142.5万个，网民规模达10.32亿人，使用手机上网的比例达99.7%，手机仍是上网的最主要设备。互联网、移动互联网构建起智慧旅游的技术基础。

一、互联网

互联网（Internet），又称网际网路，或音译为因特网，以一组通用的协定相连，形成逻辑上的单一巨大国际网络。这个全球网络始于美国国防部高级研究计划署1968年建立的ARPANET（阿帕网），它由大大小小不同拓扑结构的网络，通过成千上万个路由器及各种通信线路连接而成。

我国互联网起步较晚，直到1994年4月，中国科技网（C/SNFT）的前身"中关村教育和科研示范网络"（NCFC）与美国国家科学基金网（NSFNET）直接互联，中国才与国际互联网正式实现全功能连接。随后，全国第一个TCP/IP互联网络——中国教育与科研网建成投入使用，中国公用计算机网络（CHINANET）也在1996年开通运营，中国互联网在快速经历了跟随、参与之后，很快走上快速发展的道路，至今中国已经成长为一个互联网大国。

（一）互联网的体系结构

互联网使用分层的体系结构，有网络接口层、网际层（IP）、传输层（TCP、UDP）和应用层（Telnet、FTP、SMTP等）。

网络接口层位于整个网络体系结构底层，是面向通信子网的；网际层是整个网络体系结构的核心层，其功能是将各种各样的通信子网互联，其实现的协议是IP协议；传输层是主机到主机保证可靠传输报文的核心层，可使用两种不同的协议TCP和UDP；应用层位于整个网络体系结构最高层，面向用户提供各种服务。

（二）互联网地址

互联网上的数据能够正确传输到目标计算机，其中一个重要的原因是每个连接到互联网的计算机都有唯一的网络地址。目前网络地址有IPV4版和IPV6版，常用的为IPV4版。

1. IPV4版地址

在IPV4系统中，一个IP地址由32位二进制数组成，为便于书写和记忆，用"."将其分成四段，每段8位，并将每段8位二进制数转换为十进制数来表示。IP地址每一段都在0~255，如192.168.16.1。

IP地址可以视为网络标识号码与主机标识号码两部分，因此IP地址可由两部分组成，一部分为网络ID，另一部分为主机ID。同一个物理网络上的所有主机都使用同一个网络ID，网络上的一个主机（包括网络上的工作站、服务器和路由器等）有一个主机ID与其对应。

IP 地址分类如表 2-1 所示，主要分为 A、B、C 三类，它们适用的类型分别为大型网络、中型网络、小型网络。常用的是 B 和 C 两类。

表 2-1 IP 地址主要类别表

网络类别	最大网络数	IP 地址范围	最大主机数	私有 IP 地址范围
A	126	1.0.0.0～127.255.255.255	16 777 214	10.0.0.0～10.255.255.255
B	16 384	128.0.0.0～191.255.255.255	65 534	172.16.0.0～172.31.255.255
C	2 097 152	192.0.0.0～223.255.255.255	254	192.168.0.0～192.168.255.255

2. IPV6 版地址

IPV6 地址为 128 位，由 64 位前缀和 64 位接口标识组成，但通常写作 8 组，用"："分隔开，每组为 4 个十六进制数的形式。例如，FE80：0000：0000：0000：AAAA：0000：00C2：0002。IPV6 彻底解决了 IPV4 地址不足的问题，IPV6 协议在设计时，保留了 IPV4 协议的一些基本特征，使采用新老技术的各种网络系统在互联网上能够互联。

IPV6 地址有 3 种规范的形式。

（1）完整表示法——X：X：X：X：X：X：X：X，如 FE80：0000：0000：0000：AAAA：0000：00C2：0002。

（2）零压缩表示法——简化包含 0 位地址，如 FE80：AAAA：0000：00C2：0002。

（3）兼容表示法——X：X：X：X：X：X：d.d.d.d，如 FE80：0000：0000：0000：AAAA：0000：0.192.0.2。

（三）域名

IP 地址是 Internet 主机作为路由寻址用的数字型标识，人不容易记忆。因此，互联网上设计了一种字符型的主机命名系统，即域名系统（Domain Name System，DNS）。互联网的主机域名和 IP 地址具有同等地位，DNS 提供主机域名和 IP 地址之间的转换服务。

一个公司如果希望在网络上建立自己的主页，就必须取得一个域名，域名也是由若干部分组成，包括数字和字母。通过该地址，人们可以在网络上找到所需的详细资料。域名是上网单位和个人在网络上的重要标识，起着识别作用，便于他人识别和检索某一企业、组织或个人的信息资源，从而更好地实现网络上的资源共享。除了识别功能外，在虚拟环境下，域名还可以起到引导、宣传、代表等作用。

域名由两个或两个以上的词构成，中间由"."分隔开，按从右到左的顺序，顶级域名在最右边，代表国家或地区以及机构种类，最左端是机器的主机名。如中国互联网络信息中心域名：http：//www.cnnic.net.cn。

域名可分为不同级别，包括顶级域名、二级域名、三级域名、注册域名。中国在国际互联网络信息中心正式注册并运行的顶级域名是 cn，这也是中国的一级域名。在顶级域名之下，中国的二级域名又分为类别域名 6 个和行政区域名 34 个。类别域名共 6 个，包括用于科研机构的 ac；用于工商金融企业的 com；用于教育机构的 edu；用于政府部门的 gov；用于互联网络信息中心和运行中心的 net；用于非营利组织的 org。

（四）万维网从 Web 1.0 到 Web 3.0

万维网（World Wide Web），通常指的是网页和网站，现在已经是互联网的代名词，也是互联网中重要的核心部分。到目前为止，Web 发展已经有将近 30 年的历史了，万维网也经历了 Web 1.0 到 Web 3.0 的发展。

1. Web 1.0

Web 1.0 的主要协议是 HTTP、HTML 和 URI，网页是"只读的"，用户只能搜索信息，浏览信息。

大多数电子商务网站从性质上讲还是 Web 1.0，因为其背后的理念非常简单，是由内容驱动的，内容来自商业机构，服务于消费者，面向消费者展示产品，从感兴趣的消费者那里获得交易。

Web 1.0 只解决了人对信息搜索、聚合的需求，而没有解决人与人之间沟通、互动和参与的需求。

2. Web 2.0

在 Web 1.0 之后，互联网的第二次迭代被称作 Web 2.0，也就是"可读写"网络。到了 2.0 时代，用户不仅仅局限于浏览，他们还可以自己创建内容并上传到网页上。形形色色的社交网站和点评网站，是 Web 2.0 的代表。

Web 2.0 有三个本质特征：交互性、用户生成内容和信息分享。

（1）交互性

不仅用户在发布内容过程中实现与网络服务器之间的交互，而且，实现了同一网站不同用户之间的交互，以及不同网站之间信息的交互。Web 2.0 正是通过参与者的互动，从而使他们所使用的平台实现增值。

（2）用户生成内容（User Generated Content，UGC）

与 Web 1.0 网站单向信息发布的模式不同，Web 2.0 网站的内容通常是由用户来发布的，使得用户既是网站内容的生产者也是网站内容的消费者。用户原创内容一般被称为 UGC，社区网络、个人微博和视频分享等都是 UGC 的主要应用形式，新浪博客、微博、微信、QQ 空间等网站均是 UGC 大受欢迎的典型案例。

（3）信息分享

在 Web 2.0 模式下，可以不受时间和地域的限制分享各种观点。用户可以得到自己需要的信息也可以发布自己的观点。用户在特定的社会网络中进行商业信息的分享和知识共享。其中商业信息包括商品信息、折扣信息和优惠券信息等，知识包括显性知识和隐性知识。

以"人"为节点，以人与人之间的关系为信息传播渠道的 SNS（Social Networking Services/Sites，社交网络服务）则成为 Web 2.0 时代最具创新性的一种社会性的网络服务。SNS 网站是一类特殊的虚拟社区，在这样的网站上，允许人与人之间就一个特定的话题展开讨论，或者仅仅是在线闲聊一些无关紧要的事情。SNS 的出现不仅改变了传统的信息传播方式，而且给人们的社交方式带来的冲击也是巨大的。现在，微博上的"大 V"（拥有众多粉丝的微博用户）可以通过一张照片成就或毁掉一个品牌。大众点评上的用户可以通过一条差评就抹黑一家餐厅，甚至点评已经对用户的购买决策起到至关重要的作用。以个性化、互动参与、社会性等特征的 SNS 旨在促进人与人之间的关系及社会网络的广泛建立，它融合了博客、社群、在线游戏以及多媒体分享等 Web 2.0 应用。

3. Web 3.0

Web 1.0 解决了获取信息的问题，Web 2.0 解决了建立新的网页、同其他人分享信息的问题，Web 3.0 是一个更具个性化特点的网络，它为用户提供个性化用户体验、个性化配置。在网络搜索方面，Web 3.0 引入个人信息偏好处理系统和个性化搜索引擎，对个体用户进行特征分析，同时也对整个互联网的搜索习惯进行整理、归类，最终得出更适合网民需求的搜索平台，实现了快捷、准确、高效的搜索，用户可以可以在极短时间内找到自己需要的信息资料，节省了时间和精力。

Web 3.0 有以下四大属性：

（1）语义网络

Web 3.0 的一个关键元素是"语义网络"，"语义网络"由万维网之父 Tim Berners-Lee 创造，用于表述可以由机器处理的数据网络。Tim Berners-Lee 最初是这样表达他对语义网络的看法的："我有一个梦想，网络中的所有计算机能够分析网络中的数据，包括内容、链接、人与计算机之间的往来。语义网络会让这一切成为可能，一旦该网络出现，日常的交易机制、事务以及我们的日常生活都会由机器与机器之间的沟通来处理。"

语义网络和人工智能是 Web 3.0 的两大基石。语义网络有助于计算机学习数据的含义，从而演变为人工智能，分析处理信息和数据。其核心理念是创建一个知识蛛网，帮助互联网理解单词的含义，从而通过搜索和分析来创建、共享和连接内容。

（2）网络智能

网络智能允许网站过滤并向用户提供尽可能最好的数据，Web 3.0 在学习、理解你是谁，并试图给你一些反馈。每次在购物网站上购物，网站算法就会看其他人购买了你的这件商品后会继续买什么，然后会把推荐结果展示给你。这意味着什么？这意味着网站在从其他用户的购买习惯中学习，推断你有可能倾向于哪些产品，并把你可能喜欢的商品推荐给你。简而言之，Web 3.0 网站自身有了自主学习能力，变得更加智能，反馈给我们之前并不知晓的内容。

（3）三维世界

Web 3.0 也是元宇宙下一代互联网的基石之一，从简单的二维网络发展为更真实的三维网络世界，在网络游戏、电子商务、区块链、房地产等 Web 3.0 的网站和服务中得到了广泛的应用。

（4）无处不在

无所不在是指网络跨越时间与空间，无所不在。Web 3.0 的网络模式，基于物联网，身边的一切事物都是连接在线的，实现不同终端的兼容，从 PC 互联网到 WAP 手机（集移动电话与移动电脑于一体的新型通信工具）、PDA（掌上电脑）、机顶盒、专用终端，连接与内容分享无所不在。

二、移动互联网

（一）移动互联网特点

移动互联网（Mobile Internet）的核心是互联网，是互联网与移动通信各自独立发展后互相融合的新兴市场，因此，一般认为移动互联网是桌面互联网的补充和延伸。移动互网作为一种新型的网络活动类型，主要是通过智能移动终端，运用移动无线通信方式获得相关交易和服务。移动通信是一种物与物的通信模式，主要指移动设备之间以及移动设备与固定设备之间的无线通信，实现设备的实时数据在系统之间、远程设备之间的无线连接。从技术层面来定义，移动互联网是以宽带 IP 为技术核心，可以同时提供语音、数据和多媒体业务的开放式基础电信网络。

虽然移动互联网与桌面互联网共享着互联网的核心理念和价值观，但日益丰富智能的移动装置是移动互联网的重要特征之一，移动互联网以运动场景为主，碎片时间、随时随地，业务应用相对短小精悍。从客户需求来看，移动互联网的特点可以概括为以下几点：

1. 终端移动性

移动互联网业务使得用户可以在移动状态下接入和使用互联网服务，移动的终端便于用户随身携带和随时使用，实时连接。

2. 智能性和个性化

移动互联网设备不仅可以准确定位用户所处的地理位置，而且能快速探测出周围声音以及其他事物信息。甚至现在还出现了比传统设备更为智能化的设备，如可以感受到用户的触碰、周围环境的温度以及周围环境的气味，等等。

移动互联网的个性化主要表现在以下几个方面：移动终端的个性化、移动网络的个性化以及内容与应用的个性化。首先，移动终端与个人绑定，能呈现个性化极强的个人特征；其次，移动网络能精确提取和反映用户的需求与行为信息；最后，内容与应用的个性化主要是因为社会化网络服务、聚合内容（RSS）以及 Widget 等技术将终端的个性化与网络的个性化有机结合在一起，以实现最大程度上的个性化。

3. 业务使用的私密性

手机几乎是每个人的随身物品，具有极强的个人属性，所使用的内容和服务更私密，因此，手机用户的隐私性高于个人电脑用户，当用户使用移动互联网业务时，所访问的内容和服务会更加私密，如手机支付业务等。移动互联网终端应用在数据共享时就对客户身份进行了有效性认证，确保了信息的安全性、准确性，这有别于传统互联网的公开透明特征。个人电脑的用户信息是可以被搜集的，而利用手机上网的用户信息是不会轻易被他人获取的。

4. 终端和网络的局限性

移动互联网业务在便携的同时，也受到了来自网络能力和终端能力的限制：在网络能力方面，受到无线网络传输环境、技术能力等因素限制；在终端能力方面，受到终端大小、处理能力、电池容量等的限制。无线资源的稀缺性决定了移动互联网必须遵循按流量计费的商业模式。由于移动互联网业务受到了网络及终端能力的限制，因此，其业务内容和形式也应适合特定的网络技术规格和终端类型。

（二）移动通信技术

移动互联网的重要基础是移动通信技术。1844 年，美国人莫尔斯（S. B. Morse）发明了莫尔斯电码，并在电报机上传递了第一条电报，开创了人类使用"电"来传递信息的先河，人类传递信息的速度得到极大的提升，从此拉开了现代通信的序幕；1864 年，麦克斯韦（J. C. Maxwell）从理论上证明了电磁波的存在；1876 年，赫兹（H. R. Hertz）用实验证实了电磁波的存在；1896 年，意大利人马可尼（G. Marconi）第一次用电磁波进行了长距离通信实验，人类开始以宇宙的极限速度——光速来传递信息，从此世界进入了无线电通信的新时代。今天，移动通信技术已经从第一代 1G 发展到了第五代 5G，正在向第六代 6G 进军。

1. 移动信技术从 1G 到 5G 的发展

（1）第一代通信技术 1G 实现语音通信，模拟语音

1986 年，第一代移动通信系统（1G）在美国芝加哥诞生，采用模拟信号传输。即将电磁波进行频率调制后，将语音信号转换到载波电磁波上，载有信息的电磁波发布到空间后，由接收设备接收，并从载波电磁波上还原语音信息，完成一次通话。但各个国家的 1G 通信标准并不一致，使得第一代移动通信并不能"全球漫游"，这大大阻碍了 1G 的发展。同时，由于 1G 采用模拟信号传输，所以其容量非常有限，一般只能传输语音信号，且存在语音品质低、信号不稳定、涵盖范围不够全面，安全性差和易受干扰等问题。

（2）第二代通信技术 2G 实现语音通信与文本传送（短消息）、数字语音

和 1G 不同的是，2G 采用的是数字调制技术。因此，第二代移动通信系统的容量也在增加，随着系统容量的增加，2G 时代的手机可以上网了，虽然数据传输的速度很慢（9.6～14.4 Kb/s），但文字信息的传输由此开始了，这成为当今移动互联网发展的基础。

（3）第三代通信技术 3G 实现多媒体传送，移动宽带。

2G 时代，手机只能打电话和发送简单的文字信息，虽然这已经大大提升了效率，但是日益增长的图片和视频传输的需要，人们对于数据传输速度的要求日趋高涨，2G 时代的网速显然不能满足这一需求。

相比于 2G，3G 依然采用数字数据传输，但通过开辟新的电磁波频谱、制定新的通信标准，使得 3G 的传输速度可达 384 Kb/s，在室内稳定环境下甚至有 2 Mb/s 的水准，是 2G 时代的 140 倍。由于采用更宽的频带，传输的稳定性也大大提高。速度的大幅提升和稳定性的提高，使大数据的传送更为普遍，移动通信有更多样化的应用，因此 3G 被视为开启移动通信新纪元的关键。人们可以在支持 3G 网络的 iPhone 3G 手机上直接浏览电脑网页、收发邮件、进行视频通话、收看直播等，人类正式步入移动多媒体时代。

（4）第四代通信技术 4G 实现移动互联网，是更快更好的移动宽带

4G 是在 3G 基础上发展起来的，采用更加先进通信协议的第四代移动通信网络。对于用户而言，2G、3G、4G 网络最大的区别在于传输速度不同，4G 网络作为最新一代通信技术，在传输速度上有着非常大的提升，理论上网速度是 3G 的 50 倍，实际体验也都在 10 倍左右，上网速度可以媲美 20M 家庭宽带，因此 4G 网络可以具备非常流畅的速度，观看高清电影、大数据传输速度都非常快。4G 已经像"水电"一样成为我们生活中不可缺少的基本资源。微信、微博、视频等手机应用成为生活中的必需，我们无法想象离开手机的生活。由此，4G 使人类进入了移动互联网的时代。

（5）第五代移动通信技术 5G 实现更高速率、更大带宽、更多连接、更强能力、低时延，融合移动互联网络

5G 通信技术，弥补了 4G 技术的不足，在吞吐量、时延、连接数量、能耗等方面进一步提升了系统性能，数据传输速率远远高于以前的蜂窝网络，小区峰值速率最高可达 20 Gb/s，用户体验速率最高达 1 000 Mb/s，是 4G 的 20 倍，同时，更快的响应时间及较低的网络延迟

（低于 1 ms）、超高流量密度（10 Tbps/km²）、海量设备连接能力（满足 1 000 亿量级的连接）、超高移动性（支持 500 km/h 的移动速度），5G 网络比 4G 网络关键性能指标有更大提升。

5G 将不同于传统的几代移动通信，不是单一的技术演进，也不是几个全新的无线接入技术，而是整合了新型无线接入技术（WLAN、4G、3G、2G）等，通过集成多种技术来满足不同的需求，是一个真正意义上的融合网络。

2. 万物互联的 5G 时代

5G 不再由某项业务能力或者某个典型技术特征所定义，它不仅是更高速率、更大带宽、更强能力的技术，而且是一个多业务多技术融合的网络，更是面向业务应用和用户体验的智能网络，最终打造以用户为中心的信息生态系统，实现"信息随心至，万物触手及"。

相比 4G 及以前的系统，5G 业务扩展至三大场景：增强移动带宽 eMBB（Enhance Mobile Broadband）、高可靠低时延通信 URLLC（Ultra Reliable & Low Latency Communication）、大规模物联网（海量机器类通信）mMTC（Massive Machine Type Communication），使信息突破时空限制，突破人与人之间的连接，实现物物互联。5G 应用渗透到社会的各个领域，如车联网、自动驾驶、无人机、摄影级视频、监控级视频、VR/AR、智慧城市、智慧医疗（远程诊断、远程手术、远程医疗监控、远程护理）、智慧产业、工业互联网、智能制造、智能电网……，进一步促进云计算、移动互联网、物联网的发展应用。

5G 推动产业模式变革，由运营公众网络到客户侧专网转变，行业客户由关注业务可用性向关注网络能力对行业应用适配性、多级算力的灵活调度及行业专网一体化服务能力转变；由关注网络服务质量向关注网络定制化、网业协同及运维运营服务转变。

（1）5G 专网

基于运营商 5G 专网解决方案，5G 专网根据具体业务场景，以虚拟专网、混合专网、独立专网等方式实现专网建设。对于 To C 类文旅专网场景，主要满足游客和文旅工作人员的 C 终端（手机、AR/VR 设备等）的需求；对于 To B 类文旅专网场景，主要满足文旅管理部门、景区、文博场馆等物联网终端（摄像头、传感器和智能终端等）的需求。

（2）5G 切片

对于切片最简单的理解，就是通过对 5G 无线网、承载网和核心网进行差异化配置，将 5G 网络虚拟成满足客户业务需求的端到端逻辑网络切片，从而为不同垂直行业场景提供相互隔离、网络能力可确定的网络服务，满足差异化数据传输的保障需求。5G 切片为不同客户提供相互隔离、功能可定的网络服务，实现客户定制化的网络切片设计、部署和运维，贯通网络环节，实现端到端的 SLA（服务级别协议）业务保障（无线、承载、核心）。

（3）5G MEC

5G MEC 是基于 5G 网络和边缘计算能力，构建在 5G 移动网络边缘基础设施之上的云平台。5G MEC 具有安全可靠、按需部署、线上服务等特点。5G 网络用户面下沉所带来的低时延、高可靠以及高隔离性的传输能力，结合高性能边缘云资源实现的数据本地分析和处理能力，外加网络和 IT 能力的全面开放，共同为垂直行业的创新提供了无限可能，也给企业数字化转型注入了动力。

互联网设备总体可以分为云、管、端，5G 是建设海量互联的基础，管是管道，端是应用，5G 带来的网速的极大提升，使得一切皆可从云而来，随取随用。甚至，每个垃圾桶都可以装上传感器，当快满的时候通知垃圾车来清理。5G 通过无缝融合的方式，便捷地实现人与万物及万物之间的智能互联。

（三）移动互联网系统构成

一个完整的移动互联网包括三个部分，即移动智能终端、移动智能终端操作系统和应用。

1. 移动智能终端

移动智能终端，广义上指所有具备可重配置特性的终端，狭义上指具有智能操作系统，提供应用程序开发接口（API），并能够安装并运行第三方应用的终端，包括移动智能手机、平板电脑、车载智能终端、智能电视、可穿戴设备等。这些设备支持音频、视频、数据等方面的功能，人们利用它们，可以完成许多借助个人电脑能够完成的任务，包括数据采集、数据传输、浏览网页、收发邮件和即时信息、显示数字内容以及与企业内部系统进行数据交换等。

目前，智能手机和平板电脑的发展，为智慧旅游等行业提供了强劲的硬件支撑。智能手机除了具有手机的功能，也具有电脑的许多功能，如上网、处理电子邮件、看书/文件、交友、玩游戏等；还具有电脑所不具备的功能，如拍照/录像、GPS 导航等。同时电脑也在逐渐克服其不足的一面，超便携是其发展方向，即功能更多，体积更小。电脑已经经历了从笔记本到上网本再到平板电脑的历程，能上网、拍照片、多点触控是平板电脑的基本要求。

2. 移动智能终端操作系统

目前，业界主流的移动智能终端操作系统有谷歌主导的 Android、苹果的 iOS 等，它们之间的应用软件互不兼容。主要操作系统阵营大多根植于 Linux 系统，但具体技术模式有所不同：封闭与开放、闭源与开源、运行效率和开发效率，各有选择，各具优势，它们同 Linux、Unix 的关系如图 2-1 所示。

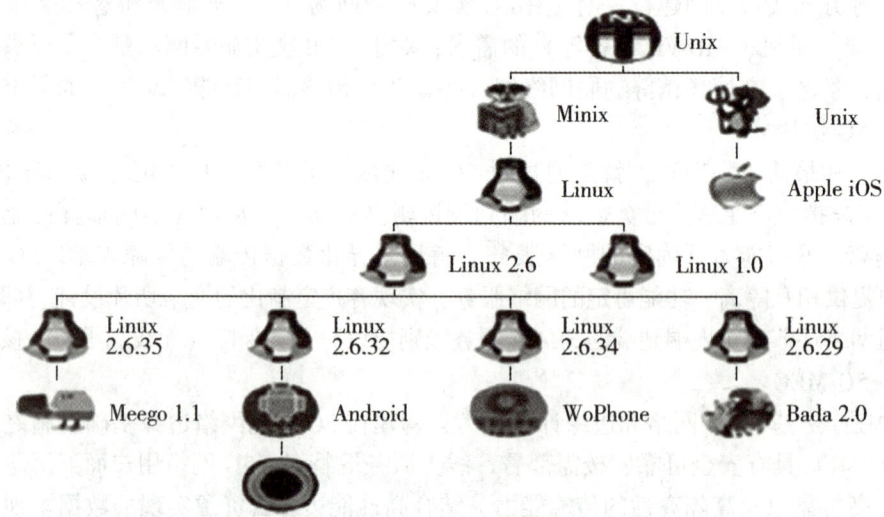

注：操作系统基于的 Linux 内核版本与其功能与硬件适配相关。

图 2-1　移动操作系统与 Linux、Unix 的关系

（来源：我国移动智能终端操作系统平台发展研究）

（1）Android

Android 原意为仿真机器人，是由谷歌公司于 2007 年 11 月推出一种基于 Linux 操作内核的开源手机操作系统，广泛应用于移动设备，如智能手机和平板电脑。谷歌对 Android 源代码开放开源，内置了丰富的移动互联网应用，包括 GMail、GTalk、Google Maps 等，并向应用开发者提供应用编程接口和软件开发包。任何终端厂商、运营商均可以对 Android 操作系统进行定制和修改，任何硬件开发商均可以为 Android 操作系统开发驱动程序。

Android 平台整体架构分为应用（Applications）、应用框架（Application Framework）、本地库和虚拟机（Libraries and Android Runtime）、Linux 内核（Kernel）四个层次。应用层包括主界面、联系人、设置等一系列核心应用程序。应用框架层包含活动管理器、内容提供器、电话管理器等，允许开发人员访问开发程序所使用的应用程序编程接口。第三层主要与进程运行有关，函数库提供了 Java 编程语言的大多数功能库，Dalvik 虚拟机为每个程序提供运行环境。最底层为 Linux 内核，用于内存管理、进程管理、文件管理和设备驱动管理，同时保障系统运行的安全与稳定。

Android 采用 Linux 内核，使用 C/C++语言开发底层驱动，使用 Java 或 Native C 等语言开发应用程序，采用自由及开放源代码软件的源码模式，遵循 Apache 和 GPLV2 等授权条款。谷歌对基于自己操作系统的第三方应用开发、传播一般不做任何限制，允许任何应用在操作系统上使用。

开源开放模式让 Android 赢得巨大成功的同时，安全问题也更加突出，使 Android 智能终端受到恶意扣费、隐私窃取等威胁。

（2）iOS

iOS 是美国苹果公司在 Mac OS 基础上开发的智能终端操作系统，溯源应属于 Unix 系统家族，目前应用于 iPhone、iPod touch、iPad 以及 Apple TV 等苹果自有设备上。以产品为中心，从桌面到移动融合，依托封闭式系统环境确保用户安全。iOS 采用了 XNU、Darwin 混合内核，使用基于 C/C++的 Objective-C 编程语言，采用封闭源码、含有开源组件的源码模式，遵循 EULA、APSL 等授权条款。

iOS 平台整体架构分为核心操作系统（Core OS layer）、核心服务层（Core Services Layer）、媒体层（Media Layer）和 Cocoa 触摸层（Cocoa Touch Layer）四层架构。位于最底层的是核心操作系统层，它包括内存管理、文件系统、电源管理等一些底层操作系统任务，直接与硬件设备交互，同时包含安全、认证、密钥等组件。第二层是核心服务层，主要用于访问 iOS 的一些服务，如网络接入、SQLite 数据库等。第三层是媒体层，用于在应用程序中使用各种媒体文件，如进行音频与视频录制、图形绘制以及动画效果等。最上面一层是 Cocoa 触摸层，这一层为应用程序开发提供了各种有用的框架，且大部分与用户操作界面有关，主要负责用户在运行 iOS 的设备上的人机交互操作。

苹果公司基于 iOS 操作系统构建封闭式生态系统，在终端中深度内置自营业务，并对第三方应用进行开发、测试、上架和使用全程控制，苹果公司的 iPhone、iPad 与自己的 iTunes、App Store 等业务平台整合对接，构成了闭合的终端应用销售渠道。所有在苹果终端上运行的应用程序都必须经过苹果的审核才能在 App Store 上销售。iOS 自发布以来，以其优质的用户体验，获得了市场和消费者的认可。

3. 应用

基于移动互联网的应用非常丰富，在 Android 平台"应用商店"、iOS 平台"App Store"都有丰富的 App，为终端用户提供资讯、沟通、娱乐、商务、股票交易、银行业务、网上购物、网上预订、网上办公、网上学习、网上直播、网上创作等功能的应用。

(1) 微博

微博（Weibo）是微型博客（Micro Blog）的简称，即一句话博客，是一种通过关注机制分享简短实时信息的广播式的社交网络平台。它是一个基于用户关系的信息分享、传播以及获取平台，用户可以通过 Web、WAP 以及各种客户端组件等在虚拟个人社区更新信息，并实现即时分享，信息共享便捷迅速。

微博提供了这样一个平台，你既可以作为观众，在微博上浏览你感兴趣的信息；也可以作为发布者，在微博上发布内容供别人浏览。微博开通的多种 API 使得大量的用户可以通过手机、网络等方式来即时更新自己的个人信息。微博的即时通信功能非常强大，在有网络的地方，只要有手机就可即时更新自己的内容。例如，当发生一些大的突发事件或引起全球关注的大事时，如果有在场的人利用各种手段在微博上发表出来，其实时性、现场感以及快捷性，甚至超过所有媒体。

微博发布的内容一般较短，有 140 个字的长度限制。微博的内容只是由简单的只言片语组成，对用户的技术要求门槛很低。用户发布信息的吸引力、新闻性越强，对该用户感兴趣、关注该用户的人数也越多，影响力越大。

企业在做生意时，不得不更多地依赖互联网。企业想要关注用户，了解用户需求，就必须具备在互联网环境中传播和塑造品牌的核心竞争力。运用网上工具进行营销，已经是众多行业最为有效的方法之一。微博是 Web 2.0 的典型应用，作为一种网络信息发布、传递、交流的手段，在企业营销中也能起到意想不到的作用。好的微博用户能提高个人美誉度，他们发帖讲述有趣的故事、消息，吸引了大量跟随者阅读。随着用户个人名气的增加，其中的一部分也不可避免地影响到所在公司。在此基础上，微博发布有关公司的各类帖子，如企业成就、新闻稿或推广网站的链接、回答微博用户关于企业品牌的各类问题，同样也会获得跟随者的追捧，无形中提升了公司的知名度。

(2) 微信公众平台

随着移动互联网的迅速发展，微信作为功能强大的手机交友平台，迅速普及，拥有广泛的用户群体，已成为一种重要的自媒体营销和服务手段。

微信公众平台简称 WeChat，曾命名为"官号平台"和"媒体平台"，最终定位为"公众平台"。和新浪微博早期从明星战略着手不同，微信发展初期挖掘自己用户的价值，为平台增加更优质的内容，创造更好的黏性，形成一个不一样的生态循环。利用公众账号平台进行自媒体活动，简单来说，就是进行一对多的媒体性行为活动，商家通过申请微信公众服务号二次开发，如对接微信会员云营销系统展示商家微官网、微会员、微推送、微支付、微活动、微报名、微分享、微名片等，已经形成一种主流的线上线下微信互动的营销方式。

微信公众平台主要分为服务号和订阅号两种类型。

服务号旨在为用户提供服务。服务号一个月内仅可以发送四条群发消息。服务号发给用户的消息，会显示在用户的聊天列表中。并且，在发送消息给用户时，用户将收到即时的消息提醒。

订阅号为用户提供信息和资讯。订阅号每天可以且只能发送一条群发消息。订阅号发给用户的消息，将会显示在用户的订阅号文件夹中。在发送消息给用户时，用户不会收到即时消息提醒。在用户的通讯录中，订阅号将被放入订阅号文件夹中。

旅游企业官方微信平台可以提供酒店、机票、门票、旅游度假等产品的在线预订服务，并满足游客旅游咨询、投诉、商务、救援，以及智能化导游、导购、导览、导向等需求。

三、基于互联网及移动互联网的旅游信息服务

随着互联网技术和移动应用在旅游领域的发展，游客的出行越来越便捷。在出行前和旅游的行程中，游客都可以通过以智能手机为代表的移动终端或桌面 PC，完成对机票等交通票务、酒店住宿、餐饮娱乐项目及景区门票的预订、支付等工作，以及旅游信息咨询、旅游线路规划、应急求助、投诉、分享等，实现更好的旅游体验。

互联网信息服务的入口一般是 Web 浏览器，移动互联网信息服务的入口一般是 App、小程序、公众号或是 WAP 微型浏览器。基于互联网及移动互联网的旅游信息服务，有以下几种类型：

（一）预订类

1. 机票与酒店预订服务

旅游交通出行中的机票、火车票、汽车票等，基本上都可以通过 PC 或手机平台进行预订。当前，手机已经成为与互联网同样重要的机票预定与航空服务的销售渠道。通过这个渠道，很多航空公司可以直接销售其个性化服务，并可与携程、去哪儿等合作推出手机预订服务，游客甚至可以使用手机完成值机，免去排队办理登机手续的烦琐过程。

国外连锁星级酒店，如"洲际酒店""喜达屋"等，国内经济型连锁酒店如如家、7天酒店等都推出手机预订房间服务，该应用使得消费者随时随地都可以预约到当天的酒店房间。

由于地理位置对于酒店业的重要影响，智能手机上基于位置的移动应用具有巨大的潜力。如酒店管家、酒店达人等手机应用就与国内多家经济型酒店建立了系统直连，旅客进行定位查询后，地图将呈现周边酒店的名称、位置和价格，同时以不同颜色标注房态，用户可以选择点击通话直接通过酒店集团预订。

2. 手机租车服务

神州租车、T3 出行、一嗨租车、GoFun 出行、悟空租车等是当前国内常用的租车 App，它们在消费者和租赁车企业以及驾驶员劳务公司之间搭起了交易的桥梁，能够提供"实时"和"预约"的个性化、高端商务出行需求信息，并通过统一服务标准、服务规范和完善的服务保障体系保证交易的成功率和满意度。

3. 景点门票预订服务

目前，景点门票预订服务通常使用二维码电子门票代替原有的纸质门票。二维码电子门票是将现代移动通信技术和二维码编码技术应用到传统的票务领域，将体育馆、剧院、影院、景点的名称、日期、场次、座位号及票价等信息生成一个二维码，通过各种媒介进行信息公示，手机用户结算后通过手机 Wi-Fi 下载或者以彩信等方式直接发到消费者的手机上，形成一张唯一的电子票凭据。

游客凭手机上的电子票即可验票进入景区，具有环保、便捷、携带方便、防伪性高的特点，同时也为旅游企业免去了纸质票据的打印、配送成本。

（二）工具类

1. 旅游线路规划

作为整个旅游前期阶段，旅游信息的研究和行程的计划对于旅游者的最终购买决策起着决定性的作用。如穷游行程助手，游客可以通过 PC 端或智能手机等移动终端进入旅游行程设计平台应用，自主设定出行日期、出行人数、出行方式、游览的景点和住宿的酒店，旅游行程设计平台会自动计算时间，估算出费用，量身定做行程单，为游客合理安排线路提供参考。此外，游客还可以通过移动终端随时根据自己的需要重新选择以达到更好的旅游体验。

2. 导航、导游、导览、导购

利用智能终端实现智能导航、导游、导览、导购。智能导游是指通过移动终端，如手机、iPad 等自动感知当前所在位置，实时获得相应景点的信息介绍及个性化服务等，让游客享受到自主和专业的导游服务。当游客进入某景点区域时，智能导游通过特定的技术自动感知其当前所在的位置，然后将当前景点的各种文字介绍、图片、视频、音频以及附近位置提供的相关服务等信息，自动推送到其手机上，游客可以随时查看，这使整个旅行过程变得轻松有趣，从而提升旅游的品质。

3. 移动支付

移动支付（Mobile Payment），就是允许移动用户使用其智能移动终端对所消费的商品或服务进行账务支付的一种服务方式。由于移动支付避免了很多的繁杂手续，使得旅客资金携带起来更加方便，消费过程更加便捷与安全，在旅游过程中产生多种应用。游客在旅行前使用远程支付进行各种预订，在旅行过程中可以使用手机当面支付进行购物消费。

4. 旅游安全应急

旅游安全风险指妨碍游客信息、影响旅游业正常运转的不可预见的事件和因素，如地震、火灾、意外事故等。游客出行的方式日趋多元化，朝着散客化、个性化方向发展，选择自驾游、自由行等方式的游客越来越多。此外，登山旅游、邮轮旅游、深度旅游等旅游产品以及高风险旅游项目日渐兴盛，旅游安全风险不断增加。

一旦安全意外问题发生，游客的应急自救对保护游客人身安全并对援救人员到达争取时间至关重要。游客发生意外的情况往往出现在偏僻区域或人员较少的路道、悬崖峭壁等地点，游客可通过移动终端找到最近的避难所，并与警方等救援力量尽早取得联系，方便救援快速实施。

（三）攻略与分享类

目前，常用攻略类旅游应用有马蜂窝、穷游网、去哪儿网旅行频道、游侠客旅游网、穷游网淘在路上社区、途牛旅游网自助游游记等网络应用平台和社区，也有小红书、抖音等视频分享平台。

当前攻略类应用上信息量大、离线资源众多。在旅行前，可以在这些网站平台，获取想了解的旅游目的地，使得游客在旅行之前做好充足准备，查看航班、路线导航、酒店与旅行社的预订信息和旅游环境周边介绍及旅游景点介绍评论等，为更好的旅游体验打下基础。旅行过程中或结束后，许多旅客还会通过社交媒体和点评网站，实时分享拍摄的照片、旅游经历和用户体验，并将目的地景点乃至整个行程的图文信息进行分享。

第三节 物联网技术

从技术的角度来说，互联网实现了"人与人"之间便捷的联系与对话，而物联网是通过射频识别技术、红外线感应器、全球定位系统等各种传感设备，按照约定的协议，把任何物品与互联网联结起来，实现"人与物""物与物"之间的联系对话，是互联网的延伸和发展。

一、物联网的概念与特征

（一）物联网的概念

物联网（The Internet of Things，IoT）可理解为"物物相连的互联网"。"物联网"有两层含义：第一，物联网的核心和基础仍然是互联网，它是以计算机网络为核心进行延伸和扩展而成的网络；第二，其用户端已延伸和扩展到了众多物品与物品之间，进行数据交换和通信，以实现许多全新的系统功能。

普遍认为，物联网是通过射频识别技术、红外感应器、全球定位系统、激光扫描器等信息传感设备，按规定协议，将任何物品通过有线与无线方式与互联网连接，进行通信和信息交换，以实现智能化识别、定位、跟踪、监控和管理的一种网络技术。

与物联网相关或相似的概念，还有 M2M（机器到机器）、智慧地球、无线传感网、泛在网络等概念。M2M 就是使所有机器设备都具备联网和通信能力，即物与物通信的范畴，而物联网是比 M2M 更广泛的概念，它不仅需要实现物对物通信，还包括人与物的通信。此外，物联网还包括物理信息收集的范畴，因此它是集信息采集和网络通信为一体的融合多学科的网络技术。无线传感器网络（Wireless Sensor Network，WSN）是由大量传感器节点通过无线通信方式，感知、采集、传输和集成处理网络覆盖区域中感知对象信息，包括温度、湿度、压力、速度等物质现象的网络。物联网是一个比较宽泛的概念，其具体实现形式可以有多种形态，传感网，特别是无线传感网络是最有前途和最有吸引力的实现方法，因此在谈及传感网时往往将其与物联网做等同的考虑或认为概念基本一致。智慧地球是 IBM 公司所提出的概念，它的提出初衷是更透彻地感应和度量、更全面地互联互通和更深入地智能洞察，因此一般认为物联网与互联网相结合，就可以最终实现智慧地球的设想。从泛在网络这个角度来审视，可以看出在人与人通信的传统网络基础上，物联网通过自身技术特点开拓了物与物、人与物信息沟通的新领域，因此是实现泛在网络的重要一步。

（二）物联网的特征

物联网将会进一步实现人与物体的交流互通，同时也会实现物体与物体相互间的信息共享传递等，从而创造出一批批自动化程度更高、反应更灵敏、功能更强大、更适应各种内外环境、耐候性更强、对各产业领域拉动力更大的应用系统。

物联网的基本特征包含以下三个方面：

1. 全面感知

物联网是各种感知技术的广泛应用，即利用 RFID、传感器、二维码以及未来可能的其他类型传感器，能够随时采集物体的动态信息，接入对象更为广泛，获取信息更加丰富。

物联网上部署了海量的多种类型传感器，每个传感器都是一个信息源，不同类别的传感器所捕获的信息内容和信息格式不同。传感器获得的数据具有实时性，按一定的频率周期性地采集环境信息，不断更新数据。在物联网中获取和处理的信息不仅包括人类社会的信息，也包括更为丰富的物理世界信息，包括长度、压力、温度、湿度、体积、重量、密度等。

2. 可靠传递

物联网是一种建立在互联网上的泛在网络。物联网技术的重要基础和核心仍旧是互联网，通过各种有线和无线网络与互联网融合，将物体的信息实时准确地传递出去。在传输过程中，为了保障数据的正确性和及时性，必须适应各种异构网络和协议。未来的物联网，不仅需要完善的基础设施，更需要随时随地的网络覆盖和接入性，信息共享和互动以及远程操作都要达到较高的水平，同时信息的安全机制和权限管理需要更高层次的监管和技术保障。

3. 智能处理

物联网产生海量的数据信息，物联网能够利用云计算、模糊识别等各种智能计算技术，对海量数据和信息进行分析和处理，对物体实施智能化的控制，真正达到了人与人的沟通和物与物的沟通。未来的物联网，不仅能提高人类的工作效率，改善工作流程，而且通过云计算，借助科学模型，广泛采用数据挖掘等知识发现技术整合和深入分析收集到的海量数据，以更加新颖、系统且全面的观点和方法来看待和解决待定问题，可以使人类能更加智慧地与周围世界相处。

二、物联网的技术体系

真正意义上的物联网至少应由三个层面的系统组成，分别为节点信息采集感知层、信息传输网络层和应用平台层。节点信息采集感知层主要是组成物联网的各个传感节点进行特定需求信息的采集，实现对物理世界中"物"的信息的收集；信息传输网络层是由各个传感节点通过无线通信技术和协议将所采集的信息传送到应用平台；应用平台层提供各种应用平台和用户界面，以及数据的存储功能，作为数据处理、分析和应用的平台。物联网技术体系如表2-2所示。

表2-2 物联网技术体系

应用平台层	信息处理与服务技术	云计算 云存储 云服务
信息传输网络层	通信与网络技术	IPV6 短距离无线通信
节点信息采集感知层	感知与识别技术	传感器 条形码 RFID

（一）节点信息采集感知层——感知与识别技术

节点信息采集感知层是物联网发展和应用的基础，是实现物联网全面感知的核心。

物联网的感知与识别技术主要实现对物体的感知与识别，包括声音及视觉识别技术、生物特征识别技术、红外感应技术、射频识别技术、GPS定位技术等，根据不同的信息类型和感知节点的特点，节点信息采集感知方式主要分为四类：

①身份感知：通过条形码、RFID、智能卡、信息终端等，对感知对象的地址、身份及静态特征等进行标识处理。

②位置感知：利用定位系统或无线传感网络技术，对感知对象的绝对位置和相对位置进行感知处理。

③多媒体感知：通过录音和摄像头等音/视频多媒体设备，对感知对象的表征及运动状态进行感知处理。

④状态感知：利用各种传感器及传感网，对感知对象的状态（如温度、湿度等）等进行动态感知。通过被识别物品和识别装置之间的接近活动，自动地获取被识别物品的相关信息，并提供给后台的计算机处理系统来完成相关后续处理。

1. 传感器技术

传感器技术是一门涉及物理学、化学、生物学、材料科学、电子学以及通信与网络技术等多学科交叉的高新技术，而其中的传感器是一种物理装置，主要包括温度传感器、压力传感器、湿度传感器、光传感器、霍尔磁性传感器、微机电传感器等，能够探测、感受外界的各种物理量（如光、热、湿度）、化学量（如烟雾、气体等）、生物量，以及未定义的自然参量等。传感技术是现代科学技术发展的基础条件，其遵循信息论和系统论原理，主要研究关于从自然信源获取信息，并对之进行处理（变换）和识别的一门多学科交叉的现代科学与工程技术，所涉及的领域较宽，包括传感器设计、信息处理、信息识别、遥感遥测、新材料等。

传感器技术正与无线网络技术相结合，综合传感器技术、纳米技术、分布式信息处理技术、无线通信技术等，使嵌入任何物体的微型传感器相互协作，实现对监测区域的实时监测和信息采集,形成一种集感知、传输、处理于一体的终端末梢网络。

传感器将物理世界中的物理量、化学量、生物量等转化成能够处理的数字信号,一般需要将自然感知的模拟的电信号通过放大器放大后,再经模/数转化器转换成数字信号,从而被物联网所识别和处理。总的来说,传感器由敏感元件、转换元件和其他基本电路构成,如图 2-2 所示。

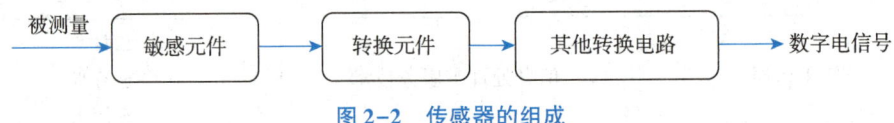

图 2-2　传感器的组成

敏感元件是指传感器中能直接(或响应)被测量的部分;转换元件指传感器中能将敏感元件感受(或响应)的被测量转换成电信号的部分;其他转换电路将转换元件输出的电信号经进一步弱信号放大、整形、滤波、模数转换等变换后成为可识别的数字信号。

作为无线传感网主要组成部分的网络节点首先是一个传感器,它是负责实现物联网中物与物、物与人信息交互的必要组成部分。目前,无线传感器网络的大部分应用集中在简单、低复杂度的信息获取上,只能获取和处理物理世界的标量(Scalar)信息(如温度、湿度等),然而这些标量信息无法刻画丰富多彩的物理世界,难以实现真正意义上的人与物理世界的沟通。为了克服这一缺陷,既能获取标量信息,又能获取视频、音频和图像等矢量(Vector)信息的无线多媒体传感器网络将会应运而生。作为一种全新的信息获取和处理技术,无线多媒体传感器网络更多地关注于各种各样信息(包括音频、视频和图像等大数据量、大信息量信息)的采集和处理,利用压缩、识别、融合和重建等多种方法来处理收集到的各种信息,以满足无线多媒体传感器网络多样化应用的需求。

2. 条形码技术

条形码技术是在计算机和信息技术基础上产生和发展起来的融编码、识别、数据采集、自动录入和快速处理等功能于一体的新兴信息技术。条形码(Barcode)是将宽度不等的多个黑条和空白,按照一定的编码规则排列,用以表达一组信息的图形标识符。常见的条形码是由反射率相差很大的黑条(简称条)和白条(简称空)排成的平行线图案。

(1)一维条形码。

一维条形码技术起源于 20 世纪 40 年代,近年来发展迅速,在国际上得到了广泛的应用。一维条形码技术是集条码理论、光电技术、计算机技术、通信技术、条形码印刷技术于一体的一种自动识别技术。一维条形码主要有 EAN 码、UPC 码、39 码、128 码和 2/5 码等标准,其中 EAN 码是我国主要采取的编码标准。EAN 码如图 2-3 所示。

图 2-3　EAN 码

条形码扫描识读设备主要有两种:一种是只读信息不能存储信息,必须要连接电脑才行,比如超市结账时,售货员扫描二维码,电脑就可以读出价格;另外一种是既可以读也可以存,之后可以将信息传到电脑。

尽管一维条形码有很多优点，如编码简单，信息采集速度快，识别设备简单，成本低廉，但是一维条形码也有其缺点：数据容量较小，只能包含字母和数字，空间利用率较低，容易遭到损坏且损坏后无法读取，保密性差。除此之外，传统一维条形码的使用必须依赖数据库，以完成从对物品的标识到物品的描述这一过程。由于一维条形码的容量有限，无法存储对物品的描述信息，只能存储对物品的标识信息，因此，在脱离数据库或者无法使用网络的场合，一维条形码的可用性大大降低。

（2）二维条形码。

按照实现技术的不同，二维条形码可以分为堆叠式/行排式（建立在条形码基础上，也就是按需要让多个条形码堆叠在一起，形成的二维码，如图 2-4 所示）和矩阵式（平常见得多的二维码，通过黑白或其他颜色像素在矩阵中不同的分布进行编码，在矩阵元素区出现或方或圆等形状的点来表示二进制的"1"，不出现则表示"0"，通过点排列确定其信息，如图 2-5 所示）。

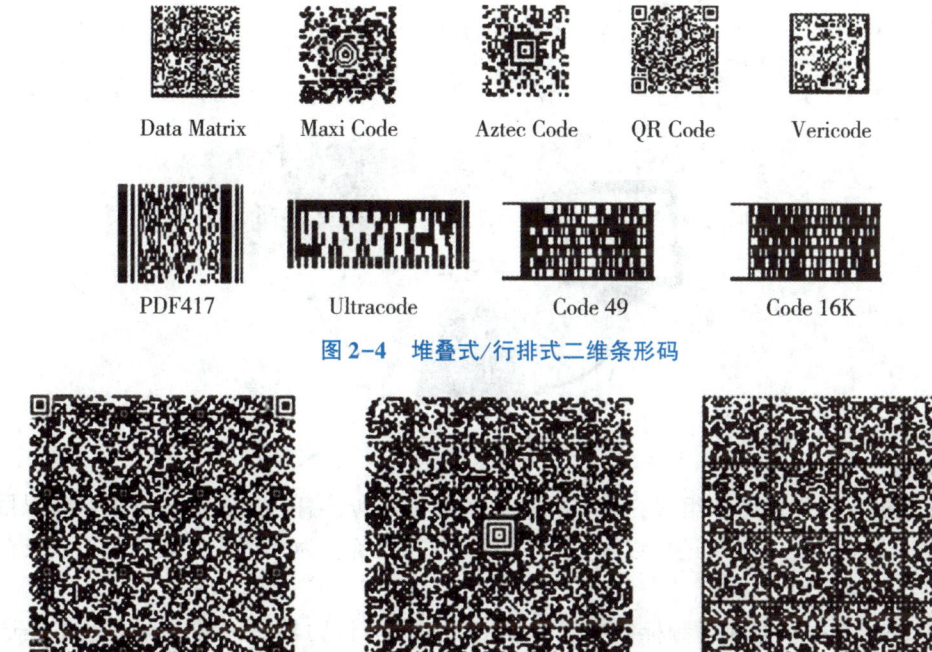

图 2-4　堆叠式/行排式二维条形码

图 2-5　矩阵式二维条形码

二维条形码能够在横向和纵向两个方向同时表达信息，具有条形码技术的一些共性（每种码制有其特定的字符集，每个字符占有一定的宽度，具有一定的校验功能等），还具有对不同行的信息自动识别功能及处理图形旋转变化等特点，同时能在很小的面积内表达大量的信息。

二维条形码可存储信息量大，可容纳多达 1 850 个大写字母、2 710 个数字、1 108 个字节或 500 多个汉字；可以编码多种语言文字和图像数据；容错能力强，在条形码表面局部损坏的情况下，依然可以识别；译码可靠性强，它的误码率不超过千万分之一，是一维条形码的 1/10；保密性高且防伪性好；成本低廉，制作方便，持久耐用。

二维码的识别是对条形码的译码过程。简单来说，是利用一定的方法对采集到的条形码符号图像进行预处理，通过相应的编码规则进行解析，实现译码过程。二维条形码的识别有两种方法：通过线型扫描器逐层扫描进行解码；通过照相和图像处理对二维条形码进行解码。对于堆叠式二维条形码，可以采用上述两种方法识读，但对绝大多数的矩阵式二维条形码则必须用照相方法识读，例如，使用面型电荷耦合器件（Charge Coupled Device，CCD）扫描器。

3. 射频识别技术

射频识别（Radio Frequency Identification，RFID），又称电子标签、无线射频识别，是一种非接触的自动识别技术，利用射频信号及其空间耦合和传输特性进行的非接触式双向通信，实现对静止或移动物体的自动识别并进行数据交换的一种识别技术。

（1）RFID 系统组成

RFID 系统由标签、读写器、天线等三个基本部分组成，如图 2-6 所示。

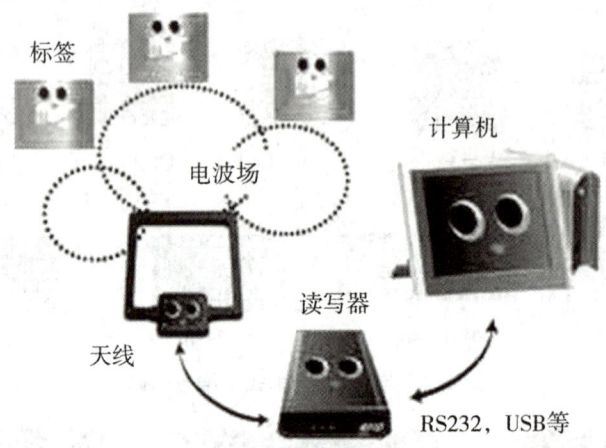

图 2-6　RFID 由标签、阅读器、天线组成

标签由耦合元件及芯片组成，每个标签具有唯一的电子编码，附着在物体上标识目标对象；读写器是读取（有时还可以写入）标签信息的设备，为手持式或固定式；天线在标签和读写器间传递射频信号。

RFID 系统数据存储在射频标签中，其能量供应及与读写器之间的数据交换不是通过电流而是通过磁场或电磁场进行的。当标签进入磁场后，接收读写器发出的射频信号，凭借感应电流所获得的能量发送出存储在芯片中的产品信息（Passive Tag，无源标签或被动标签），或者由标签主动发送某一频率的信号（Active Tag，有源标签或主动标签），读写器读取信息并解码后，送至中央信息系统进行有关的数据处理。

（2）射频信号耦合类型

发生在读写器和电子标签之间的射频信号的耦合类型有以下两种：

①电感耦合。变压器模型，通过空间高频交变磁场实现耦合，依据的是电磁感应定律。这种方式一般适合于中、低频工作的近距离射频识别系统。典型的工作频率有 125 kHz、225 kHz 和 13.56 MHz。识别作用距离小于 1 m，典型作用距离为 10～20 cm。

②电磁反向散射耦合。雷达原理模型，发射出去的电磁波，碰到目标后反射，同时携带回目标信息。依据的是电磁波的空间传播规律。这种方式一般适合于高频、微波工作的远距离射频识别系统。典型的工作频率有 433 MHz、915 MHz、2.45 GHz 和 5.8 GHz。识

别作用距离大于 1 m，典型作用距离为 3～10 m。

(3) RFID 的优点

RFID 作为一种新型的自动数据采集技术，具备很多突出优点：

①防水、防磁、耐高温、不受环境影响、具有防冲突功能、体积小型化、形状多样化、读取距离大、阅读速度快、标签上数据可以加密、存储数据容量更大。

②实现了无源和免接触操作，应用便利，无机械磨损，寿命长，机具无直接对最终用户开放的物理接口，能更好地保证机具的安全性。RFID 标签无须像条码标签那样瞄准读取，只要被置于读取设备形成的电磁场内就可以准确读到，同时减少甚至排除因人工干预数据采集而带来的效率降低和纠错的成本。

③RFID 每秒钟可进行上千次的读取，能同时处理许多标签，高效且准确，从而大幅度提高工作效率和管理精细度，让整个作业过程实时透明，创造巨大的社会经济效益。

④RFID 标签上的数据可反复修改，既可以用来传递一些关键数据，也使得 RFID 标签能够在组织内部进行循环重复使用，将一次性成本转化为长期摊销的成本。

⑤RFID 标签的识读，不需要以目视可见为前提，因为它不依赖于可见光，因而可以在那些条码技术无法适应的恶劣环境下使用，如高粉尘污染环境、野外等。

⑥在通常情况下，RFID 芯片是非常不易被伪造的。黑客需要对无线工程、编码演算以及解密技术等各方面有深入认识。此外，在标签上可以对数据采取分级保密措施，使得数据在供应链上的某些点可以读取，而在其他点却不行。

(二) 信息传输网络层——通信与网络技术

信息传输网络层是物联网信息传递和服务支持的基础，物联网需要综合各种有线及无线通信技术与组网技术实现物与物的连接。物联网中网络的形式。可以是有线网络、无线网络，可以是短距离网络和长距离网络，可以是企业专用网络、公用网络，还可以是局域网、互联网等。

物联网的许多应用，比如比较分散的野外监测点、市政各种传输管道的分散监测点、农业大棚的监测信息汇聚点、移动的监测物体（如汽车等）、游客流量监控等，一般需要远距离的无线通信技术。从能耗上看，长距离无线通信比短距离无线通信往往具有更高的能耗，但其移动性和长距离通信使物联网具有更大的监测空间和更多有吸引力的应用。

物联网被看作是互联网的最后 1 km，也称为末梢网络，其通信距离可能是几厘米到几百米之间，常用的远距离通信技术主要有 GSM、GPRS、WiMAX、2G/3G/4G/5G 移动通信、卫星通信等，主要的短距离通信技术有 Wi-Fi、蓝牙、ZigBee、RFID、NFC 等。在上一节内容中介绍了远距离通信技术，在这里，主要介绍一下短距离通信技术。

1. 无线高保真 (Wi-Fi) 技术

无线高保真 (Wireless Fidelity，Wi-Fi) 是一种将各种终端设备以高频无线电信号互联，组建新型无线局域网 (WLAN) 的技术。Wi-Fi 主要是用于替代工作场所一般局域网接入中使用的高速线缆，这类应用有时也称作无线局域网。无线局域网是一种全新的无线信号传输平台，一般是指在局域网内，以无线信号进行传输和网络通信的网络，它通过移动网络热点的布网在密闭的空间或室内外实现定位、监测等功能。

Wi-Fi 的设置至少需要一个 AP (Access Point) 和一个或一个以上的 Client (用户)。AP 每 100ms 将 SSID (Service Set Identifier) 经由 Beacons (信号台) 分组广播一次，Beacons 分组的传输速率是 1 Mb/s，并且长度相当短，所以这个广播动作对网络性能的影响不大。因为 Wi-Fi 规定的最低传输速率是 1 Mb/s，所以确保所有的 Wi-Fi Client 端都能收到这个 SSID 广播分组，Client 可以借此决定是否要和这一个 SSID 的 AP 连接。用户可以设置要连接到哪一个 SSID。Wi-Fi 系统总是对客户端开放其连接标准，并支持漫游，这就是Wi-Fi 的好处。但这也意味着，一个无线适配器有可能在性能上优于其他的适配器。Wi-Fi 由于通过空气传送信号，所以和非交换以太网有相同的特点。Wi-Fi 主要运行在 2.4 GHz 频段和 5 GHz 频段，如果网络路由和网速不受限制，5 GHz 频段的 Wi-Fi 工作速度比在 2.4 GHz 频段上的 Wi-Fi 工作速度提高一半以上。

与传统的有线网络相比，Wi-Fi 具有覆盖范围广（其最大传输距离可达 300 m）、传输速率高（最大传输速度可达 300 Mb/s）、建网速度快、组网灵活及价格低等优点，但也有传输安全性不好、稳定性差、功耗略高（最大功耗为 50 mA）等缺点。

2. 蓝牙（Bluetooth）技术

蓝牙的波段为 2 400～2 483.5 MHz，适用于短距离大体积信号的传输。蓝牙存在于很多产品中，如电话、平板电脑、媒体播放器、机器人系统、手持设备、笔记本电脑、游戏手柄以及一些高音质耳机、调制解调器、手表等，可以通过蓝牙通信技术将它们连成一个微微网，也称无线个人域网（WPAN）。

蓝牙可以替代很多应用场景中的便携式设备的线缆，能够应用于一些固定场所，比如室内智能设备管理。蓝牙是基于数据包，有着主从架构的协议，一个主设备至多可和同一微微网中的七个从设备通信，但是从设备却很难与一个以上的主设备相连。

蓝牙技术在低带宽条件下对临近的两个或多个设备间的信息传输十分有用，结合 Wi-Fi 还可以实现精度小于 1 m 的室内定位。与 Wi-Fi 相比，蓝牙的优势主要体现在功耗及安全性上，相对于 Wi-Fi 最大 50 mA 的功耗，蓝牙最大 20 mA 的功耗要小得多，但在传输速速率与距离上的劣势也比较明显，其最大传输速率与最远传输距离分别为 1 Mb/s 及 100 m（蓝牙 5.0 版本传输速度从 1 Mb/s 提高到 2 Mb/s，理论有效工作距离 300 m）。但蓝牙组网网络节点少，不适合多点布控。

3. ZigBee 技术

ZigBee 技术是基于 IEEE802.15.4 标准的一种短距离、低功耗的无线通信技术，主要适用于自动控制和远程控制领域，可以嵌入各种设备。"ZigBee"这一名称来源于蜜蜂的八字舞，由于蜜蜂（Bee）是靠飞翔和"嗡嗡"（Zig）地抖动翅膀的"舞蹈"来与同伴传递花粉所在方位信息的，也就是说蜜蜂依靠这样的方式构成了群体中的通信网络。

ZigBee 网络主要特点是低功耗、低速率、近距离、短时延，支持大量节点，支持多种网络拓扑，具备组网和路由特性，可以方便地嵌入各种设备中，实现低成本、快速、低复杂度、可靠、安全的组网。

在低耗电待机模式下，2 节 5 号干电池可支持 ZigBee 1 个节点工作 6～24 个月，甚至更长。相比较，蓝牙能工作数周、Wi-Fi 可工作数小时。ZigBee 工作在 20～250 Kb/s 的速率，分别提供 250 Kb/s（2.4 GHz）、40 Kb/s（915 MHz）和 20 Kb/s（868 MHz）的原始数据吞吐率，满足低速率传输数据的应用需求。ZigBee 技术的响应速度较快，一般从睡眠转入工作状态只需 15 ms，节点连接进入网络只需 30 ms，相比较，蓝牙需要 3～10 s、Wi-Fi 需要 3 s，进一步节省了电能。ZigBee 可采用星状、片状和网状网络结构，由一个主节点管理若干子节点，最多一个主节点可管理 254 个子节点；同时主节点还可由上一层网络节点管理，最多可组成 65 000 个节点的大网。ZigBee 提供了三级安全模式，包括无安全设定、使用访问控制清单（Access Control List，ACL）防止非法获取数据以及采用高级加密标准（AES 128）的对称密码，以灵活确定其安全属性。ZigBee 通过大幅简化协议（不到蓝牙的 1/10），降低了对通信控制器的要求，ZigBeet 协议没有开源，但 ZigBee 协议免专利费，大大降低了 ZigBee 组网成本。

ZigBee 相邻节点间的传输距离一般介于 10~100 m，在增加发射功率后，亦可增加到 1~3 km，如果通过路由和节点间通信的接力，传输距离将可以更远。

4. 近场通信（NFC）技术

近场通信（Near Field Communication，NFC）是一种短距高频无接触的无线电技术，可在彼此距离几厘米的两个设备之间传输数据，与现有非接触智能卡技术兼容。与无线世界中的其他连接方式相比，NFC 是一种近距离的私密通信方式。

近场通信 NFC 技术是由非接触式射频识别及互联互通技术整合演变而来，与射频识别一样，NFC 信息也是通过频谱中无线频率部分的电磁感应耦合方式传递。支持 NFC 的设备可以在主动或被动模式下交换数据。在被动模式下，启动 NFC 通信的设备，也称为 NFC 发起设备（主设备），在整个通信过程中提供射频场（RF-Field），将数据发送到另一台设备。另一台设备称为 NFC 目标设备（从设备），不必产生射频场，而使用负载调制（Load Modulation）技术，即可以相同的速度将数据传回发起设备。此通信机制与基于 ISO 14443A、MIFARE 和 FeliCa 的非接触式智能卡兼容，因此，NFC 发起设备在被动模式下，可以用相同的连接和初始化过程检测非接触式智能卡或 NFC 目标设备，并与之建立联系。

NFC 设备在单一芯片上结合感应式读卡器、感应式卡片和点对点的功能，以 13.56 MHz 频率运行于 20 cm 距离内，其传输速度有 106 Kb/s、212 Kb/s 或者 424 Kb/s 三种。NFC 具有成本低廉、方便易用和更富直观性等特点，这让它在某些领域显得更具潜力——NFC 通过一个芯片、一根天线和一些软件的组合，能够实现各种设备在几厘米范围内的通信。

目前内置 NFC 功能的设备主要以手机为主，也有不少平板电脑内置了 NFC 功能，通过 NFC 技术，手机支付、看电影、坐地铁、登机验证、门禁钥匙、交通一卡通、信用卡、支付卡等都能实现，在我们的日常生活中将发挥更大的作用。

（三）应用平台层——信息处理与服务技术

应用层的主要功能是把感知和传输的数据信息进行分析和处理，做出正确的控制和决策，实现智能化的管理、应用和服务。海量感知信息的计算与处理是物联网的核心支撑，也是物联网应用的最终价值。

信息处理与服务技术主要解决感知数据如何储存（如物联网数据库技术、海量数据存储技术）、如何检索（搜索引擎等）、如何使用（云计算、数据挖掘、机器学习等）、如何不被滥用的问题（数据安全与隐私保护等）。

对于物联网而言，信息的智能处理是最为核心的部分。物联网不仅仅要收集物体的信息，更重要的在于利用这些信息对物体实现管理，因此信息处理技术是提供服务与应用的重要组成部分。其中，需要研究数据融合、高效存储、语义集成、并行处理、知识发现和数据挖掘等关键技术，攻克物联网和云计算中的虚拟化、网格计算、服务化和智能化技术。

三、物联网在旅游领域的应用

目前，国内外物联网的一些应用及物联网具有应用优势的领域主要包含：智慧城市、生态及环境的监测和保护、智能工矿传感监测、工业控制、高效农业工程传感监测、智能家居、医疗健康应用、安全控制检测与监控、物流管理和仓储配送、军事领域等，应用最为广泛的还是在旅游领域，比如景区Wi-Fi全覆盖、智能路灯管理、电力供应管理、景区环境与生态监测、生物资源管理、森林山地防火防灾、设备设施运行监测、安防监控、智能视频监控、车辆调试监控、客流量实时监控、电子巡更、电子围栏等方面都有物联网技术的应用。

智慧旅游的核心是游客为本、网络支持、感知互动和高效服务。在智慧旅游所依赖的众多信息技术中，物联网是最独树一帜、最受依赖的技术之一。物联网技术是智慧旅游的核心技术，实现了人与物、物与物、人与人之间的互联，物联网具有全面感知、无处不在的特征。在智慧旅游中，物联网的应用将呈多元化和智能化的发展趋势，物联网技术可以为游客提供"全过程"的旅游信息服务。

如使用RFID门票，使其具备被感知功能。RFID电子门票通过两种方式来存储人员信息：一是在RFID电子门票内存储个人信息，并将追溯记录写入票内存储。另一种是业务系统内存储个人信息，RFID电子门票内使用唯一序列号或只存储个人ID号。因此，追溯技术实现方式也可以分成两种，一是脱机方式，二是联机方式。脱机方式主要是在RFID票内设置记录区，在景区每个适宜或需要记录的地点上安装脱机的基于RFID的追溯设备，当游客持票游览到此处时，在设备上刷票，此地点的追溯信息就写入了游客所持的RFID票内；当游客出景区时，在设置在出口处的RFID设备上刷一下票，票内的记录被设备读出并存入业务系统内。系统将通过对记录的处理实现对游客在景区内游览路线或行为的追溯及分析。联机方式是在景区内设置联机的基于RFID的追溯设备，当游客持票游览到此处时，在设备上刷票，RFID设备读入此票内所存的游客ID号，并将此条记录上传至后台服务器，后台系统根据游客ID号获取游客个人信息，并根据RFID追溯设备编号取得追溯点的信息，合成一条追溯记录。系统对记录的处理实现景区内路线或行为的追溯及分析，联机设备可以采用有线或无线连接到服务器，此种方式还可以实现对游客实时追踪。后台系统通过对每位游客追溯记录的处理，可以绘出每个人在景区内的浏览轨迹，以及在景区范围内发生的行为。

游客进入景区，注册的手机上就能收到游览路线建议图；随着游览的进行，游客就能随时知道最近的公交站、餐饮点、卫生间的位置。管理者也能够动态探测到景区内RFID芯片分布情况，实时了解景点的游客数量与流动情况，既能及时向游客发出下一步的游览建议，开展电子预约，又能有效调动各类景区管理资源，提高工作效率，确保景区安全。

为将物联网运用到旅游业中，我们可以通过对旅游市场的物理资源安装传感设备，及时准确地获取其动态信息，借助物联网超大的信息处理平台，在整个旅游系统中实现3A（Anytime，Anywhere，Anything）连接，实现对传统上分离的物理世界和信息世界的需度融合，物联网技术的应用不仅极大地方便游客进行行程安排，还可以帮助用户进行移动旅游服务的实时搜索，全面引领传统旅游业向智慧化旅游业转型。

第四节　云计算技术

云计算是一种基于互联网、通过虚拟化方式共享资源的计算模式，使计算、存储、网络、软件、数据等资源，按照用户的动态需要，以服务的方式提供。云计算是继个人电脑、互联网之后信息技术的重大革新，它将使现有的计算机处理器、存储器、服务器、终端、操作系统及应用软件得到深刻改变，并为电子信息业和传统产业的应用带来全新的发展机遇。

一、云计算的概念与特征

（一）云计算的概念

云计算是基于互联网的相关服务的增加、使用和交付的一种计算模式，是通过互联网来提供的一个动态易扩展且经常是由虚拟化的共享资源池组成。该资源池提供计算资源、网络资源、存储资源和网络服务资源，包括网络、服务器、存储、应用软件、服务等多种硬件和软件资源。

云计算是一种思想，是一种革新的IT运作模式，是将IT虚拟化后的资源做动态调配，并经由网络以服务的方式提供给用户。云计算最初的目标是对资源的管理，主要管理配置计算资源、网络资源、存储资源等三个方面。计算资源指的是影响计算机算力的CPU资源和内存资源，网络资源指的是计算机上网所必需的及影响网速的路由器、网卡、网线、带宽等资源，存储资源指的是可以永久存储数据的硬盘容量大小资源。云计算中的网络服务通常被理解为一种应用编程接口，它可以通过网络接入来执行远程系统操作。网络服务是软件提供商向用户交付软件的一个非常重要的渠道，同时，网络服务还有助于不同软件接口之间的标准化发展。

云计算技术的发展经历了三个阶段：第一个阶段是物理设备阶段，当客户需要一台电脑，数据中心就增加一台电脑，当客户不需要的时候，它就仍然在数据中心，资源分配管理的时间灵活性、空间灵活性都没法做到；第二阶段是虚拟化物理设备阶段，数据中心的物理设备都很强大，可以人工从物理的CPU、内存、硬盘中虚拟出一小块来给客户，同时也可以虚拟出一小块来给其他客户，如果事先准备好物理设备，虚拟化软件虚拟出一个电脑是非常快的，基本上几分钟就能解决，大大提高了时间和空间的灵活性；第三个阶段是池化或者云化阶段，几千台机器都在一个资源池里面，资源池具有自我管理能力，用户只需少量参与就可以从任何连接的设备和位置来方便、快捷地按需获取资源，无论用户何时需要多少CPU、内存、硬盘，调度中心通过调度算法（Scheduler）自动调度，在资源大池子里面找一个能够满足用户需求的资源，把虚拟电脑启动起来做好配置，用户就能直接用了。

（二）云计算原理

云计算将计算资源、网络资源、存储资源、服务资源集中起来，并通过专门软件实现自动管理，无须人为参与。用户可以动态申请部分资源，支持各种应用程序的运转，无须为烦琐的细节而烦恼，能够更加专注于自己的业务，有利于提高效率、降低成本和技术创新。

提供资源的网络被称为"云",可能是数量众多的电脑和服务器连接成为一片"电脑云"。在典型的云计算模式中,用户通过终端接入网络,向"云"提出需求,"云"接受请求后组织资源,通过网络为"端"提供服务。用户终端的功能可以大大简化,诸多复杂的计算与处理过程都将转移到终端背后的"云"上去完成。用户所需要的应用程序并不需要运行在用户电脑、手机等终端设备上,而是运行在互联网的大规模服务器集群中。用户所处理的数据也无须存储在本地,而是保存在互联网上的数据中心里。

(三) 云计算的特征

云计算在 IT 资源与软件服务交付模式上有了非常大的变革,主要有以下特征:

1. 泛网络接入

用户不需要再部署复杂的软硬件基础设施和应用软件,直接通过互联网、移动互联网或企业专网接入,通过 PC 端、移动终端来访问云计算资源。

2. 快速部署,弹性扩容

由于整体构建于大型分布式系统架构之上,云计算平台的 IT 基础设施资源支持线性扩容,而且无须复杂的系统配置和数据迁移,因此云计算的规模可以动态伸缩,服务提供商根据用户需求增长的规模,适时增加服务器节点来提高云计算服务的计算能力,这对服务提供商和用户来说是一种双赢,用户不必为服务商的过量投资承担成本,服务商也不必担心服务能力不足而损失客户。

弹性资源调度是云计算的核心,实现资源的按需分配,按需获取。"云"几乎就像生物一样能自由生长和适应环境,根据服务的负荷,增减相应的 IT 资源(包括计算、存储、网络和软件资源),使得 IT 资源的规模得以动态伸缩,适配用户与业务量的快速变化,可在业务量急剧上升时及时使用较大的计算资源,在业务量下降时减少计算资源。

3. 按需服务,按量计费

由于云计算的计算和服务能力对于所有用户来说是一个巨大的共享资源池,而且这些资源与服务完全可以量化并以按需计费的方式提供,即可以像水、电、煤气那样按量计费,非常方便用户根据自身需求购买。用户可以根据自身实际的使用需求,通过网络方便地完成各种 IT 资源的申请、配置和发布,同时云平台能够及时进行资源的回收和再分配。云计算提高资源利用率的两种手段分别是空分共享和时分共享,用户可以按照自己的需要选择不同的模块,自动获取如服务器时间或网络存储一类的计算能力,用户只对自己选择的模块所占的资源付费,当不需要相关服务的时候,用户可以方便地将占用的资源归还到资源池。

云平台可根据资源或服务的类型提供相应的计量方式,并以用户实际的使用量(如资源使用量或服务使用时长)进行服务收费。IT 资源的使用量可被精确计算,并以此计量的资源使用量进行计费,从而使收费更加公平和低廉。

4. 位置无关的资源池,安全可靠

"云"资源聚集在一起为各种用户提供服务,根据用户需求,动态分配不同的虚拟资源,用户通常不用知道计算资源的位置在何处。云平台可以将物理硬件和软件资源以分布式的共享方式部署,通过多租户模式服务于多个用户,但最终在逻辑上,以单一整体的形

式呈现给每个最终用户。这是云计算十分显著的特点，IT 资源被集中管理并被多个应用程序或者多个用户共享。

云计算的文件系统使用了数据多副本容错机制、计算节点同构可互换等措施，这些措施保障了服务的高可靠性，主要体现在分布式计算和分布式存储中。分布式计算体现在新计算资源加入时依据策略自动分配计算节点，某节点故障时自动将计算任务转移到其他节点上。分布式存储主要体现在数据自动切分，冗余分布存储在储存资源池中，储存单元故障时自动从其他单元保存备份。

二、云计算服务层次

"云计算"是以共享基础架构为特征的集约化计算模式，可以将服务器、工作站、存储以及软件应用等整合成为直观、易用的资源池，并通过互联网为用户提供在线服务。

云计算包括以下几个层次的服务：基础设施即服务（Infrastructure as a Service，IaaS），平台即服务（Platform as a Service，PaaS）和软件即服务（Software as a Service，SaaS），如图 2-7 所示。

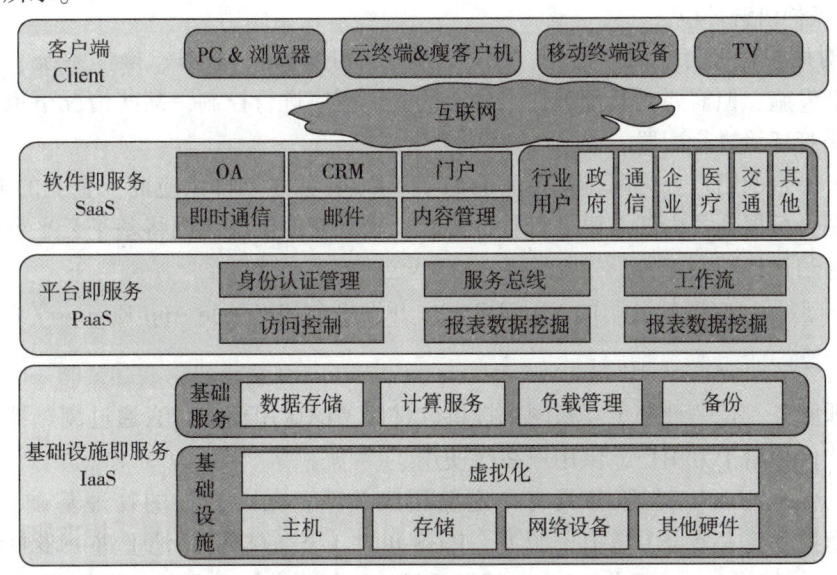

图 2-7 云计算服务功能层次

（一）基础设施即服务（IaaS）

基础设施即服务，是把计算、存储、网络及搭建应用环境所需的一些工具当成服务提供给用户，使得用户能够按需获取 IT 基础设施。它由计算机硬件、网络、平台虚拟化环境、效用计算计费方法、服务级别协议等组成。

IaaS 层面把服务器、储存等基础资源计算能力作为一项服务，注重资源的共享。用户能够通过 Internet 获取虚拟的服务器、储存和网络等硬件资源，可以在其中部署和运行包括操作系统（既可以让它运行 Windows，也可以让它运行 Linux）在内的任意软件，几乎可以做任何想做的事情，相当于在使用本地裸机和磁盘。IaaS 对用户在基础设施层面透明，用户不需要管控底层的云计算基础设施，但能控制操作系统的选择、分配存储空间、部署应用等。

运行 IaaS 的服务器规模达到几十万台之多，用户可以认为能够申请的资源几乎是无限的，而且它允许用户动态申请或释放节点，从而使 IT 基础设施资源具有更高使用效率。

IaaS 的典型代表企业是亚马逊，亚马逊的 Web Service 提供了两个平台：弹性计算云 EC2，完成计算机功能；简单存储功能 S3，完成存储功能。

（二）平台即服务（PaaS）

平台即服务，面向应用程序开发人员，把分布式软件的开发、测试和部署环境当作服务，通过互联网提供给用户，它屏蔽了分布式软件开发底层复杂的操作，使得开发人员可以快速开发出基于云平台的高性能、高可扩展的 Web 服务。

PaaS 以应用服务器平台或开发环境提供服务，提供软件开发接口和运行环境，把硬件资源与通用软件作为服务。云平台提供商只需开发、维护一个平台，便可服务于多个不同用户，大大节省了成本，云平台一般会规定实用的编程语言及部分技术标准。例如，Google App Engine 只允许使用 Python 和 Java 语言、基于 Django 的 Web 应用框架、Google App Engine SDK 来开发在线应用服务，阿里的云引擎 ACE 支持 Java、PHP、Python、Node.js 等多种语言环境。

PaaS 对用户在平台层面上透明，用户不需要管控网络、服务、操作系统、存储等底层的云基础设施，但需要对其部署在平台上的应用程序进行控制，某些情况下也需要对应用程序的托管环境进行配置。

通常云平台的用户分为两类：企业的 IT 部门或者独立软件供应商。企业的 IT 部门一般运用云平台根据公司内部需要进行软件开发；独立软件供应商则将基于云平台开发的应用软件销售给最终用户。

PaaS 典型平台有微软公司的 Visual Studio 开发平台和 Google App Engine 平台。

（三）软件即服务（SaaS）

软件即服务，是一种基于互联网来提供软件服务的应用模式，它通过浏览器把服务器端的程序软件传给千万用户，供用户在线使用。

IaaS、PaaS、SaaS 三类服务具有一定的层级关系，在"云"的物理基础设施之上，IaaS 通过虚拟化技术整合出虚拟资源池，PaaS 可在 IaaS 虚拟资源池上进一步封装分布式开发所需的软件栈，SaaS 可在 PaaS 上开发并最终运行在 IaaS 资源池上的网络应用服务。

SaaS 模式属于多租户架构模式，多个不同用户通过浏览器接入云应用。从用户角度而言，无须初始硬件投资、无须维护，而直接通过网络快速使用平台开发出来的软件。从软件提供商的角度而言，基于多租户架构，提供商开发、维护一个软件应用，却可服务于多个不同的用户。

SaaS 需要为用户搭建信息化所需要的所有网络基础设施及软件、硬件运作平台，并负责所有前期的实施、后期的维护等一系列服务。一般而言，就像打开自来水龙头就能用水一样，用户根据实际需要，向 SaaS 提供商租赁软件服务。SaaS 在软件层面上对用户透明，除了需要对应用程序的配置做有限的设定外，用户不需要管控网络、服务器、操作系统、存储等底层的云基础设施。在大多数情况下，用户也不需要管理供其使用的应用程序服务的能力。

Office 365、凡科建站、草料二维码、今目标、钉钉等应用软件都属于 SaaS 应用。

三、"云"的部署模式

按照"云"的部署模式,可以将"云"分成四种类别:公有云(Public Cloud)、私有云(Private Cloud)、社区云(Community Cloud)、混合云(Hybrid Cloud)。"云"不同的部署模式,涉及云服务的所有权或所有权的分配方式。

(一)公有云

公有云一般由一个云计算服务提供商建设、运维和管理,但多个单位和用户共享的云计算环境,用户根据各自需求,使用整个云计算环境中的部分资源,并按使用的资源付费。公共云是最基础的"云"服务,多个客户可共享一个服务提供商的系统资源,他们无须架设任何设备及配备管理人员,便可享有专业的IT服务,这对于一般创业者、中小企来说,无疑是一个降低成本的好方法。

公有云可节约成本,尤其对于中小企业,企业能够将计算和存储外包给云提供商,而不需自己购买设备或投入专业人力来负责云系统的维护,还能在计算需求变化时灵活地增减云资源的租用。同时,公有云因其庞大的用户基础而在硬件投资和管理效率方面存在规模经济的效应。然而,数据安全问题是公共云普及中最重要的顾虑之一。用户担心敏感数据一旦上传到云端,对数据就失去了绝对的控制权,因此数据安全成为公有云的一大信任危机。目前,大多数企业尚不愿意将最核心的敏感数据上传到云服务器端,而只是用一些边缘性应用来试水。

公有云被认为是云计算的主要形态,在国内按市场参与者分类,可分成以下几类:
①传统电信基础设施运营商,包括中国移动、中国联通和中国电信。
②政府主导下的地方云计算平台,如各地如火如荼的各种"××云"项目。
③互联网巨头打造的公有云平台,如阿里云、腾讯云、网易云等。
④部分原IDC(互联网数据中心)运营商,如世纪互联。
⑤具有国外技术背景或引进国外云计算技术的国内企业,如风起亚洲云、亚马逊AWS公有云。

(二)私有云

私有云,又称为内部云,由单位独立建设和使用的云计算环境,只是提供给该单位内部员工或下属单位使用,不对外部单位营业。

拥有私有云的企业控制所有"云"资源及基础设施,并在此基础上部署应用程序,需要自己购买硬件设备,投入专业人力来维护整个系统。但私有云也有云计算便捷经济和资源共享等的优势特性,如对企业内部的计算资源整合,对计算资源的统一的管理和动态分配等,促进了私有云迅速在企业级应用中得到普及。大部分私有云是由大型银行、保险证券、基金公司和大型制造业或连锁零售业企业及政府机构建设和运维管理,一般这些单位或机构IT环境的可用性、可靠性和安全性要求比较高。

由于私有云是为一个客户单独使用而构建的,因而提供对数据、安全性和服务质量的最有效控制。私有云可部署在企业数据中心的防火墙内,也可以将它们部署在一个安全的主机托管场所。

比较流行的私有云平台有VMware vCloud Suite和微软的Microsoft System Center 2016。

（三）社区云

社区云是几个由有共同应用需求的组织共同组建的半公共云。社区云的资源由多个组织共同提供，平台由多个组织共同管理，它有着比私有云更大的资源优化空间，以及比公共云更小的安全风险。

（四）混合云

混合云是由上述公共云、私有云、社区云中两个或两个以上混合而成的。一般单位将敏感数据和业务运行在私有云中，将非敏感业务、一些安全性和可靠性较低的应用部署运行在一个或多个公共云中，以减轻 IT 的负担。

混合云对技术要求较高，例如，为了混合连接不同的云并保证互操作性，需要较高的统一标准或者拥有权的技术。组建混合云的利器是 OpenStack，它可以把各种云计算机平台资源进行异构整合，构成企业级混合云。

混合云的典型案例是"12306"火车票购票网站，由阿里云提供算力支持业务高峰期的查票检索服务，而支付等关键业务在 12306 自己的私有云中运行，但对外呈现仍是一个完整的系统——12306 火车购票网站。

四、云计算概念的延伸——边缘计算与雾计算

随着物联网、大数据、人工智能、5G 等信息技术的快速发展，云计算已经无法满足机器人、智能家居、无人驾驶、VR（Virtual Reality，虚拟现实）/AR（Augmented Reality，增强现实）、新媒体、智能安防、远程医疗、可穿戴设备、智能制造等场景对低延迟的高要求，因此边缘计算（Edge Computing）、雾计算（Fog Computing）应运而生。边缘计算、雾计算都是一种对云计算概念的延伸。

1. 边缘计算

如果说云计算是集中式大数据处理，那么边缘计算就可以理解为边缘式大数据处理。何为边缘？"边缘"的通用术语是邻近、接近的意思，放在这句话中就是临近计算或接近计算。维基百科对其定义是：边缘计算是一种分散式运算的架构，运算内容包括应用程序、数据资料与服务。边缘计算将原本完全由中心节点处理的大型服务加以分解，切割成更小、更容易管理的部分，分散到网络逻辑上的边缘节点去处理。边缘节点更接近于用户终端装置，可以加快数据的处理与传送速度，减少延迟。边缘计算也属于一种分布式计算，它是在网络边缘侧的智能网关上就近处理采集到的数据，而不需要将大量数据上传到远端的核心管理平台。边缘计算处于物理实体和工业连接之间，或处于物理实体的顶端。而云计算，仍然可以访问边缘计算的历史数据。对物联网而言，边缘计算技术取得突破性进展，意味着许多控制将通过本地设备实现而无须交由云端，处理过程将在本地边缘计算层完成。这无疑将大大提升处理效率，减轻云端的负荷。由于更加靠近用户，边缘计算还可为用户提供更快的响应，将需求在边缘端解决。

典型的边缘计算产品有亚马逊公司 AWS Greengrass 边缘计算平台、微软公司 Azure IoT Edge 服务、阿里云 Link Edge 产品、百度云智能边缘（Baidu IntelliEdge，BIE）的开源版本 OpenEdge 计算平台。

2. 雾计算

严格来讲，雾计算和边缘计算本身并没有本质的区别，都是在接近于现场的应用端提

供计算。

雾计算介于云计算和个人计算之间，是半虚拟化的服务计算架构模型，强调数量，不管单个计算节点能力多么弱都能发挥作用。雾计算将数据、数据处理和应用程序集中在网络边缘的设备（由性能较弱、更为分散的各种功能的计算机组成）中，而不是全部保存在云中，使得数据传递具有极低时延。雾计算具有辽阔的地理分布，是带有大量网络节点的大规模传感器网络。雾计算移动性好，手机和其他移动设备之间可以直接通信，信号不必到云端甚至基站去绕一圈，支持很强的移动性。

与云计算相比，雾计算所采用的架构更呈分布式，完成的计算任务更接近网络边缘。雾计算将数据、数据处理和应用程序集中在网络边缘的设备中，而不像云计算那样将它们几乎全部保存在云中，数据的存储及处理更依赖本地设备，而非服务器。雾计算是新一代分布式计算，符合互联网的"去中心化"特征。

无论是云计算、雾计算，还是边缘计算，本身都只是实现物联网、智能制造等所需计算技术的一种方法或模式。

五、云计算在智慧旅游中的应用

云计算技术应用于旅游业，实现旅游信息资源的最大节约化，通过建设一个大的"云池"，将众多的旅游信息集合在一个平台上，实现"谁利用谁付费"和充分利用闲置资源。在保证信息安全的前提下，一方面实现旅游信息资源利用的最大化；另一方面方便各旅游市场主体之间的交流，实现资源的共享模式。云计算包括云计算平台与云计算应用，云计算在智慧旅游中主要是用于各类旅游信息的整合和储存，涉及的云计算应用包括研究如何将海量的旅游信息进行整合并储存，可以称之为旅游云，旅游云服务平台是智慧旅游行业管理平台中的基础，如图2-8所示。

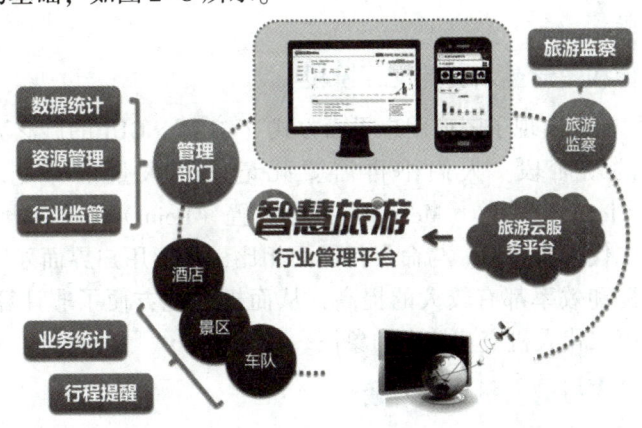

图2-8　智慧旅游行业管理与旅游云服务平台

旅游云计算的部署方式可分为公共云、私有云和混合云三种类型。公共云提供的信息是无偿的，并且面向所有信息需求者；私有云包括企业内部信息（财务、管理、人事等信息）、游客私人拥有且需要保密的信息、旅游管理部门的内部信息等，私有云的信息大部分需要付费，如语音导游的购买等；混合云结合了私有云和公有云。云计算在智慧旅游中的应用主要表现在旅游云数据中心，如旅游行业信息云、旅游软件应用云、旅游电子商务云、云计算呼叫中心等。

第五节　人机交互技术与可穿戴设备

人机交互技术（Human-Computer Interaction Techniques）是指通过计算机输入、输出设备，以有效的方式实现人与计算机对话的技术。它包括机器通过输出或显示设备给人提供大量有关信息及提示、请示等，人通过输入设备给机器输入有关信息、回答问题及提示、请示等。可穿戴式设备是由用户控制并能与用户进行交互的能持续运行的可穿戴计算机设备，在以心率、血压等生理信号监测为代表的医疗保健领域，以运动情况检测为代表的健康领域，还有以购物娱乐为代表的消费领域等，都得到了广泛的应用。

一、人机交互技术的发展历程

从计算机诞生至今，人与计算机之间交互技术的发展是较为缓慢的，人机交互界面经历了以下几个发展阶段：

（一）基于键盘和字符显示器的交互阶段

人与机器最初的交互缘于打字机，由此诞生了键盘，作为电脑的基本输入设备，键盘一直被沿用至今。20 世纪 40—70 年代，人机交互采用的是命令行方式（CLI），使用了文本编辑的方法，可以把各种输入输出信息显示在屏幕上，并通过问答式对话、文本菜单或命令语言等方式进行人机交互。但在这种界面中，用户只能使用手敲击键盘这一种交互通道，通过键盘输入信息，输出也只能是简单的字符。随着 21 世纪触控技术的快速发展，虚拟激光投影键盘、虚拟键盘也随之出现，虚拟键盘主要应用于手持式电子设备上，如 PDA、手机、iPad 等。

（二）基于鼠标和图形显示器的交互阶段

20 世纪 80 年代初，出现了图形用户界面方式（GUI），GUI 的广泛流行将人机交互推向图形用户界面的新阶段。人们不再需要死记硬背大量的命令，可以通过窗口（Windows）、图标（Icon）、菜单（Menu）、指点装置（Point）直接对屏幕上的对象进行操作，即形成了第二代人机界面。与命令行界面相比，图形用户界面采用视图、鼠标，使得人机交互的自然性和效率都有较大的提高，从而极大地方便了非计算机专业用户的使用，鼠标也可称为第二代人机交互技术的象征。

（三）触控技术支持的人机交互阶段

鼠标和键盘的结合，从 PC 时代一直延续到互联网时代，并无太大改变，直到智能手机和多点触控技术出现，其带领人机交互进入指尖时代，改变了传统的键盘和鼠标的交互方式。触控技术的发展使得人能够直接操纵用户界面，高效地辅助人与机之间进行信息交流，是实现人机自然交互的重要途径，其是第三代人机交互的一个重要形态，也引领着人们走入第四代人机交互时代。

（四）基于多媒体技术的交互阶段

20 世纪 90 年代初，多媒体技术的迅速发展为人机界面的进步提供了契机，话筒、摄像机、喇叭等多媒体输入输出设备也逐渐为人机交互所使用，多通道用户界面成为流行的交互方式。它在界面信息的表现方式上进行了改进，使用了多种媒体，涵盖了用户表达意图、执行动作或感知反馈信息的各种通信方法，如言语、眼神、脸部表情、唇动、手动、手势、头动、肢体姿势、触觉、嗅觉和味觉等，从而有效地增加了计算机与用户沟通的渠道。

（五）基于虚拟现实技术的自然交互阶段

21 世纪以来，计算机图形交互技术的飞速发展充分说明了，对于应用来说，使处理的数据易于操作并直观是十分重要的。在计算机系统提供的虚拟空间中，用户可以使用眼睛、耳朵、皮肤、手势和语音等各种感觉方式与之发生交互，这就是虚拟环境下的人机自然交互技术。在虚拟现实领域中最为常用的交互技术主要有手势识别、面部表情识别、眼动跟踪以及触觉交互、嗅/味觉交互，等等。虚拟现实技术生成一个逼真的，具有视、听、触等多种感知的虚拟环境，用户通过使用各种交互设备，同虚拟环境中的实体相互作用，从而产生身临其境感觉的交互式视景仿真和信息交流，是一种先进的数字化人机接口技术。

作为新一代的人机交互系统，虚拟现实技术区别于传统交互技术，主要表现在以下几方面：

1. 自然交互

人们研究"虚拟现实"的目标是实现"计算机应该适应人，而不是人适应计算机"，人机接口的改进应该基于相对不变的人类特性。在虚拟现实技术中，人机交互可以不再借助键盘、鼠标、菜单，而是使用头盔、手套，甚至向"无障碍"的方向发展，从而使最终的计算机能对人体有感觉，能聆听人的声音，通过人的所有感官进行沟通。

2. 多通道

多通道界面是在充分利用一个以上的感觉和运动通道的互补特性来捕捉用户的意向，从而增进人机交互中的可靠性与自然性。现在，计算机操作时，人的眼和手十分劳累，效率也不高。虚拟现实技术可以将听、说以及手、眼等协同工作，实现高效人机通信，还可以由人或机器选择最佳反应通道，从而不会使某一通道通信过载。

3. 高"带宽"

现在计算机输出的内容已经可以快速、连续地显示彩色图像，其信息量非常大。而人们的输入却还是使用键盘一个又一个敲击，虚拟现实技术则可以利用语音、图像及姿势等的输入和理解进行快速大批量的信息输入。

4. 非精确交互

这是指能用一种技术来完全说明用户交互目的的交互方式，键盘和鼠标均需要用户的精确输入。但是，人们的动作或思想往往并不是很精确，而计算机应该理解人的要求，甚至纠正人的错误，因此虚拟现实系统中智能化的界面将是一个重要的发展方向。通过交互作用表示事物的现实性，在传统的计算机应用方式中，人机交互的媒介是将真实事物用符号表示，是对现实的抽象替代，而虚拟现实技术则可以使这种媒介成为真实事物的复现、模拟甚至想象和虚构。

二、人机交互技术研究热点和技术发展方向

人机交互技术从最初的人适应计算机，逐渐步入计算机适应人的阶段，最后将达到人机交互的和谐阶段。人机交互技术的每次变革，都对人们的生活方式产生了重要影响。同时人类对于当前人机交互的反馈也促进了人机交互技术的再次变革，使得人机交互的方式越来越贴近人的思想理念。

目前，全球范围内人机交互的通用技术和研究热点主要有以下几个方向：手势及体感、语音和面部。手势及体感主要指通过对肢体的动作和位置以及手指细节状态的侦测而实现的人与机器的信息交互及控制；语音指通过自然语言将信息在人与机器之间传递而实现交互；面部则主要包括对人脸、面部表情等特征的检测识别来实现人机交互的方式。

随着科学技术的不断进步，虚拟现实和多通道用户界面将成为未来人机交互的主要发展方向。

三、可穿戴设备

可穿戴设备是指直接穿戴在用户身上，或是整合到用户身上的衣物或配件上，由用户控制并能与用户进行交互，能持续运行的一种便携式计算机设备，包括头戴式、身着式、手戴式、脚穿式等各种产品形式。

智能手表、智能手环和智能眼镜是目前三大类主流可穿戴设备产品，在以心率、血压等生理信号监测为代表的医疗保健领域，以运动情况检测为代表的健康领域，还有以购物娱乐为代表的消费领域，都得到了广泛的应用。

除智能手表、智能手环、智能眼镜外，广义的可穿戴设备还包括头盔、耳机、衣服、鞋、袜子、帽子、手套、首饰、纽扣、腰带等。例如，LiveMap 头盔导航，内置了陀螺仪、光感元件、语音操控以及 LTE 4G 网络，通过头盔上显示的内容，使用者可以轻易实现路线规划和定位功能；Smith I/O Recon 滑雪镜，集成了 CPU、摄像头、微型抬头显示器、多种传感器和蓝牙通信等装置，戴上它滑雪就像玩电脑游戏一般；情绪感应服，内层的感应芯片可以通过感应人体的体温和汗液的变化来感知穿着者的情绪，并发出信号，改变外层的颜色；太阳能比基尼，使用电传导线将光-电流面板缝合在一起形成，通过光伏薄膜带，吸收太阳光并将能量转化为电能，然后为几乎所有的便携电子设备充电；社交牛仔裤，配有一个特殊的装置，可进行简单的即时互动与社交，让佩戴者享受并分享他们的经验；苹果 Apple Watch，可以实现如接打电话、Siri 语音、信息、日历、地图等功能，采用磁力 MagSafe 插头，支持无线充电，设置了一个数码转轮，通过转动它可以对图像进行缩放或移动图案；小米手环，支持对用户活动量的记录和检测、睡眠质量的监测、智能无声闹钟、活动提醒等多种功能，还基于百度云，提供多屏的管理和共享；谷歌智能鞋，该鞋内置了一个 GPS 芯片、一个微控制器和一对天线，左鞋指示正确的方向，右鞋能显示当前地点距目的地的距离；Sensoria 智能袜子，通过步幅以及落地的压力，记录下双脚所走或跑的状态和消耗的能量。

四、可穿戴设备技术研发趋势

可穿戴设备行业一直都在不断进行着产业变革，改变着各种可佩戴设备的材料、尺寸、形状和外观等。可穿戴设备不仅仅是一种硬件设备，它综合运动传感器技术、生物传感器技术、环境传感器技术等传感技术、无线通信技术、电源管理技术、新材料技术、显示技术、人机交互技术等创新产品，还通过软件支持以及数据交互、云端交互，如各种"健康云"平台，来实现强大的功能。

（一）智能织物（大纤维）

目前可穿戴设备大都倾向于以轻便的橡胶腕环的形式呈现，但智能手表和智能首饰的出现预示着可穿戴设备形式的逐渐多样性。美国德雷塞尔大学和宾州州立大学研究者正在尝试发展具有自愈特点的改造织物，而智能织物已经成为耐克、微软等大公司的重要研究领域。

什么才是可穿戴设备的未来？答案是智能服饰，相比手表、手环，智能服饰有很多先天优势。首先，衣服是消费者的刚性需求。其次，真正的科技是让你感受不到科技，消费者不需要花很多时间和精力去感知可穿戴设备的存在，智能服装会在"后台"默默地关注消费者的健康。最后，智能服装有更多样式、颜色及种类，这是由服饰的多样性决定的。一旦智能服饰成为可穿戴设备主流，消费者身上所穿戴的各类衣饰均可以作为研发对象。

（二）可穿戴健康医疗技术

近年来，可穿戴式移动医疗、心血管生理建模和无扰式传感技术的进步，尤其是柔性、可伸展、可印刷传感技术的发展，使得高精度及便利的无扰式无袖带连续血压测量、血糖测量成为可能，可穿戴设备在医疗保健领域的应用正逐步扩大。

（三）可穿戴设备移动支付

与智能手机等其他移动智能终端相比，可穿戴设备可以提供更便携、更广泛的服务，人们已逐渐认识到可穿戴设备在移动支付上的优势。将随身携带的可穿戴设备应用在移动支付领域，使用可穿戴设备与支付终端交互完成支付，将大大简化支付流程。

五、可穿戴设备在旅游中的应用

可穿戴设备在旅游中有着广泛的应用，适合于海滨度假、户外探险等场景活动中对运动状态、身体状态的监控，也适用于对老年、儿童和残障人士等特定旅游人群的照顾。

美国迪士尼乐园和度假区开发了智能腕带，实现门禁验票、游乐项目智能排队、酒店客房钥匙，以及消费支付等功能。Magic Bands 智能腕带内置了 RFID 芯片，是迪士尼 MyMagic+智慧旅游服务系统最关键的部分。Magic Bands 智能腕带与存储大量个人信息和偏好的数据库相连，甚至存储了信用卡信息。园内的工作人员还可以直接根据数据库和定位信息获取小粉丝的姓名、他们喜欢的电影人物，提升个性化服务。当然，如果是小游客的生日，临近的礼品店可以随时追踪小游客，向小游客推送一款纪念版玩偶，小游客的父母可以用魔术手环来实现支付。

智能腕带不仅可以让游客提前数月通过网站或手机应用预订门票和制定游园行程，还能够储存门票信息、酒店钥匙、信用卡信息，以及在迪士尼乐园中任何可以接受触碰的感应器的信息。游客通过佩戴输入信用卡信息的橡皮材质手环，通过轻触终端，能够轻松实现购买功能和登记入住、房卡、检票等功能，如图2-9所示。

图 2-9 迪士尼的 Magic Bands 智能腕带

而 MyMagic+服务系统提供的大数据和实时数据，则能够辅助迪士尼相关部门进行决策制定。例如，何时何处增加更多员工，餐厅应该补充哪些配送食物等。同时，园区在系统支持下，可以将餐厅、游乐骑乘设备的实时信息推送给游客，方便他们等位。

第六节 虚拟现实技术

虚拟现实（Virtual Reality，VR）技术又称灵境技术，它融合了数字图像处理、计算机图形学、多媒体技术、计算机仿真技术、传感器技术、显示技术和网络并行技术等多个信息技术分支，其技术的目的是由计算机模拟生成一个三维的虚拟环境，用户可以通过一些专业的传感设备感触和融入该虚拟环境。

一、虚拟现实技术概述

（一）虚拟现实（VR）

虚拟现实的英文名称为 Virtual Reality，Virtual 是虚假的意思，其含义是这个环境或世界是虚拟的，是存在于计算机内部的。Reality 就是真实的意思，其含义是现实的环境或真实的世界。所谓虚拟现实，顾名思义，就是虚拟和现实相互结合，是一种可以创建和体验虚拟世界的计算机仿真系统，它以计算机技术为核心，结合相关科学技术，在一定范围内生成与真实环境在视、听、触感等方面高度近似的虚拟环境，用户借助必要的设备与虚拟环境中的对象进行交互作用、相互影响，从而产生身临其境的感受和体验。

虚拟现实是利用计算机和一系列传感设施来实现的，使人能有置身于真正现实世界中的感觉的环境，是一个看似真实的模拟环境。通过传感设备，用户根据自身的感觉，使用人的自然技能考察和操作虚拟世界中的物体，获得相应看似真实的体验。在虚拟现实的环境中，人可以通过使用各种特殊装置"进入"这个环境，并操作控制环境，即人是这种环境的主宰。

虚拟现实主要有五个方面的含义：

第一，虚拟现实是一种基于计算机图形学的多视点、实时动态的三维环境，这个环境可以是现实世界的真实再现，也可以是超越现实的虚拟世界。

第二，虚拟现实的作用对象是"人"而非"物"，与其他直接作用于"物"的技术不同，虚拟现实本身并不是生产工具，它通过影响人的认知体验，间接作用于"物"，进而提升效率。

第三，虚拟现实交互方式的自然化，操作者直接以人的自然技能和思维方式与所投入的环境交互，自然技能是指人的头动、眼动、手势等其他人体动作。

第四，虚拟现实自主观察视角，能够突破空间物理尺寸局限开展增强式观察、全景式观察、自然运动观察，且观察视野不受屏幕物理尺寸局限。

第五，虚拟现实往往要借助一些三维设备和传感设备来完成交互。在交互操作的过程中，人是以一种实时数据源的形式沉浸在虚拟环境中的行为主体，而不仅仅是窗口外部的观察者。

总之，虚拟现实是人类在探索自然、认识自然过程中创造产生，并逐步形成的一种用于认识自然、模拟自然，进而更好地适应和利用自然的科学方法和技术。

（二）虚拟现实（VR）与增强现实（AR）、混合现实（MR）、扩展现实（XR）

在虚拟现实技术的基础上，又出来了增强现实（Augmented Reality，AR）、混合现实（Mixed Reality，MR）、扩展现实（Extended Reality，XR）等概念。从狭义来说，虚拟现实特指 VR，是以想象为特征，创造与用户交互的虚拟世界场景。广义的虚拟现实包含 VR、AR、MR，是虚构世界与真实世界的辩证统一。AR 以虚实结合为特征，将虚拟物体信息和真实世界叠加，实现对现实的增强。MR 将虚拟世界和真实世界融合创造为一个全新的三维世界，其中物理实体和数字对象实时并存并且相互作用。XR 是 AR/VR/MR 等各种形式的虚拟现实技术的总称。可以预见，未来的虚拟现实产品将不再区分 AR/VR/MR，而是一种融合性的产品，都可称为 XR 产品。

1. 增强现实（AR）

AR 将虚拟资讯加入实际生活场景。字面解释就是，"现实"就在这里，但是它被增强了，被谁增强了？被虚拟信息。实际上，智能手机上有很多应用都属于 AR，比如一些 LBS（基于地理位置的服务）应用，当打开应用，把手机摄像头对着某幢大厦，手机屏幕上便会浮现这个大厦的相关信息，比如名称、楼层等。AR 是一种将真实世界信息和虚拟世界信息"无缝"集成的新技术，它把原本在现实世界的一定时间空间范围内很难体验到的实体信息（如视觉信息、声音、味道、触觉等），通过电脑等科学技术，模拟仿真后再叠加，将虚拟的信息应用到真实世界，被人类感官所感知，从而达到超越现实的感官体验。真实的环境和虚拟的物体实时地叠加到了同一个画面或空间同时存在。战斗机驾驶员使用的头盔显示器可让驾驶员同时看到外面世界及叠置的合成图形。额外的图形可在驾驶员对机外地形视图上叠加地形数据，或许是高亮度的目标、边界或战略陆标（Landmark）。简单来说，VR 是全虚拟世界，AR 是半真实、半虚拟的世界。目前，主流的 AR 是指通过设备识别和判断（二维、三维、GPS、体感、面部等识别物）将虚拟信息叠加在以识别物为基准的某个位置，并显示在设备屏幕上，从而实时交互虚拟信息。

2. 混合现实（MR）

MR 是虚拟现实技术的进一步发展，将真实世界和虚拟世界混合在一起，产生新的可视化环境，在新的可视化环境里，同时包含了物理实体与数字虚拟对象，并且必须是实时互动的，使交互方式更加自然。如何区分 AR 和 MR？第一，虚拟物体的相对位置，是否随设备的移动而移动。如果是，就是 AR 设备；如果不是，就是 MR 设备。第二，在理想状态下（数字光场没有信息损失），虚拟物体与真实物体是否能被区分。AR 设备创造的虚拟物体，是可以明显看出是虚拟的，比如 Google Glass 投射出的随你而动的虚拟信息；而 MR 设备直接向视网膜投射整个四维光场，用户看到的虚拟物体和真实物体几乎是无法区分的。例如，Magic Leap 公司发布的在体育馆观看鲸鱼表演的混合现实演示视频（腾讯视频 https：//v.qq.com/x/page/f05316yv244.html）。

混合现实技术结合了虚拟现实技术与增强现实技术的优势，能够更好地将增强现实技术体现出来。近年来，应用全息投影技术的混合现实，使得我们可以实现不用戴眼镜或头盔就能看到真实的三维空间物体，全息的本意是在真实世界中呈现一个三维虚拟空间。全息投影技术也称虚拟成像技术，是利用光信号的干涉和衍射原理记录并再现物体真实的三维图像的技术。全息投影技术不仅可以产生立体的空中幻象，还可以使幻象与表演者产生互动，一起完成表演，产生令人震撼的演出效果。

3. 扩展现实（XR）

XR 是指通过计算机技术和可穿戴设备产生的一个真实与虚拟组合的、可人机交互的环境。扩展现实包括增强现实、虚拟现实、混合现实等多种形式。因此，XR 其实是 AR/VR/MR 等各种形式的虚拟现实技术的总称，实现包括从通过有限传感器输入的虚拟世界到完全沉浸式的虚拟世界的所有技术，是"元宇宙"的基础。

二、虚拟现实系统的组成

一般来说，一个完整的虚拟现实系统包括高性能计算机、虚拟世界数据库及其相应工具与管理软件、感知交互的输入/输出设备，如图 2-10 所示。感知交互的输入/输出设备包括以头盔显示器为核心的视觉系统，以语音识别、声音合成与声音定位为核心的听觉系统，以方位跟踪器、数据手套和数据衣为主体的身体方位姿态、触觉与力反馈的体感系统，以脑机接口为代表的意识交互系统，以及味觉、嗅觉等交互功能子系统。高性能计算机、虚拟世界数据库及其相应工具与管理软件、感知交互的输入/输出设备共同构成以高性能计算机为核心的虚拟环境生成器，与用户进行自然交互。

第二章 智慧旅游技术基础

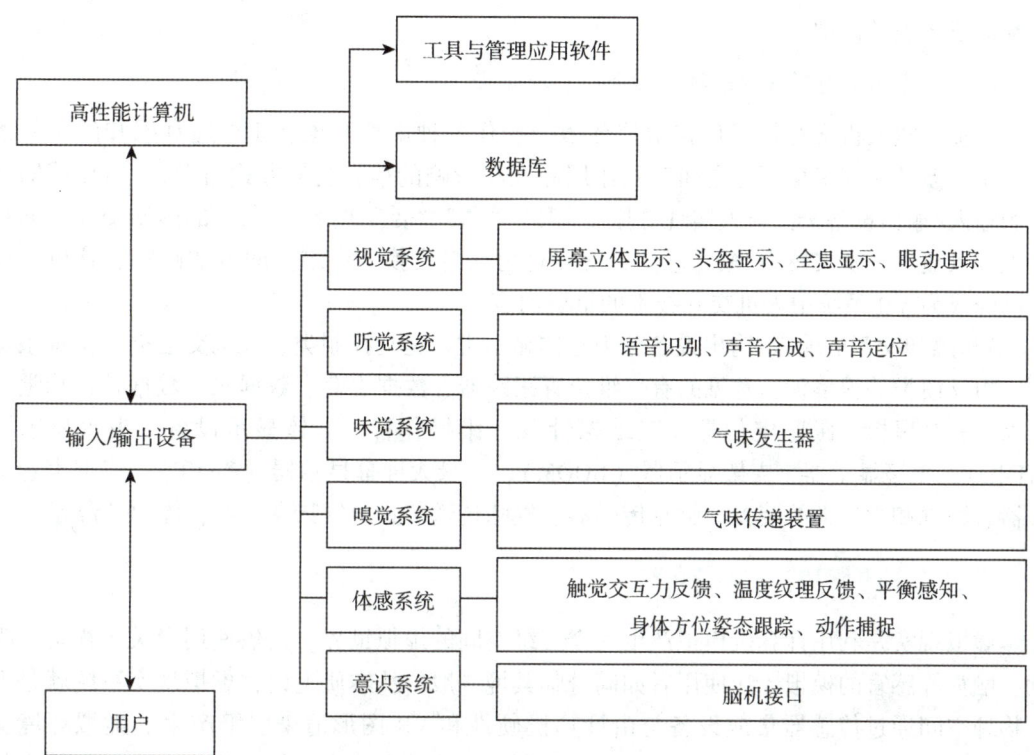

图 2-10 虚拟现实系统组成

（一）高性能计算机

高性能计算机是虚拟现实硬件系统的核心，它承担着虚拟现实中物体的模拟计算，虚拟环境的图像、声音等生成以及各种输入设备、跟踪设备的数据处理和控制。因此，对计算机的性能要求较高，如 CPU 的运算速度、I/O 带宽、图形处理能力等。目前，中高端应用主要基于美国 SGI 公司的系列图形工作站，低端平台基于个人计算机或者智能移动设备上运行，高性能计算机需具有高处理速度、大存储量、强联网等特性。

（二）工具与管理应用软件

虚拟现实软件是被广泛应用于虚拟现实制作和虚拟现实系统开发的图形图像三维处理软件。例如，在前期数据采集和图片整理时，需要使用 ArcGIS、AutoCAD、Photoshop 等软件，在建模贴图时，需要使用 Creator、3ds Max、Maya 等软件建模，三维模型建立后，要应用 Vega Prime、Unity 3D、VRP 视景仿真引擎进行特殊效果处理，以增强沉浸感。

虚拟现实软件的开发商一般都是先研发出一个核心引擎，然后在引擎的基础上，针对不同行业、不同需求，研发出一系列的子产品。所以，在各类虚拟现实软件的定位上更多的是一个产品体系。其软件种类一般包括三维场景编辑器、粒子特效编辑器、物理引擎系统、三维互联网平台、立体投影软件融合系统和二次开发工具包，等等。

（三）数据库

在虚拟现实系统中，数据库的作用主要是存储系统需要的各种数据，例如地形数据、场景模型、各种建筑模型等方面的信息。对于所在虚拟现实系统中出现的物体，在数据库中都需要相应的模型。

（四）感知交互的输入/输出设备

虚拟现实人机交互是用户在虚拟环境中操作各种虚拟对象、获得逼真感知的必要条件，主要涉及人与虚拟环境之间互相作用和互相影响的信息交换方式与设备。VR 感知交互的输入/输出设备全面与人实现"眼""耳""鼻""舌""身""意"的感知交互，逼真虚拟场景显示、真实感力/触觉感知、交互行为信息交换、三维空间方位跟踪、脑机接口等已经成为 VR 系统中人机交互技术的重要内容。

VR 感知交互的输入/输出设备分为立体显示类、运动控制类、人机交互类、位置跟踪类、力反馈类等很多种，常见的有三维位置跟踪器、数据手套、数据衣、数据鞋、味觉发生器、三维鼠标、跟踪定位器、三维探针及三维操作杆、立体显示设备、头盔显示器（HMD）、眼镜显示器、支架显示器（BOOM）、全景大屏幕显示器（CAVE）、三维声音生成器、触觉和力反馈的装置、触觉传感器、气味传递装置、气味发生器、传动平台等。

三、虚拟现实的基本特征

虚拟现实是利用计算机模拟产生一个三维空间的虚拟世界，提供使用者关于视觉、听觉、触觉等感官的模拟，让使用者如同身临其境一般。从本质上说，虚拟现实系统就是人在物理空间通过传感器集成设备与由计算机硬件和 VR 图形渲染引擎产生的虚拟环境交互，是一种自然式的交互，最大限度提高了用户的体验和效率。与前几代人机交互技术相比，虚拟现实在技术思想上有了质的飞跃。

美国科学家 G. Burdea 和 P. Coiffet 在 1992 年世界电子年会上发表的"Virtual Reality Systems and Applications"，提出一个"虚拟现实技术的三角形"，如图 2-11 所示。论文总结了虚拟现实的三个基本特征，即交互性、沉浸性和构想性（Interaction, Immersion, Imagination，"3I"）。

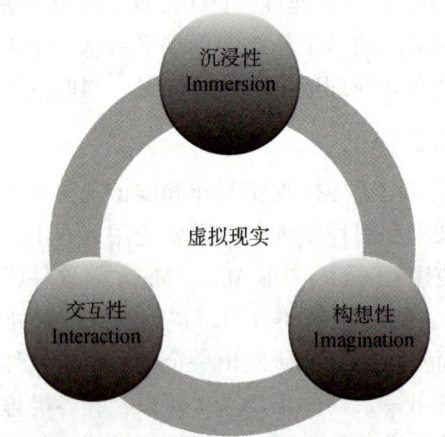

图 2-11 虚拟现实技术的三角形

（一）交互性（Interaction）

交互性是指参与者对虚拟环境内的物体的可操作程度和从环境中得到反馈的自然程度，使用者必须能与这个虚拟场景进行交互，产生一种参与感。这种交互的产生主要借助于各种专用的三维交互设备（如头盔显示器、数据手套等），它们使人类能够利用自然技能，如同在真实的环境中一样与虚拟环境中的对象发生交互关系。例如，用户可以用手去直接抓取模拟环境中虚拟的物体，这时手有握着东西的感觉，并可以感觉到物体的重量，视野中被抓的物体也能立刻随着手的移动而移动。

（二）沉浸性（Immersion）

沉浸性又称沉浸感、临场感、存在感、投入感，指用户感到作为主角存在于模拟环境中的真实程度。用户能够沉浸到计算机系统所创建的虚拟环境中，由观察者变为参与者，成为虚拟现实系统的一部分。理想的虚拟现实技术应该具有一切人所具有的感知功能，用户在其生理和心理的角度上，对虚拟环境难以分辨真假，能全身心地投入计算机创建的三维虚拟环境中。该环境中的一切看上去是真的，听上去是真的，动起来是真的，甚至闻起来、尝起来等一切感觉都是真的，达到使用户难辨真假的程度，如同在现实世界中的感觉一样。

沉浸性取决于系统的多感知性（Multi-Sensory）和自主性。

多感知性又称感受性、全息性、真实性，指除了一般计算机技术所具有的视觉感知之外，还有听觉感知、力觉感知、触觉感知、运动感知，甚至包括味觉、嗅觉感知等。理想的虚拟现实技术应该具有一切人所具有的感知功能。由于相关技术的限制，特别是传感技术的限制，目前虚拟现实技术所具有的感知功能仅限于视觉、听觉、力觉、触觉、运动等几种，无论从感知范围还是从感知的精确程度都尚无法与人相比拟。

自主性是指虚拟环境中的物体依据物理定律动作的程度。例如，当受到力的推动时，物体会向力的方向移动，或翻倒，或从桌面落到地面等。

（三）构想性（Imagination）

构想性又称想象性，是指虚拟现实技术具有广阔的可想象空间，不但可以再现真实存在的环境，而且可以构想客观上不存在的甚至不可能发生的环境。构想性也可以理解为使用者进入虚拟空间，根据自己的感觉与认知能力吸收知识、发散思维，得到感性和理性的认识，在虚拟世界中根据所获取的多种信息和自身在系统中的行为，通过联想、推理和逻辑判断等思维过程，对系统运动的未来进展进行想象，以获取更多的知识，认识复杂系统深层次的运动机理和规律性。

构想性使得虚拟现实技术成为一种用于认识事物、模拟自然，进而更好地适应和利用自然的科学方法和科学技术。虚拟现实技术为众多应用问题提供了崭新的解决方案，有效地突破了时间、空间、成本、安全性等诸多条件的限制，人们可以去体验已经发生过或尚未发生的事件，可以进入实际不可达或不存在的空间。人类在许多领域面临着越来越多前所未有而又必须解决和突破的问题，例如，载人航天、核试验、核反应堆维护、新武器等产品的设计研究、气象及自然灾害预报、医疗手术的模拟与训练以及多兵种军事联合训练与演练等。借助于 VR 技术，人有可能从定性和定量综合集成的虚拟环境中得到感性和理性的认识，进而使人能深化概念，产生新意和构想。

四、虚拟现实的关键技术和软件工具

虚拟现实技术体系包括建模、呈现、感知、交互以及应用开发等方面。其中，建模技术是对环境对象和内容的机器语言抽象，包括几何建模、地形建模、物理建模、行为建模等；呈现技术是对用户的视觉、听觉、嗅觉、触觉等感官的表现，包括三维显示（视差、光场、全息）、三维音效、图像渲染、AR 无缝融合等；感知技术是对环境和自身数据的采集和获取，包括眼部、头部、肢体动作捕捉、位置定位等；交互技术是用户与虚拟环境中对象的互操作，包括触觉力反馈、语音识别、体感交互技术；应用开发与内容制作技术涉及建模软件工具、基础图形绘制函数库、三维图形引擎和可视化开发软件平台技术，等等。

随着虚拟现实技术的不断成熟，硬件系统不断完善，要设计引人入胜的内容和创作内容的软件工具来提高用户的沉浸感，达到提高用户体验的目的。虚拟现实代表性软件工具有以下几种：

1. 建模工具软件

Creator、3dsMax、Maya；分形地形建模 Mojoworld；飞行建模类 Flight Sim 与 Helicopter Sim；人物仿真类 DI-Guy Scenarios；三维地形建模 TerraVista、Mojoworld；3D 自然景观制作 Vista Pro、Bryce、World Builder 等。

2. 数据转换与优化软件

地理数据转换软件 FME Suite；3D 模型转换软件 Polytrans 与 Deep Exploration；3D 模型减面类 Geomagic Decimate、Action3D Reducer、Rational Reducer 等。

3. Web3D 技术软件

Eon Studio、Virtools、X3DVRML、Cult3D 等。

4. 视景驱动类软件

Vega、Vega Prime、Open GVS、Vtree、World Tool Kit、3DVRI、World UP、3DLinX、Open Inventor、OpenGL Performer、ite Builder 等。其中最著名的是 Presagis 公司的 Creator 与 Vega Prime 以及国内深圳中视典科技有限公司的 VRP 等。

五、虚拟现实技术+旅游——虚拟旅游

虚拟现实以及相关科技产品已成为当今最热门的话题，而且其有席卷旅游行业之势。人们能够通过虚拟现实体验一趟海滨之旅，或者夜访博物馆之行，或者通过虚拟现实设备（VR-device）去直接体验一个目的地、一家酒店、一个饭店或一个景区。

虚拟旅游是在现实旅游基础上充分应用虚拟现实技术，通过模拟或还原现实中的旅游景区构建虚拟旅游环境，向游客提供虚拟体验的旅游形式。虚拟旅游可细致、逼真、生动地再现旅游景点的风光风貌，带来虚拟导游、地图导航、酒店预订、社区、虚拟古迹等方面切实可观的效值，提供数字化保护虚拟现实技术重现历史遗迹，可应用于国家大型景区构建，推动旅游业进一步向高新技术发展。

（一）虚拟旅游方式

虚拟现实技术+旅游，导致虚拟旅游有如下几种方式：

1. 现存文化旅游景观景物的虚拟旅游

虚拟旅游是针对现有旅游景观的虚拟旅游，通过这种方式的虚拟旅游，不仅可以起到预先宣传、扩大影响力和吸引游客的作用，而且能够在一定程度上满足一些没有到过该旅

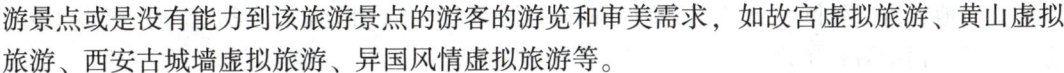

游景点或是没有能力到该旅游景点的游客的游览和审美需求，如故宫虚拟旅游、黄山虚拟旅游、西安古城墙虚拟旅游、异国风情虚拟旅游等。

2. 遗缺或灭失文化旅游景观景物的虚拟旅游

虚拟旅游是针对现在已经不存在的旅游景观或是即将不复存在的旅游景观而展开的，在被烽火硝烟摧毁了几百年、几千年之后，文明古迹的景观和建筑已残缺不全，再现技术在科学家对古遗迹资料文献的研究基础上，建立一个全新的古代建筑、古迹景观仿真世界，将破毁损坏的珍贵古建筑和文明古迹呈现给游客。例如，对于原三峡风景区的虚拟旅游，利用原先所有的遥感影像数据和实测数据建成地形地貌模型库，再复合以人文景观信息，这样不仅能够在三峡坝区建成之后，通过虚拟现实技术使得原有雄壮美丽的库区自然、人文景观得以以另一种方式保存，而且使后人能够在其已不复存在的岁月里，通过虚拟旅游的方式重新游览这一奇异旅游景观，去亲身认识瞿塘峡的雄壮、巫峡的秀丽、西陵峡的险要，去亲身体验"两岸猿声啼不住，轻舟已过万重山"的美好感觉。

3. 未来规划景观的虚拟旅游

虚拟旅游是针对规划建设的旅游景点和正在建设但尚未建成的旅游景点而言的，这种方式的虚拟旅游同第一种方式的虚拟旅游一样，主要是起到一种先期宣传和吸引游客的作用，待这些景点建成后，再正式接待游客来游览观光。

4. 不可到达或超现实的虚拟旅游

虚拟旅游是针对目前人类还不太可能到达的地方而言的，如到达月球的太空旅游以及探测火星的星际旅游，等等。

对于上述四种虚拟旅游方式，无论对哪一种方式，首先要做的基础工作都是建设文化旅游景观景物对象的模型库和数据库，在此基础上通过虚拟现实技术系统的人机接口，使得参与者有一种身临其境的感受。

（二）虚拟旅游典型应用

1. 旅游景区全景规划与仿真

将虚拟现实引入景区全景规划中，可以创造出所开发景区的真实三维画面，以便审批者审视未来的景区，确保景区美学意义上的和谐和顺利运营运作。应用虚拟现实技术无须规划方案的真正实施，就能先期检验该规划方案的实施效果，可以反复修改以确定最终实施方案，规避景区开发投资的风险。如果是已经有的景区，虚拟现实技术可以制作仿真景区，完全真实地模拟景区的情况，并增加特殊效果，让景区看起来更完美。

2. 网络虚拟旅游平台

利用360°图片拍摄、360°摄影及以3D制图技术，开发景区网络虚拟旅游和旅游游戏软件，游客可以在旅游信息网上对景区进行游览。通过旅游游戏，游客可体验到深层次的旅游文化内涵。网络虚拟导游导览系统的音乐解说效果和视觉的逼真度将让游客充分感受3D智慧旅游带来的快感。应用虚拟现实技术可为旅游景区的管理方制作三维景区推广方案，让景区在互联网上发布，人们可以在网上浏览虚拟景区，游览过程不受时间、天气的影响，可以对场景中游览路线、角度和游览速度进行自由控制，游客可以随意更换观察点，多角度细致地游览，让更多的人认识和发现景区。

类似地，可以在网络上开发酒店、邮轮等的虚拟漫游，提前让游客对入住房间、环境进行了解，辅助游客预订。

3. 虚拟旅游体验中心

虚拟旅游体验中心巧妙地将音响设计同旅游景点相结合，通过全套3D播放设备，更能增强观影者的视听享受。每年3D技术与创意博览会期间，都免费提供国内外独家授权的各种3D影片。而4D影院120°环幕随时播放着精美的智慧旅游各景区未来展示规划3D影片，坐在舒服的靠背椅里，戴上3D眼镜，随着场景的不断变化，座椅或左右摇摆、或喷水喷气，观众们可以时而漫步于风景名区，时而穿梭在古迹中，时而徜徉于有老城镇韵味的古巷之中，时而穿越到尚在规划中的风景区之中。

4. 虚拟博物馆

虚拟博物馆利用虚拟现实技术，结合网络技术，将文物的展示、保护提高到一个崭新的阶段。一是将各种文献、手稿、照片、录音、影片和藏品、古迹等文物实体通过影像数据采集手段，建立起实物三维或模型数据库，保存文物原有的各项型式数据和空间关系等重要资源，实现濒危文物资源的科学、高精度和永久的保存；二是利用虚拟现实技术辅助文物修复和保护工作，提高文物修复的精度和预先判断、选取将要采用的保护手段，同时可以缩短修复工期；三是通过网络在大范围内来利用虚拟现实技术更加全面、生动、逼真地展示文物，从而使文物脱离地域限制，实现资源共享，真正成为全人类可以"拥有"的文化遗产。

使用虚拟现实技术可以推动文博行业更快地进入信息时代，实现文物展示生动形象化、故事化，更好地满足观众和游客的参观浏览需求。例如，在成都的三星堆博物馆里，一部类似投影仪的设备把青铜发财树的影像投放在幕布上，只要有游客从"发财树"下走过，或是伸手拨动"树枝"，就会有无数的"金币"从树上落下，让人颇感新奇。成都金沙遗址博物馆制作了以古蜀文化和太阳神鸟为主题的4D影片，尤其受到青少年游客的青睐，武侯祠博物馆的"魔幻合影"能让游客与三国名将"并肩而立"，等等。

5. 虚拟城市漫游系统

虚拟城市漫游系统运用三维动画、虚拟仿真、大屏幕显示、人机互动等先进技术，用户可以通过操纵杆在城市、厂区、建筑小区等三维模型场景中进行主动自主式漫游，从而了解企业、建筑小区乃至城市未来规划及发展方向。用户可以置身于（沉浸于）环形大屏幕显示的各景点的动态实景影像之中，对现场模型道具（汽车、轮船、自行车、飞机模型）亲身操控，漫游城市或游览当地（或世界）著名旅游景点。游客驾车（汽车、轮船、自行车、飞机模型）的影像实时融合到大屏幕场景之中，与游客实际在景区游览过程中被摄像一样，并可录制、刻录输出DVD视频录像给游客留作纪念。总之，在虚拟城市系统中，用户可以全方位、多种样式（步行、驱车、飞行等），完全由用户自由控制在场景中漫游。

6. 导游专业仿真实训室

虚拟现实技术提供了一种新型的教学手段。导游专业仿真实训室又被称为旅游教学导游培训系统，可以将客户提供的旅游景点虚拟数据全部集成到播放平台上，利用虚拟现实培训平台，导游人员、旅游管理人员不用花费大量时间、精力，就可以通过旅游实训信息系统平台随意浏览旅游景点，通过文字、图片、影片介绍，学习景区、景点、景观的历史、文化知识，为日后社会实践做好准备。

（三）成都锦点文化文物数字化平台

2015 年，四川省成都市推出首个文化文物大型智能数字化平台"锦点"（网址为 http://cd3000y.com/），其网站界面如图 2-12 所示。成都锦点文化文物数字化平台为成都市的 113 家博物馆、6 354 处不可移动文物和 14 213 件珍贵文物在数字平台上安了一个"家"，同时也使得很多具有重要意义却无法长期展览的文物得以与公众见面。

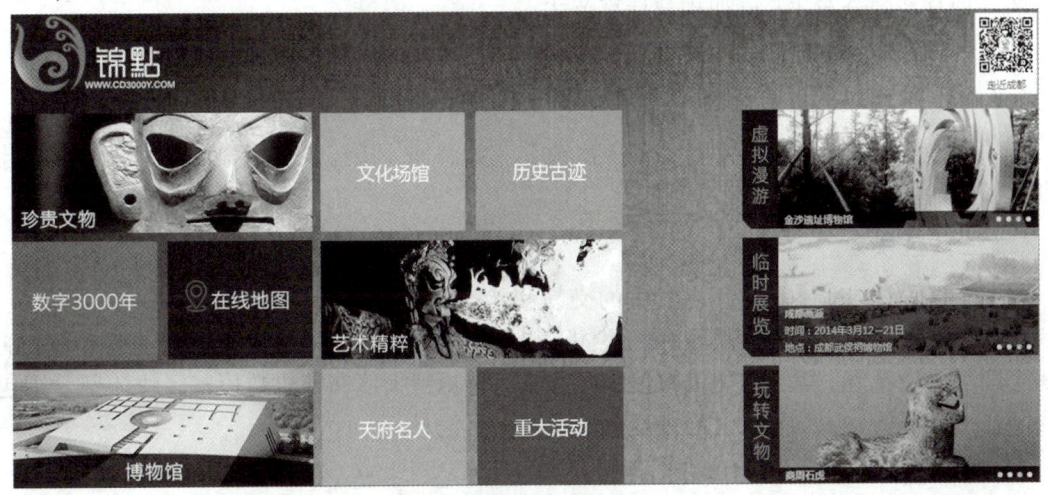

图 2-12 "锦点"文化文物数字化平台

"锦点"可以让使用者在全景浏览过程中随心所欲地前进、后退、缩放、俯仰、飞行，完全自助式的参观将随时帮助游客找到最佳浏览路线和最心仪的宝物。"身临其境"将是"锦点"带给使用者的重要感受，比如魔法明信片、面具试戴、衣服试穿等。魔法明信片的神奇之处在于看似普通的纸质明信片，却可以通过智能手机看到其上记载的三维图像，通过转动角度，还能从多视角欣赏。

在这个充满智能化色彩的文化文物数字平台上，把时空"压缩"在方寸和手掌之间，让人足不出户就可以饱览成都历史文化资源，玩转大大小小的成都博物馆。打开成都文化文物应用展示平台，便可以在系统的指引下"游览"成都的武侯祠、金沙遗址、杜甫草堂等三大博物馆了。舒缓的音乐配以精致的三维图像，虽然是虚拟的博物馆，却也让人流连忘返。同样是在这个平台上，成都市的各大博物馆、文化场馆、重要文物、重大活动等各类信息一应俱全。

第七节　区块链

区块链是一组使用密码学算法产生的区块，每个区块按时间顺序依次相连，形成链状结构，得名区块链。每个区块都写满了交易记录，区块按顺序相连，形成链状结构。以比特币为例，矿工在生成新区块时需要根据前一个区块的哈希值、交易信息、随机数等来计算新的哈希值，也就是说每个区块都是在前一个区块数据的基础上生成的，该机制保证了区块链数据的唯一性。

一、区块链的定义

从狭义来讲，区块链是一种按照时间顺序将数据区块依次链接形成的一种链式数据结构，并以密码学方法保证数据块的不可篡改和不可伪造。从广义来讲，区块链是利用块链式数据结构来验证与存储数据，利用分布式节点共识算法来生成和更新数据，利用密码学的方式保证数据传输和访问安全，利用由自动化脚本代码组成的智能合约来编程和操作数据的一种全新的分布式基础架构与计算范式。

在区块链中，数据以区块的方式永久储存。区块链的三个要素是交易、区块和链。

（一）交易

一次操作，它会导致账本状态的一次改变，如添加一条记录。每个区块记录了其创建期间发生的所有交易信息。

（二）区块

一个区块记录了一段时间内发生的交易和状态结果，是对当前账本状态的一次共识。区块的数据结构一般分为区块头和区块体，以比特币为例，区块头部分记录了版本号、前一个区块的哈希值、默克尔树的根值、时间戳、目标特征值和随机数值；区块体部分则包含了经过验证的、区块创建过程中产生的所有交易信息。

（三）链

由一个个区块按照发生的顺序串联而成，是整个状态变化的日志记录。区块链的时间戳解决了区块的排序问题，新区块生成时便记录着上一个区块通过哈希计算得到的哈希值，实现了区块密码学链接。

可以看出，区块链本质上是一个应用了密码学技术、多方参与、共同维护、持续增长的分布式数据库系统，也称为分布式共享账本。共享账本中的每个账页就是一个区块，每个区块都写满了交易记录，区块首尾衔接，紧密相连，形成链状结构。区块链数据由所有节点共同维护，每个参与维护的节点都能获得一份完整的数据拷贝。所有节点共同维护一条不断增长的链，只能添加记录，不可删除、篡改记录。

区块链技术为解决知识共享的信任、真实性和激励分配等问题提供了解决方案，但技术永远都是中立的，任何技术都是双刃剑。区块链作为一种新兴技术，也存在诸如存储有限、效率低、生产耗能、淡化监管等劣势。数据在写入区块链时需要执行时间，所有节点都同步数据，也需要更多的时间。每个区块只有 1~8 MB，保存数据量有限，如果扩容，则需要同步数据，效率又低、又费劲。区块的生成需要耗费能源进行无数无意义的计算。区块链去中心、自治化的特点淡化了国家监管的概念，在监管无法触达的情况下，区块链技术可能应用于非法领域，为黑色产业提供庇护。虽然区块链技术有可能被恶意使用，但潜在的好处大于潜在的缺点。具有前瞻性的公司通常将不断变化的技术和充满挑战的环境视为机遇而不是威胁，站在技术最前沿并从中受益。

二、区块链的特征

区块链具有去中心化、公开透明性、不可篡改性、匿名性等特点，区块链被誉为制造信用的机器。

（一）去中心化

去中心化是区块链最基本的技术特征，意味着区块链应用不依赖于中心化的机构，实现了数据的分布式记录、存储与更新。在传统的中心化网络中，业务运行高度依赖中心节点的稳健性与可信性，黑客若对单一的中心节点进行攻击即可破坏整个系统。而区块链的分布式架构使全网节点的权利和义务均等，系统中的数据本质是由全网节点共同维护的，具有点对点、多冗余等特性，不存在单点失效的问题。因此，区块链应对拒绝服务攻击的方式比中心化系统要灵活得多，即使一个节点失效，其他节点也不受影响。

（二）公开透明性

区块链系统的数据记录对全网节点是透明的，数据记录的更新操作对全网也是透明的，这是区块链系统值得信任的基础。由于区块链系统使用开源的算法及代码、开放的规则和高参与度，区块链的数据记录和运行规则可以被全网节点审查、追溯，具有很高的透明度。

（三）不宜篡改性

区块链中有两套加密机制防止记录篡改：第一套是采用默克尔树的方式加密交易记录，当底层数据发生改动时，必会导致默克尔树的根哈希值发生变化；第二套是在创建新的区块时放入了前一区块的哈希值，这样区块之间形成链接关系，若想改动之前区块的交易数据，必须将该区块之前的所有区块的交易记录和哈希值进行重构，这是很难达到的，除非能够同时控制系统中的大多数节点（根据共识算法的不同，节点比例有所差异），否则单个节点上对区块中记录的修改是无效的。因此，区块链的数据的稳定性和可靠性极高。

（四）匿名性

在区块链系统中虽然所有数据记录和更新操作过程都是对全网节点公开的，但其交易者的私有信息仍是通过哈希加密处理的，即数据交换和交易都是在匿名的情况下进行的。由于节点之间的数据交换遵循固定且预知的算法，因而其数据的交互无须双方存在相互信任的前提，可以通过双方地址而非身份的方式进行，因此交易双方无须通过公开身份的方式让对方产生信任。

（五）开放性

区块链的开放性是指除数据直接相关各方的私有信息被加密外，区块链的所有数据对所有参与节点公开（具有特殊权限要求的区块链系统除外）。任何参与节点都可以通过公开的接口查询区块链的数据记录或者开发相关应用，因此整个系统是开放的。

（六）自治性

区块链采用基于协商一致的规范和协议，使整个系统中的所有节点能够在去信任的环境下自由安全地交换、记录以及更新数据，把对个人或机构的信任改成对体系的信任，人为干预将不起作用。

三、区块链分类

根据区块链的开放程度，可以将区块链分为公有链、联盟链和私有链。三类区块链的对比如表 2-3 所示。

表 2-3 三类区块链的对比

分类	公有链	联盟链	私有链
参与者	任何人	授权的公司和组织	个体或一个公司内
记账人	任何人	参与者协调授权控制	自定
信任机制	工作量证明等	集体背书	自行背书
中心化程度	去中心化	多中心化	中心化
突出优势	信用的自建立	效率、成本优化	透明、可追溯
典型应用场景	比特币	清算	审计
承载能力	7~1 000 次/s	1 000 次/s 以上	1 000 次/s 以上

（一）公有链

公开透明、开放生态的交易网络。世界上任何个体或团队都可以在公有链发送交易，并且交易能获得该区块链的有效确认。每个人都可以竞争记账权。公有链可以为联盟链和私有链提供全球交易网络。典型代表：比特币、以太坊。

（二）联盟链

半封闭生态的交易网络，存在对等的不信任节点，是某个群里或组织内部使用的区块链，需要预先指定几个节点为记账人。每个区块的生成由所有预选记账人共同决定，其他节点可以交易，但是没有记账权。如房地产行业 A、B、C、D 公司。

（三）私有链

完全封闭生态的存储网络，仅仅采用区块链技术进行记账，但是所有节点都是可信任的。记账权并不公开，并且只记录内部的交易，由公司或个人独享。如某大型集团内部多数公司。

但随着区块链技术的快速发展，各种类型的链之间的界限也将变得模糊，特别是随着节点上所运行的智能合约所包含的业务逻辑越来越复杂，私有链上的部分节点必须对外开放才能执行完整的业务逻辑，而部分共识及记账节点则仅向许可节点开放保证效率和可控性，各种链之间的业务界限会逐渐模糊。

四、区块链模型架构

一般来说，区块链系统由数据层、网络层、共识层、激励层、合约层和应用层六层组成，如图 2-4 所示。

表 2-4 区块链系统

应用层	数字钱包		可编程（货币/金融/社会）	
合约层	运行环境		脚本语言	合约脚本
激励层	发行机制			代币分配机制
共识层	工作量证明（PoW）	权益证明（PoS）	委任权益证明（DPoS）	……

续表

网络层	P2P 网络	安全传输	访问控制
数据层	数据区块	时间戳	哈希指针
	哈希函数	默克尔树	非对称加密
	盲签/环签/同态加密/零知识证明/混币/分区等		

数据层封装了底层数据区块以及相关的数据加密和时间戳等基础数据和基本算法；网络层则包括分布式组网机制、数据传播机制和数据验证机制等；共识层主要封装网络节点的各类共识算法；激励层将经济因素集成到区块链技术体系中，主要包括经济激励的发行机制和分配机制等；合约层主要封装各类脚本、算法和智能合约，是区块链可编程特性的基础；应用层则封装了区块链的各种应用场景。

五、区块链中的核心技术

区块链是分布式数据存储、点对点传输网络、共识机制、安全加密算法等计算机技术在互联网时代的创新应用模式。

（一）分布式数据存储

区块链借助分布式数据库的思想，将数据分散到网络中的各个节点上，使区块链上的数据难以被篡改，保证了数据的稳定性和安全性。分布式数据库是一个数据集合。这些数据在逻辑上属于同一个系统，但物理上却分散在计算机网络的若干节点上，并要求网络的每个节点具有自治的处理能力，能执行本地的应用。每个节点的计算机还应至少参与一个全局应用的执行，即要求使用通信子系统在几个节点存取数据。

在区块链中关系型和非关系型两种数据库均可采用。其中，关系型数据库采用关系模型来组织数据，支持各种 SQL（Structured Query Language，结构化查询语言）功能，功能性强，支持事务性，读/写性能一般，可扩展性弱，在数据存在海量并发情况下表现较差；非关系型数据库中键值对数据库的数据结构组织形式简单，读/写性能很高，支持海量并发读/写请求，可扩展性强，操作接口简单，支持一些基本的读、写、修改、删除等功能，但不支持复杂的 SQL 功能和事务。

根据部署形式的不同，数据库可分为单机型和分布式两种。其中，单机型数据库保证强一致性和较好的可用性；分布式数据库在物理部署上遵循了分布式架构，能提供高并发的读/写性能和容错性，有很强的可用性和分区容错性，但由于需要进行数据同步，分布式架构的数据一致性较弱，只能保证最终一致性。

在区块链中，如果待存储的是一些字符串、Java Script 对象简谱，可以使用扩展账本结构链存储；如果是图片、视频等较大的多媒体文件，可以将文件的哈希值存储在链上，而原文件则可以使用云存储将其存储到云端。

（二）点对点（P2P）传输网络

P2P 网络技术是构成区块链技术架构的核心技术之一，在去中心化的组网架构中区块链才能实现不依赖中心网络的特性。

P2P 网络技术又称为对等互联网技术，是与中心化连接网络相对应的一种构建在互联网上的连接网络。区块链网络协议一般采用 P2P 协议，确保同一网络中的每台计算机彼此对等，各个节点共同提供网络服务，不存在任何"特殊"节点。在 P2P 网络中，各节点的计算机地位相等，节点间通过特定协议进行信息或资源的交互，与中心化网络中心服务器服务全网的模式形成鲜明的对比，如图 2-13 所示。在比特币出现之前，P2P 网络技术主要用于文件共享和下载、网络视频播放等。

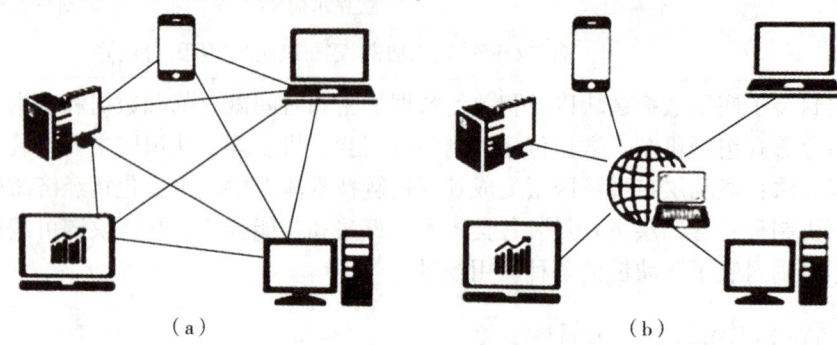

（a）P2P 网络模式；（b）中心化网络模式
图 2-13 网络模式示意

（三）共识机制

共识机制是区块链技术的一个核心问题，它决定了区块链中区块的生成规则，保证了各节点的诚实性、账本的容错性和系统的稳健性。常用的共识机制主要有 PoW、PoS、DPoS、PBFT 等。通常可以从性能效率、资源消耗、容错性、监管水平等几个方面进行评价和比较不同的共识机制特性。

1. PoW（工作量证明）

工作量证明的定义简单来说就是工作端对有一定难度的数学问题提交计算结果，而其他任何人都能够通过验证这个答案就确信工作端已经完成大量的计算任务。工作量证明的主要特征是根据机器的运算资源来分配记账权，由于参与运算的不同节点根据自身的运算资源获取记账权，所以这些节点在竞争结束前都要一直进行哈希运算，资源消耗较高。而众多参与节点中最终只会产生一名记账者，性能效率比较低。

2. PoS（权益证明）

权益证明指的是所有权证明，节点通过拥有的所有权证明获得产生新区块的权利。系统根据节点持有的所有权的数量和时间来等比例地降低挖矿难度，使得节点记账权的获得难度与节点持有的权益成反比。与工作量证明中所有机器的同等挖矿难度相比，该方法在一定程度上减少了数学运算难度和各节点的资源消耗，性能也有一定的提升。但由于在挖矿时仍是基于哈希运算竞争的方式，所以可监管性弱，共识机制容错性也和工作量证明基本相同。

3. DPoS（委任权益证明）

工作量证明与权益证明机制都能有效地解决记账行为的一致性共识问题，但在工作量证明中拥有巨大算力的一方容易成为中心，而在权益证明机制中所有权比例越大的账户拥有更大的权力。委任权益证明机制致力于解决 PoW 机制和 PoS 机制的不足。在委任权益证明机制中，可由区块链网络主体投票产生 N 个见证人来对区块进行签名，其根本特性是权益所有者保留了控制权从而使系统实现去中心化。通过信任少量诚信节点减少了确认要求，提高了交易速度。因此，其性能、资源消耗都要优于 PoS，其合规监管、容错性与 PoS 相似。

4. PBFT（实用拜占庭容错算法）

在 PBFT 算法中，不同的节点之间通过消息交换尝试达成共识，也是一种采用许可投票、少数服从多数来选举领导者进行记账的共识机制，可以实现出块即确认。同时该共识机制允许强监管节点参与，具备权限分级能力，性能更高，耗能更低。

（四）安全加密技术

确保交易不可篡改，无法抵赖和破坏，并且保护了用户隐私和交易记录的信息安全。

1. 哈希算法

哈希算法也叫数据摘要或散列算法，其原理是将一段信息映射成一个固定长度的二进制值，该二进制值称为哈希值。哈希值具有以下特点：

（1）若某两段信息相同，则它们经过哈希运算得到的哈希值也相同。

（2）若某两段信息不同，即使只是相差一个字符，它们产生的哈希值也会不同，且杂乱无章毫无关联。

要找到哈希值为同一值的两个不同输入，在计算上是不可能的，因此哈希值可以被用以检验数据的完整性，可以把给定数据的哈希值理解为该数据的"指纹信息"。在本质上，散列算法不是为了"加密"而是为了抽取"数据特征"。典型的哈希算法有 MD5、SHA1/SHA256 和 SM3 等。

2. 非对称加密算法

在区块链中使用非对称加密的公、私钥来构建节点间信任。非对称加密算法是一种基于密钥的信息加解密方法，需要两个密钥：公开密钥（PublicKey，简称"公钥"）和私有密钥（Private Key，简称"私钥"）。公钥可公开发布，用于发送方要加密发送的信息，私钥用于接收方解密接收到的加密内容。公钥和私钥是成对的，如果使用公钥对数据进行加密，则只有用对应的私钥才能解密。由于加密和解密使用的是不同的密钥，所以这种加密算法被称为非对称加密算法。由于公钥与私钥之间存在依存关系，只有持有私钥的用户本身才能解密该信息，任何未经授权的用户甚至信息的发送者都无法将此信息解密。常用的非对称加密算法有 RSA、ECC 以及 SM2 等。区块链使用非对称加密的公、私钥对来构建节点间的保密通信，保证节点的可信性及可验证性。

（五）智能合约

智能合约是指通过自动化脚本操作数据。区块链中的智能合约可视作一段部署在区块链上由事件驱动，具有状态的，获得多方承认的，可自动运行、无须人工干预，且能够根据预设条件自动处理资产的程序。从本质上讲，智能合约的工作原理类似于计算机程序中的 if-then 语句。当一个预先设定好的条件被触发时，智能合约便执行相应的条款程序。由于智能合约运行在图灵完备的虚拟机上，因此智能合约的具体条款可以根据应用场景由开发人员编写，其具体的技术细节又包括编程语言、编译器、虚拟机、事件、状态机、容错机制等。由于智能合约本质上是一段程序，存在出错的可能性，因此需要做好充分的容错机制，通过系统化的手段，结合运行环境隔离，确保合约的正确执行。

六、区块链技术在智慧旅游中的应用

随着区块链技术的发展，越来越多的机构开始重视并参与到区块链的技术与应用的探索中来，区块链的研究生态也从最初的比特币及以太坊等公有链项目的开源社区发展到各类型的区块链创业公司、风险投资基金、金融机构、科技企业、产业联盟、学术机构等。国内外在加密数字货币，智能合约，证券、资产管理，公证防伪，知识版权保护，医疗记录，产品供应链溯源，星际文件系统（IPFS）等多个应用领域使用区块链技术。

基于区块链产生的新技术新思维应当着眼于提升旅游服务体验，开发旅游新产品，维护旅游过程中涉及的各方利益，最终实现"旅游+区块链"融合发展，实现区块链技术在智慧旅游中的应用。

（一）数字身份管理

区块链具有身份认证功能，其可追溯、透明性、不可篡改性保证了区块中所有人身份、信息的真实性，可用于旅游中数字身份的管理。区块链系统中每个人的身份都真实可靠，游客在旅行途中无须重复认证身份，机票订购、住宿等环节管理机构也无须反复核实游客信息，为游客和管理人员节省了时间。

（二）诚信服务

以往各酒店、旅行社等为争夺游客，在网络平台上对本店服务做虚假评价，使游客无法获得真实的信息。防止信息造假、防止信息泄露与防止信息不对称是区块链技术的长项，区块链平台利用区块链信息不可篡改、公开透明的属性和智能合约的支持建立全新的诚信机制，一旦出现虚假信息，可追溯存证，任何不良行为都会被区块链记录，从而迫使旅游从业人员及相关旅游服务提供商诚信服务。旅游服务供应商将可以直接对接游客，游客可以通过以区块链技术为基础的旅游平台在线查询景区、订购门票等，通过区块链去中心化及信息不可篡改、多次复制、公开透明的特点保证区块链平台中的景区、门票信息的真实可靠性。同时，旅游服务供应商可以在消费者生态系统中，通过使用区块链智能合约，灵活、安全、高效地零费用操作跨境支付。

（三）数字藏品

数字藏品是使用区块链技术，对应特定的作品、艺术品生成的唯一数字凭证，在保护其数字版权的基础上，实现真实可信的数字化发行、购买、收藏和使用。"数字藏品"形式可以是区块链上的照片、声音、文字、视频、3D 建模等，具有唯一性、不可分割和稀有性数字作品，再通俗一点就是，给每一件物品都配上一个独一无二、不可篡改的身份证号。

Uniswap 一双袜子卖 16 万美元，推特创始人五个单词拍出 250 万美元，加密艺术家 Beeple 的数字作品"First 5 000 Days"在佳士得单一拍品网上以 6 900 万美元价格成交……这一切都让人觉得不可思议，毫无疑问，数字藏品形成了一种新的艺术消费方式。2021 年 10 月 23 日，支付宝小程序鲸探（原蚂蚁链粉丝粒）及腾讯旗下 NFT（Non-Fungible Tokens，中文常翻译为"不可同质化代币/不可替代代币"，是区块链的一个条目）发行平台"幻核"内页中，NFT 全部被改为数字藏品，这让我们看到了数字藏品的一片蓝海。

在"元宇宙"爆发的风口,景区、博物馆、企业、艺术家个人发售数字藏品已屡见不鲜。景区开发数字藏品,为景区文创产品提供了一种新的思路和可能性,不仅能够为景区品牌营销提供新的触点,更能突破时间、空间的限制,向更多线上消费者推介景区文化,形成一种全新的数字消费模式。当数字藏品和文旅融合后,一张图片、一首歌曲、一个吉祥物,甚至是一个头像都能成为承载美好回忆的重要载体,消费者也可以购买数字藏品装饰自己的虚拟空间。黄山风景区、成都金沙遗址博物馆、上海博物馆、大唐不夜城等都已经在"数字藏品"的开发方面走在了行业的前列。

第八节　人工智能技术

人类智能是自然界四大奥秘之一,是知识与智力的总和,知识是一切智能行为的基础,智力是获取知识并应用知识求解问题的能力。智能具有感知能力、记忆与思维能力、学习能力、行为能力等显著特征。人工智能就是用人工的方法在计算机上实现的智能。

一、人工智能的概念

1959 年,英国数学家、逻辑学家阿兰·麦席森·图灵(A. M. Turing)发表了一篇划时代的论文《计算机器与智能》(Computing Machinery and Intelligence),文中提出了人工智能领域著名的图灵测试——如果计算机能在 5 分钟内回答由人类测试者提出的一系列问题,且其超过 30% 的回答让测试者误认为是人类所答,则计算机就通过测试并可下结论为机器具有智能。

图灵测试回答了什么样的机器具有智能,奠定了人工智能的理论基础。1956 年夏季,由麦卡锡(John McCarthy)在美国达特茅斯学院(Dartmouth College)的研讨会上首次提出"人工智能"(Artificial Intelligence,AI)这个概念,并将人工智能定义为"创造具有智慧的机器的科学和工程",标志着人工智能学科的建立。自此之后,人工智能在机器学习、定理证明、模式识别、问题求解、专家系统、人工智能语言等方面进行了深入研究,并取得很多引人注目的成果,特别是 2016 年 3 月,谷歌公司 AlphaGo 以 4∶1 战胜韩国围棋手李世石后,掀起了人工智能科学技术理论和技术发展的高潮,目前,人工智能理论和技术日益成熟,应用领域不断扩大,已经被广泛应用于制造、家居、金融、交通、安防、医疗、物流、零售等各个领域,对人类社会的生产和生活产生了深远的影响。

人工智能是研究、开发用于模拟、延伸和扩展人的智能的理论、方法、技术及应用系统的一门新的技术科学,是计算机科学的一个分支,它探索人类智能的本质,并生产出一种新的能以与人类智能相似的方式做出反应的智能机器。

从不同角度来看,人工智能也有多种不同的解释。若从人工智能所实现的功能来定义,人工智能是智能机器所执行的通常与人类智能有关的功能,如判断、推理、证明、识别学习和问题求解等思维活动。若是从实用观点来看,人工智能是一门知识工程学,以知识为对象,研究知识的获取、知识的表示方法和知识的使用。从能力的角度看,人工智能是指用人工的方法在机器(计算机)上实现的智能。从学科的角度看,人工智能是一门研究如何构造智能机器或智能系统,使它能模拟、延伸和扩展人类智能的学科。所有说法均反映了人工智能的基本思想和基本内容:像人一样思考的系统,具有理智思维的系统;像人一样行动的系统，具有理智行为的系统。

比较简单的解释是，人工智能的一个主要目标是使机器能够胜任甚至超越一些通常需要人类智能才能完成的"复杂工作"。从20世纪50年代AI诞生至今，不同的时代、不同的人对这种"复杂工作"的理解是不同的。今天的携程、去哪儿、穷游、马蜂窝等在线旅游相关公司提供的是"信息工具"，即通过互联网为用户聚合了大量旅游信息，通过网络进行查询、比价、预订等复杂工作。去哪儿曾经推出了一款大数据预测类机票产品——智惠飞，这款产品采用了与AlphaGo类似的人工智能技术，可预测航班未来可能出现低价。

二、人工智能核心技术

人工智能技术研究如何让计算机去完成以往需要人的智力才能胜任的工作，也就是研究如何应用计算机来模拟人类某些智能行为的基本理论、方法和技术，涵盖语言的学习与处理、知识表现、智能搜索、推理、规划、机器学习、知识获取、组合调度问题、感知问题、模式识别、逻辑程序设计、软计算、不精确和不确定的管理、人工生命、神经网络、复杂系统、遗传算法、人类思维方式、机器的自主创造性思维能力的塑造与提升等多个技术领域。

（一）专家系统（Expert System）

专家系统是依靠人类专家已有的知识建立起来的知识系统，是一类具有专门领域内大量知识与经验的计算机智能程序系统。它采用人工智能中的推理技术，运用特定领域中专家提供的专门知识和经验来求解和模拟通常由专家才能解决的各种复杂问题，其水平可以达到甚至超过人类专家的水平。

专家系统的关键在于表达和运用专家知识。所谓专家知识，即来自人类专家的且已被证明能够解决某领域内的典型问题的有用的事实和过程。

不同领域与不同类型的专家系统，它们的体系结构和功能是有一定的差异的，但它们的组成基本一致。通常情况下，专家系统由人机交互界面、知识库及其管理系统、推理机、解释器、综合数据库及其管理系统、知识获取机构等六个部分组成，如图2-14所示。

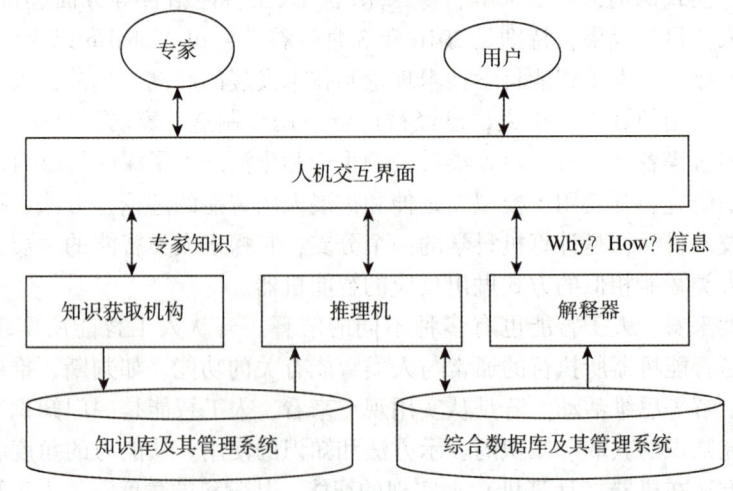

图2-14 典型专家系统结构

人机交互界面是系统与用户进行交流时的界面。通过该界面，用户输入基本信息，回答系统提出的相关问题。系统输出推理结果及相关的解释也是通过人机交互界面。

知识库是问题求解所需要的领域知识的集合，包括基本事实、规则和其他有关信息。知识的表示形式可以是多种多样的，包括框架、规则、语义网络，等等。知识库中的知识源于领域专家，是决定专家系统能力的关键，即知识库中知识的质量和数量决定着专家系统的质量水平。知识库是专家系统的核心组成部分。一般来说，专家系统中的知识库与专家系统程序是相互独立的，用户可以通过改变、完善知识库中的知识内容来提高专家系统的性能。

推理机是实施问题求解的核心执行机构，它实际上是对知识进行解释的程序，根据知识的语义，对按一定策略找到的知识进行解释执行，并把结果记录到动态库的适当空间中。推理机的程序与知识库的具体内容无关，即推理机和知识库是分离的，这是专家系统的重要特征。它的优点是对知识库的修改无须改动推理机，但是纯粹的形式推理会降低问题求解的效率。将推理机和知识库相结合也不失为一种可选方法。

知识获取机构负责建立、修改和扩充知识库，是专家系统中把问题求解的各种专门知识从人类专家的头脑中或其他知识源那里转换到知识库中的一个重要机构。知识获取可以是手工的，也可以采用半自动知识获取方法或自动知识获取方法。

综合数据库也称为动态库或工作存储器，是反映当前问题求解状态的集合，用于存放系统运行过程中所产生的所有信息，以及所需要的原始数据，包括用户输入的信息、推理的中间结果、推理过程的记录等。综合数据库中由各种事实、命题和关系组成的状态，既是推理机选用知识的依据，也是解释机制获得推理路径的来源。

解释器用于对求解过程做出说明，并回答用户的提问。两个最基本的问题是"Why"和"How"。解释机制涉及程序的透明性，它让用户理解程序正在做什么和为什么这样做，向用户提供了关于系统的一个认识窗口。在很多情况下，解释机制是非常重要的。为了回答"为什么"得到某个结论的询问，系统通常需要反向跟踪动态库中保存的推理路径，并把它翻译成用户能接受的自然语言表达方式。

与传统的计算机程序上不同，专家系统强调的是知识而不是方法，以知识库和推理机为中心而展开的，即专家系统 = 知识库 + 推理机。很多问题没有基于算法的解决方案，或算法方案太复杂，可以利用人类专家拥有丰富的知识，模拟专家的思维来解决问题。

（二）机器学习（Machine Learning）

人工智能从以"推理"为重点到以"知识"为重点，再到以"学习"为重点，是有一条自然、清晰的脉络。学习是一个有特定目的的知识获取过程，它的内部主要表现为新知识不断建构和修改，外部表现为性能的改善。机器学习的过程从本质上讲，就是学习系统把导师（或专家）提供的信息转换成能被系统理解并应用的形式的过程。机器学习在我们现实生活中的方方面面都会用到。机器学习应用在数据分析领域就是数据挖掘，比如识别垃圾邮件、购物网站的推荐系统等；机器学习应用在图像处理领域就是机器视觉，比如自动驾驶汽车、人脸识别等。

基于数据的机器学习是现代智能技术中的重要方法之一，研究从观测数据（样本）出发寻找规律，利用这些规律对未来数据或无法观测的数据进行预测。机器学习使用计算机模拟或实现人类的学习活动，是使机器具有智能的根本途径。机器学习系统如图2-15所示，通过获取知识、积累经验、发现规律，使系统性能得到改进，系统实现自我完善、自适应环境。

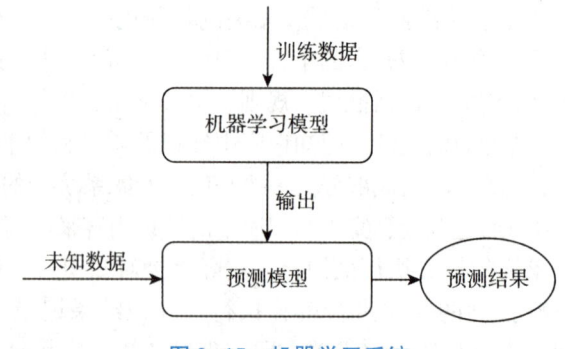

图 2-15　机器学习系统

几乎所有的机器学习系统都是由上述系统图所示组成，不同的是监督型的系统训练数据可能需要人工干预而非监督型的系统不需要人工干预，简单来说就是提供一批训练数据给这个机器学习模型进行学习，得到一个预测模型，然后用这个预测模型对新的未知数据进行预测。机器学习可以进一步细化为五个基本流程：

（1）搜集数据：收集训练模型所需要的数据，尽可能多地收集相关的数据。

（2）准备和清理数据：保证所收集数据的质量，处理一些数据的问题，如缺失值和极端值。

（3）训练模型：选择适当的算法来构建模型，将数据分为训练集、交叉集和测试集。

（4）评估模型：利用交叉集来评估模型的质量，利用测试集来评估模型的通用性。

（5）优化模型性能。

其中，模型的选择、评估和优化对于找出一个好的模型来说是十分必要的，机器学习在数据的基础上，通过算法构建出模型并对模型进行评估。评估的性能如果达到要求，就用该模型来测试其他数据；如果达不到要求，就调整算法来重新建立模型，再次进行评估。如此循环往复，最终获得满意的模型来处理其他数据。

现在非常热门的深度学习（Deep Learning）是机器学习的子类，它将大数据和无监督学习算法的分析相结合，它的应用通常围绕着庞大的未标记数据集展开。它的灵感源于人类大脑的工作方式，是利用深度神经网络来解决特征表达的一种学习过程。深度神经网络本身并非是一个全新的概念，可理解为包含多个隐含层的神经网络结构。为了提高深层神经网络的训练效果，人们对神经元的连接方法和激活函数等方面做出了调整。深度学习的目的在于建立、模拟人脑进行分析学习的神经网络，模仿人脑的机制来解释数据，如文本、图像、声音等。

（三）模式识别（Pattern Recognition）

模式识别是指对表征事物或现象的各种形式的（数值的、文字的和逻辑关系的）信息进行处理和分析，以对事物或现象进行描述、辨认、分类和解释的过程，是信息科学和人工智能的重要组成部分。

一个标准的模式识别流程，如图 2-16 所示。

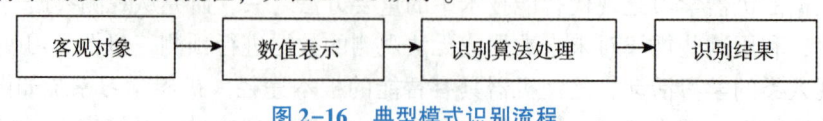

图 2-16　典型模式识别流程

首先，使用各种传感器把客观对象的各种物理变量转换为计算机可以接受的数字或符号集合，采集客观对象的信息特征，如指纹、人脸、语音等生物信息。依照采集生物信息特征源的不同，模式识别传感器有指纹采集器、人类采集摄像头、语音采集麦克风等。其次，对传感器采集信息进行消除噪声、排除不相干的信号以及与对象的性质和采用的识别方法密切相关的特征的计算以及必要的变换等操作处理，抽取出对识别有效的信息，实现特征数据的数值表示。再次，根据建立的模式识别模板，进行模式识别比对，即把模式识别特征采样的样板与模板相比较。最后输出识别的结果。

按模式识别信息的采集方式，可以把模式识别分为两类：

（1）直接采集生物信息特征的模式识别

直接采集生物信息特征的模式识别，如指纹、人脸、语音的生物信息特征模式识别。此类模式识别，只需要使用普通传感器就可以进行。

（2）间接采集生物信息特征的模式识别

间接采集生物信息特征的模式识别，如 DNA 图谱识别。此类模式识别，需要使用特别传感器，甚至还需要化验技术才可以进行。

（四）人工神经网络

人工神经网络是一种基于人脑与神经系统的研究启发，所开发的信息处理技术，具有人脑功能基本特性：学习、记忆和归纳。人脑的学习系统是由相互连接的神经元组成的异常复杂的网络，人工神经网络大体相似，也是由一系列简单的单元相互密集连接构成的。大脑中的单个神经元就是一个极其复杂的机器，即使在今天，我们也还不能理解它。而神经网络中的一个"神经元"只是一个极其简单的数学函数，它只能获取生物神经元复杂性中极小的一部分。

神经网络是基于生物大脑和神经系统中的神经连接结构的一系列机器学习算法的总和，在具体使用中通过反复调节神经网络中相互连接点之间的参数值来获得针对不同学习任务的最优和近似最优反馈值。整个神经网络包含一系列基本的神经元，通过权重（Weight）相互连接的节点层组成，单个节点被称为感知器（Perceptron）。在多层感知器（MLP）中，感知器按层级排布，层与层之间互相连接，如图 2-17 所示。在 MLP 中有三种类型的层，即输入层（Input-Layer）、隐藏层（Hidden-Layer）和输出层（Output-Layer）。输入层接收输入。而输出层是神经网络的决策层，可以包含一个分类列表或那些输入模式可以映射的输出信号。隐藏层提取输入数据中的显著特征，调整那些输入的权重，直到将神经网络的预测误差降至最小。隐藏层一般为 1~2 层，而深度神经网络具有大量隐藏层，有能力从数据中提取更加深层的特征。多层深度学习算法直接影响了神经网络的学习效率，好的学习算法可以有效降低神经网络的传递误差，加速收敛。

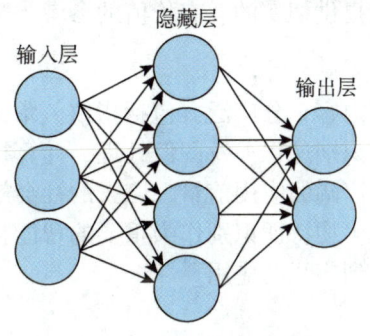

图 2-17 人工神经网络表示

人工神经网络以建立数值结构（含加权值的网络）来学习，通过"学习循环"，持续修正类神经网络神经元权重，使得输出值越来越接近真值。深度学习技术被广泛地使用在不同的系统中，包括基于 Nuance Communications（纽昂斯通信）技术的 Apple Siri 智能个人助手以及 Google 街景的地址识别系统。

人工神经网络所具有的学习能力，使它可以不依赖"专家"的头脑而自动从已有实验数据中总结规律。因此，人工神经网络擅长处理复杂多维的非线性问题，不仅可以解决定性问题，也可解决定量问题，同时还具有大规模并行处理和分布的信息存储能力，具有良好的自适应、自组织性以及很强的学习、联想、容错和较好的可靠性。

三、人工智能关键应用领域

（一）语音识别

在人工智能的各项领域中，自然语言处理是最为成熟的技术，由此引来各大企业纷纷进军布局。成熟化的语音产品将通过云平台和智能硬件平台快速实现商业化部署，其基于AI 智能语音技术所研发并推向市场的"轻松呼智能电话机器人"已得到了广泛应用，覆盖了网络电商、金融、房地产、广告、汽车、保险、教育等十几个行业领域。

（二）自然语言处理

实现人机间自然语言通信意味着要使计算机既能理解自然语言文本的意义，也能以自然语言文本来表达给定的意图、思想等。前者称为自然语言理解，后者称为自然语言生成。因此，自然语言处理大体包括了自然语言理解和自然语言生成两个部分。

（三）语音合成

语音合成，又称文语转换（Text to Speech）技术，能将任意文字信息实时转化为标准流畅的语音朗读出来，相当于给机器装上了人工嘴巴。它涉及声学、语言学、数字信号处理、计算机科学等多个学科技术，是中文信息处理领域的一项前沿技术，解决的主要问题就是如何将文字信息转化为可听的声音信息，即让机器也像人一样开口说话。

（四）知识图谱

知识图谱是通过将应用数学、图形学、信息可视化技术、信息科学等学科的理论、方法与计量学引文分析、共现分析等方法结合，并利用可视化的图谱形象地展示学科的核心结构、发展历史、前沿领域以及整体知识架构，达到多学科融合目的的现代理论。它把复杂的知识领域通过数据挖掘、信息处理、知识计量和图形绘制而显示出来，揭示知识领域的动态发展规律，为学科研究提供切实的、有价值的参考。

（五）生物特征识别

生物特征识别技术涉及的内容十分广泛，包括指纹、掌纹、人脸、虹膜、指静脉、声纹、步态等多种生物特征，其识别过程涉及图像处理、计算机视觉、语音识别、机器学习等多项技术。由于该技术具有广阔的应用前景、巨大的社会效益和经济效益，已引起各国的广泛关注和高度重视。目前生物特征识别作为重要的智能化身份认证技术，在金融、公共安全、教育、交通等领域得到广泛的应用。

（六）自动驾驶

自动驾驶主要由车辆本身、内部硬件（传感器、计算机等）以及用于做出驾驶决定的自动驾驶软件等三个子系统组成。车辆本身需由 OEM（原始设备制造商）认证；内部硬件也需在各种极端条件下充分测试其稳定性，达到车规级要求；自动驾驶软件方面，相关系统需经过百亿甚至千亿公里以上的测试来充分验证其安全性，据统计，人类司机平均每一亿公里发生致命事故 1~3 起，因此，自动驾驶技术要大规模地应用，其安全性上必须要优于人类司机驾驶，另外，大规模路测也是收集相关场景数据以便改进感知、决策等智能技术的必要手段。

四、人工智能产品

人工智能产品是指将人工智能领域的技术成果集成化、产品化。智能产品分类及典型产品示例如表 2-5 所示。

表 2-5　人工智能产品分类及典型产品示例

分类		典型产品示例
智能机器人	工业机器人	焊接机器人、喷涂机器人、搬运机器人、加工机器人、装配机器人、清洁机器人以及其他工业机器人
	个人/家用服务机器人	家政服务机器人、教育娱乐服务机器人、养老助残服务机器人、个人运输服务机器人、安防监控服务机器人
	公共服务机器人	酒店服务机器人、银行服务机器人、场馆服务机器人、餐饮服务机器人
	特种机器人	特种极限机器人、康复辅助机器人、农业（包括农林牧副渔）机器人、水下机器人、军用和警用机器人、电力机器人、石油化工机器人、矿业机器人、建筑机器人、物流机器人、安防机器人、清洁机器人、医疗服务机器人
智能运载工具	自动驾驶汽车、无人船	
	无人机	无人直升机、固定翼机、多旋翼飞行器、无人飞艇、无人伞翼机
智能终端	智能手机、车载智能终端	
	可穿戴终端	智能手表、智能耳机、智能眼镜
自然语言处理	机器翻译系统、机器阅读理解系统、问答系统、智能搜索系统	
计算机视觉	图像分析仪、视频监控系统	
生物特征识别	指纹识别系统；人脸识别系统；虹膜识别系统、指静脉识别系统；DNA、步态、掌纹、声纹等其他生物特征识别系统	
VR/AR	PC 端 VR、一体机 VR、移动端头显	
人机交互	语音交互产品	个人助理、语音助手、智能客服
	情感交互产品、体感交互产品、脑机交互产品	

随着制造强国、网络强国、数字中国建设进程的加快，在制造、家居、金融、交通、安防、医疗、物流等领域对人工智能技术和产品的需求将进一步释放，相关智能产品的种类和形态也将越来越丰富。

五、人工智能技术的智慧旅游应用

从信息化到智能化、用机器替代人工，这是任何行业的必然趋势，人工智能技术在智慧旅游体系中有着广泛的应用前景。游客在使用手机预订或者做旅游度假计划时，会使用地图导航、搜索餐厅、目的地活动和酒店等。旅游企业和品牌广告商在合适的时机，向游客展示与其搜索内容相关的个性化广告，以及运用动态展示广告和创意优化（DCO）更好地提升广告效果。携程已经在呼叫中心逐步应用人工智能技术，利用机器与客人沟通交流，帮助客人解决问题。北京新新人类机器人公司推出了五款酒店专用机器人——大堂迎宾机器人、酒店前台自助机器人、楼层运送物品机器人、客房交互机器人、大堂问询及翻译机器人，为酒店行业解决招人难、用人难、人工成本高的问题。

具体而言，人工智能技术在智慧旅游中的应用表现在以下几个方面：

（一）旅游信息的收集、搜索及推送

利用人工智能中的模式识别和自然语言处理技术收集旅游活动过程中的各种事物信息及图片、语言信息，然后利用智能推理中的搜索及计算机视觉功能对信息进行对比分析，最后通过数据挖掘和智能控制等手段将旅游信息准确传送给游客，以便游客制定个性化的旅游行程。

换句话讲，利用人工智能技术，对旅游目的地基本信息、游客目的地评价信息、游客个性化行程安排信息和游客旅途中交通服务信息等进行全面收集，然后对这些信息进行排名，在通过大数据分析掌握游客个性需求的基础上，根据游客具体情况，综合考虑最基础的机票、酒店信息及推荐原则，城市顺序及天数安排，景点及顺序，多种类型交通，商品方案组合，等等，在多个百万级别的分类数据里以毫秒级短时间向游客推荐最优方案。

另外，也可通过人工智能技术，向游客推送与游客所在地和其搜索活动相关度极高的广告服务信息，实现旅游的精准营销。

（二）旅游线路规划的智能化

在现实旅游活动中人们经常通过电子地图服务中的线路搜索功能，通过输入始发点和终点的方式来获得交通建议。但由于几十类旅行以及多种商品信息，例如机票、酒店、签证、保险、租车等，以及目的地相关信息，例如游记、交通、餐厅、景点、汇率等，存在天然的信息不对称。游客期待能有一站式解决方案，包括从上飞机出发到下飞机返回全过程，但如何选择最优方案变得较为棘手。现在随着人工智能技术的发展，旅游线路规划可以通过"穷游行程助手"等 App 自动生成。

（三）旅游解说系统的智能化

随着自然语言处理、模式识别等技术的不断发展，计算机可以更好地在知识层面理解信息，从而为游客提供基于知识的全面服务，其中其对旅游解说系统的促进作用最为明显。

首先，以自然语言处理和语音处理为基础的在线翻译、拍照翻译、语音翻译、增强现实翻译等多功能翻译软件，特别是移动语音翻译软件为大众出境旅游提供更多便利。在旅游过程中，游客打开手机，将摄像头对准那些不认识的外文路标、广告牌、指示语、菜单等实物时，有道翻译官、微信扫一扫等 App 几乎在同一时间，就可完成主动识别文字并进

行翻译，再利用增强现实技术将翻译出来的内容完全覆盖在原有文字上，其他场景则不会发生任何变化。

其次，自助导览程序会替代导游引导及讲解工作。如果使用人工智能，计算机不仅在知识层面的信息会广泛传播，而且为游客提供丰富的自助导览系统，同时会帮助游客选择当地人喜爱的餐馆、当地演出活动、商店营业时间、交通等诸多信息，通过计算机视觉和增强现实技术准确无误地进行导航和互动。

最后，利用智能语音技术，通过机器人智能语音与游客进行交流，为游客提供餐馆推荐、天气预报和设定提醒等服务。

（四）酒店服务方式的变革

随着专家系统、知识理解、自然语言处理等技术的不断进步发展，这些技术将改变旅游预订和呼叫系统。未来的呼叫中心、游客问答可以实现计算机第一界面和游客进行互动，允许游客通过自然的描述性语言来搜索或者问答，并通过游客位置信息、个性化偏好信息等，由系统为游客提供更准确的服务信息。

不断有酒店集团引入酒店机器人。从客人进入酒店大堂开始，迎宾机器人可以为客人推销办理会员卡、识别会员身份、接受问寻、前台引领等。接着是前台自助机器人，能够知道客人的身份并为客人提供自助办理入住、自助选房、移动支付、交付房卡等服务。客房机器人可以知道本房间客人的姓名、性别，主动向客人介绍酒店的优惠信息、酒店文化、客房功能等，并提供播放音乐、讲故事、播放新闻、叫早、电器灯光语音控制、逗趣、呼叫服务等等。送物品的机器人会根据指令，自行独立乘坐电梯到达指定楼层、找到指定房间，并向客房内的机器人发送信息，客房机器人提醒客人开门取物。

（五）游客数量预测，提高景区管理质量

预测是人工智能技术最重要的功能之一。目前，人工智能技术完全可以满足旅游目的地、旅游景区游客数量的预测功能。具体而言，可以使用的人工智能方法包括粗糙集方法、遗传算法、模糊时间序列、灰色理论、人工神经网络模型、三次多项式模型、支持向量回归等。通过这些方法结合计算机视角、模式识别等技术的自动监控系统可以智能分析区域范围内的游客数量、游客密度、游客空间分布特征以及景区饱和情况等，进而根据实际情况和模型预测做出合理的管理决策。

（六）旅游行政管理效能的提高

人工智能技术对信息的收集、对比和处理分析能力在旅游行政管理方面具有诸多优势。人工智能技术中的神经网络模型、智能调度等方法在旅游行业监管调度、突发事件预警，特别是结合物联网技术、云计算技术对于景区环境监测、森林火灾预警、区域旅游可持续发展意义重大，信息技术的全面进步对于提高旅游部门或旅游景区行政管理效能具有重要促进作用。

总之，旅游从业人员可以利用数据挖掘、机器学习、搜索等技术自动分析、展现旅游信息；利用自然语言处理、模式识别等技术实现自动翻译、自助导览、精准营销等服务；利用预测模型、推理技术进行旅游需求分析、决策等，为旅游监管部门提供更有效、准确的监管手段；结合其他技术可以为游客提供更真实的旅游体验。

第九节　地理信息系统和全球导航卫星系统、基于位置的服务

地理信息系统是一种专门用于采集、存储、管理、分析和表达空间数据的信息系统，它既是表达、模拟现实空间世界和进行空间数据处理分析的"工具"，也可看作人们用于解决空间问题的"资源"，同时还是一门关于空间信息处理分析的"科学技术"。地理信息系统是全球导航卫星系统、基于位置服务应用的基础。

地理信息系统是一种特定的十分重要的空间信息系统。它是在计算机硬件软件系统的支持下，对整个或部分地球表层空间中的有关地理分布数据进行采集、存储、管理、运算、分析、显示和描述的技术系统。

一、地理信息系统（Geographic Information System，GIS）

（一）地理信息系统的概念

1963年，加拿大学者R. Tomlison博士首先提出了地理信息系统这一概念，并开发出世界上第一个地理信息系统——加拿大地理信息系统（Canada Geographic Information System，CGIS）。加拿大土地统计局应用CGIS，使用1∶50 000比例尺收集存储土壤、农业、休闲、野生动物、水禽、林业和土地利用的地理信息，分析确定加拿大农村的土地能力。

地理信息系统中"地理"一词并不是狭义地指地理学，而是广义地指地理坐标参照系统中的空间数据、属性数据以及在此基础上得到的相关数据。地理信息系统是在计算机硬、软件系统支持下，对整个或部分地球表层（包括大气层）空间中的有关地理分布数据进行采集、储存、管理、运算、分析、显示和描述的技术系统。简单地说，地理信息系统是综合处理和分析地理空间数据的一种技术系统，是以测绘测量为基础，以数据库作为数据存储和使用的数据源，以计算机编程为平台的全球空间即时分析技术。地理信息系统处理、管理的对象是多种地理空间实体数据及其关系，包括空间定位数据、图形数据、遥感图像数据、属性数据等，用于分析和处理在一定地理区域内分布的各种现象和过程，解决复杂的规划、决策和管理问题。

地理信息系统有丰富的内涵，可以从以下几个方面来审视地理信息系统的含义：

① GIS的物理外壳是计算机化的技术系统，它又由若干个相互关联的子系统构成，如数据采集子系统、数据管理子系统、数据处理和分析子系统、图像处理子系统、数据产品输出子系统等，这些子系统的优劣、结构直接影响着GIS的硬件平台、功能、效率、数据处理的方式和产品输出的类型。

② GIS的操作对象是空间数据，即点、线、面、体这类有三维要素的地理实体。通常用"层"的概念来分别存储不同专题的空间信息数据，即每层存放一种专题或一类信息，并有一组对应的数据文件。各个图层可以单独操作也可以同时对几个图层一起操作。空间数据的最根本特点是每个数据都按统一的地理坐标进行编码，实现对其定位、定性和定量的描述，这是GIS区别于其他类型信息系统的根本标志，也是其技术难点之所在。

③ GIS 的技术优势在于它的数据综合、模拟与分析评价能力，可以得到常规方法或普通信息系统难以得到的重要信息，实现地理空间过程演化的模拟和预测。

④ GIS 与测绘学和地理学有着密切的关系。大地测量、工程测量、矿山测量、地籍测量、航空摄影测量和遥感技术为 GIS 中的空间实体提供各种不同比例尺和精度的定位数；电子速测仪、GPS 全球定位技术、解析或数字摄影测量工作站、遥感图像处理系统等现代测绘技术的使用，可直接、快速和自动地获取空间目标的数字信息，为 GIS 提供丰富和更为实时的信息源，并促使 GIS 向更高层次发展。

在国内外主要的 GIS 软件中，主要有国外的 ArcGIS、MapInfo，国产的 SuperMap、MapGIS、天地图等 GIS 平台。基于 ArcGIS API for Android 的移动 GIS 二次开发所提供的功能主要包括以下几方面：

①开发手机地图功能：地图服务、动态操作地图服务、导航与触屏操作、客户端要素图层、通过交互绘制几何对象等。

②查询和识别功能：空间要素、属性要素的查询与识别等。

③几何对象操作与地理处理：几何对象的操作、地理处理服务等。

④要素编辑：属性编辑、几何编辑等。

基于 ArcGIS API for Android 的移动 GIS 二次开发的旅游信息服务应用涉及的关键技术有多样地图数据的加载技术和离线旅游信息数据存储与加载技术。

（二）地理信息系统关键的应用领域

作为地理学、地质学、地图学和测量学等传统科学与遥感和航测技术、全球定位系统、计算机科学等现代科学技术相结合的产物，GIS 正逐渐发展成为处理空间数据的多学科综合应用技术，广泛应用于资源调查、环境评估、灾害预测、国土管理、城市规划、邮电通信、交通运输、军事公安、水利电力、公共设施管理、农林牧业、统计、商业金融等几乎所有领域。

1. 资源管理

GIS 主要应用于农业和林业领域，解决农业和林业领域各种资源（如土地、森林、草场）的分布、分级、统计、制图等问题。

2. 资源配置

城市中各种公用设施，救灾减灾中物资的分配，以及全国范围内能源保障、粮食供应等机构在各地的配置等都是资源配置问题。GIS 在这类应用中的目标是保证资源的最合理配置和发挥最大效益。

3. 城市规划和管理

空间规划是 GIS 的一个重要应用领域，城市规划和管理是其中的主要内容。例如，在大规模城市基础设施建设中如何保证绿地的比例和合理分布，如何保证学校、公共设施、运动场所、服务设施等能够有最大的服务面（城市资源配置问题）等。

4. 土地信息系统和地籍管理

土地和地籍管理涉及土地使用性质变化、地块轮廓变化、地籍权属关系变化等许多内容，借助 GIS 技术可以高效、高质量地完成这些工作。

5. 地学研究与应用

地形分析、流域分析、土地利用研究、经济地理研究、空间决策支持、空间统计分析、制图等都可以借助地理信息系统工具来完成。

6. 商业与市场

商业设施的建立充分考虑其市场潜力。例如，大型商场的建立需要考虑其他商场的分布、待建区周围居民区的分布和人数、待建区的人口结构及消费水平等，地理信息系统的空间分析和数据库功能可以解决这些问题。房地产开发和销售过程中也可以利用 GIS 功能进行决策和分析。

7. 基础设施管理

城市的地上地下基础设施（电信、自来水、道路交通、天然气管线、排污设施、电力设施等）广泛分布于城市的各个角落，且这些设施明显具有地理参照特征。它们的管理、统计、汇总都可以借助 GIS 完成，而且可以大大提高工作效率。

二、全球导航卫星系统（Global Navigation Satellite System，GNSS）

1957 年 10 月 4 日，苏联成功发射了人类历史上第一颗人造卫星史伯尼克（Sputmik）。经过 60 余年的发展，导航卫星已广泛应用于陆地、海洋、天空和太空的各类军事及民用领域中，与国家安全、社会经济发展息息相关，成为一项基础性战略设施。除世界四大 GNSS 系统：美国 GPS、中国 BDS、欧洲 Galileo 和俄罗斯 GLONASS 外，其他各国也在积极筹备组建自己的导航卫星系统，如日本的准天顶卫星系统（Quasi-Zenith Satellite System，QZSS）、印度区域导航卫星系统（Indian Regional Navigation Satellite System，IRNSS）等。

（一）GNSS 定义

国际民航组织（International Civil Aviation Organization，ICAO）提出了 GNSS 的概念。GNSS 是一个由无线电导航卫星组成的服务全球的无线电导航系统。从工作原理上来讲，GNSS 是以人造卫星作为导航平台的星基无线电导航系统，它利用卫星发射的无线电信号，由用户自主完成非询问应答式的连续高精度定时、空间（三维）定位及运动速度矢量确定的，并提供全球服务的无线电导航系统。

GNSS 定位、测速性能是连续的，适合于运动用户的动态性能，用户范围包括地球上或近地空间任一点上的航天、航空、航海及地面用户。GNSS 还可以根据用户指定的航行目的地，连续获得航向、航速、偏航差等航行参数，并根据目前的位置与航速估计到达目的地的路程和时间。

如今的 GNSS，已经具备提供全方位、全天候、高精度、高速率定位导航服务的能力。

（二）GNSS 基本架构

不同的 GNSS 虽然具有不同的特征参数和性能，但所有的 GNSS 都由如图 2-18 所示的三大结构组成：空间卫星星座部分、地面监控部分以及用户设备部分。

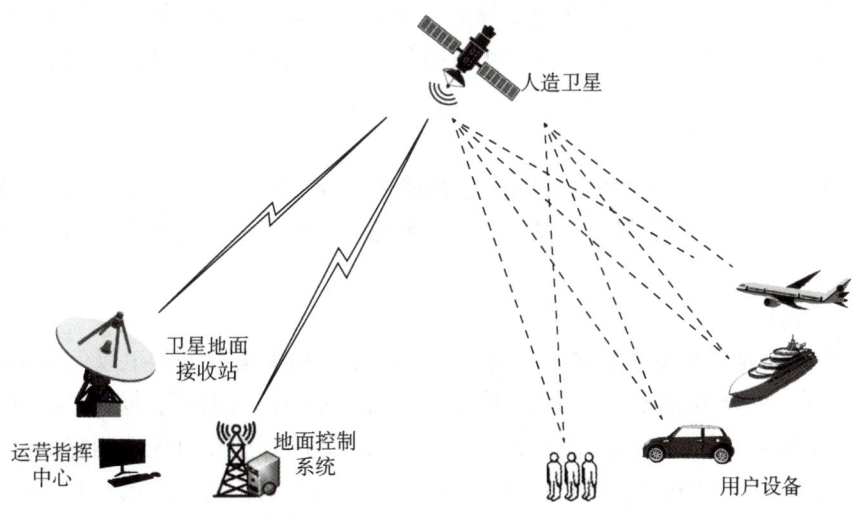

图 2-18　GNSS 基本架构

1. 空间卫星星座

空间卫星星座部分主要包括工作卫星和备用卫星，负责持续向地球发射导航信号。GNSS 空间卫星星座一般由 24～30 颗运行在距离地面 20 000 km 左右轨道面上的卫星组成，其中包括工作卫星和备用卫星，在工作卫星出现故障或到达使用年限等异常情况时，备用卫星可随时启用，保障整个卫星导航系统持续正常运行。一个空间点的位置的确定需要三维坐标，因此，理论上地面用户只需要观测到 3 颗卫星，通过计算出地面用户与这三颗卫星的距离就能计算出其所处的位置。然而事实上，由于卫星信号是通过空间传播，哪怕是微小的信号时间差也会导致测量存在较大偏差，因此需要第 4 颗卫星来纠正接收机钟识差。

人造卫星在 GNSS 中的主要功能和作用有以下几方面：

①接收并储存由地面监控站发来的导航信息。

②接收并执行由地面监控站发来的控制指令，进行相关的数据处理，实现运行偏差的校准、备用卫星的启用等。

③持续向地球发送导航信息，为海、陆、空、天的用户提供定位服务。

④提供精准的时间信息。

我国北斗系统（BSD）于 2000 年年底建成北斗一号系统，向中国提供服务；于 2012 年年底建成北斗二号系统，向亚太地区提供服务；2020 年 6 月 30 日，中国北斗三号最后一颗全球组网卫星于下午成功定点于距离地球 36 000 km 的地球同步轨道，至此我国北斗三号全球卫星导航系统组网完成，向全球提供服务。北斗三号全球卫星导航系统由 24 颗中圆地球轨道、3 颗地球静止轨道和 3 颗倾斜地球同步轨道，共 30 颗卫星组成。

2. 地面监控

地面监控部分由主控站、监测站、地面天线和通信辅助系统（注入站，将导航电文和控制命令播发给卫星）组成，主要实现的功能有：通过监视整个卫星星座的运行，测量它们发射的信号；计算各颗卫星的时钟误差，以确保卫星时钟与系统时间同步；计算各颗卫星的轨道运行参数；计算大气层延时等导航电文中所包含的各项参数；更新卫星导航电文数据，并将其上传给卫星；监视卫星发生故障与否，发送调整卫星轨道的控制命令；启动备用卫星，安排发射新卫星等事宜。

（1）主控站

GNSS 主控站是导航卫星系统地面信息处理和运行控制的中心，导航卫星系统一般有一个主控站即可满足要求，基于安全等方面因素考虑，也可有备份的主控站。BDS 的主控站位于北京。

（2）监测站

GNSS 监测站是指导航卫星系统中对卫星实施监测和采集数据的卫星信号接收站。根据任务的不同，可分为时间同步与轨道确定监测站和完好性监测站。每个导航卫星系统都设有数量不等的监测站，各监测站配备有精密的原子时间标准和可连续测定所有可见卫星伪距的接收机，采用电离层和气象参数对测得的伪距进行改正后，生成具有一定时间间隔的数据并发送到主控站。为实现高精度和强实时性，要求监测站尽可能在全球均匀分布，以实现对导航卫星的全弧段跟踪。

（3）地面天线

在监测站的同址上安置了专用的地面天线。地面天线配置了将命令和数据发送到卫星并接收卫星的遥测数据和测距数据的设备。地面天线的所有操作都在主控站的控制下进行。

（4）注入站

注入站是指向在轨运行的导航卫星注入导航电文和控制指令的地面无线电发射站。注入站接收主控站送来的导航电文和卫星控制指令，在主控站的控制下，经射频链路上行发送给各导航卫星。中国 BDS 的注入站有 3 个，分别位于北京、喀什和三亚，其中北京站与主控站并址。

3. 用户设备

用户设备部分为各种型号的接收机及其天线等配套设备，负责解析人造卫星发送的导航电文，并实时计算出其所处位置、速度和时间等数据。

用户设备部分即导航信号接收机。其主要功能是能够捕获到卫星，并跟踪这些卫星的运行。当接收机捕获到跟踪的卫星信号后，即可测量出接收天线至卫星的伪距离和距离的变化率，解调出卫星轨道参数等数据。根据这些数据，接收机中的微处理计算机就可按一定的算法计算出用户所在地理位置的经纬度、高度、速度、时间等信息。

卫星信号接收机有各种类型，有用于航天、航空、航海的机载导航型接收机，也有用于精密大地测量和精密工程测量的测地型接收机，也有普通大众使用的车载、手持型接收机。接收设备也可嵌入其他设备中构成组合型导航定位设备，如导航手机、导航相机等。

三、基于位置的服务（Location Based Service，LBS）

基于位置的服务是指通过电信移动运营商的无线电通信网络或外部定位方式，获取移动终端用户的位置信息，在地理信息系统平台的支持下，使用地理信息为移动终端使用者提供相应服务的一种增值服务。

(一) LBS 定义

LBS 借助互联网或无线网络，在固定用户或移动用户之间，完成定位和服务两大功能。LBS 有两层含义：首先是定位，确定移动设备或用户所在的地理位置；其次是信息服务，提供与位置相关的各类信息服务。

与云计算、大数据和物联网一样，LBS 已经渗透到人类生活的方方面面，一切服务都在基于位置。人们的逛街购物、娱乐游戏、工作学习、旅游出行、健康医疗、教育学习，均与地理位置紧密结合起来。

(二) 典型 LBS 系统框架

一个完整的 LBS 系统包含如下几个部分：位置服务平台、内容及地图服务平台、通信网络、移动信息终端等，如图 2-19 所示。

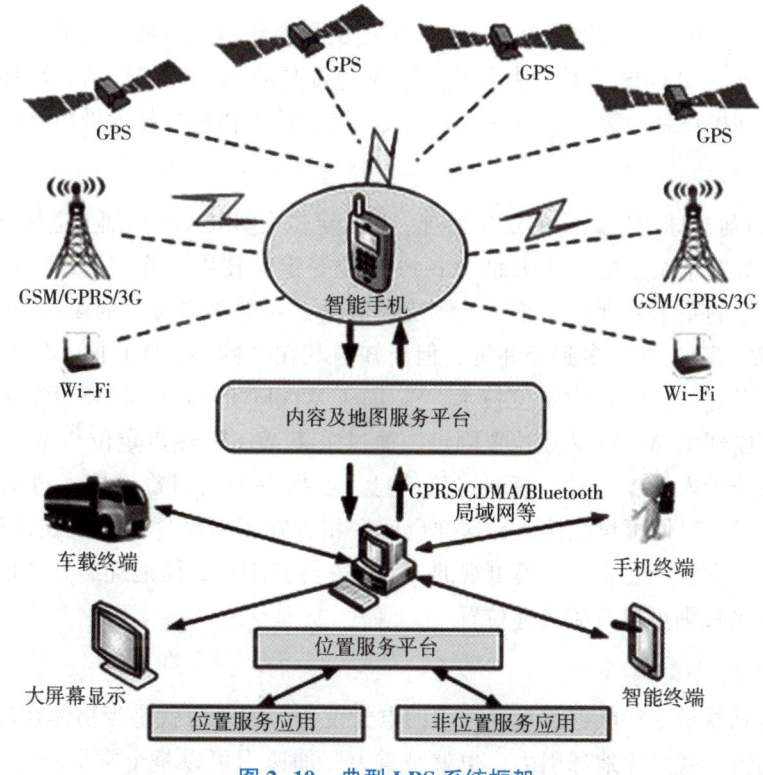

图 2-19 典型 LBS 系统框架

1. 位置服务平台

从定位设备获取定位信息，并将定位信息与其他相关信息（如地理信息）相结合提供一种基于位置的综合信息。对接入的服务提供商进行管理；同时，还包含计费包的计算等非位置服务应用。位置服务平台是整个定位信息服务的一个关键环节。

2. 内容及地图服务平台

主要包含空间数据库、黄页数据库、交通数据库等其他数据库。它主要为定位信息服务提供与位置相关的信息内容，包含地图、地名、地址、交通路况等各个方面的信息，是整个定位信息服务的主体内容。

3. 通信网络

通信网络由移动通信网络和计算机网络结合而成，两个网络之间通过网关实现交互，移动通信网络主要是移动信息终端与服务中心的连接链路，它可以是 GSM、CDPD、GPRS、CDMA、3G、4G、5G、Wi-Fi 等通信网络。它是定位信息服务的信息载体与通道，同时也是移动定位的关键组成部分。

4. 移动信息终端

各种能接入移动通信网络当中的信息终端，包括移动电话、个人数字助理（Personal Digital Assistant，PDA）、手持计算机（Pocket PC）、车载终端等，也可以是通过 Internet 通信的台式计算机（Desktop PC）。

（三）LBS 系统的关键技术

LBS 系统建立在 GIS 基础平台之上，提供定位和服务两个方面的功能，其所涉及的技术范围非常广泛，如 GPS 定位、基站定位、加速度传感器、网络通信、增强现实、地理坐标转换、移动操作系统等，下面只对定位技术和加速度传感器技术做简单介绍。

1. 定位技术

GNSS 是目前全球应用最广的定位系统。LBS 定位在 GNSS 的基础上适用于不同的信号环境，还采用蜂窝基站定位、Skyhook Wi-Fi 定位等定位技术。蜂窝基站定位技术定位不是非常精确，它的基本原理是：通过天线发送信号，寻求离它最近的 4~5 个基站，并定位。GNSS 和基站定位都最多到经纬度，但要知道其在哪幢楼、哪层楼、哪个房间，目前相对靠谱的技术是 Wi-Fi 室内定位技术。Skyhook Wi-Fi 是 Skyhook 公司发布的信息定位服务，其基本原理是 Wi-Fi 热点位置固定，通过采集 Wi-Fi 热点定位与 Wi-Fi 热点 MAC 地址绑定，系统接入无线信号，获取定位信息。如果一个用户曾经接入过某个 Wi-Fi 热点，当它再次经过时便可再次接入，这样也就变相告知了商家"我出现在这里"。一些互联网公司和运营商已经建立了规模可观的"Wi-Fi 热点 ID-具体地址"这样的数据库，通过 Wi-Fi 热点名称则可以查到具体位置。

2. 加速度传感器技术

加速度传感器是一种能够测量加速力的电子设备。加速力就是当物体在加速过程中作用在物体上的力，就好比地球引力，也就是重力。加速力可以是个常量，比如 g，也可以是变量。通过测量由于重力引起的加速度，可以计算出设备相对于水平面的倾斜角度；通过分析动态加速度，可以分析出设备移动的方式。

在一些特殊的场合和地貌，如隧道、高楼林立、丛林地带，GPS 信号会变弱甚至完全消失，这也就是所谓的死角。而通过加装加速度传感器及通用的惯性导航，便可以进行系统死区的测量。对加速度传感器进行一次积分，就变成了单位时间里的速度变化量，从而测出在死区内物体的移动。

如在智能手机中广泛内置的三轴陀螺仪，可以测定在空间坐标系三个方向轴上的加速度分量，进而通过三个方向的加速度积分计算出三维速度和位置，让移动设备知道自己"在哪儿和去哪儿"！

四、地理信息系统和全球导航卫星系统、基于位置的服务在旅游业中的应用

旅游业和地理位置有极其密切的关系，旅游景点的分布、旅游服务设施的位置、道路信息等都基于相应的地理坐标和属性。在旅游领域采用 GIS 技术、GNSS、LBS 技术，是旅游业发展的必然需要。

（一）旅游地理信息系统（Travel Geographic Information System，TGIS）

GIS 的可视化地图、空间数据库、空间分析工具以及辅助决策等技术手段，为纷繁复杂的旅游信息处理和应用提供了新的技术手段。GIS 在旅游中的应用主要是将电子地图、WebGIS 等技术相结合，建立旅游地理信息系统，用来呈现旅游资源，满足用户（游客及行业管理者）对旅游信息数据直观性、生动性和丰富性的特殊要求，便捷实现旅游咨询、智能导游、旅游信息分析、旅游管理等辅助决策功能。TGIS 可以对地图进行分层显示，对道路、行政区划、重要景点、宾馆酒店、餐馆等多个图层进行叠加。此外，有的 TGIS 还提供了地图漫游功能和鹰眼功能，可用鼠标来拖拽移动地图。如图 2-20 所示的 2014 青岛世界园艺博览会地理信息综合管理平台，旅游管理者通过该平台可以清楚地观测到园区游客的分布状态，为旅游组织管理提供基本决策依据。

图 2-20　2014 青岛世界园艺博览会地理信息综合管理平台

TGIS 一般具有以下功能：

1. 旅游景点简介

旅游景点的历史概况、地理位置等资料，包括图片、图像等其他多媒体信息，旅游景点的几大优势，旅游公告。

2. 地图检索

在地图上选择旅游景区或公交站可进入相应页面，为游客提供每个公交站通过的公交汽车、地铁等的发车时间等信息；也可根据游客的查询条件搜索出公交线路，游客可根据自身状况选择最优路线。

3. 旅游信息查询

主要介绍旅游景区及营业时间、宾馆、餐馆、购物地区。例如，游客到某一地区游玩

的同时，还想买一些当地土特产馈赠给亲朋好友。当地哪条街哪个店的东西物美价廉？什么地方购物环境好又有特色？这些都是就购物来说最独特的信息。

4. 旅游资源评价

利用 GIS 和遥感图像的波谱特性，建立相应的解译标志，用目视解译方法在遥感地图上识别不同的旅游资源；对各种不同的旅游资源进行分类，从而清查旅游资源的数量及其分布。

5. 旅游规划

GIS 具有数据存储、处理和管理功能，该功能可以为旅游规划提供基础数据支持。同时，GIS 还具有空间分析功能，利用 GIS 的拓扑叠加功能，通过环境层（地形、地质、气候、交通等）与旅游资源评价图叠加来分析优先规划开发区域。此外，GIS 具有制图功能，利用 GIS 软件可以绘制各种地图，如旅游资源分布图、旅游规划图等。

总之，在计算机硬、软件支持下，TGIS 充分利用 GIS、GNSS、RS、可视化等技术手段，以旅游地理信息数据库为基础，综合地、动态地获取、存储、管理、分析和应用旅游地理信息，为公众、游客和经营者、管理者提供服务。

（二）基于位置的信息服务

近年来，游客出行已经离不开 GNSS、LBS 服务了，该技术与旅游业的深度融合机制随着游客需求的增加而不断完善，如导航需求、查询需求、互动需求等，旅游的许多应用系统基本都结合了 GNSS、LBS 技术，实现了旅游中的信息主动推送服务、智能引导服务、智能安全服务等新的服务业态。同时，智慧旅游的建设中，在游客疏导、资源管理、承载量控制、导览管理、安全管理等管理服务领域，提出了精细化、精准化的更高要求，定位服务和定位管理随着应用系统智能化需求的增加也不断完善。

1. 景区智能信息推介服务建设

景区将附近的旅游资源按照"食、住、行、游、购、娱"六要素进行总结分类，将分类信息传输至数据库当中，当游客进入景区辐射区域内后，通过 GNSS 定位配合 3D 地图，向游客发送旅游即时定位信息。游客通常会设定自己的兴趣点，数据库就可以按照游客设定的兴趣点提供相应的服务信息，如智能交通建设，自驾游客常将道路交通情况、加油站位置、附近餐饮等设为兴趣点。这样景区可以通过 GNSS 对游客进行定位，辅助以网络地图，向游客提供道路前方的交通拥堵情况、加油站位置、附近饭店等信息，方便游客自行选择所需信息。

2. 景区智能引导建设

景区通过向每位游客发放带有 RFID 标签的导览设备或者利用游客手中连接互联网的智能移动终端设备来统计在每个景点的游客人数、正在排队的人数等信息。将这些信息输送到游客手中的智能移动设备或智能导览设备当中，游客通过 GNSS 定位获得自己所在的位置，然后通过及时更新的"景点游客信息"，利用网络地图来设计游览的景点顺序、游览时间，得知卫生间位置、求救中心位置等，实现景区内旅游资源的优化配置和最大限度满足游客游览的个性化需求。

3. 智能应急处理建设

景区要完善应急处理系统，使游客在走失或遇到危险时可以通过携带的智能设备和导览设备通过 GNSS 技术定位及时确定所在位置，并将位置信息及时发送到景区危机处理管理处，管理处随即通知附近的救护人员配置带 GNSS 的终端设备第一时间前往现场救护。景区游客密集，对保障游客安全有更高的要求，因此需要在景点附近利用 RFID 射频识别技术进行严格的安全检查，防止有人携带危险物进入景区。另外，可以通过 GNSS 定位的全方位检测来预防各种事故的发生。

4. 智能监控建设

实行景区客流监控，对每个游客发放带有 RFID 标签的一卡通，或利用其联网的终端设备，使用 GNSS 定位技术采集 RFID 标签的位置和时间信息，从而获得详细客流数据，为景区管理决策提供信息帮助。对旅游资源进行监控，利用 GNSS 定位技术并结合 RFID、红外感应器、激光扫描等技术对旅游资源的温度、负重程度、色泽度等各个方面进行检测，使得景区管理者可以对有需要的资源及时进行维护，对于已经受到损害的旅游资源，可以直接将检测到的相关信息传送到互联网上进行分析，从而获取相对具有科学依据的解决办法。设置在景点附近的识别系统及预警系统可以向试图破坏旅游资源的游客发出警告。

案 例

美国迪士尼如何玩转智慧景区？

作为全球主题公园标杆，美国迪士尼乐园服务的出发点和归宿都是为了实现每位游客的快乐梦想，而每位游客的快乐梦想是在服务人员的共同帮助下完成和创造的，它的核心目标是支持以游客为中心的参与性体验模式和与高科技完美结合的管理制度及营销体系。

美国迪士尼乐园官方推出的网站和 App 不仅为游客提供了线上线下的便利服务和丰富的游园信息，更为游客创造了一种新的个性化体验模式。美国迪士尼乐园官方网站和 Apps 分别有两款，一款是 Disneyland（迪士尼乐园）和 My Disney Experience（我的迪士尼之旅）。Disneyland 的应用范围主要是美国加州迪士尼主题度假区，涵盖迪士尼乐园、加州探险乐园和 3 间度假酒店；My Disney Experience 专用于美国奥兰多迪士尼世界，奥兰多迪士尼世界由 4 个主题公园、2 个水上公园、31 个度假式酒店、3 个其他景点（迪士尼温泉、迪士尼大道、ESPN 世界运动中心）组成。面对如此庞大而繁复的产品组合，不论线上还是移动应用程序，都十分明确地以游客为核心关注对象，运用最简洁的图文语言，做到视觉统一、操作简便，同时在功能、信息层面实现高度集成。

迪士尼乐园 App 的应用模块和功能基本可归纳为七个方面：票务系统、公园地图、度假酒店、游乐项目、卡通形象定位、节事活动、专项服务等，可以实现游客一站式购票入园、园内定位、交通信息查询、游乐项目排队、经典卡通形象合影信息推送、各类优惠信息及节事临时变动信息获取等，实时为游客提供有效服务，使公司在可控条件下为游客创造舒适的游园环境，进而提高游客的满意度。

1. "游前"阶段

这一阶段主要是解决游客的四类主要问题：怎么买票？住哪儿？玩什么？服务有哪些？迪士尼非常鼓励游客在出行前就有一个相对完整的行程规划，能够提前熟悉各个乐园的位置布局、热门项目、游客服务设施和各类工具的使用规则。简洁直接的功能设置一方面切中了游客最为核心关切的问题，将信息和需求的匹配变得更为容易；另一方面也为运营方在人流控制、房间分配、餐位分配等海量数据处理工作中获得了提前处理的时间优势，减轻了现场服务的压力。

2. "游中"阶段

首先将游客定位于乐园内三个主要应用场景，即景点、餐饮、演出。如果游客事先功课没有做全，也不必慌张，可以先在App上定位自己所在的园区，接着就能看到关于每个景点、每处餐馆、每场演出的具体信息，让游客获取最有效的信息。游客在了解和选择场景后，核心体验环节最关心和最需要的服务又是什么呢？迪士尼认为最主要的是三件事：排队、订餐和留影。其中，热门游乐项目的资源最为紧张，排队时间的长短直接影响了游客满意度。在这一环节，迪士尼最具特色的做法就是FastPass+（快速通过）系统。在有FP+标记的项目入口处，会设有两条通道，一条普通通道，一条快速通道。游客可以根据自己的安排在热门项目处提前获得FP+卡片，上面注明了往返时间，只要在规定的时间段内前往，就可以由快速通道直接进入，免去排队之苦，好玩的项目可以多玩几次。这一系统被广泛应用在了全球的迪士尼乐园中。

3. "游后"阶段

迪士尼创造了Memory Maker（回忆存储盒），在标志性的景点、热门骑乘项目、主题特色餐厅、迪士尼经典角色、各类巡游和演出的地点都配备了职业摄影师，将每位或者每组游客的美好瞬间定格在镜头前，摄影师扫描手机二维码，并将照片上传至Memory Maker个人账户。在"游后"阶段，游客付费购买后，可以下载Memory Maker中自己在乐园所有摄影设备里留下的照片和影像资料，并将喜欢的照片自己动手制作成T恤、手机壳或其他纪念品，成为独一无二的专属留念。

有了软件内容上的串联载体，如何利用技术进一步打通各项壁垒，为游客提供一个更为有计划性、更为畅通无阻的环境呢？在奥兰多的迪士尼世界，采用了一套名为My Magic+的游客服务系统，整合了网站、手机应用和Magic Bands智能腕带，通过这三部分的协调工作，来实现对游客在迪士尼乐园中的动态监测，帮助乐园在完善游客体验全过程闭环的基础上，实现从大众化服务到定制化服务的提升。

Magic Bands内置了无线射频识别芯片，能够在游客访问迪士尼乐园之前送往游客家中，并能够被重复使用，提前数月就能够通过网站或智能手机上的My Disney Experience应用进行各种预订操作。而制订好个人迪士尼世界游玩计划的游客会被提前显示在My Magic+系统中。抵达现场后，游客直接使用Magic Bands就能最大程度上减少通关的麻烦，不用为购买门票、预订酒店、餐厅这些细节而浪费精力；可以发现园区内最感兴趣的项目，安排好游玩路线；可以方便地获得FP+快速通过卡片。而乐园方面可以借助Magic Bands收集游客在My Disney Experience App中主动提交的智能数据进行分析和调配，决策何时增加更多员工、餐厅应该提供何种食物、何种纪念品更受欢迎以及到底需要多少身着卡通人物服装的员工在主题公园内循环表演。而有关游客喜好的数据还可以被用来向游客发送电子邮件或文本信息,以提醒他们餐厅菜单的变更情况或某个游玩项目突然开放临时排队窗口等紧急情况。

迪士尼景区通过智能硬件的建设投入和基础数据有效处理应用,将快速入园、快速支付、排队系统、地图导航、导游导览、交通服务、餐饮预约、游客服务、实时分享、个人信息云存储等功能集于一身,游客体验、游客服务、园区管理已经与高科技完美结合,成为智慧主题公园的典范。

复习思考

一、名词解释

移动互联网:

物联网:

云计算:

人机交互技术:

VR:

区块链:

人工智能:

LBS:

二、单项选择题

1. 移动互联网具有很多自己的特点,下列不属于移动互联网特点的是(　　)。
   A. 互动性　　　　　　　　　　B. 便利性
   C. 隐私性　　　　　　　　　　D. 个性化

2. 关于 Web 1.0、Web 2.0、Web 3.0,下面说法正确的是(　　)。
   A. Web 1.0 时代是以互动分享为主要特点
   B. Web 2.0 时代主要解决了信息获取的问题
   C. Web 3.0 时代出现了 UGC
   D. Web 2.0 时代最具创新性的一项服务是 SNS

3. 物联网技术体系的构成是(　　)。
   A. 传感网技术、通信与网络技术、信息处理与服务技术
   B. 感知与识别技术、通信与网络技术、信息处理与服务技术
   C. 感知与识别技术、无线网络与移动通信技术、信息处理与服务技术
   D. 感知与 RFID 技术、通信与网络技术、云计算技术

4. 按照资源共享的层次划分,云计算的服务模式不包括(　　)。
   A. 平台及服务　　　　　　　　B. 公有云服务
   C. 基础设施即服务　　　　　　D. 云软件服务

5. 一个典型的虚拟现实系统主要由(　　)组成。
   A. 虚拟世界、虚拟现实软件、输入设备和输出设备

B. 虚拟世界、计算机、输出设备

C. 虚拟世界、计算机、虚拟现实软件、输入设备和输出设备

D. 计算机、虚拟现实软件、输入设备和输出设备

三、简答题

1. 常用的智能终端有哪些？它们常用的操作系统的种类有哪些？
2. 简述 Web 1.0、Web 2.0、Web 3.0 的区别。
3. 简述虚拟旅游的应用方向。
4. 什么是 LBS？LBS 的含义是什么？

四、论述题

1. 物联网技术在智慧旅游中发挥的作用是什么？
2. 论述云计算的服务模式。

实训任务

2021 年 3 月 17 日，网经社（100EC.CN）发布《2021 年 3 月 App Store 中国免费榜（旅游）TOP100》，该榜单是基于 iPhone 终端的下载量数据编制而成，数据截至 3 月 17 日 11 时。其中入围该榜 TOP10 的分别是：哈啰出行、携程旅行、滴滴出行、铁路 12306、去哪儿旅行、花小猪打车、飞猪旅行、同程旅行、滴滴车主、嘀嗒出行。在手机上下载安装对应的 App 使用，通过搜索引擎等工具查找信息，了解其中一类 App 的开发营运公司基本状况、行业地位、发展历程、主营业务，分析 App 的应用领域、同类 App、自身的特色与优势（S）、劣势（W）、新的市场机遇（O）、面临的威胁（T），从个人理解的角度给出 App 未来的技术发展、商业发展方向，形成 2 000 字以上的调查报告。

第三章　智慧旅游建设实践

学习目标

1. 了解我国智慧旅游建设标准的发展和成就。
2. 掌握智慧旅游建设中智慧旅游门户网站建设的原则和任务。
3. 掌握智慧目的地、智慧景区、智慧酒店、智慧旅行社、智慧博物馆建设的主要内容。
4. 分析理解标准建设、门户网站建设、智慧目的地建设、智慧景区建设、智慧酒店建设、智慧旅行社建设、智慧博物馆建设等智慧旅游建设实践案例。

第一节　智慧旅游标准建设

智慧旅游的建设和推进是一项意义重大但难度极大的工作，智慧旅游标准体系建设的科学性在很大程度上影响着智慧旅游最终的建设效果。智慧旅游标准体系是在智慧旅游范围内，将现有标准、正在制定的标准及计划制定的标准，按照标准体系框架结构的形式，有层次、分系统地进行有机整合，形成有序结构。

一、智慧旅游标准的建设思路

智慧旅游从旅游行业角度，主要服务于游客、旅游管理机构、旅游企业三类对象，其内容主要包括"食、住、行、游、购、娱"六要素。从信息化角度来看，智慧旅游主要包括基础设施、信息资源、应用系统、信息安全等的建设。因此，智慧旅游标准体系的建设思路是：从旅游行业信息化角度出发，充分遵循和继承电子政务标准体系的原则，坚持从智慧旅游工程建设的需求出发，突出行业主要业务的特色需求，尤其是突出重点和急需的业务标准和信息标准，同时充分借鉴行业信息化标准体系建设要点，遵循科学性、系统性、实用性、协调性、先进性、可预见性和可扩充性原则。通过标准规范体系的建设，制定统一的技术规范、信息系统开发标准、运行管理制度等，实现应用系统的整合和优化，最大程度实现信息资源的集成与共享，保证各项业务流程的畅通。

2014年6月21日，中国智慧工程研究会发布《中国智慧旅游城市（镇）建设指标体系》绿皮书。《中国智慧旅游城市（镇）建设指标体系》提出了智慧旅游"以人为本"的基本原则，以及"平安和诚信"为智慧旅游的基础，"服务"为智慧旅游的核心，"智能化"是智慧旅游的依托和支撑，"宜游"是智慧旅游的最终评价目标，为推动我国智慧旅游向标准化、规范化和价值化、可持续化建设发展指明了方向。智慧旅游"宜游"体系如图3-1所示。

图3-1　智慧旅游"宜游"体系

二、智慧旅游标准体系结构

从大的方面讲，智慧旅游标准体系涵盖信息化类标准和旅游类标准。首先是信息化类标准，在信息技术领域，智慧旅游作为社会信息化的一部分，必然离不开各种技术的应用，从物联网感知到互联网通信、从信息资源建设到信息共享、从系统开发到信息安全等，这些都需要技术的支撑。这一领域出台的标准有YD/T 2437—2102《物联网总体框架与技术要求》、GB/T2 6816—2011《信息资源核心元数据》、GB/T 28448—2012《信息系统安全测评规范》，等等。信息技术是智慧旅游的依托和支撑，信息化类标准是智慧旅游不可或缺的，但就这类标准而言，由于与智慧旅游底层更相关，是基础标准、通用标准，所以在智慧旅游标准体系中，主要是对现有标准的采用。其次是旅游类标准，在旅游专业领域，目前国内智慧旅游标准化发展的相关研究和规划工作已经展开，各级各地文化和旅游部门都积极开展了国标、行标以及地方标准的制定与修订工作，出台了一些规范旅游信息化的标准，如文化和旅游部《旅游景区智慧化建设指南》、GB/T 26357—2010《旅游饭店管理信息系统建设规范》、GB/T 26360—2010《旅游电子商务网站建设技术规范》，四川省地方标准DB/T 2016.1—2016《四川省智慧旅游建设规范总则》、DB/T 2016.3—2016《四川省智慧景区建设规范》，四川省（区域性）地方标准DB510100/T 125—2013《成都市智慧旅游景区建设规范》、DB510100/T 126—2013《成都市智慧旅游饭店建设规范》、DB510100/T 127—2013《成都市智慧旅游旅行社建设规范》等。智慧旅游归根到底，就是为政府主管部门提供决策依据，为旅游企业提供市场营销基础，为游客提供各种旅游服务资源，旅游领域标准主要在应用系统和管理方面加以制定，体现旅游智慧管理、旅游智慧营销、旅游智慧服务。

现有的这些规范、标准都给智慧旅游建设提供了相应的参照规范。但总体来说，我国智慧旅游建设，相关标准体系化建设工作还是相对滞后，智慧旅游相关的专业标准也相对较少，标准运行模式不够科学完善，给智慧旅游发展带来了困难。因此，构建智慧旅游标准体系已成为智慧旅游发展必不可少的重要组成部分。

一套完整的智慧旅游标准体系，至少应包括总体标准、应用系统标准、信息资源标准、信息安全标准、基础设施标准、管理标准等六个方面，按照标准体系框架结构的形式，有层次、分系统地进行有机整合，形成有序结构。

（一）总体标准

总体标准是智慧旅游总体性、框架性、基础性的标准，包括了智慧旅游管理与服务标准化的基本原则、框架以及相关组织和制度。总体标准的建设重点是依据智慧旅游工程建设总体方案，从框架性思路出发，制定智慧旅游工程所涉及的基本术语、主题词表、标准体系、标准化指南等方面的标准，以保证复杂的信息系统工程建设高效、快速和稳定发展，减少重复投资和互不兼容。

（二）应用系统标准

应用系统标准是旅游各类应用系统应直接遵循或使用的标准与规范的集合。按照旅游专业的内容，将应用系统标准划分为旅游管理业务应用、旅游服务应用、旅游营销应用三个大类。旅游管理业务应用包括旅游行政管理对外的各种业务应用（如企业星级评定、行业统计、市场监管）所涉及的标准规范；旅游服务应用包括面向游客的各类服务系统的标准（如导航系统、导览系统、导游系统、导购系统等的业务应用系统标准），还包括游客在旅游过程中的"食、住、行、游、购、娱"相关系统标准的建设，如电子点餐、住行辅助系统、商品购物等系统的应用标准。旅游营销应用主要包括面向旅游企业的营销管理平台的相关标准，如旅游电子商务建设技术规范等。

（三）信息资源标准

信息资源标准是整个智慧旅游标准建设中的核心内容，主要是针对旅游各项业务在信息化过程中涉及的信息资源，采取统一制定、统一管理的办法，达成对旅游业务中基本信息资源的一致理解。信息资源标准又分为信息资源采集标准和信息资源管理标准。

①信息资源采集标准是旅游业务中用到的信息资源采集、加工、处理等标准，如信息分类代码、数据元规范、元数据规范等。

②信息资源管理标准是从旅游业务领域应用出发，对旅游资源进行管理，如旅游信息资源目录规范。

（四）信息安全标准

信息安全标准主要涵盖为智慧旅游建设提供各种安全保障的技术和管理方面的标准规范。安全标准分为安全技术和安全管理两大类。

①安全技术类标准包括对智慧旅游的网络系统、操作系统、应用系统等提供安全保障的各种技术标准和规范。

②安全管理类标准包括对智慧旅游的网络系统、操作系统、应用系统等进行有效管理，以达到安全目的的各种管理标准和规范。

（五）基础设施标准

基础设施标准主要包括物联网、云计算、云服务、互联网、操作系统、数据库管理等信息化外围基础设施的配备、建设与管理方面的标准。

（六）管理标准

管理标准为整个智慧旅游建设提供管理的手段和措施，是实现科学管理、保证信息系统有效运转的重要保障。管理标准分为标准管理、项目管理、系统运维管理三大类。

①标准管理包括为实现智慧旅游标准化工作的管理和运行所需的制度和办法。

②项目管理包括智慧旅游建设项目的立项、可行性研究、建设、监理、验收等环节需要遵守的标准和规范。

③系统运维管理包括智慧旅游各种系统的运行维护标准。

三、成都市智慧旅游企业建设标准与规范

四川省成都市作为首批国家智慧旅游试点城市，从2015年开始，每年组织专家评定成都市智慧旅游景区、成都市智慧旅游饭店、成都市智慧旅游旅行社，并给予智慧旅游企业信息化平台建设奖励，以此推动成都市智慧旅游的发展。成都市智慧旅游企业评定的依据就是四川省（区域性）地方标准DB510100/T 125—2013《成都市智慧旅游景区建设规范》、DB510100/T 126—2013《成都市智慧旅游饭店建设规范》、DB510100/T 127—2013《成都市智慧旅游旅行社建设规范》及旅游企业建设评定细则，下面介绍智慧旅游企业评定细则。

（一）成都市智慧旅游景区标准

《成都市智慧旅游景区建设规范》将智慧景区定义为"利用物联网、云计算、移动互联网等新一代信息技术，通过智能信息系统，对景区进行可视化管理、业务流程优化和智能化运营，实现景区自身对旅游安全、旅游营销、舆情监控、日常办公、交通疏导等事务的全面高效管理，为旅游者提供旅游咨询、资料查询、电子商务、旅游体验等服务，使旅游者能主动感知信息并实现适时交易"的景区企业，实际评审中又将文博企业纳入这一项目的评审。《成都市智慧旅游景区建设评定细则》将智慧景区建设标准划分为七个一级指标：网络设施、景区智慧旅游服务、景区智慧综合管理、景区智慧营销体系、旅游信息资源管理、景区建设方案与管理机制以及智慧创新应用。

1. 网络设施

网络设施主要包括公用电话网、无线通信网、高速宽带信息网络、无线宽带网的硬件建设。

（1）公用电话网

要求建有供游客使用的公用电话，数量充足，设置合理；在景区重要区域建设电话报警点，并公示景区救援电话、咨询电话、投诉电话。

（2）无线通信网

景区能接受移动电话信号，移动通信方便，2G、3G信号覆盖全面、线路顺畅。

（3）高速宽带信息网络

建有较为完善的宽带信息网络，实现景区办公区域、景区企业用户、景区居民的高速带宽互联网接入。

（4）无线宽带网

覆盖无线宽带网络，游客在游览过程中可以方便地将手机、电脑等终端以无线方式连接上网。

2. 景区智慧旅游服务

通过门户网站、电子门票、数字景区体验、多媒体体验等为游客提供智慧服务。

（1）景区门户网站

建有以服务游客为核心内容的景区门户网站，提供多语言信息服务，至少包括基本信息浏览、景区信息通知、景区信息查询、旅游线路推荐、交通导航、电子地图、景区服务电话等内容。接入省市级重点旅游服务系统，并建立官方微博。

景区门户网站能建立与官网微博等社交网络平台的链接，建有网站手机版或手机客户端应用，为移动终端用户提供景区信息服务。

（2）电子商务

建设景区门票电子商务，实现24小时网上咨询、预定和支付等服务。景区旅游产品、旅游纪念品也能够实现网上电子商务交易与结算服务。

（3）电子门票

采用电子门票形式，并实现售票计算机化。售、验票信息能够联网，可实现远程查询。应配有手持移动终端设备或立式电子门禁，实现对门票的自动识别检票。

（4）数字虚拟景区和虚拟旅游

运用三维全景实景增强现实技术、三维建模方针技术、360°实景照片或视频等技术建成数字虚拟景区。数字虚拟景区和虚拟旅游平台能在互联网、景区门户网站、触摸屏多媒体终端机、智能手机等终端设备上应用。

建设虚拟景区和虚拟旅游服务终端，提供景区信息、交通信息、服务设施信息、电子地图、虚拟旅游等内容的多种展示体验方式，如三维、四维动感环幕立体影院、基于VR虚拟仿真技术及设备的虚拟驾驶、虚拟飞翔、虚拟漂流等互动体验。

（5）智能服务终端及系统

建设景区旅游呼叫中心，拥有交互式语音应答系统、自动呼叫分配系统，并支持呼入和呼出，并对接市（县）级旅游服务热线、联通116114、电信118114、移动12580和旅游企业电话咨询等服务资源，提供旅游产品查询、景点介绍、票务预订服务、旅游资讯查询等服务。

依托无线通信、全球导航卫星、移动互联网、物联网等技术建立现代自助导游系统和传统自助导游终端，同时结合基于射频识别、红外、录音播放等技术，提供景区电子导游图及位置服务，支持无线上网，支持全球导航卫星系统，提供自助导游讲解。

景区特色游览点及主要出入口设有电子公告栏或触摸屏多媒体终端机发布信息。信息包括景区内实时动态感知信息，如温湿度、光照、紫外线、空气质量、水温、水质等，同时，能提供景区内智能参考信息，如客流量情况、车流拥挤程度、停车场空余车位等动态信息。多个渠道信息发布的集成，一次发布、多方显示，能在自助导游终端发布旅游信息；能以短信、彩信等形式向游客的手机发送信息。

（6）旅游者咨询投诉联动服务

利用现代通信和呼叫系统，建设咨询投诉联动服务，统一接收来自电话、网络、终端设备等多渠道的咨询或投诉。

3. 景区智慧综合管理

（1）视频监控

全面覆盖景区，重点监控重要景点、客流集中地段、事故多发地段。能对景区进行实时监控、闯入告警等，同时能实现物联网视频监控。

（2）客流监控

包含入口客流计数管理、出口客流计数管理，游客总量实时统计，游客滞留热点地区统计与监控，流量超限自动报警等。

（3）景观资源管理

对自然资源环境数据进行监测或监控，主要包括气象监测、空气质量监测、水监测、生物监控等，如光照、紫外线、空气质量、水质量、动植物监控等，同时能实现对各类景观资源进行监测、监控、记录、记载、保护、保存、修缮、维护等数字化管理。

（4）财务管理

使用专业的财务管理软件进行资产管理、投资管理、成本费用管理、收入管理、税金管理等。

（5）办公自动化

实现企业内部文档管理、公文处理、人事管理、财务结算管理等自动化。

（6）经营资源管理

应用信息技术对景区经营资源进行管理，如商业资源部署、商铺经营、经营监管、合同管理、物业管理等。

（7）应急指挥与调度

具有应急广播、应急报警点、应急处置响应。兼有旅游应急预案，旅游应急响应系统和指挥调度中心，能够进行监控终端控制，对人员和车辆进行指挥调度，并有效地对应急资源进行组织、协调、管理和控制。

（8）交通引导

建有景区道路指示系统，能实现运营车辆卫星定位，实现车辆运营状态与道路交通状况的可视化管理。建有智能停车系统，实现停车位检测与进出电子指示。

4. 景区智慧营销体系

（1）网上营销体系

利用网络媒体频道、短信（彩信）平台、互联网门户与论坛、博客、微博、微信、SNS社区等各类成熟网络互动渠道作为景区旅游营销载体，开展旅游营销信息发布和营销互动活动。能利用营销载体实施发布景区基本信息、景区服务、景区活动安排及跟踪报道、开展电子商务、投诉咨询、促销抽奖等营销互动内容。同时，建立与国际知名旅游网站、本省（市）及周边省市的旅游网站、会议会展采购方、国内外旅行社等的内容链接与信息互动机制。

（2）媒体管理与舆情监测

对线上、线下众多媒体旅游宣传信息进行有效收集与管理，实现对重点媒体、论坛、博客、微博等舆情信息进行动态监控，将海量信息分类，定期生成报告，并对潜在危险事件及时预警。

(3) 旅游故事及游戏软件

编写与旅游景区有关的旅游故事和游戏软件，并与旅游营销结合起来形成商业化运作。

(4) 游客信息分析

建有游客信息分析系统，实现对游客行为的统计、评估与决策分析。

5. 旅游信息资源管理

建有标准统一、资源共享、接口开放的数据中心管理系统，形成景区旅游公共信息数据资源库，实现旅游公共服务信息采集、处理、发布、利用的规范化和自动化，并实现与市级行业监管部门的系统对接与信息共享，为行业监管与分析提供数据支撑。

建有景区资源详细的地理位置图层，可基于地理信息系统进行查询。建有基于地理信息系统和卫星定位的位置服务，为导游、导航应用提供基础支持。

6. 景区建设方案与管理机制

编制详尽、专业的智慧旅游景区（景区信息化、数字景区）建设总体方案，明确建设目标、总体框架、建设内容与实施计划；建立公共信息服务人员队伍，建成基本稳定的公共信息采编报送渠道和规范化的采集、编写、发布流程，形成旅游公共信息采集发布的长效机制；建立旅游热线投诉、在线投诉处理机制，推行使用旅游电子示范合同文本；实现与旅游、工商、公安、交通、质检、物价等部门的信息共享，协同相关监管执法部门，建立健全以部门协同、联合执法为主要形式的旅游市场监督管理机制。

7. 智慧创新应用

景区可运用各种创新技术、手段和方法，提升景区建设、管理、服务、营销等方面的水平。

(二) 成都市智慧饭店标准

《成都市智慧旅游饭店建设规范》将智慧饭店定义为"利用物联网、云计算、移动互联网等新一代信息技术，对饭店内各类信息进行自动感知、及时传送和数据挖掘分析，建立具有在线预订、支付、客服等功能的营销平台，实现饭店的智能化，为旅游者提供个性化的服务"的酒店、饭店。成都市智慧旅游饭店建设评定标准，将评定项目分成网络与通信、广播电视系统、会议设施、智能系统、网站服务、数字虚拟饭店、智能云服务、智慧营销、智慧管理等指标体系。

1. 网络与通信

无线宽带网、有线网的全覆盖，网络信息安全管理，固定电话 SIP 接入，传真与移动通信等。

2. 广播电视系统

能收看适宜数量的中文节目和外文节目，具有视频点播功能，配备有线和卫星电视；饭店公共区域能播放背景音乐。

3. 会议设施

具备完善的会议设施，通过网络或智能终端等设备提供预订服务，可进行灯光分区控制、亮度调节等基本操作，有同声传译系统、电视电话会议系统、会议投票表决主席控制系统、远程会议系统、会议自动签到系统、会议统计系统等功能。

4. 智能系统

包括智能停车场管理系统、自助入住/退房系统、智能电梯系统、智能房间导航系统、智能可视对讲系统、电视门禁系统、智能安防监控系统、客房智能控制系统等。

5. 网站服务

建设具有独立域名的饭店官方网站，提供多语言信息服务；具有网站电子商务平台，提供 24 小时网上咨询、预订与支付服务，支持移动终端应用等。

6. 数字虚拟饭店

运用三维全景实景增强现实技术、三维建模仿真技术、360°实景照片或视频等技术建成数字虚拟饭店，实现虚拟漫游，在饭店网站、触摸屏、智能手机上发布。

7. 智能云服务

通过网站和智能信息终端显示成都市的天气和房间内的温度、湿度、空气质量，显示饭店周边"食、住、行、游、购、娱"信息，显示饭店介绍、饭店公告、饭店特色餐饮、会议设施介绍、服务指南和客房展示等信息，显示游客消费明细等信息，能通过网站和智能信息终端与游客进行租借物品、退房留言、点餐、计费合账等互动活动。

8. 智慧营销

利用网络媒体频道、短信（彩信）平台、互联网门户与论坛、博客、微博、微信、SNS 社区等各类网络互动渠道为营销载体，开展营销活动，建立与国际知名旅游网站、本省（市）及周边省（市）的旅游网站、会议会展采购方、国内外旅行社的内容链接与信息共享机制，提升节庆活动旅游与会议会展旅游等的综合影响力。

9. 智慧管理

包括 ERP 系统（Enterprise Resource Planning，企业资源计划）、PMS 系统（Property Management System，物业管理系统）、CRM 系统（Customer Relationship Management System，客户关系管理系统）、应急预案和应急响应系统、旅游行政主管部门信息对接系统。

10. 创新项目

饭店运用各种创新技术、手段和方法，提升饭店在管理、服务、营销等方面的水平。

（三）成都市智慧旅游旅行社标准

《成都市智慧旅游旅行社建设规范》将智慧旅行社定义为"利用物联网、云计算、移动互联网等新一代信息技术，借助便携的终端上网设备，将旅游资源的组织、旅游者的招徕和安排、旅游产品开发销售和旅游服务等旅行社各项业务及流程高度智能化，实现高效、便捷和规模化运行"的旅行社。

成都市智慧旅行社的建设标准基于"智慧管理、智慧营销、智慧服务"理念，将智慧旅行社的建设标准划分为四个一级指标：智慧营销、智慧服务、智慧管理、创新应用。

1. 智慧营销

①营销渠道分析。利用现代技术收集、分析游客数据和旅游产品消费数据，选择不同

的营销渠道。

②旅游舆情监控。具有旅游市场舆情监控和数据分析功能，并具备自动生成分析报告的功能。

③营销系统。依托互联网，开展企业展示、品牌推广、产品推销等营销行为。建有或能利用同行分销系统平台，具有在线同行分销与订单结算的功能。

2. 智慧服务

①门户网站。建有 Web 门户网站，网站安全、稳定，能提供多语种信息服务，信息更新及时、准确。

②电子商务。建有电子商务平台，具有网上招徕、咨询、预订、支付和合同签订等功能。

③旅游产品。具有旅游产品在线策划与发布功能，可根据游客需求提供旅游产品定制服务，能提供在线产品信息展示和查询。

④旅游呼叫。具有多媒体旅游呼叫服务，能通过自动语音、短信、电子传真和邮件等方式提供旅游咨询服务。

⑤旅游投诉处理。具有在线旅游投诉处理系统，能统一接收电话投诉及网络投诉，能在线对投诉进行处理与反馈。

⑥旅游保险。能与保险公司进行系统对接，实现旅游保险产品同步销售，与保险公司实现自动的业务统计和结算，自动生成保险单，也可供游客在线查询保险信息。

⑦无线网络。在游客接待区需覆盖无线网络。

⑧自助查询。在游客接待区需安装多媒体自助终端机，能提供产品推广、产品促销、活动推广等查询服务。

⑨服务质量跟踪体系。建有基于网络平台的服务质量跟踪体系，具有在线留言、在线评价等功能。

3. 智慧管理

①资源管理。具有旅游供应商信息在线管理的功能，可实时查询供应商基本信息、要素价格及合同记录等。与景区、饭店和导游服务公司等进行信息对接，具有在线资源采购、财务结算和采购合同管理功能。建有客户信息管理平台，对游客基本信息能进行收集、分类和统计分析。

②订单管理。可通过电子商务平台实现产品订单、结算单和导游任务单管理等。应具有在线订单流转、数据统计和分析功能。

③团队管理。实现旅游团信息在线管理与查询统计，包含出团计划、团队基本情况和团队行程的管理等。建有导游管理系统，具有对导游分级分类在线调度和审核查询，以及游客对导游的在线评价功能。

④内部管理。建有网络化管理体系、远程监控系统、办公自动化系统和移动办公系统。具有对行政事务、计划管理、资源管理、会议管理、请示审批和办公指南等日常工作进行管理的功能。建有完善的员工考核和内审机制，通过人力资源信息系统实现自动化绩效可控。使用专业的财务管理系统，实现业务数据和财务数据的在线对接和财务数据监控，具有在线自动生成财务报表和数据报告功能。能实现业务在线监控与管理，实时了解电子商务平台、分社和服务网点等经营情况。

⑤对接行业主管部门。能配合旅游行政主管部门在线监管，实现旅游数据及时上报，具有上下游信息在线对接功能。

4. 创新应用

在建设、管理和服务等方面应用其他创新技术、手段和方法，提升旅行社服务质量和游客的综合满意度。

第二节　智慧旅游门户网站

智慧旅游门户网站是利用网络技术，从旅游专业角度整合传统旅游资源，提供全方位多层次的网上旅游服务的场所，是旅游信息系统的传输媒介和人-人、人-机交流的窗口。具体来讲，就是基于网络、拥有自己的域名、由若干个相关的网页组成、在服务器上存储了一系列旅游信息的 Web 站点。网站所包括的 Web 页面又包括了许多文本、图像、声音和一些小程序，使用者可通过浏览器浏览所需要的旅游信息。

智慧旅游门户网站是旅游信息集聚与发布、目的地营销、旅游产品销售的重要平台，服务于政府旅游管理机构、目的地旅游企业、旅游电子商务运营商及渠道商、游客等不同的利益群体，有政府背景的目的地旅游资讯网站、旅游政务网站，也有旅游企业自建旅游企业门户网站、旅游电子商务网站、大型门户网站建立的旅游专题或频道网站等。目的地政府可以利用网站介绍旅游政策、本地旅游资源、本地旅游环境，做好目的地营销；旅游景点可以利用网站介绍旅游资源吸引招徕客源；旅行社可以通过网站发布旅游资讯和在线销售旅游产品；更有旅游行业新兴的在线旅游服务商依托其网站为广大游客提供完整、丰富、权威的综合商旅与个人出行服务；游客可以非常方便地在旅游网站上了解到各种所需的旅游信息，在网站社区交流平台上分享各自的旅游心得。智慧旅游智慧管理、智慧服务、智慧营销属性都会在门户网站上得到体现。

一、智慧旅游门户网站功能

智慧旅游门户网站是以互联网为平台，为政府、企业、游客提供包括旅游信息的汇集、传播、检索和导航的信息服务，旅游产品和服务的在线销售服务，以及针对游客的个性化服务，等等，把众多的旅游供应商、旅游中介、旅游产品整合在一起满足游客需要，强化旅游产品智慧营销、增强智慧旅游管理水平和提升智慧旅游服务水平，提高资源的利用效率，扩大旅游市场规模。

具体来讲，智慧旅游门户网站通常应具有以下功能：

（一）旅游宣传、品牌展示

智慧旅游门户网站支持多种信息，如文本、图形、图像、声音、视频等媒体信息的发布，政务公开、公告旅游企业的业务情况、优惠活动、供求信息、旅游产品、特色商品等，动态发布最新的旅游目的地和线路信息。旅游产品是极适宜在网络上进行宣传营销和品牌展示的，原因是旅游产品不能流动，在市场上的表现形态即信息形态，并且旅游产品的综合性也格外需要借助信息技术方式进行综合反映。特别是大部分旅游产品具有无形性，游客在购买这一产品之前，无法亲自了解，只能通过介绍来体会，旅游网站给游客提供了大量的旅游信息、虚拟旅游产品以及"身临其境"的体验，从而培养了潜在的游客。因此，旅游网站使无形的旅游产品在虚拟世界中"有形化"，为潜在的游客向现实的游客转化提供了可能性。

政府、企业都能通过门户网站低成本将旅游目的地的形象、产品和服务传递给目标市场受众。

（二）在线信息服务

不同的门户网站在线信息服务的侧重点有所不同。在线信息服务分为单向信息服务和交互式信息服务。

1. 单向信息服务

①旅游行业信息。包括景点名胜、酒店、旅行社信息，购物指南等。还有旅游新闻、网站动态信息、旅游行业动态、政策法规等多种分类信息。

②旅游知识信息。包括相关的法律法规、国内外旅游常识，还有如旅游用品的选择、旅游保险、旅游中怎样解决突发事件、如何选择旅行社、旅游安全注意事项等；也包括对特殊的自然资源、民俗风情、人文景观、民族节日等的介绍。

2. 交互式信息服务

①交通信息查询。航班、列车、汽车等到达目的地的交通线路及信息查询，提供以出发地、目的地、出发日期及时间、到达日期及时间、航空公司、列车班次等为关键字段的多种查询方式。

②旅游辅助查询工具系统。网上电子地图，方便用户查询定位旅游景点、宾馆酒店等旅游资源和设施。天气预报，检索查询景区或指定查询全国部分地区的未来天气状况、空气质量、地质灾害预警等预报信息，为游客出行提供必要的参考。

③在线旅游咨询系统。提供游客所关心的常见问题的分类检索及查询，可灵活实现多种关键字段的前台检索。系统的查询数据初步由网站收集录入，网站运营后将在线咨询中陆续收集的各类型问题同步提交到查询数据库，不断更新的数据又将为游客提供更完善的查询支持，实现内容更新的有机循环。无论是普通游客还是网站的客服人员或是提供相关服务的商家，都能在这个平台上进行充分的交流和良性的互动。

（三）电子商务产品代理、预订交易服务

电子商务是智慧旅游门户网站的核心功能，包括以下内容：

1. 旅游产品代理、预订功能

包括门票预订、旅行社预订、酒店预订、餐饮预订、停车位预订、导游预订、会议室预订、机票预订、旅游产品预订等交易项目和流程。根据预订情况和供应商的供应情况对信息进行维护和更新。对预订信息进行统计，供本企业及供应商进行分析。

2. 账务核算支付管理功能

能提供以下但不限于以下支付方式，方便用户购买旅游产品：邮局汇款、银行转账、信用卡支付、银行卡支付、货到付款、第三方支付平台、电子支付等，能处理企业要求的所有财务信息，包括过账、对账、结账、制表及打印等。

3. 客户关系管理功能

可实现游客或客户的会员注册，能进行客户档案管理、客户资信等级评估等客户信息

维护功能。提供个性化服务，更有针对性地发布旅游信息，特别是当客户没有找到满意的解决方案时，可以委托服务器监视和跟踪；当有符合标准的信息出现时，及时用电子邮件的方式提醒客户；并通过积分、奖品及优惠来鼓励和回报客户，如积累客户的消费量（比如飞行距离），以此作为促销奖励的依据。

4. 广告管理与发布功能

可对网站内投放的广告位、广告形式和点击情况进行管理，主要包括广告属性、广告形式、广告内容维护、访问量与计费管理。

5. 流量统计分析

统计分析各种时段网站整体访问量，统计分析网站各主要频道的访问量，统计分析全球来访 IP 的区域，统计分析各主要搜索引擎对网站的搜索频率及相关地址。网站统计数据是作为判断网站知名度、分析网站影响范围、分析访问者关注重点或进行网站改版、内容调整时重要的原始依据。

6. 招商引资信息发布与管理

介绍某地区旅游政策环境和法律法规项目、发布招商引资项目等。

（四）互动交流

可以给游客提供一个自由交流的平台，能促使游客与社区的结合更加紧密。建设旅游社区，包括会员管理、图片管理、游记管理和论坛管理功能等，与网站系统实现通行证式用户管理，统一注册、登录、数据共享，实现论坛分区、游记发布、游记管理、游记查询、分享用户相册、分享专题图片集的功用。同时，可以进行一些旅游调查，接收信息反馈，组织一些活动，增加客户黏性，提高客户的忠诚度。

二、智慧旅游的门户不仅有网站

信息服务门户以统一的旅游信息数据库为基础，网站是一种最重要的渠道和呈现方式，但随着互联网技术的发展和新媒体技术的应用，企业或组织微信公众号、App、小程序等也成为信息服务的渠道。企业或组织微信公众号，可以更好地实现信息服务和营销功能，App、小程序能够更好地实现电子商务的功能。

三、四川省智慧旅游信息服务门户网站建设实践

四川省智慧旅游信息服务门户主要为游客、旅游企业提供政府层面的旅游资讯信息和旅游特色服务。四川省文化和旅游厅以两种不同的风格建了两个门户网站：四川省文化和旅游厅（http://wlt.sc.gov.cn/）、四川省文化和旅游资讯网（http://www.tsichuan.com/）。两个网站风格不同，各有侧重，相互结合完整阐释了目的地旅游网站应用的功能和当前旅游网站流行的风格。

1. 四川省文化和旅游厅网站

四川省文化和旅游厅网站严肃、庄重，体现政府的权威、公信，主要有政府的重要文化和旅游资讯、新闻报道等，所有图片、文字的编排都中规中矩。四川省文化和旅游厅网站首页如图 3-2 所示。

▶ 第三章 智慧旅游建设实践

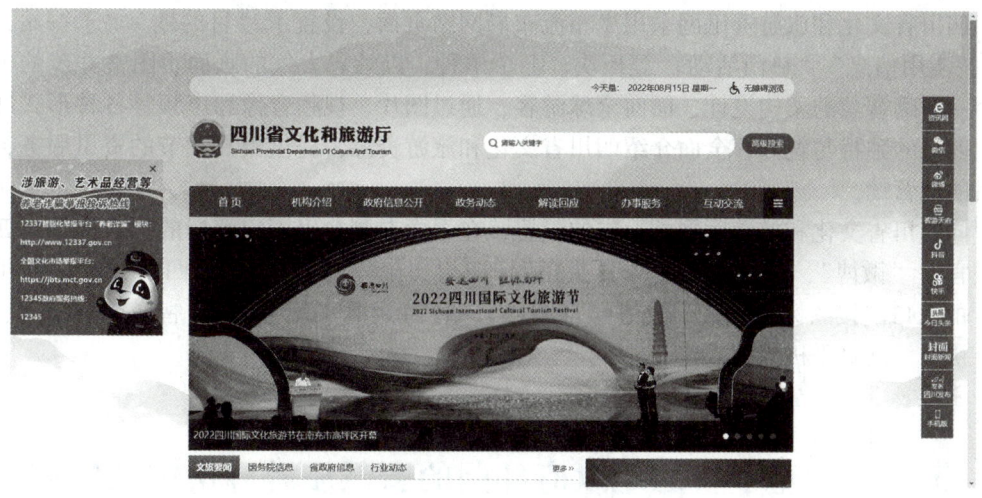

图 3-2　四川省文化和旅游厅网站首页

　　游客可以在该网站上查阅全省各级文化馆、图书馆、博物馆的地址和联系电话，可以查阅全省 A 级以上景区名录、全省星级饭店名录、全省绿色酒店名录、全省旅行社名录，可以查询文艺活动预报、预警与应急信息、旅游诚信黑名单等，还提供"四川省旅游统计系统"和"假日信息填报系统"的入口等。

　　同时，在页面右侧，以固定浮标的形式，列出旅游"资讯网"的链接图标，以及四川文旅官方"微博"、四川文旅"今日头条"、四川文旅"封面新闻"、四川文旅"四川发布"的入口链接图标，还提供了文旅厅微信（订阅号）、智游天府（服务号）、智游天府 App、抖音、快手、网页手机版的入口，只需手机扫描，就可以进入对应移动应用。

2. 四川省文化和旅游资讯网

　　四川省文化和旅游资讯网是一个关于四川旅游信息资讯的门户网站，主要面向游客服务，以宣传四川旅游资源为主，并向游客提供交通指南、酒店住宿、旅行社、导游查询，以及四川重点文艺活动预报等。网站以大图片为背景，色彩炫丽。四川省文化和旅游资讯网首页如图 3-3 所示。

图 3-3　四川省文化和旅游资讯网首页

137

四川省文化和旅游资讯网采用瀑布流布局网站页面，设置了"目的地""下一站，出发""实用信息""热门活动"等板块，七个语种，以炫彩大气的画面、图文并茂的丰富内容、磅礴智慧的架构设计，面向全球游客，通过图片、视频音像和声频等各种形式展示美丽四川的独特与魅力，全面介绍四川省文化和旅游资源，提供极具细节的资讯服务，进行目的地营销。

同四川省文化和旅游厅网站一样的设置，在页面右侧，以固定浮标的形式，列出四川文旅官方"微博"、四川文旅"今日头条"、四川文旅"封面新闻"、四川文旅"四川发布"的入口链接图标和文旅厅微信（订阅号）、智游天府（服务号）、智游天府App、抖音、快手、网页手机版的入口。

第三节 基于目的地政府部门的智慧旅游应用体系建设

基于目的地政府部门的智慧旅游应用体系是智慧旅游的一个重要组成部分。该体系由政府部门参与和主导建立，具有覆盖范围最广、管理力度最强、对目的地旅游发展的影响最持久的特点，是提升游客对目的地旅游环境的整体印象和展现目的地旅游发展水平的关键因素。

一、基于目的地政府部门的智慧旅游应用体系建设的主要内容

基于目的地政府部门的智慧旅游应用体系主要有三大核心目标：一是为行业管理提供更高效、更智能化的信息管理平台；二是为各类游客提供更加便捷、智能化的旅游服务；三是促进目的地旅游品牌树立，塑造新型智慧旅游目的地形象，有效提高目的地营销的效率和效益。因此，主要旅游信息服务门户、行业监督管理系统、智慧行政办公系统、应急指挥系统和中小企业旅游营销平台等组成目的地智慧管理体系、智慧服务体系和智慧营销体系。

（一）目的地旅游信息服务门户

目的地旅游信息服务门户以统一的旅游信息数据库为基础，以通信网络为支撑，通过终端接口开放、智能化管理的多样化旅游服务网络，实现向处于不同网络、使用不同终端的用户提供语音、数据、视频等旅游服务的目标。目的地旅游信息服务门户以目的地网站、微信公众号、App等形式呈现，是目的地"一机游"建设的重点内容。

目的地旅游信息服务系统一般应提供旅游日常信息服务、旅游行程规划服务、旅游导览服务等信息服务。

1. 旅游日常信息服务

旅游日常信息有针对性地为用户提供"食、住、行、游、购、娱"等全方面的信息查询与在线订购服务，为游客出行之前提供充分的资讯参考，帮助游客解决旅途中住宿难、吃饭难、出行难等诸多问题。具体服务包括：目的地住宿、餐饮、购物行业和娱乐场所的资讯信息查询与订购；列车时刻表及车票查询订购；航班时刻表及实时票价查询订购；公交地铁换乘、车站、驾车路线信息服务；医疗安防等配套保障信息服务；其他日常旅游信息服务等。

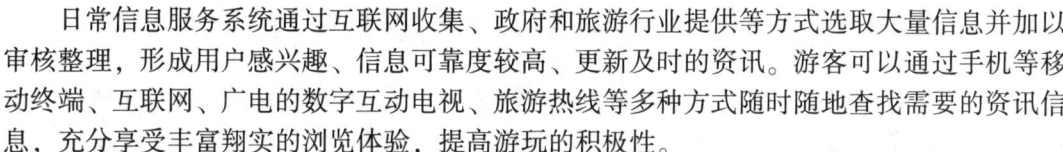

日常信息服务系统通过互联网收集、政府和旅游行业提供等方式选取大量信息并加以审核整理，形成用户感兴趣、信息可靠度较高、更新及时的资讯。游客可以通过手机等移动终端、互联网、广电的数字互动电视、旅游热线等多种方式随时随地查找需要的资讯信息，充分享受丰富翔实的浏览体验，提高游玩的积极性。

2. 旅游行程规划服务

旅游行程规划服务是为游客出行前制订旅游行程计划提供信息服务和工具。游客经过前期的信息查询，已经了解了许多有价值的信息并有了初步的旅游打算，但由于对旅游目的地实际情况的不了解，在落实具体的旅游计划时往往无从下手。旅行社能较好地满足共性的旅游需求，而对游客的个性化、多样化需求往往覆盖不到。因此，需要有一个智能化的旅游行程规划的信息服务及工具系统，即旅游行程规划系统，将游客的特定需求与设想映射为可执行、可操作的最佳旅游行程安排。旅游行程规划系统采用多种技术将不同形式的旅游服务资源通过网络整合到一起，为用户提供经过筛选的高质量的旅游服务规划。

旅游行程规划系统包含的服务主要有以下几种：

（1）细分旅游规划服务

根据跟团游、自助游、自由行、自驾游、背包客、商务游等多种旅游形式和游客的不同需求，有针对性地提供行程规划服务。对有意向跟团的游客用户，提供各个旅行社的旅游项目、价格信息，对各个旅行社进行路线价格、服务质量、用户评价方面的比较，并根据服务质量、路线价格等评分标准向用户推荐旅行社，帮助用户进行选择；对自助游的用户，提供旅游目的地各个方面的详细信息，包括交通、住宿、饮食、购物等信息查询，以方便用户提前掌握旅游地的资讯；对自由行、自驾游、背包客用户，推荐旅游目的地最合适的旅游景点，从时间、价格等方面综合推荐旅游路线。

旅游行程规划系统也预先存储了一部分经典旅游线路和旅游套餐。这种推介方式一方面方便了游客制定行程，在旅途中可以享受到更加周到完备的服务；另一方面通过这种既定的旅游套餐，可以使旅游管理部门对订购游客人数有所了解，便于及时调整策略，针对有人气的旅行线路增加投入，针对订购比较少的路线及时寻找原因，制定对策。

（2）常见问题咨询服务

游客在规划旅游行程时难免会遇到一些疑难问题和困惑，比如某些景区的游玩先后次序对游玩效果的影响、当地餐饮习惯的特点、外地游客需要了解的旅游注意事项等。通过常见问题咨询功能的设置，游客可以找到许多常见问题的解答。对于一些特殊性的问题，也可以通过在线咨询旅游规划专家得到解决。

（3）游览内容收藏

游客可以选择其他人公布的较为符合自己需要的旅游路线计划，在修改后成为自己的旅游计划，也可以公开自己的旅游计划供他人参考。

（4）自动生成旅游行程规划书

在旅游行程规划系统里，提供自动生成旅游行程规划书的工具，游客可以根据不同的个人要素，以及对旅游的个性化需求制定多样化的旅游行程规划书。行程规划参考旅行的时间、随行人员、预算、游客的行业、兴趣爱好、希望游览的景区等要素。同时，综合了天气、路线上的施工信息、交通高峰等客观因素的数据，为游客制订最可行的行程计划。

3. 旅游导览服务

旅游导览服务为用户提供目的地和景区信息、特色产品信息、他人发布的旅游攻略等丰富内容，使游客在旅途中进一步了解，并充分享受目的地为游客提供的各种旅游娱乐服务。

①提供旅途中城市、景区信息查询、景点导览，并结合游客喜好，有针对性地提供丰富详细的城市游览信息，引导游客开展系列游览，如红色游、历史文化游、乡村游等。

②提供特色产品查询、推荐、订购到站等服务，向游客推广富有特色的商品。根据游客的个人喜好，引导游客寻找和发现自己喜爱的旅游商品、食品或娱乐活动，从而获得不一样的旅游体验。

③游客可以在旅途中及时获得政府和旅游企业提供的旅游优惠券、纪念品领取券、活动参加券等增值服务，参与更多旅游活动，享受更多优惠服务。

（二）行业监督管理系统

行业监督管理系统是政府主管部门对旅游行业进行有效监管，保证旅游行业正常、有序、健康发展的一个具体体现。行业监督管理系统为目的地文化旅游主管部门及其下属文化旅游管理机构提供行业信息采集、监管和发布的功能。行业监督管理系统主要包括规范发布子系统、诚信监控子系统和资源整合与管理子系统。

1. 规范发布子系统

规范发布子系统主要实现对文化旅游行业相关要求规范的管理与发布工作。系统根据规范的种类、应用对象对文化旅游行业的相关规范进行分类存储管理，建立目标索引，形成完善的规范数据库，以便管理者快速、清楚地掌握行业已经发布使用的法律规范信息。系统对各级管理单位发布的信息进行统一管理，保证发布数据的一致性和完整性。同时，系统与在线信息服务门户进行对接，及时地将最新的信息发布到服务门户上，供管理单位、文化旅游企业和游客查询。定期对发布信息进行分析调整，对于近期用户查询率较高的法规信息，通过简化其查询流程以达到改善用户体验、方便用户查询的目的。

2. 诚信监控子系统

诚信监控子系统主要对游客的投诉记录和企业的问题记录数据进行采集，从数据中分析出投诉的数量、特点、来源、变化趋势和受理情况，从而督促文化旅游企业或单位更好地执行文化旅游政策法规，改进服务质量。同时也有助于及时发现政策执行中出现的问题，推动政策规范的有效落实和不断完善。诚信监控子系统分为企业诚信管理和用户评价管理两个主要功能。

（1）企业诚信管理

企业诚信管理记录目标企业的诚信情况，并根据企业的被投诉情况、问题或事故发生情况及时调整，帮助政府部门及时了解文化旅游企业的情况，并为用户选择文化旅游企业提供比较权威的参考。同时，诚信档案也有助于企业了解自身存在的问题，促进文化旅游企业不断进行自我完善。

（2）用户评价管理

用户评价管理功能则向广大游客提供一个公开、方便的接口，接受用户对文化旅游企业、旅游景点和目的地进行评价、评分、投诉和建议，也可以通过该功能向广大游客征集对一些文化旅游政策或计划的意见，为政府、企业和用户之间良性沟通提供一个有效的平台。

3. 资源整合与管理子系统

资源整合与管理子系统主要是针对文化旅游行业的内部资源与外围资源进行整合与双

向互享。内部资源以景区、酒店、文博馆、餐饮、旅行社、导游等主力经营者为代表，外围资源以网友信息、各行业协会信息、政策信息为代表。资源整合子系统通过双向信息共享的方式，既抽取各个行业经营者的经营数据到达资源管理子系统，提供上传数据的经营者也可从资源整合子系统获取其他经营者的数据以及外围资源中的商机信息，从而形成多方共赢的局面。

通过对整合资源的分析，政府可以清晰地获得目的地文化旅游资源的整体情况与发展变化情况，从而有针对性地对行业的发展模式、行业结构进行管理与引导，使目的地文化旅游行业整体得到健康发展。

（三）智慧行政办公系统

通过智慧行政办公系统的建设，能够实现政府机构的电子化办公，简化办公流程，提高行政效率，为政府部门对文化旅游行业的智慧化管理助一臂之力。

智慧行政办公系统是政务管理、数据流转审批和权限分配的重要办公平台，它主要包括统一身份验证中心、工作流程管理、公文管理、档案管理、个人事务管理、内部通信、信息发布和系统管理等内容。

（四）应急指挥系统

为了使政府部门能够在应对旅游突发事件中充分发挥其全局指导与协调作用，专门设置应急指挥系统，与景区公共安全体系和灾害防控体系相对接。景区公共安全体系和灾害防控体系负责向应急指挥系统提供做出指挥决策所需要的数据支持，应急指挥系统根据获得的数据进行分析决策，协调指挥公安、医疗、消防等多个灾控部门进行应急救援。

1. 安全保障

如何保障目的地游客的人身和财产安全不受非法侵害，是关系到目的地旅游事业能否长期发展的一个十分重要的问题。智慧旅游构建安全保障体系的目标，就是希望尽可能地减少旅游恶性事件的发生，让游客能够放心旅游、安全旅游。

公共安全包括景区监控、客流分级疏散预案、火情识别。景区监控主要由周界入侵报警系统、视频监控系统、防盗报警系统、火灾自动报警系统、人员追踪系统、电子巡更系统组成；针对景区客流密度较大的特点，建立科学、完善的客流分级疏散预案是避免游客拥挤、踩踏和落水事故发生的重要手段，也是灾害、事故等险情发生时保证游客快速脱离危险区域的重要途径；火情识别系统可以全天候、自动化地进行火情识别监测，解决广大景区单纯依靠人力巡查难以及时发现火情的问题。

2. 交通保障

智能交通以国家智能交通系统体系框架为指导，采用无线射频、高速影像识别处理、GPS等技术形成综合解决方案，使高速运行的车辆能够被"感知"，相关数据能够实时采集、整理和分析，有效解决车辆自动识别、动态监测及流量精确预测等难题；在此基础上，通过交通信号控制、出行诱导、公交信息服务等一系列交通管理及服务系统，引导交通流合理分布，实现交通的动态组织管理，提高交通通行效率，保障出行畅通有序。

智慧旅游的交通保障主要针对景区及周边地区的交通行车情况进行管理管理。可以通过车辆卡对进入景区的车辆信息进行管理，同时与车载监控系统对接，并和交管部门沟通协调，做到与智能交通系统无缝连接，实现旅游车辆的信息共享，保证进入目的地旅游车辆的交通行车安全。

3. 医疗救护和应急救援

在条件允许的情况下为进入景区的老人、孕妇、儿童等特殊人群配发具有一键紧急求救功能的智能终端，在出现意外时将求救信息和游客位置发送给急救单位，以便及时对游客进行救治。

户外应急救援以北斗系统位置服务为核心，结合地图，为自由行、自驾、户外拓展等各种旅游提供位置信息、足迹跟踪、危险预警、报警救援等服务。平台有效打通了旅游者、救援人员、管理部门间在无公共网络覆盖下的信息通道。游客在遇到危险时，在没有公网的情况下，可通过北斗终端上的SOS一键报警，将自身位置发送至管理平台，也可通过北斗系统收发求救短信，以便得到及时有效营救。

4. 环境保障

自然环境是人类栖息之地，也是人类生活的物质之源，又是人们的游赏对象。长期以来，人们总把旅游发展视为一种经济活动，偏重追求其经济效益，而相对忽略了普遍存在的旅游对环境的影响。旅游环境尤其是自然环境造成的严重破坏不仅会阻碍旅游业本身的持续发展，也会带来相关的负效益。所以保持良好的生态环境是城市旅游产业可持续发展的根本保证，建立科学、完善的环境保障体系是保持城市良好生态环境、提升旅游服务质量的必要手段，是实现旅游经济可持续发展的前提和重要途径。

环境保障包括水质监测、空气质量和温湿度监测、环境卫生监管。通过对各大景区河流、湖泊进行断面水质监测，不仅可以区分河流流经区域政府和生产企业的环保责任，还可以依据采集到的水质数据，调整连通景区和外围水资源的闸位高度，从而达到调节景区内河道水质、保持景区内河水清澈的目标；采集景区的空气质量信息和景区内重点区域特别是游客密集区域的温湿度数据，或为游客出行提供参考，或结合数据整改污染企业；可以在游客密集的区域（如休闲广场、草坪、景区餐饮商店）设置视频监控设备，实时了解该区域的卫生情况以便及时清理。

5. 灾害防控

针对火灾、地震等自然灾害与爆炸、劫持、人员踩踏等人为灾害分别建立灾害防控与应急响应预案。采用虚拟仿真技术定期对预案进行演练，不断完善预案的救灾效果，并根据发现的问题及时对景区安全管理进行调整，做到防患于未然。在灾害发生时，与公安、医疗、消防等各类灾害防控部门以及政府应急指挥系统进行联动，由公共安全的视频监控系统向灾控部门和应急指挥中心实时提供现场第一手数据资料，灾控部门根据指挥中心下达的指令和实际情况确定救灾方案，并协同进行救灾。

（五）中小企业旅游营销平台

中小企业由于规模上的限制，存在缺乏经费为自己进行深入宣传的问题。为了进一步挖掘和整合目的地中小企业文化旅游资源，可以由政府构建中小企业文化旅游营销平台，提供统一的对外宣传接口。平台与信息服务门户和行业监督管理系统之间建立接口，实现信息互通。

旅游企业只需根据要求提交电子申请。经政府审核通过申请的商户和企业可以免费在平台上进行产品介绍，对于富有特色、有发展潜力的企业可以由政府部门进一步包装，监督促进企业提高服务质量并协助企业进行宣传推送，从而让更多的游客了解目的地的文化旅游企业，更好地享受目的地丰富的文化旅游资源和产品，带动旅游消费水平的不断提高。在推广这些企业商户的同时，政府部门也可以收集到需要的信息，为推动中小企业文化旅游资源整合，加强行业管理提供支持。

目的地智慧营销的最终目标是实现游客旅游体验的舒适度和满意度的提升，政府在公共基础设施建设和营销平台建设投入的同时，应积极引导中小企业广泛地利用微信、微博、抖音、小红书等建立自媒体平台，开展有个性化的更加有效的营销宣传。

二、四川省"乐山智慧文旅"平台建设实践

四川省乐山市是基于《四川文化旅游公共服务平台建设指南》和《全域旅游大数据中心建设与运行规范》建设的第一个智慧文旅试点示范城市。2020年建成并投入使用的"乐山市智慧文旅"平台，已整合36家景区、36个文化场馆、11个区县运营数据，采集2 014家酒店资源和5 358家餐饮信息，接入114项非遗传承项目，并成功赋能9个景区信息化建设和5个区县全域旅游示范区建设。

"乐山市智慧文旅"平台围绕"旅游兴市，产业强市"的核心思想，依托峨眉山智慧景区建设成果，创新思路，运用前沿数字技术手段着力解决旅游中存在的各类痛点、难点，提升线上旅游线下体验的服务水平，实施乐山城市旅游提升计划，带动数字文创产业等数字经济产业发展。

（一）"乐山市智慧文旅"平台技术实现框架

"乐山市智慧文旅"项目主要包括"一云、两中心、多终端"，即"一云"：文旅行业云；"两中心"：乐山智慧文旅指挥中心、5G+数字景区体验中心；"多终端"：包括"智游乐山""高德一张地图游乐山"等。"一云、两中心、多终端"投入使用可全面实现"一号一码一图一部手机游乐山"。

"乐山市智慧文旅"平台总体架构，分别由业务前台、业务中台、数据中台和技术后台四个层级平台和景区融合发展体系、文旅大数据标准体系构成，乐山市智慧文旅总体技术框架如图3-4所示。

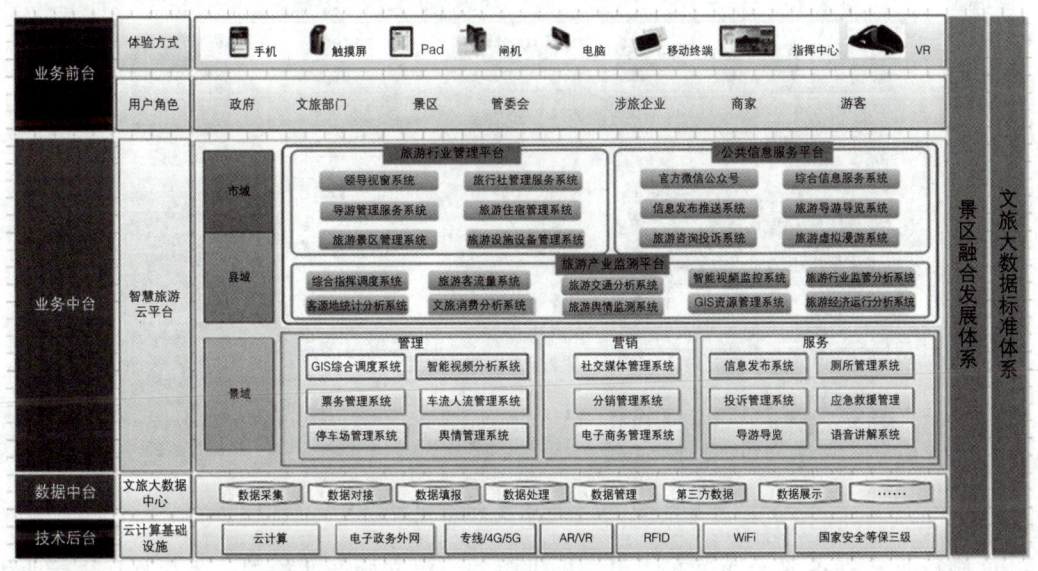

图3-4 乐山市智慧文旅总体技术框架

(二)"乐山市智慧文旅"平台核心建设内容

"乐山市智慧文旅"平台依托峨眉山智慧景区建设成果，创新思路，以 SaaS 架构和中台技术体系，构建贯穿市域、县域、景域的"智慧文旅大中台+小前台"的综合文旅公共服务平台，为各文旅企业赋能，总体实现不同用户角色采用多样的体验方式参与智慧旅游，实现上下联动、协同工作的文旅体系及产业机制。

为抢占智慧旅游大数据（云计算）的发展先机和产业制高点，峨眉山旅游股份有限公司从 2016 年开始发展数字经济，投资约 3 亿元建设峨眉山智慧旅游大数据产业园，按照国家 A 级标准和安全等级保护三级标准建成 PB 级容量的峨眉山大数据中心（IDC）。围绕全域旅游、智慧旅游以及互联网+旅游，峨眉山大数据中心建成了"一云、两中心、多终端"，并具备从数据研究、数据生产、数据存储、数据应用、数据分析、数据呈现等全链条的基础设施条件，具备同时为政府、景区、企业、游客等提供大数据服务，初步形成了"人在游，数在转，云在算"的智慧文旅新业态新服务。

1. "云"建设

一是文旅行业云 IaaS 平台建设。搭建在峨眉山大数据中心，采用阿里飞天云底座，为各类文旅景区和企业提供计算、存储、网络及安全等服务。文旅行业云的灾备能力、存储能力、网络架构、安全能力属于文旅行业领先水平，现有资源可满足全国文旅行业数据处理的基础；价格低于公有阿里云，从技术、安全、价格、专业等方面分析，具备高性价比。

二是文旅行业云 SaaS 平台建设。该平台是为省、市、县、景域等文旅行业单位提供营销与管理的服务平台，其架构如图 3-5 所示。

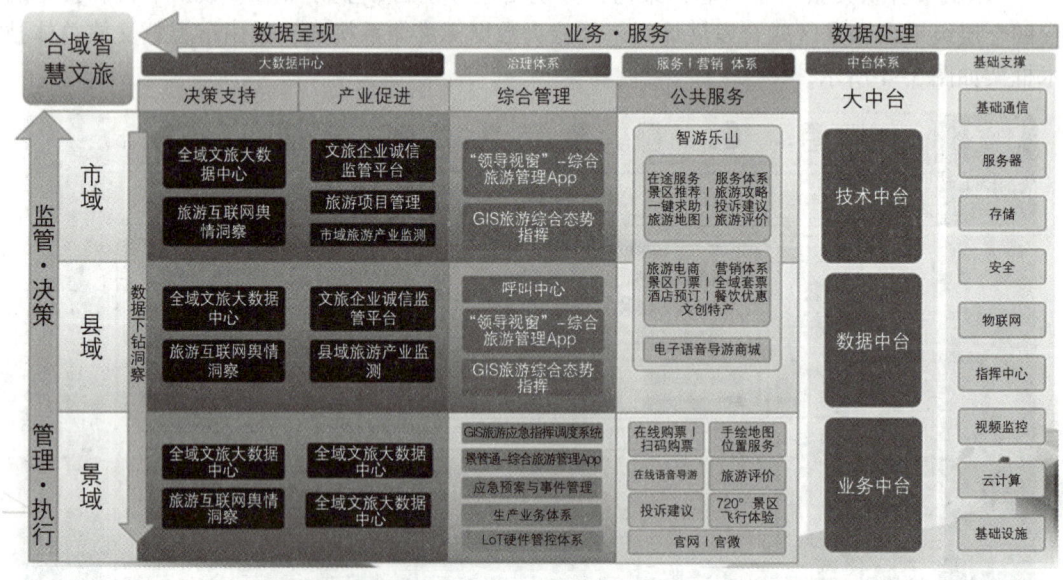

图 3-5 文旅行业云 SaaS 平台架构

文旅行业云 SaaS 平台通过在线租赁提供服务，集文旅产业检测、运营监管、行业生产、服务营销、技术支持等功能为一体。一体化运营电商平台融合全域"食、住、行、游、购、娱"六要素产品,通过对游客属性、消费偏好、行为轨迹等的分析,推送差异化的产品组合包,实现精准营销。

2. 乐山市智慧文旅指挥中心

乐山市智慧文旅指挥中心汇聚了乐山市全域文旅场馆、景区以及政府涉旅数据,实现了与乐山心连心指挥中心以及各区县指挥调度分中心的数据联通和指挥联动,实现全市文旅统一指挥调度功能。乐山市全域文旅大数据中心如图 3-6 所示。

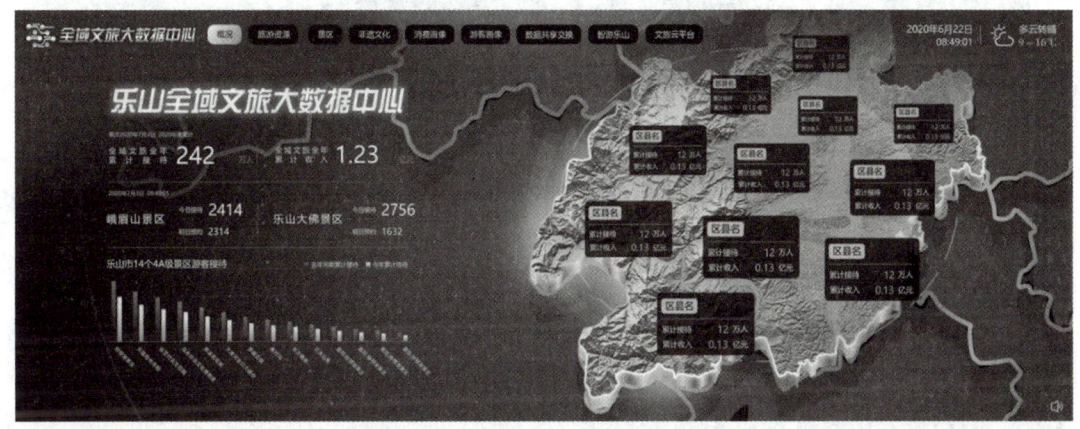

图 3-6　乐山市全域文旅大数据

市域、县域和景域等三级根据地域不同、交通环境不同、游客总量不同等建立基于 GIS 的跨区域融合调度平台,实现市文广旅局在心连心服务中心能以市域及时掌握各景区、各国道的客流、车流拥堵状况,并及时通过线上、线下公共服务平台向拥堵区域发布调度指令,进而缩小到县域、景域掌握实际情况,监督现场指挥调度。实现各县域、景域之间能及时互通客流、车流,并及时会诊联合形成调度方案,打破信息孤岛。

智慧文旅指挥中心数据呈现基于全域文旅大数据,按用户智能管理维度分为景区、县域、市域三级逐级汇总分析,分析文旅产业发展、产业运行、景区态势、游客画像、旅游服务信息等,并以可视化大屏的方式进行展示。智慧文旅指挥中心数据采集包含系统业务数据对接、涉旅基础数据采集、行业监管数据填报以及 IoT 物联硬件设备数据、三方商业数据(运营商信令数据、支付交易数据、地理数据)等多维数据。数据共享与分析对全市"食、住、行、游、购、娱"六要素的相关产品,以及全市行业管理、营销、服务过程中形成的数据,形成实时游客量监测、历史客流量、产业消费监测、客流预测的分析体系,进而构建起专属各大景区的大数据分析体系。

3. "5G+数字景区体验中心"

以三维建模、增强现实、虚拟现实、人工智能等技术为基础的数字化景区,采用全息投影、互动投影、球幕影院等设备设施,建设"5G+数字景区体验中心"。数字景区体验中心如图 3-7 所示。

图 3-7　数字景区体验中心

峨眉山"5G+数字景区体验中心"用数字化的手段，给游客和研学对象提供了不一样的峨眉山感受，将"未曾见、未常见"的景致和现象进行呈现。基于"5G+数字景区体验中心"开展数字文创的研究与开发，为游客提供个性化的服务。

4. 面向游客终端服务系统

"智游乐山""高德一张地图游乐山"是文旅应用服务面对 C 端游客服务的载体，通过不同的承载方式，包括微信公众账号、微信小程序、支付宝小程序、H5、App 等终端模式，为游客提供景区推荐引导、景区购票、酒店餐饮服务推荐引导、旅游攻略、驴友社群、导游导览、旅游电商、游客评价与服务投诉等诸多服务。票务云界面展示如图 3-8 所示。

图 3-8　票务云界面展示

5. 面向管理层终端服务系统

建设"智游乐山"移动办公系统。管理层使用便携式智能终端，应用"智游乐山"App 网络化、无纸化协作的移动办公体系，处理县域、景区内部日常工作事务或运营状态的监督管理。"智游乐山"App 移动办公管理视窗界面如图 3-9 所示。

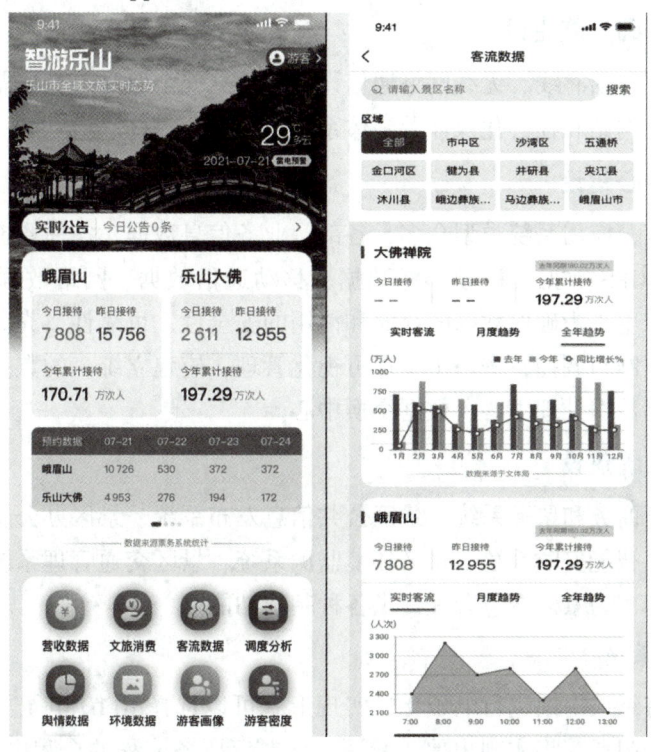

图 3-9　"智游乐山"App 移动办公管理视窗界面

第四节　智慧景区建设

智慧景区的建设是一个复杂的系统工程，需要利用物联网、云计算、基于位置的服务等技术进行信息处理，将技术应用与科学管理结合起来，实现各系统之间的互通协作，一方面为游客提供有针对性的服务，另一方面建立景区的智慧管理与智慧营销多渠道、多路径和多终端的全方位服务体系，全面提升景区的综合竞争力。

一、智慧景区建设的主要内容

2020 年 12 月，文化和旅游部资源开发司印发《智慧旅游景区建设指南》，在《智慧旅游景区建设指南》提出要建立景区预约和流量管控系统（包括景区预约平台、景区电子门禁、流量信息监控发布系统、景区视频监测系统等子系统）、景区大数据分析应用平台（包括流量数据分析平台、消费营销数据平台、资源数据平台等子系统）、景区管理系统（包括景区办公管理、业务管理、运营管理等日常系统，以及景区调度指挥系统、景区应用指挥系统），引入5G、智能安防、智能监测、智能旅游设施设备、虚拟现实体验等高新技术实现旅游安全、体验的服务升级。

智慧景区建设主要任务是建设景区内的信息化基础设施，全面提高管理服务水平，向游客提供各类旅游信息化服务，主要包括以下四个方面：

（一）信息基础设施建设

基础设施主要包括有线、无线网络通信设施、信息安全保障及一些基础软件平台，也包括旅游景区门户网站和社会化媒体营销体系。

（二）数据中心建设

建设智慧景区，应用系统类型众多，各部门业务信息数据、各种系统传感器数据、RS数据、GIS数据、GPS数据、视频影像数据、移动通信数据、网络数据和景区资源数据等，源源不断地产生。为确保数据的存储和使用的安全性、可靠性，充分共享数据，对景区各种资源进行控制与调控，进一步实现可视化管理，应建立统一的数据中心，作为整个智慧景区建设中的数据处理中心、数据交换中心。

（三）应用系统建设

包括景区电子商务和票务系统、景区公共信息发布系统、景区办公管理系统、景区能源管理系统、景区智能安防系统、景区环境监测系统、景区交通管理系统、景区医疗及救护救援保障系统等，为景区智慧管理提供各种基本功能。

1. 电子票务系统

电子门票是将纸质门票进行电子化，实现形式可以选择RFID电子票或者二维码电子票。通过使用电子门票，将实现出票、验票、计票等票务流程的全程电子化；除此之外，还可以通过电子门票与用户身份的绑定，结合景区重要节点安装电子门票识别设备，来感知门票即游客所处位置区域，为游客提供个性化的景区服务，同时辅助管理单位进行客流引导与管理。

（1）RFID电子门票验票系统

使用RFID电子门票，游客在通过验票口时，读卡器可以自动感应到电子门票，并可对游客信息进行实时统计。在客流量大时，将缩短游客检票时间，实现快速通关。

通过把游客信息（如手机号码）与RFID门票进行绑定的方式，可以为游客提供更加多样化、个性化的服务，例如为游客发送景点介绍、景区地图、娱乐购物促销等方面的短信或彩信。

（2）二维码门票验票系统

使用二维码门票，游客可以通过在线预订的方式，通过手机或其他移动终端获得门票的二维码，实现异地取票、实时取票。发票部门可以通过电信运营商的服务，解决售票网点不足的问题，并实现无纸化出票，实现低碳票务。

发送二维码形式的优惠券到游客的移动终端，既使游客能够更早预订到优惠券，也可以使商家更早地获得市场信息。既不会错失商机，又避免过度囤积所造成的浪费，实现对商业活动的精细管理。

（3）条形码门票验票系统

使用条形码门票，可以利用邮政系统的明信片进行发放。借助遍布全国的邮政网络，既可以方便快捷地实现异地取票，与明信片的结合也可以达到为景区做宣传的目的，使门票兼具收藏价值。与邮政局的明信片结合还可以加强门票的防伪功能。

（4）人脸识别验票系统

人脸识别系统有效利用身份证信息，结合门票实名制，实现即时化、网络化的综合性身份信息比对，帮助游客进出景区验票，实现自助通行，为景区自动化票证查验工作、游客流量监控提供了安全有效的解决方案。

2. 景区信息发布系统

景区信息发布系统的中心思想是在一个统一的综合性平台上获取景区的全部相关信息。借助网络平台的发布、景区大屏幕信息滚动播放、向游客移动终端进行旅游信息推送等方式，游客可以方便地获得全面、详细的景区旅游信息。

景区信息发布系统包括对静态旅游资源信息的汇集、分类和整理，以及对动态信息的更新与反馈。静态信息包括向游客提供景区景点、建筑物、文物的相关介绍和知名特产、休闲娱乐等信息，其内容包括文字、图片、高清视频以及地图信息等。动态信息包括景区游客的数量，预约来客的人数、时间等，它一方面是旅游资源数据库内容的一部分，另一方面也是客流趋势预警系统建立的基础。

通过建设景区信息发布系统，囊括景区的景点、店铺信息，既解决了景区中店铺由于能力有限，不能建设信息化平台的问题，又拓宽了市场监管的信息渠道，使旅游管理部门对市场动态的把握更加准确。

3. 停车场管理系统

停车场管理总的指导思想是现场无人看管，完全智能化，管理人员可以在车场环境内的任意固定地点对于车辆执行完全控制权，完成各种统计、监视、报警等，大大降低管理人员劳动量。停车场管理系统包括进场前的分流引导和进场后的车位管理两个方面。

进场前的分流引导主要依靠其他交通保障系统获得交通状况信息，并及时发送车位数量等信息到路面、停车场入口等地方设置的信息屏上，对预备入场车辆进行早期引导，实现对停车场的高效利用。进场后的车位管理主要包括空闲车位计算和汽车入库出库引导，提高车位使用效率。

4. 基于位置的服务系统

基于位置的服务以 GIS 数据库以及其他旅游信息数据库为基础，对游客所在位置周边的旅游资源信息进行集中推送，实现导航、导览、导购服务。这种集中推送由旅游信息平台发送，既避免了游客由于对景区不了解而造成遗漏，又避免了由于信息量过大而造成游客的困扰。

基于位置的服务还可以变观光游为互动游、变旁观者为参与者、变单纯解说为亲身体验，使旅游过程中容易被游客忽略的细节得到重视，将游客行程的一条线扩展为一个面。深度旅游引导服务，既使游客的游览内容更加丰富，又能为景区商家提供更多的商机。

(四)指挥调度中心

指挥调度中心主要任务是在各智慧景区应用系统所实现的功能基础上,变分散管理为协同联动,变多级管理为扁平化管理,变粗放管理为精细管理,负责协同工作、指挥调度、应急处理、景区人员管理、景区资源管理、景区安保监控等。

二、青城山-都江堰风景名胜区智慧景区建设实践

《四川省"十三五"旅游业发展规划》提出的十大旅游目的地规划布局中,青城山-都江堰是大成都国际都市休闲旅游目的地的组成部分。近年来,青城山-都江堰景区致力于景区智慧旅游建设,先后经历了景区信息化、智能化、数字化再到基于云计算和大数据的智慧景区运营四个阶段。青城山-都江堰风景名胜区智慧景区综合管理平台依托青城山-都江堰多年来智慧化的建设成果及数据,探索应用大数据、云计算、物联网、人工智能等新技术和旅游业融合,构建以"两个中心、一个运行数据库、两大平台"为核心,整合30多个业务应用子系统,覆盖智慧管理、智慧服务、智慧营销三大领域的智慧景区管理服务体系。

(一)基础网络

1. 通信网络设施

青城山-都江堰风景区基础网络选用高性能网络设备、主动安全性设计、高可靠性网络配置、可扩展性和可管理性标准、先进可靠稳定技术,如骨干采用万兆以太网,防火墙采用硬件防火墙等,使网络用户充分体会到宽带技术带来的优越条件。采用万兆网交换技术、QoS技术、VPN技术、多层交换技术、防火墙技术、网络安全技术、分布处理技术、多媒体应用技术等满足日趋丰富的业务和用户的需求。

2. 网络信息安全系统

信息安全系统是系统正常运行的保障,包括系统安全、网络安全、数据安全、应用安全。该系统采用网闸、防火墙系统、网络实时入侵检测系统、实时入侵病毒防范系统等设备来保障网络信息的安全。

(二)两大中心

1. 数据处理中心

数据处理中心是景区数字化、信息化的数据核心,是所有数据汇总的交点。数据处理中心进行数据收集、处理、存储。数据处理中心的建立,便于对景区数字化、信息化系统的信息数据进行统一管理。

2. 指挥调度中心

指挥调度中心集中设置视频、GPS监控指挥、接处警等系统,利用电视墙、大屏幕设备,接入显示各监控点的视频,并可利用多个大屏幕同时放大显示重要位置的视频和GPS监控电子地图等,一旦发生紧急事件,工作人员可更充分了解现场状况,迅速找出最佳措施,并及时向相关职能部门发出指令,迅速处理。都江堰市旅游指挥呼叫中心如图3-10所示。

第三章 智慧旅游建设实践

图 3-10　都江堰市旅游指挥呼叫中心

指挥调度中心系统的建设可以加强景区管理局集中指挥调度力度，进一步完善对全景区的智能管理，有效整合风景区内应急资源，提高管理局预防和处置突发公共事件的能力，控制和减少各类灾害事故造成的损失，为景区管理领导提供应急决策和指挥平台。

建立景区内部态势监测体系，在都江堰景区、青城前山景区、青城后山景区等 50 余个游客聚集地、热门景点、热门游线、瓶颈区域实施情况监测，实时掌握景区运行整体态势。在此基础上，建立部门应急联动体系，通过网络平台、呼叫平台协调联动公安交警、文化执法大队、属地镇（街）、景区管理处，实施引导、疏通、分流，确保高峰期景区旅游安全、环境、秩序、服务良好。

（三）三大平台

1. 指挥决策平台

建成投运的景区应急指挥中心和游客呼叫中心，全天候在线受理旅游咨询、投诉、预订、求助。接入四川旅游运行监管及安全应急管理联动智慧平台，实现旅游市场日常监管及应急管理省—市—县—景区/企业多级联动体系。承担国家"北斗卫星导航智慧旅游重大应用示范课题"，纳入基于北斗兼容系统的户外应急救援平台。

2. 系统集成及协同办公平台（OA）

青城山-都江堰景区协同工作平台如图 3-11 所示。

通过协同平台将景区现有的分散的业务系统统一集成到门户中，实现所有业务系统的用户登录在一个界面中即可完成，同时对分散的业务系统的用户进行统一管理，统一认证，从而实现单点登录，从易用性、安全性等角度最大限度地提高业务系统的使用效率。

另外，通过统一的门户平台，对社会公众或潜在客户而言，能带来更专业、更舒适的客户体验，从而提高景区的定位，树立旅游品牌形象。

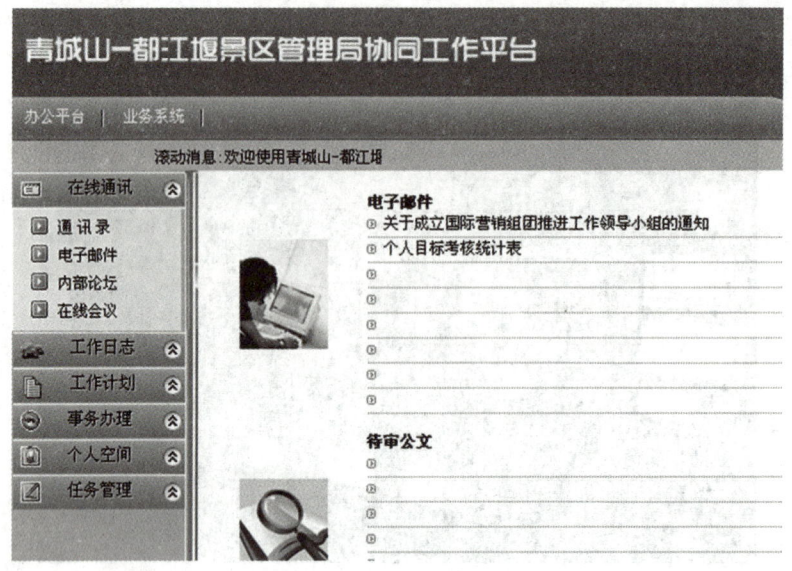

图 3-11　青城山-都江堰景区管理局协同工作平台

3. 旅游目的地电商及营销平台

建设境外多语种门户网站、智慧旅游营销 ERP 管理平台、DMS 电子商务平台等。都江堰电子商务平台如图 3-12 所示。

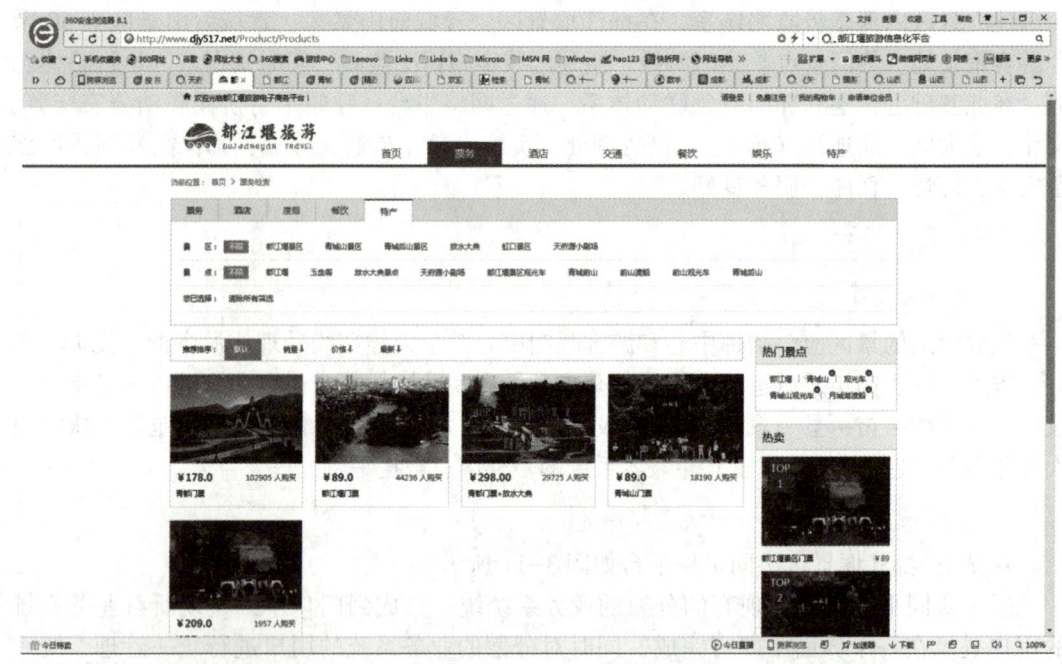

图 3-12　都江堰电子商务平台

通过与中国移动合作，对游客手机归属地信息进行实时抓取、采集、整理、分析，为景区实现精准营销、科学管理创造条件。

在都江堰景区启用了智能化语音自助导游系统、智能手机 App 自动讲解系统；同时建成了都江堰、青城前山、青城后山游客服务中心自助服务系统。建设景区 Wi-Fi 公众服务平台，以免费 Wi-Fi 为移动互联网切入点，推出景区微信公众服务号、手机 App，打造景区移动互联网公众服务综合平台；整合全域旅游资源，建设集在线服务、在线交易、在线营销和线下服务为一体的目的地营销系统，全面提升旅游电子商务水平。

正在规划建设中的都江堰旅游互动体验馆项目，通过多种形态的互动旅游体验节目，包括大型互动球幕影院，模拟飞行体验等互动体验，全方位展示都江堰、青城山、龙池、虹口、紫坪铺等多个旅游目的地的形象，以世界自然与文化遗产中的水元素、道教文化元素，以及熊猫、漂流、攀岩、野外探险、高端定制休闲度假等其他元素，使游客在有限的时间、空间内全域游览、体验、参与都江堰市各大旅游景区，获得前所未有的震撼性的身临其境的沉浸感受，从而吸引游客在都江堰市深度游览和度假，更进一步提升旅游经济效益。

最近，又按照"实体+网络"线上线下相结合的 O2O 商业模式，搭建了全网实名预约购票的"青城山-都江堰购票平台"，如图 3-13 所示。该平台性能强大，处理业务的响应时间不超过 0.2s，服务器可承受上千名用户同时办理业务。一方面，游客可通过该平台实现线上线下多渠道预订、支付购买门票，游客抵达园区后可在自助检票通道凭电子证照或人脸识别方式自行检验入园，获得便捷安全的游玩体验。另一方面，该平台通过分销系统无缝对接线上 OTA 平台，打造旅行社 OTC 后台管理系统，实现全渠道同步分销。

图 3-13 青城山-都江堰购票平台

（四）应用系统

1. 规划监测系统

系统以整个青城山景区为监测对象，按照 1∶500 绘制景区的 GIS 地图，综合运用 RS 技术、GIS 技术、MIS 技术和网络技术等高新技术手段，对风景名胜区内土地利用情况、各项建设活动、生态环境进行动态监测。

系统主要能实现的功能有：土地利用监测，对风景区内土地利用情况进行动态监测；建设工程监测，对风景区内各项建设活动，如公路、索道、游乐设施、宾馆建筑、水利工程等，进行动态监测；生态环境监测，对地质构造、植被覆盖、水体的变化情况进行监测。

2. 环境监测系统

根据景区资源保护的侧重点不同，可分为水质、空气等的监测。监测方法为：利用相应的数据自动采集系统定期采集样本，并通过分析仪器获取监测指标情况，并做出环境变化情况的评价，以便及时采取措施。

3. 生物、文物资源监测系统

系统利用 MIS、GIS、RS 技术，对生物资源（如古树名木、珍稀花卉、野生动物等珍贵动植物资源）的物种数量、分布定期进行统计。对森林病虫害的监测普查数据、虫害预测预报信息、虫害发生区域或危险等级范围等进行监测和防治。对景区内的各类文物资源（如摩崖石刻、历史性建筑物、博物馆收藏等文物资源）进行信息化管理，对其图片、视频资料以及定期监测的各项数据进行规范化集中管理，便于文物资源数据的查询检索和文物保护工作分析。

该系统能够将景区内的各类资源信息、生物多样性保护研究工作成果等纳入信息化管理，更好地实现信息的规范化管理，方便日常的查询检索和统计分析。

4. 电子巡更巡检系统

该系统主要实现对景区防火、治安等巡视的数字化管理，对防火、治安巡逻人员进行有效的监督与考核。通过电子巡更巡检系统，可对景区的防火、治安等进行定时、定路线、定点位的巡查工作，对巡查人员的工作情况进行检查和督促，对景区的综合治安管理和森林防火有着重要作用。

5. 森林防火系统

森林防火系统主要由前端摄像系统、传输系统、监控指挥调度中心组成。该系统的前端摄像系统采用红外热像仪，能全屏任意点测量温度，用户可选择采集模拟视频信号或数字化温度数据，得到清晰的红外温度图像和无失真的数据。监控指挥调度中心可提供全面、清晰、可操作、可录制、可回放的现场实时图像，并实现远程控制功能。本系统还具备对景区生态环境的辅助监控作用。

6. 智能 IP 同播系统

采用 RC-2008 智能 IP 同播网系统，可完成本地基站内对讲机之间的呼叫，当多个基站组成同播网时，可实现多个基站之间全部对讲机的跨区域呼叫。在紧急情况下，重要的领导还可以通过有线电话或蜂窝手机呼叫全网的对讲机，优先进行通话，以保证指挥调度。

该系统还可对全网每台设备的工作状况进行监控，管理人员可以在任意位置查看网络和终端设备是否正常，当故障发生时，管理人员能立即得到声光预警。

7. 停车场管理系统、停车引导系统

停车场管理系统、停车引导系统设备主要包括停车场控制板、智能道闸、车辆检测器、读卡器、感应卡以及停车场专用管理软件。

该系统以非接触式卡作为停车场车辆进出的凭证，一车一卡，对车辆进出图像进行对

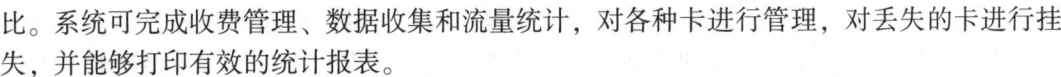

比。系统可完成收费管理、数据收集和流量统计，对各种卡进行管理，对丢失的卡进行挂失，并能够打印有效的统计报表。

8. 呼叫中心

呼叫中心是游客与景区信息沟通的重要桥梁，在提升景区旅游形象、提高各单位办事效率和对焦点问题的响应速度，提高游客对景区管理局的信任度、满意度等方面能够发挥重大作用。

呼叫中心面向全社会服务，以电话为中心，并辅以互联网、短信、传真、电子邮件等多种现代化信息手段，利用世界先进的呼叫中心技术、信息访问和网络技术，利用计算机强大的数据处理和存储能力，为景区提供一个电子化的服务窗口，呼叫中心设立统一的呼叫号码，为游客提供多种渠道与指挥中心进行沟通，该系统面向普通游客，为游客提供咨询、建议、求助、投诉等全方位服务。

9. 视频监控系统

视频监控系统主要包括前端摄像系统、数据传输系统、控制系统和显示系统。前端摄像系统完成数据采集，传输至监控中心，在监控中心完成数据的保存、监视、录像、报警、控制、身份识别以及对前端摄像机焦距、景深等的控制，并通过大屏幕系统实时播放多路视频画面，供工作人员集中监控，如图 3-14 所示。通过视频监测系统，在都江堰景区、青城前山景区、青城后山景区等 50 余个游客聚集地、热门景点、热门游线、瓶颈区域实施情况监测，实时掌握景区运行整体态势。

图 3-14 视频监控系统

建设视频监控系统，目的是通过摄像头采集重要景点、客流集中地段、事故多发地段等地的实时场景视频数据，利用有线或无线网络传输至指挥调度中心，供指挥调度中心实时监视各类现场，为游客疏导、灾害预防、应急预案制定实施、指挥调度提供有力保障。

10. 应急智能广播系统

应急智能广播系统建立立体化旅游信息传播体系，收集、整理和编辑客流量、车流量、酒店房态、停车泊位、环境数据等旅游信息，通过微博、微信、今日头条、门户网站、实时导航、户外 LED 屏等平台进行实时发布。同时，在出现一些突发情况时，如火灾警报、紧急寻人呼叫及其他突发事件，进行协同处理，及时的广播信息将为游客的安全疏散等提供极大的帮助。另外，利用智能广播系统，还能在游客欣赏自然风景的同时，播放动听的音乐，使游客流连忘返。

11. 多媒体展示系统

多媒体展示系统，主要用于为游客提供旅游信息自助查询检索服务。一般安装在游客中心等地的触摸屏设备上，游客可自行查询景区的景点介绍、交通、天气、旅游服务设施情况等，方便游客的旅游安排，提高服务的满意度。

此外，多媒体展示系统的内容也可扩展到景区管理的各方面，如自然文化资源介绍、规划建设管理、资源保护措施、生物多样性研究等。

12. H5 应用小程序

开发使用"金牌解说"H5 应用，通过"人人导游、处处故事、共创文旅"的旅游和科普教育平台，实现专业导游、名人明星、文史专家的科普共讲，游客扫物识物、对景听景、触景虚拟的科普共享，让科普教育更生动有趣，更有参与感。推出"一图游景区"H5 应用，遵循"免费服务、贴心服务、主动服务"的原则，聚焦陌生游客游览时关心关注的热点、难点、痛点问题，基于地理位置服务，充分应用区块链、移动互联网、GIS 等前沿技术，通过手机端为游客提供车位预约、票务预约、讲解预订、游线推荐、找美食、找卫生间、点赞、吐槽等服务。

13. 索道电子门禁系统

该系统主要包括电子自动售票子系统、电子验票子系统、汇总结算查询子系统。总体流程是：游客到景区售票点购买电脑售出的带有信息标识（比如条码）的门票，同时售票数据被写入服务器数据库中；游客持票到景区入口，经过电子验票门禁通道扫描门票信息，门票作废，游客进入景区。售票数据和验票进门数据在授权的情况下可实时查询，各种财务报表可实时查询、打印。

电子门禁系统建立的目的是替代景区原有的人工检票模式，实现对门票的自动识别检票和放行，从而降低人工检票的工作量，提高放行速度和工作效率，杜绝假票，并且可以快速准确地统计每时段进入景区的游客量，有助于实现景区的客流量控制，更好地保护景区生态环境。

另外，为提升新冠疫情防控期间景区旅游服务品质，青城山–都江堰景区作为四川省首家打通"四川天府健康通"接口的 5A 级景区，实现"健康码"状态高效自动查验。同时，依托信息技术，成功打造景区"智慧防疫"便捷服务平台，采用 5G 热成像、智能测温头盔进行体温检测、防疫健康码数据互通等手段，不仅拓宽了游客体温安全检测面积，还保障了防疫工作人员的安全距离，极大地便捷了游客出行。

14. 无线景管通

该系统包括手持终端设备，中央控制设备和系统平台软件。手持终端设备负责前端信息的产生和发送，中央控制设备负责信息的接收和处理，系统平台软件负责对前端信号的分析处理，并产生对应的逻辑动作与其他系统，如办公 OA、MIS、视频监控等联动。

无线景管通利用 GPS、GIS、无线通信等技术，实现景区的流动化管理需要，管理人员可利用手持的移动终端设备，对发生在景区内的各种违规和突发事件进行现场拍照记录，并实时传送到管理中心，为景区的管理提供高效和简洁的解决办法。

15. 都江堰景区地理信息系统

都江堰旅游景区三维全景多媒体展示及信息管理系统应用地理信息技术、遥感技术、虚拟现实技术、多媒体技术，建立基于旅游景区高精度地形数据和遥感影像的三维全景动态展示与管理平台。通过风景区图片、文字、多媒体视频、遥感影像图、三维模型等多种方式，结合多媒体的、三维的人机实时交互手段，全方位地展现青城山风景区、各旅游景点和服务设施的信息等。三维全景动态展示平台集成视频监控图像、电子门禁系统数据、景点三维模型、主要景点虚拟现实等相关数据，保障数据的实时更新。

16. 应急求助报警系统

该系统主要包括的设备有求助报警柱、求助报警前端主机、求助报警接地棒、求助报警工作站及相关应用软件和施工线辅材等。系统安装在该景点的监控摄像机附近，每个报警柱可以实现应急按钮报警、语音求助对讲和求助报警人视频图像上传，便于管理人员更直观地了解所发生的情况。

第五节　智慧酒店建设

酒店是融餐饮住宿、商务会议、娱乐休闲等功能于一体的综合服务性设施场所。智慧酒店就是通过数字信息化服务和智能化信息处理技术等，改善服务品质，提升服务价值，在以为客人提供安全、舒适、快捷、智能优质服务为首要目标的前提下，同时在建筑、供热、空调、照明、电器使用和水资源利用等方面实现节能减排，减少员工数量及劳动强度，降低酒店运行成本，实现酒店经济效益和社会效益的最大化。

一、智慧酒店建设的主要内容

智慧酒店的表现形式主要体现在四个方面：

第一，智慧酒店设施。酒店智能化的建筑设施设备能为客人提供更为温馨舒适的入住环境，是智慧酒店建设的基本条件，不可或缺。随着智能化水平的不断提高，智能建筑越来越安全节能、高效舒适。智慧酒店设施中除了最为基础的智慧客房建设外，还包括智能楼宇、照明电器控制、能源管控、可视对讲、互动娱乐等，为客人提供个性化的体验，营造人本化的优越环境。

第二，智慧酒店营销。智慧营销是以客人为中心，以客户需求为动力促进商业的价值取向，规划设计智慧化的商务模式，实现企业在营销、管理上的智慧转型，发挥可持续的竞争优势。面对云服务、智能终端、移动互联网等大数据的挖掘分析，利用信息整合有效开展智慧营销。酒店从业人员能创新智能化营销理念，不断拓展智能化营销渠道，注重智能化营销推广，与酒店上下游产业链企业战略合作，提高酒店营销能力，使智慧酒店的产品体验、服务水平、管理效率等方面更具优势，特色鲜明。

第三，智慧酒店服务。智慧酒店的核心竞争力是智慧服务，这种服务能通过运用知识和创造知识达到知识产品的利润最大化，也就是酒店通过智慧化的技术手段为住店客人提供个性化的服务体验，满足客人的个性需求，实现产品的利润增值，使产品价值与服务品质得到极大的提升。

第四，智慧酒店管理。如何提高酒店的服务质量，提升酒店品质，酒店经营管理至关重要。智慧管理是企业对各类管理需求进行智能处理，提供资源配置、数据整合、信息管控和智能决策，对于酒店的各项管理业务需要运用智能化的处理技术进行智慧化的管理，最终实现管理水平质的飞跃。

智慧酒店以通信新技术、物联网技术、云计算技术、计算机智能化信息处理技术、宽带交互式多媒体网络技术等为核心，构建新型的酒店智慧管理、智慧服务、智慧营销系统，所以，智慧酒店建设的主要内容可分为三大部分：酒店内部管理系统、酒店智能化管理系统和酒店通信网络管理系统。

（一）酒店内部管理系统

对于住店客人相关的服务管理而言，酒店内部管理是指酒店内部运营、员工管理及营运数据处理，主要依靠酒店管理系统平台对酒店内部每天的营业数据、财务数据进行分析，对员工工资及成本、员工奖励制度核算等进行处理。

酒店内部管理系统的核心功能是智能楼宇管理系统必须实现的集成功能，该系统可以集成的子系统包括楼宇自控系统、门禁控制系统、防盗报警系统、闭路电视系统、一卡通系统（消费、考勤等）、停车场管理系统、电梯监视系统和消防系统等。楼宇自控系统监控的设备包括新风机、组合空调机、吊装空调机、盘管空调、冷冻机组、生活水系统、自动喷灌系统、泛光照明点、室外照明和地下室照明等。门禁控制系统监控内容包括各通道管制门的开关状态，通道管制门的开启、读卡机、电控锁故障报警，非法刷卡、非法闯入报警，读卡机敲击报警，长时间开关异常报警等。防盗报警系统监控内容包括：记录所有用户和防区资料，如编号、名称、所处位置、类型等；各种历史记录，如用户报警历史等；设定所有用户和防区的状态，监视所有用户的当前状态，如禁用、布防、撤防、报警、未准备等；监视所有防区的当前状态，如禁用正常、旁路、报警、未准备、故障等。闭路电视系统监控内容包括：视频矩阵主机的工作状态监视和故障报警，调用任意一台监视器和摄像机，自动切换和群组切换，控制电动云台的方位，控制电动透镜的变焦倍数、聚焦和光圈开度，视频丢失报警，视频移动报警等。考勤系统监控内容包括记录所有考勤记录、考勤机的运行情况、运行记录、故障报警和考勤情况的查询。电梯监视系统监视内容为电梯的运行状态、上下状态和楼层号等。

（二）酒店智能化管理系统

酒店智能化管理系统是智慧酒店的主要支撑，包含无线智能酒店系统、订房信息系统以及RFID技术的一卡通系统。此外，还有能源管理系统、资产管理和门禁考勤、视频监控等普遍性的应用。

酒店智能化管理系统是一个系统体系，集成了酒店运行所需的所有系统，按功能可以分为两大类：

1. 建筑基础设施体系

建筑基础设施体系包括中央空调系统、智能照明控制系统、火灾自动报警及联动控制系统、楼宇自控系统、通信网络系统、计算机网络系统、酒店信息管理系统、综合布线系统、安全防范系统、智能化集成系统、机房工程、UPS 电源系统和防雷接地系统等。

2. 服务管理系统

服务管理系统包括客房智能管理控制系统、智能一卡通系统、卫星接收及有线电视系统、VOD 点播系统、公共广播系统、多媒体商务会议系统、中央空调质量监控节能系统、智能化综合布线系统等子系统。

（1）客房智能管理控制系统

客房智能管理控制系统与前台、楼层客房中心、工程部、保安部等部门的计算机，经交换机和服务器连接，构成一个以太网，通过快速的信息交换和数据处理，实现计算机系统管理，将客房的实时状态及突发情况反映到各部门，以保障客人的人身安全，提高酒店的工作效率，降低运营成本。成熟的酒店客房智能管理控制系统不仅能够创造优质高效的工作环境，而且能够给客人带来满意的个性体验，给酒店带来巨大的经济效益。

客房智能管理控制系统主要设备有主控制箱、机械式开关面板、服务信息显示面板（如请勿打扰、清理房间、请稍后等）、门铃、身份识别型节电开关、门磁、紧急呼叫按钮开关、红外探测器、"请稍候"开关、空调控制开关、网络通信器、中继器、各管理计算机等。使用客房智能管理控制系统的目的，一是可方便客人轻松入门，二是可方便客人随手操控，三是操控设置更加人性化和安全、便捷、智能。

（2）智能一卡通系统

智能一卡通系统采用 RFID 卡取代传统的现金、票证、纸卡等，用计算机智能管理手段提高使用单位的工作效率和工作质量，适用于酒店、俱乐部、会所、商场等各类收费管理。在消费基础上，可作为贵宾卡、会员卡、优惠卡、员工卡等识别证，用同一张卡实现购物、娱乐、考勤、门禁、电话、门锁、借书、签到、停车、桑拿洗浴等多项一卡通管理功能。采用这一系统能够为客人提供更人性化、个性化的服务。对 VIP 客人可采用非接触式射频卡，使客人在不知不觉中享受到严密的跟踪保卫，可把高级客房区控制起来，使没有射频卡的人进入以后受到监控，无法随意行动。

（3）卫星、有线电视、VOD 点播系统

该类系统主要提供新闻、经济信息、娱乐片供客人消遣。可以通过卫星接收器提供免费电视节目，利用有线电视对卫星频道进行有效补充。VOD 点播系统可将酒店自主录制的视频结合卫星接收系统和有线电视系统，作为有偿服务提供给客人，既增加娱乐服务项目，又提高酒店利润。

（4）多媒体商务会议系统

举办各种商务会议及其他大型会议成为现代高档商务型旅游接待场所的重要功能，而且是酒店利润增长的重要动力。先进的多媒体商务会议系统是现代化的多媒体会议设施的重要组成部分，是衡量酒店接待能力的核心设施指标之一。

按照功能，可以将会议厅分为宴会多功能厅和专业多功能厅。会议系统在功能设计上存在一定差异，宴会多功能厅一般代表旅游接待场所的形象，举行重要的餐饮招待会、国际会餐、音乐招待会、鸡尾酒会、婚宴招待、新闻发布等重要宴会。会议系统侧重于选用先进美观，音质优美的声、光、像系统。专业多功能厅用来接待多媒体会议、网络电视会议以及学术交流、技术培训、产品介绍、新闻发布、国际交流等重要会议，该类多功能厅的会议系统采用最先进的通信和展示技术，主要包括以下功能和设施：一是良好的无线通信网络更新，可以让与会者便捷上网，调用资料。二是多通道媒体来源，可以随意切换音/视频源，实现高品质音响还原，确保语音质量。三是数字会议系统，控制会议发言。四是良好的投影系统，大屏幕显示与多个小屏幕相结合，便于与会者获取现场信息。五是远程会议系统，进行异地内外部演示与开会。六是中控系统，可进行集中式控制管理。

(5) 中央空调质量监控节能系统

对一般公共建筑中的写字楼、酒店、商场而言，中央空调的耗电量占总耗热量的40%~60%，是最需要进行节能改造的部分。

利用中央空调多个子系统的多个参量调控中央空调水系统、流体流量和风机空气流量，节省中央空调主机的能耗和各子系统的电机能量，提高主机效率，降低中央空调系统的整体运行成本，保证中央空调整体系统稳定运行的节能控制。

(6) 智能化综合布线系统

该系统是所有建立在广域网、局域网上的酒店智能化系统的信息通道，是网络系统的高速公路，是整个系统的基础系统，将为整个酒店的语音通信、宽带数据、图像联网、酒店管理系统及网站建设提供高质量的传输通道。各系统遵守共用、公用、通用、互通、简洁、可靠、实用、经济的原则，以先进的综合布线技术、计算机技术、通信技术和自动化技术为支撑，建立一套统一规划、高度集成的布线系统，为酒店计算机网络系统数据、图像及控制信号提供统一的传输线路、设备接口和高质量传输性能。

(三) 酒店通信网络管理系统

酒店通信网络管理系统分为计算机网络和语音通信系统。计算机网络通信是酒店系统的重要子系统之一，该系统建立在广域网、局域网上。主要分为两部分：一是酒店预订及连锁经营网站信息系统，用于向酒店管理者提供现代化经营手段，使得酒店经营高效、先进、科学；二是酒店内部信息智能化管理系统，为酒店管理者提供高质量管理手段，如智能办公系统、智能节能系统、智能采购网络、智能人员管理系统、智能物耗管理系统等，使酒店物耗、能耗、人员成本等降到最低，使用效率最高，创造良好效益。在网络安全性方面，酒店内网络一般分成多个不同的子网络，各子网络之间进行逻辑或物理的隔离。

二、杭州黄龙饭店智慧酒店建设实践

杭州黄龙饭店于2009年开始与IBM合作，打造全球第一家拥有全方位高科技智能体系的智能化酒店，整个智慧酒店系统整合了RFID、无线通信、网络技术、手持PDA、电信运营商的GSM绑定、计费系统等技术，配备了国内先进的无线网络、全球首创智能会议管理系统、智慧客房导航系统、全世界第一套电视门禁系统、全球通客房智能手机、互动服务电视系统、机场航班动态显示服务、DVD播放器/电子连接线及插孔、床头音响、床头耳机、四合一多功能一体机等，"引领现代奢华体验"，使黄龙的客人无论是徜徉其中，还是置身酒店外，都能获得尊崇、体贴、智能的客户体验。

例如，VIP客人可以凭黄龙饭店的智能卡，一进入酒店即可被系统自动识别，无须办理任何手续即可完成入住或者使用手持终端系统进行远程登记，在房内或车内完成登记、身份识别及信用卡付款手续，非常安全、可靠。客人也可以通过大堂内的自助入住机，自行完成登记，自动办理入住手续。当客人走进电梯后，楼层的门牌指示系统会自动闪烁，

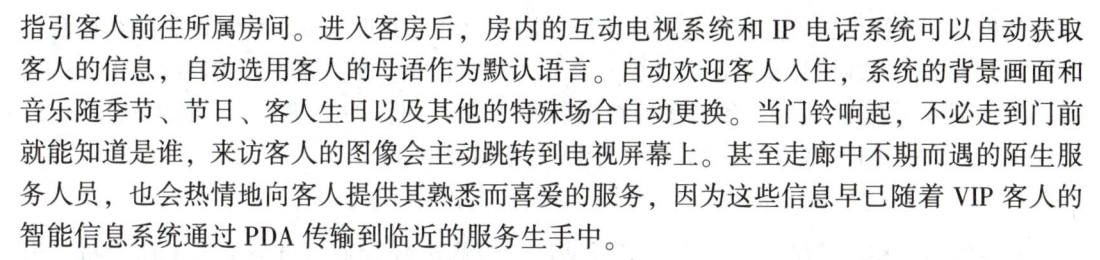

指引客人前往所属房间。进入客房后，房内的互动电视系统和 IP 电话系统可以自动获取客人的信息，自动选用客人的母语作为默认语言。自动欢迎客人入住，系统的背景画面和音乐随季节、节日、客人生日以及其他的特殊场合自动更换。当门铃响起，不必走到门前就能知道是谁，来访客人的图像会主动跳转到电视屏幕上。甚至走廊中不期而遇的陌生服务人员，也会热情地向客人提供其熟悉而喜爱的服务，因为这些信息早已随着 VIP 客人的智能信息系统通过 PDA 传输到临近的服务生手中。

黄龙饭店智慧酒店解决方案包括以下几个部分：

（一）基础设施网络系统

1. 综合布线系统

黄龙饭店客房有各式电子连接线（VGA 线、色差线、AV 线、USB 线、HDMI 高清数据线）及插孔，方便客人使用各种数码产品进行连接。饭店前台和后台区域预留的网络布线系统，可以根据未来发展和调整的需要，灵活、方便地发挥作用。如公共区域走廊需加装数字高清摄像机，或餐饮厨房内需加装数字摄像机，只要该区域有预留网线即可随时进行加装，因数字摄像机的信号线和电源线都可以通过该网线连接，简便实用。

2. 计算机网络系统

黄龙饭店的计算机网络系统分为光纤网、有线网和无线网。按用途可分为客用网、内部办公网和楼宇设备网；按逻辑分为通信网络和资源网络。这些计算机网络系统通过集成化、虚拟化、IP 化使用通信线路和数据网络连接起来，在网络操作系统、网络数据库、网络管理软件和网络通信协议的管理和协调下，实现计算机资源共享、信息传递和无缝整合的智能化系统。

3. 闭路电视监控系统

前端摄像机通过基于 IP 网络的安防专网直接接入网络视频服务器。模拟视频信号转换为标准的 IP 包，通过 TCP/UDP 网络传输数字视频，不再需要经过传统的布线，如光纤、同轴电缆等。这个结构可以利用系统已经具备的 LAN 布线系统方便地传输视频信号。打破了传统布线的点对点方式，有效地节省用户的前期投资以及后期的线路维护投资。同时，可改善视频传输质量，避免了信号干扰，提高了高清视频数据流的传输承载。

4. 机房工程系统

黄龙饭店弱电机房工程作为整个工程智能化设备的空间载体，将为各系统弱电设备提供一个稳定、可靠的运行环境，保证各弱电系统的设备能够正常运行。机房工程并不是简单的设备组合，通过对各个智能化机房在装饰、电气、空调、消防、弱电等方面的综合设置，严格保证各机房的环境条件，为信息系统设备的稳定、可靠运行提供保障。

5. 数字程控电话交换机系统

程控用户交换机（PABX）在黄龙饭店已被广泛应用，饭店可以根据所使用的不同终端，使用实用的电话性能，黄龙饭店选用的美国 Avaya 通信程控交换机系统具有新一代语音通信架构，该系统饭店功能强大，支持丰富的饭店应用。

6. 无线网络系统及无线信号室内覆盖系统

无处不在的 Wi-Fi，让宾客在大堂、客房、餐厅、会议室等区域，都能免费体验无线网络的乐趣。系统设置需具备完善的网络服务器防火墙，其性能要求满足饭店对客运营及管理服务需求。无线信号室内覆盖系统采取了"多网合一、相互兼容"的原则，用于提供饭店的移动（手机）通信业务，保证在建筑物内移动网络的全覆盖，包括 GSM、DCS、CDMA、CDMA 2000、WCDMA 和 TD-SCDMA 等信号制式。

7. 手机虚拟网系统

黄龙饭店的移动手机通信解决方案既满足了饭店内部管理人员与员工工作手机的需要，同时也解决了住店客人移动手机的通信需求。饭店每个客房都配备了智能手机，且与房号捆绑，只需拨打房号，就能接通手机，并且市内通话免费。入住的客人还可以把手机带出客房，在饭店的餐厅及任何地方都能接听使用，还能让它伴随自己游览杭州西湖的山山水水；假如在外出旅游或商务活动结束后，不知如何返回饭店，可用手机拨打内线的服务中心，询问用何种交通工具回饭店或直接让出租车司机接听手机了解饭店的地址。这个移动手机俨然是一部可以伴随客人漫游全杭州的"移动接线员"，它不会让客人漏掉任何一通来电。

客房智能手机解决了国外手机无法在中国使用的问题，从技术的角度，它可以全球拨打、免费接听。现阶段黄龙饭店开放了部分信号区域，可在饭店或是杭州范围内的任何地方使用，享受畅通无阻的移动沟通体验。

（二）楼宇自控及公共服务系统

1. 楼宇自控（BA）系统

黄龙饭店 BA 系统依托霍尼韦尔楼宇自控和江森冷热源自控两大系统，结合供电、供水计量的自动化采集，整个 BA 系统对饭店主要机电设备和系统进行集中控制与管理，集成了空调设备自控系统、空调冷热源自控系统、智能照明控制系统、变配电系统、送排风系统、生活给水系统等 16 个分项系统的调控和监测，能耗数据实时自动生成，每月能耗的汇总与图表曲线分析，使工程部值班员工实时掌握设备运行第一手能耗资料，有效地进行设备运行参数的调控，每月发布各部门设备能耗情况通报并提供建议，有效指导饭店各部门的节能工作。

2. 电梯梯控系统

出于对住店客人在楼层客房的安全考虑，以及对饭店服务梯、货梯的管理要求，酒店内电梯控制采用以下三种方式：客人电梯的控制方式、关闭某楼层的电梯控制方式、服务梯和货梯的梯控方式。

3. 会议智能管理系统及音/视频会议系统

黄龙饭店的会议智能管理系统及音/视频会议系统应用顶级科技，实现了会议、宴会以及与会嘉宾的自动签到，智能会议管理系统既可以在会前发送到会通知信息和实时发布会议达到人数、当前会议主题等基本信息，还可以将与会人员的运动路径和轨迹、会场停留时长、各会场进出信息（包括各种实时交互信息和各类分析数据等具体信息）汇总成报告，让每次会议的结果均可见可查。智能会议管理系统会自动统计客人在不同展区停留的时间、每个展区参观的人次等，这样展会主办方就能轻松地分析客人参会情况，提升饭店的会展竞争力。

4. 公共广播音响系统

黄龙饭店公共广播音响系统具备背景音乐广播、服务广播和紧急广播三方面功能，广播的范围覆盖饭店各单体楼层、地下室和整个园区室外绿地，满足饭店在不同区域、不同时间对广播内容的不同要求。

5. 多媒体信息发布（IDS）系统

在黄龙饭店首层的大堂、电梯厅、会议室门口等处设置液晶显示终端，以多媒体方式展示宣传，推介饭店的设施、服务、特惠、会议信息、餐饮指南、服务导航等多媒体资讯，为客人提供详细的服务与活动引导，提升饭店的服务水准。

（三）酒店内部管理系统

1. 酒店管理系统（PMS）

黄龙饭店采用了国际先进的Opera酒店管理系统，和饭店内各系统实现有效的数据衔接和沟通，快捷、高效地处理客人预订、入住退房、房间分配、房内设施管理、入住客人膳宿需求以及客人账单管理等日常工作。

2. 云计算智能桌面系统（iCloud）

计算机系统采用集中的桌面管理，提升系统运行维护效能、降低管理成本，可实现桌面环境设立、配置、资源管理和工作负荷管理的集中化与简单化，用户可从一台客户机访问多个桌面环境，提高数据保护能力，提高服务器资源利用率。

3. 门禁一卡通系统

黄龙饭店的一卡通门禁卡制作在员工证上，上班期间随身携带，用于工作出入通道的门禁刷卡，员工电梯、货梯乘用的梯控刷卡，员工饭堂就餐刷卡，下班淋浴水POS刷卡。有效避免了员工上下班代打卡等问题的出现。

4. 指纹考勤系统

指纹考勤系统通过特殊的光电转换设备和计算机图像处理技术，对指纹进行采集、分析和比对，可以迅速、准确地鉴别出个人身份。该系统包括指纹图像采集、指纹图像处理、特征提取、特征值的比对与匹配等过程，结合人力资源管理系统，对员工上下班进行系统化管理。在众多的用于身份验证的生物识别技术中，指纹识别技术是目前最方便、可靠且价格低廉的解决方案。

5. 电子巡更系统

黄龙饭店通过在周界、通道、主要出入口、停车场、停车库、停车库出入口等重要地方设置巡更按钮，配合保安人员，可实现"人防"和"技防"的统一协调。巡更管理系统是安保监控子系统中的一个重要组成部分，通常分为离线式巡更和在线式巡更。

6. 派工单系统

黄龙饭店的手机派工单系统平台，能够给客人提供优质、迅捷的服务。该系统整合了饭店各个部门的服务及职责；完整的系统接口连接饭店的程控交换机和各相关部门的移动工作手机，在服务中心实时、准确地获取显示客人的服务需求后，操作人员将迅速地处理客人要求，且准确、及时地将客人需求服务信息及工作要求直接送达有关服务人员和工程部维修人员的手机上,在服务人员和工程部维修人员完成服务或维修任务过程中,都会要求把接收确认和完成服务的信息通过手机反馈给系统。而服务中心再通过电话向客人询问服务是否完成、服务是否满意、是否还有其他需要等,从而给客人温馨满意的服务享受。

(四) 智慧服务系统

1. 入住/退房系统

客人可通过手持登记设备进行远程登记,在房内或是店外就能完成登记、身份辨识及信用卡付款手续,实现无线无纸化入住/退房。针对 35~50 岁对于计算机操作熟悉的商务人士,杭州黄龙饭店特别在大堂内设置自助服务机,客人可自助完成入住登记手续。

2. 智能客人导航系统

在黄龙饭店的楼层里,每层走廊都会有自动闪烁的导航指示灯,当客人进入客房楼层的电梯,刷卡方可到达相应楼层,当客人出了电梯就可以发现导航指示系统的灯会闪烁不停,由灯光透射的房号区域标识,可指引房间的具体位置,省去寻找的麻烦,轻松找到房间。为了确保个人信息的私密性,导航只显示客人的房间区域信息。

3. 客房控制系统

当客人进入房间后,智能卡能自动开启电源开关,客房控制系统可以体贴地将温度设置为当季最适宜的度数或最佳舒适温度,如果客人是一位"常客",记忆系统还能保留其对温度的喜好,下次入住时会以最爱温度迎接。当客人离开客房后,也可自动切换至节能模式。客房控制管理系统还通过客房进户门的门磁进行联动,当客房进户门打开时间超过 5 min 后,通过门磁控制来切断客房空调控制面板电源,同时,客房空调控制面板屏幕的显示会消失,空调风机盘管会停止运转,这样可以达到节能控制的效果。客房内的智能化控制箱对客房内的空调、取电开关等设备进行集中控制。以相应合适的温度,提供给客人舒适环境的同时又节省能源。在总统套房、总统夫人套房或特色套房、豪华套房等特定房间内均采用照明调光系统进行灯光照明调光控制,通过智能触摸屏和遥控器进行套房内的灯光照明调光控制,纱帘和窗帘的电动控制,电视机的频道控制和空调的风速、模式、温度设定。

房间里的取电牌具有识别功能,只有客人的房卡才能取电,当客人离开房间但没有退房时,系统自动转入节能模式。

4. 互动电视系统

当客人打开客房门时,电视屏幕上就会显示出客人的名字和饭店总经理的欢迎信。系统的背景画面和音乐也完全是个性化定制,不同的季节、节日和入住者的生日都会出现在互动电视系统上。系统内部设置了八国语言(中、英、日、韩、西、意、法、德),可自动选择客人的母语欢迎词;全 3D 动画 Flash 设计和高清显示,Inn for ISTV 系统提供多款休闲游戏。安装在床头背板侧面的电视插口和放置在床头柜抽屉中的耳机,方便尚未就寝的同行者可以继续享受视听服务。

黄龙饭店所有客房的电视系统都与萧山国际机场计算机联网,每 15 min 更新一次当日航班状况,让客人了解预订航班的最新动态,并及时调整行程。只需将计算机和客房内的四合一多功能一体机连接即可打印路线图和机票登机牌。

5. 电子猫眼显示系统

电子猫眼显示系统实际上是由一个独特的电子门铃来启动，并通过客房进户门上安装的电子猫眼显示器（内嵌摄像头，500 万像素以上），其摄像头拍摄的图像信号通过客控系统传输至电视机的屏幕上显示，使房间客人能从打开的电视机上看到门外来访者。在客房进户门背后的电子猫眼还安装了一个显示屏，当客人按了显示屏边上的按键可启动点亮显示屏图像，此时可看到门外的图像，当门外有人按了门铃，该显示屏也会点亮显示门外图像。

6. 客房盥洗室音乐系统和液晶雾化玻璃

客房盥洗室音乐系统拥有四个独立声道，分别用于播放饭店公共区域的背景音乐、客房专属音乐（两个声道）和客房电视正在播放的电视节目声音。浴室与卧室之间安装了液晶雾化玻璃，轻点控制面板，透明玻璃即刻产生"雾化"效果，给客人一个私密的浴室空间。

7. iPad 点餐系统

客人利用 iPad 点餐的同时，还可以了解菜肴原料、烹饪方法、适宜配菜的餐酒、卡路里、明细配料、酒水产地介绍、视频等详细信息。通过蓝牙，iMenu 可以和服务员手中的 iPod Touch 实现数据同步，甚至可以通过接口与第三方餐饮管理系统进行数据交换。

第六节　智慧旅行社建设

与传统旅行社相比，智慧旅行社是指以旅行社信息化建设为基础，基于互联网和移动互联网的技术应用，充分利用物联网、云计算、大数据、人工智能等新技术，将旅游产品设计开发、旅游资源的采购组织、旅游产品销售与游客的招揽安排以及旅游接待服务等各项业务流程进行高度的信息化、在线化、集成化、智能化，最终实现高效的、低成本、规模化运行的旅行社。智慧旅行社一方面为游客创造出更加满意和个性化的服务，另一方面也为旅行社做好业务、做好管理、做好营销提供了平台和工具，实现旅行社盈利发展和游客满意的双赢格局。

一、智慧旅行社建设的主要内容

我国的旅行社按照经营市场和业务范围分为国际旅行社与国内旅行社。国际旅行社是指经营入境旅游业务、出境旅游业务和国内旅游业务的旅行社。国内旅行社是指专门经营国内旅游业务的旅行社。

旅行社是为游客提供各类服务、从事旅游业务的企业，因此，游客的购买决策和消费过程决定了旅行社的业务范围。一般而言，游客的购买决策和消费过程可划分为六个阶段：旅游动机、信息搜寻、意向性咨询、购买、旅游经历和游后行为。与这六个方面相对应，旅行社的业务范围可概括为市场调研与产品设计、促销、咨询服务、销售、采购、接待和售后服务等。

在传统模式下，旅行社通过采购"食、住、行、游、购、娱"等旅游要素企业的产品和服务，然后销售给游客，担负了大量的组织和协调工作，形成以旅行社为核心、服务于游客的综合性系统。在这一系统中，旅游市场中旅游要素服务与产品的供应者很难有能力独立直接接触旅游消费者，或者接触的成本很高，游客即使花费大量的时间和精力去了解目的地旅游要素提供商信息，也很难得到专业准确的信息，所以旅行社就成为一个最好的低成本的中介。

但是，随着信息技术和电子商务的进步，源头旅游要素供应商逐渐发现了直接和游客打交道完成交易的可行性，不再完全依赖旅行社完成产品和服务的销售。移动智能终端和网络的应用扩大了游客的自我选择权，游客也可以完全不费力地在网上与供应商取得联系，并获取大量详细而准确的产品及服务信息而完成交易。传统旅行社在新时期面临着重大的"去中介"挑战。

与此同时，以携程等为代表的在线旅游企业出现，强调技术的应用，强调与环境、客户的互动，构建起旅游消费者和旅游企业之间新的桥梁。传统旅行社也通过调整自己的战略和服务来重新定位，"以游客满意为中心"的服务理念，重点关注游客的焦点，抓住游客的真正需求和潜在需求，突出游客出游的个性化需求，线上与线下相结合，大力发展旅游咨询、交通服务、食宿服务、票务服务、线路设计、旅游设施租赁等方面的服务。

因此，智慧旅行社的建设重点在于管理和经营的智慧、服务的智慧、营销的智慧，主要应做好以下几项工作：

（一）建设好旅行社网站

旅行社网站是旅行社传播信息和对外服务的窗口，是多方信息沟通的主要渠道。网站内容要图文并茂有吸引力、主题鲜明准确详细，并能为游客提供在线交互机制，如在线帮助、在线咨询、在线调查、查询服务、论坛服务等。

（二）做好电子商务平台与服务

旅行社作为旅游供应商与游客之间的桥梁，一直承担着协调和资源整合的职能。随着电子商务的大力发展，游客与旅游供应商的联系越来越紧密，在线平台已经在很大程度上打破了旅游企业与游客之间的屏障。在这种情况下，旅行社必须对其职能进行调整和重新定位。旅行社必须要加强与相关旅游企业的大力合作，开展全方位、多元化的合作模式。如与金融业的合作，支持多种支付渠道和方式，为游客提供更加快捷、方便和安全的交易平台。

（三）强化网络营销

突出在线运营和营销的方式，强调技术的应用，以及与环境、游客的互动。不能再依靠传统的 PC 端网站式的宣传和营销模式，要充分利用移动终端、微信、微博等渠道，增加移动营销在旅游营销中的比重，开展线上线下营销相结合的方式。由传统的电子商务向移动电子商务转变，开展 O2O 模式，整合渠道资源和产品资源，形成旅游批发经营到零售代理垂直服务的旅游品牌，强化与景区、交通部门、酒店等旅游供应商的战略合作伙伴关系，共同建立多渠道的营销模式。

（四）综合服务，提升品质

互联网背景下的旅行社应重新对其内部的管理理念和模式进行思考和定位。旅行社需要借助信息管理信息和移动通信网络加强管理。利用管理信息系统强大的数据处理功能，能够实时反映出每笔订单的状态,并能对每个员工的业务进行监管。建立科学的管理机制和激励机制,极大地激发员工的工作积极性,提高服务水平和质量。

旅行社应利用管理信息系统平台和移动终端应用,充分利用信息系统和数据中心,有效地发挥旅游咨询和顾问的作用,实现一对一的服务,为游客提供快速、准确的旅游信息。将自由行产品作为重点营销,以游客自由组合为主,以先进的网络技术为依托,发挥传统的资源配置和资源采集的优势,让游客自助选择和组合,让游客参与到线路设计、产品选购的环节中。

二、中青旅智慧旅行社建设实践

中青旅控股股份有限公司是由中国青年旅行社总社作为主发起人,通过募集方式设立的股份有限公司,1997年11月26日创立,12月3日公司股票在上海证券交易所上市,经营入境旅游、国内旅游、出境旅游等业务。从2000年起,公司经营模式由"被动坐等客户旅游"模式向"主动寻找客户旅游"模式转变,开通中青旅官网(2007年中青旅官网与其2005年推出O2O平台遨游网合并为中青旅遨游网),网址为http://www.aoyou.com,如图3-15所示,开启"电子商务+连锁店"的销售模式。

图3-15 中青旅遨游网

到2000年年底,公司业务量升幅巨大,同时也带来了一个问题——业务量快速增长的同时,人力成本也飞速增加而且巨大的业务量会导致业务处理人员异常繁忙甚至出错。同时,公司内部也正在运行一些小系统,但都是独立的信息孤岛,难以满足业务规模快速增长和销售模式转变的需求。公司业务规模的迅速扩张和销售模式的转变需要信息技术的强有力支持。

中青旅公司高层从战略上确立了信息化对公司未来发展的重要性,开始了中青旅信息化的整体规划和转型工作，选择了在企业信息化领域具有丰富经验的 ERP 软件供应商——山东浪潮通用软件有限公司，作为其长期的战略合作伙伴，规划三期 ERP 实施项目。

第一期项目主要实现旅游业务处理和财务处理功能，主要包括连锁销售系统、国内团操作系统、出境团操作系统、单团核算系统、财务系统等，从而实现旅游业务从开团、销售、单团核算到财务的集成处理。另外，还要实现 ERP 系统与青旅在线网站系统、酒店和机票预订中心系统的对接。

1. 国内游操作系统

实现线路产品的设计、维护；实现团队信息的录入、行程信息的维护、各种类型价格的维护、附加费的维护，等等；对导游/领队、机票、酒店、地接社、汽车、餐馆和其他资源进行安排；随时跟踪连锁店的报名情况，处理部门、门市所下国内旅游订单，并将处理结果信息反馈到有关数据库。

2. 出境游操作系统

除了完成类似国内游操作系统的基本功能之外，提供了针对出境游操作的特殊功能，如办照办签、银行换汇、出境名单等。

3. 连锁门市预订系统

辅助业务员受理客户咨询，预订、购买、退订旅游产品。实现团队信息查询、客户预订、客户下单、收退款操作、退转团处理、押金收取、保险购买、客户信息录入、统计查询等功能。

4. 联盟/同业销售系统

联盟/同业组织是各大型旅游集团或者旅行社为了应对激烈的市场竞争，以开拓旅游市场、共同发展为宗旨，联系国内旅游行业其他旅行社、销售代理商，自发组成的联盟性组织。为了应付集团化管理和业务规模扩张的需求，联盟/同业销售系统为联盟组织、同业组织提供了业务往来的支持。

5. 单团核算系统

实现业务结算流程处理的计算机化，业务系统的相关业务在财务系统中可生成相关的记账凭证，提供单团辅助核算的功能，实现对单团收支情况的综合查询。

6. 普通财务系统

通用账务模块的主要功能包括：凭证制作、凭证复核、自动记账、凭证汇总记总账、月底结账等数据处理功能；总账余额查询、明细账余额查询、总账查询、日记账查询、明细账查询、多栏式明细账查询、科目汇总表查询等一般的会计资料查询功能。

第二期项目主要实现入境游子系统、导游和车队管理以及 CRM 系统，以期把客户资源整合起来，更为主动地为客户提供专业服务。

第三期项目主要实现办公自动化、人力资源管理以及各子公司的财务和业务管理系统。

从战略层面来看，规划好 ERP 系统的三个阶段，为中青旅向集团化迈进提供了强有力的支持，使得并购、战略联盟的运作没有仅仅停留在战略层面上，更从实际运行上得到了技术保证。

从业务层面上来讲，中青旅 ERP 第一期工程在实施后，对业务流程规范化起到了很好的促进作用。中青旅"连锁销售+网上预订+后台支持+财务监控"的业务模式，已经形成了一个规范化的业务流程。同时，ERP 系统实现了信息资源的一致性、共享性，使企业信息资源得到了有效利用；提高了业务人员的工作效率和业务操作水平，提高了对客户需求的反应能力。

实施 ERP 之后，公司在管理、监督、决策等活动方面得到了很大加强。各部门人员责权利相匹配；纠正了可能的黑箱操作，财务对业务的全面监督成为可能；业务流程控制点明确，简化了决策环节；及时、快速、准确、全面的信息流为企业决策提供了有力支持，领导决策数字化，规避了企业经营风险。

2005 年，中青旅推出了自己的 O2O 平台——遨游网，并在 2007 年与中青旅官网合并为中青旅遨游网。遨游网依托先进的科学技术手段，立足于标准化产品体系，设立了在线预订、在线支付平台，建立了以中青旅为品牌依托和保障，具备全国性、开放性的旅游度假产品预订和旅行服务网站。整合后的中青旅遨游网不仅是机票、酒店以及简单的"机票+酒店"度假产品的展示和预订平台，更是与中青旅各项线下旅游业务的网络接口，国内、出境、入境、会展等旅游服务业都可以利用此平台分步骤、有计划地实现实时在线产品发布和预订，客户服务与信息交互。2015 年年初，中青旅遨游网在行业内率先推出旅游产品对比功能，用户移动鼠标，就可以将旅游产品涉及的各个要素进行清晰对比，"食、住、行、游、购、娱"一目了然，使消费者旅游决策更简单。

第七节　智慧博物馆建设

博物馆是征集、典藏、陈列和研究代表自然和人类文化遗产实物的场所，对馆藏物品分类管理，为公众提供知识、教育和欣赏的非营利的永久性文化教育的机构、建筑物、地点或社会公共机构。现代的博物馆通常集搜集、保存、修护、研究、展览、教育、旅游、文创、餐饮、购物、文化演艺、娱乐等多种功能于一身，对公众开放，为社会发展提供服务。

一、智慧博物馆建设内容

现代博物馆在形态上包含建筑物、植物园、动物园、水族馆、户外史迹、古城小镇博物馆、长期仿古代生活展示（民俗村），以及视听馆、图书馆、表演馆、档案资料馆等，一般分为美术馆、历史博物馆、人类学博物馆、自然历史博物馆、科学博物馆、地区性博物馆及特别专题博物馆等。现代博物馆的功能以教育推广为重要目标，努力于社区民众的公共关系。在展示的目标上除了介绍知识，还引发观众美感经验，进而认知真善美的生命真理。

智慧博物馆是在实体博物馆、数字博物馆概念之上发展起来的。数字博物馆的建设主要包括两方面：一方面是在实体博物馆中借助虚拟现实、3D技术的应用，搭建数字展厅，实现（数字化）藏品的现场展示；另一方面是依托互联网，搭建网上虚拟博物馆，实现（数字化）藏品的在线展示。而智慧博物馆则在数字博物馆的基础上，建立更加全面、深入和泛在的互联互通，使人与人、人与物、物与物之间形成系统化的协同工作方式，实现对博物馆服务、保护和管理的智能化自适应控制和优化，使藏品与藏品、藏品与展品、藏品/展品与保护、研究者、管理者与策展者、受众与展品等元素之间的联系真正达到智慧化融合。

因此，智慧博物馆建设的重要内容主要有以下几个方面：

（一）物联网基础设施建设

运用新兴的物联网技术，通过多种硬件设备与系统的协同配合，实现博物馆中的人（包括现场观众和线上观众、博物馆工作者，以及相关机构和管理部门）、物（包括藏品、各类设备设施、库房、展厅等）的信息可动态感知，并通过网络汇集，构建博物馆全场馆的信息沟通机制，实现藏品及博物馆的安防、保护和利用。

（二）藏品资源数据库的建设

藏品数据库的建设以藏品信息管理为核心，实现藏品展览、保护等全流程标准化、数字化、信息化管理，设计与全国文物普查数据相匹配，具备统计、查询等功能。进行三维模型数据采集时，对于可移动文物，通过单反相机、摄影棚、彩光灯、色卡等专业设备采集目标的多视角影像；对于不可移动文物，通过在无人机上搭载高清摄像头，设定巡航路线，对目标的多视角影像进行采集工作。通过藏品资源管理系统的建设，实现文物资源的系统性、规范化管理，确保文物本体及其数字资源的安全性。

（三）线上线下相统一的展陈系统建设

在藏品数据库建设的基础上，建设线上线下相统一的展陈系统，一是在实体博物馆中借助虚拟现实、3D技术的应用，搭建数字展厅，通过展厅文物解读精品内容展示终端、展厅触摸式互动展示系统触摸硬件设备等实现文物三维模型、高清图片、音频视频等多媒体资源的线下互动现场展示；二是依托互联网，搭建网上虚拟博物馆，通过手机端、网页等线上的方式，对馆藏文物高清、三维数据资源、文物解读精品内容和当地历史文化进行在线展示。

（四）文化创新娱教系统建设

根据博物馆藏品的内容和形式，可进行文化创意创新产品的开发，以及研学产品的开发，如应用人工智能技术，通过在展厅安装蓝牙硬件，借助指纹信号算法、空间定位算法，游客通过微信小程序参与空间探索互动，由人工智能设备进行引导，通过现场领取任务、空间感应触发、探索完成闯关、获取电子积分、引流至文创区、换购文创奖励，社教活动突破"定时定人定岗"的举办形式，变成随时随地可自主参与的智慧形式，深度吸引游客。

二、四川泸县宋代石刻智慧博物馆建设实践

四川泸县宋代石刻博物馆在2002年提出构想策划，2014年正式建设，2018年投入使

用。博物馆主要通过保护、研究、展示、教育工作，向公众传播泸县历史文化，努力为城市提供多元化的公共文化服务。博物馆不仅向广大市民敞开了一扇反映泸县深厚历史文化底蕴的崭新大门，更在展示泸县城市形象，打造区域文化高地，建设宜居、宜业、宜游泸县方面发挥出重要的推动作用。

四川泸县宋代石刻智慧博物馆分为五个层次建设，构成一个完整的、开放的、具有结构化和层次化又相对独立的有机生态系统。

（一）基础设施层

基础设施层包括功能性基础硬件设备、信息化硬件设施等，是文物数字化保护建设的基础以及主要数据来源。主要涉及定位传感器、手持机、移动终端、导览设备、摄像头等功能性基础设施，以及网络设备、存储设备、服务器、安全设备、馆内无线设备、系统软件等支撑性基础设施。这些基础硬件设施通过互联网、移动互联网、局域网等网络传输平台互通互联。通过底层基础硬件设施和网络设施，构成了博物馆文物数字化保护建设体系的物理基础。

（二）业务支撑层

业务支撑层包括各类公共业务服务和接口，这一层抽取了各种数字化应用所需要的核心应用服务和公共信息服务。这些服务系统采用了统一开放的设计架构，各种上层应用可通过数据交换与业务协同平台快速接入文物数字化保护系统，并可形成高度融合的管理应用，加速各类文物数字化应用的实现、标准化和互通互联。公共业务服务抽取了支撑各种数字化应用互通互联和协同所需要的核心服务，如地理信息服务、安全服务、位置服务、设备管理服务、消息推送服务、云计算服务，等等。一方面，可以为各类数字化应用的互通互联提供统一的支持；另一方面，通过统一的服务系统和管理，加速各类应用的开发与部署，提高效率。

（三）数据支撑层

数据支撑层能支撑各类数字化应用的核心数据需求，为博物馆文物数字化体系的快速建设和推广，提供了强大的数据支撑能力，也支持数字化应用间基于数据和服务的协同。

数据支撑层采用由下而上的数据管理主线，以文物本体数据为基础，衍生自业务数据、观众行为数据，为四川泸县宋代石刻博物馆提供统一数据来源；将各种可重用的现有信息资源服务化，以标准的方式进行封装，并将其发布到数据交换与业务协同平台中。资源的使用者面向具体应用的需求，通过检索和重用数据交换服务系统中的服务化资源。数据服务汇聚了各类结构化及非结构化数据，包括业务活动中产生的运营实时数据、观众行为数据、业务数据，经过数据采集、整理、筛选，将上述各类数据分类存储，形成文物数字资源库、业务数据库、观众行为数据库，实现数字化应用间基于数据的协同。利用大数据分析技术，从这些数据库中提取四川泸县宋代石刻博物馆关注的各类数据供决策时参考。

（四）应用层

应用层是四川泸县宋代石刻博物馆对外服务系统的集合，提供有针对性的公共服务。包括官方网站与微信服务、智慧票务服务、博物馆教育服务等。系统之间通过数据交换与协同平台进行接口服务的发现和调用，将四川泸县宋代石刻博物馆对外服务业务、数据以及统计分析结果等内容通过协同平台发布至业务应用的各子系统中，实现业务子系统数据内容的动态更新，打通跨部门、跨系统的业务通道，实现业务协同和协作。四川泸县宋代石刻博物馆的文物数字化保护利用体系，采用了统一开放的设计架构，各种新型数字化应用可通过应用标准化接口快速接入，并可形成高度融合的协同科研、管理、服务创新应用。

（五）互动展示层

互动展示层主要着眼于馆内互动展示设备，结合视频动画、语音、三维模型、高精度数字资源等创作内容，向公众传播四川泸县宋代石刻博物馆中的文化艺术内容。主要包括三维文物展示、VR 动画、数字互动大屏、互动设备、数字化教育互动等。

案 例

成都东客站停车黑科技

尽管过去基于 GPS 的定位导航技术在室外场景中已非常普及，但室内定位导航应用却一直未取得较好发展，尤其是大型地下停车场，由于手机在室内无法正常与 GPS 或基站进行通信，难以获取准确坐标，无法规划正确的路线与发起精准导航，导致停车难、找车难、停车拥堵等问题频繁发生。

成都东站作为成都市大型交通枢纽，有地下停车场共计 5 万余平方米，拥有泊位 1 600 余个，东西广场停车场分为 12 个停车区，日均车流量超过 6 000 车次，节假日期间的车流量更是高达 1.3 万次/日。由于地铁站、高铁站的"穿插"，让东站地下停车场室内环境更为复杂，车主常常找不到车位。为解决这一难题，成都交投智慧停车产业发展有限公司联合百度地图于 2020 年 6 月推出停车场室内外一体化智慧导航系统，百度地图新一代人工智能地图的停车导航与 AR 步行导航如图 3-16 所示，智能安排车位，让车主不再因找不到车位而影响出行。

一是实现室内外无缝衔接一体化停车导航

首先打开蓝牙，接着进入"百度地图"App，选择导航前往成都东客站地下停车场，当车辆通过室外 GPS 导航进入停车场后，感应到停车场内安装的蓝牙信标，地图便自动切换至室内导航，用户几乎感觉不到室外室内导航的切换。进入室内后，系统会为车辆自动分配一个空闲泊位，并通过室内蓝牙定位将车主快捷引导至该泊位进行停放。

二是实现反向寻车 AR 步行导航

针对往返车站的用户，忘记车辆停放位置的用户，可以在百度地图"自动记录车位"及"反向寻车导航"功能的帮助下，查看停车位置，发起"寻车导航"，跟随地图 AR 步行导航指引轻松找到爱车。此外，百度地图还为车主提供"一键缴费"服务，极大缩短了车主出场排队缴费的等待时间，助力停车场管理方运营，达到降本增效的目的。

第三章 智慧旅游建设实践

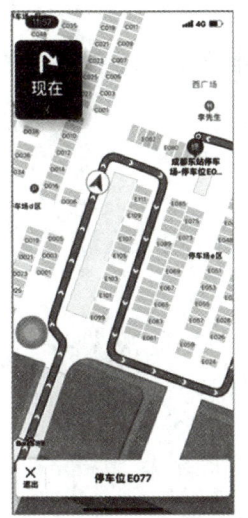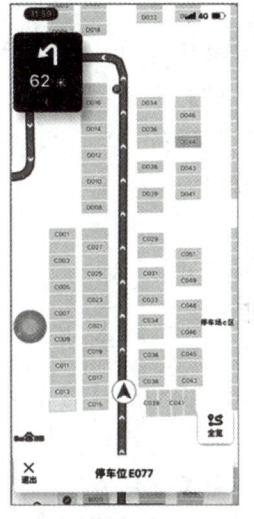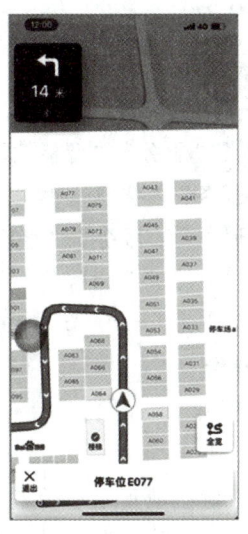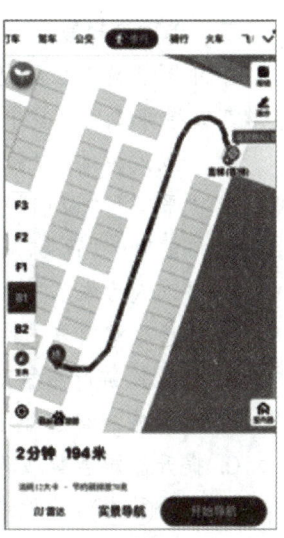

室内外一体化停车导航（行业首创）　　　　　　　　　　寻车导航

图 3-16　百度地图新一代人工智能地图的停车导航与 AR 步行导航

此外，进入"成都智慧停车"微信公众号，点击"服务中心"—"东站寻车"也可开启反向寻车功能，通过车牌号或泊位号即可查询车辆停放位置。或在停车场内的自主缴费机上，通过车牌号来查询车辆停放位置。

在后疫情时代，百度地图依托导航技术创新，为智慧景区建设带来了新思路和更加广阔的畅想空间——依托国民级 App 的流量优势、新一代人工智能地图的停车导航与 AR 步行导航黑科技，可聚焦"自驾车主"这一类高端消费人群，在游客体验全链路中串联热门景点与消费场景，共建繁荣的智慧景区生态圈。在景区建设中，百度地图可基于独创的室内外一体化车位导航技术、车主人群画像分析能力等技术，优化游客的游览体验，提升景区的管理效率，激发景区的商业消费活力。一方面，在百度地图手机端提供从"行前预约（停车位/门票）—行中导航播报—行后精准营销推送—AR 步行导航与反向寻车—支付离开"的游览体验闭环。另一方面，结合停车场后台管理、地图信息发布和 POI（目标点）管理审核、游客人群画像大数据分析等能力，架起管理者和游客对接的桥梁，在后台辅助管理者实现更智慧的管控与决策。最终，百度通过升级 C 端车主的体验与服务，导流反哺 B 端景区的管理与营销，落实智慧景区建设中"智慧体验、智慧营销、智慧管理、智慧服务"四大核心内容。

复习思考

一、名词解释

智慧景区：

智慧酒店：

智慧旅行社：

二、单项选择题

1. 中国智慧工程研究会发布《中国智慧旅游城市（镇）建设指标体系》设置了智慧旅游四级指标体系，其中一级指标五项包括（　　）。
   A. "以人为本""诚信""服务""智能化""宜游"
   B. "平安""诚信""服务""智能"和"宜游"
   C. "健康""高效""诚信""服务""智能"
   D. "以人为本""健康""服务""智能"和"宜游"

2. 智慧旅游门户网站是以（　　）为基本目标。
   A. 强化旅游产品智慧营销
   B. 增强旅游智慧管理水平
   C. 提升旅游智慧服务水平
   D. 整合旅游目的地或旅游企业所有资源满足游客需要

3. 2015年8月，国务院办公厅印发《关于进一步促进旅游投资和消费的若干意见》，明确提出智慧景区和智慧旅游乡村建设目标是（　　）。
   A. 到2020年，全国4A级以上景区和智慧乡村旅游试点单位实现免费Wi-Fi、智能导游、电子讲解、在线预订、信息推送等功能全覆盖，在全国打造1万家智慧景区和智慧旅游乡村
   B. 到2019年，全国4A级以上景区和智慧乡村旅游试点单位实现免费Wi-Fi、智能导游、电子讲解、在线预订、信息推送等功能全覆盖，在全国打造1万家智慧景区和智慧旅游乡村
   C. 到2020年，全国4A级以上景区和智慧乡村旅游试点单位实现免费Wi-Fi、智能导游、电子讲解、在线预订、信息推送等功能全覆盖，在全国打造10万家智慧景区和智慧旅游乡村
   D. 到2019年，全国4A级以上景区和智慧乡村旅游试点单位实现免费Wi-Fi、智能导游、电子讲解、在线预订、信息推送等功能全覆盖，在全国打造10万家智慧景区和智慧旅游乡村

三、简答题

1. 智慧旅游门户网站建设的意义是什么？
2. 基于目的地政府部门的智慧旅游应用体系主要的三大核心目标是什么？
3. 智慧景区建设的主要内容有哪些？
4. 智慧酒店建设的主要内容有哪些？
5. 智慧旅行社建设的主要内容有哪些？
6. 智慧博物馆建设的主要内容有哪些？

四、论述题

一套完整的智慧旅游标准体系，至少应包括总体标准、应用系统标准、信息资源标准、信息安全标准、基础设施标准、管理标准等六个方面，试论述智慧旅游标准的建设思路。

实训任务

以小组为单位，认真考察、调研一家附近的景区企业或酒店、旅行社、文博企业，为其做一份《××××智慧（景区、酒店、旅行社、文博）建设规划方案》，内容包括现状分析、需求分析、建设内容、建设目标、质量管理工程控制、经费预算，等等。智慧旅游规划方案文档按标准排版，做到图文并茂。

第四章 基于文旅大数据的智慧文旅管理与服务

> **学习目标**
> 1. 了解数据、信息、知识的关系，了解数据的分类。
> 2. 了解大数据的起源、定义、本质特征和价值。
> 3. 了解大数据处理流程及相关的数据采集、清洗、分析处理、可视化技术。
> 4. 理解数据挖掘的分析处理过程和基本算法规则。
> 5. 掌握文旅大数据的概念及内涵，熟悉文旅大数据分析处理的方法和工具。

第一节 数据的度量和分类

在计算机科学中，数据是所有能输入电子计算机并被电子计算机程序识别处理的符号总称，也是用于输入电子计算机中进行处理，具有一定意义的数字、字母、符号和模拟量等的统称。

一、数据、信息和知识的关系

数据是使用约定俗成的关键字，对客观事物的数量、属性、位置及其相互关系进行表示，以适合在这个领域中用人工或自然的方式进行保存、传递和处理。信息具有时效性，有一定的含义，可以是有逻辑的、经过加工处理的、对决策有价值的数据流。人们采用归纳、演绎、比较等手段对信息进行挖掘，使其中有价值的部分沉淀下来，这部分有价值的信息便转变成知识。

"-100"是数字，属于数据的一个类别，但独立存在时毫无意义，即使变成"-100万"也没有任何意义，它就是"数据"。只有当它处于特定的一个语境下，才具备特定的

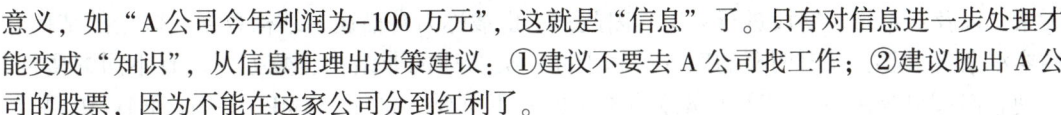

意义，如"A 公司今年利润为-100 万元"，这就是"信息"了。只有对信息进一步处理才能变成"知识"，从信息推理出决策建议：①建议不要去 A 公司找工作；②建议抛出 A 公司的股票，因为不能在这家公司分到红利了。

二、数据的度量

计算机中信息表示的最小单位被称为位（bit），音译为比特。二进制的一个"0"或一个"1"叫 1 位。计算机中数据存储容量的基本单位是字节（Byte），1 个字节（Byte）由 8 个二进制位（bit）组成，即 1Byte＝8 bit。1 个标准英文字母、数字占 1 个字节，1 个标准汉字占 2 个字节。

数据度量以 Byte 为基本单位，后面的单位换算都是以 2 的 10 次方递增，依次有 KB、MB、GB、TB、PB、EB、ZB、YB、DB、NB、CB。1 KB（KiloByte）＝ 2^{10} B＝1 024 Byte，读为"1 千字节"，可以存储 512 个汉字的信息；1 MB（MegaByte）＝ 2^{10} KB＝ 2^{20} B，读为"1 兆字节"，可以存储 524 288 个汉字的信息；1 GB（GigaByte）＝ 2^{10} MB＝ 2^{20} KB＝ 2^{30} B，读为"1 吉字节"，可以存储一部电影的信息；1 TB（TeraByte）＝ 2^{10} GB＝ 2^{20} MB＝ 2^{30} KB＝ 2^{40} B，读为"1 太字节"，可以存储一家大型医院所有的 X 光图片的信息……1 ZB＝ 2^{30} TB＝ 2^{70} B，单从数量上来说，它是全世界海滩上沙子数量的总和，后面的 NB、CB 则是更大的存储单位了。

三、数据的分类

现在计算机存储和处理的对象十分广泛，表示这些对象的数据也变得越来越复杂。数据不仅指狭义上的数字，如"0，1，2"等，也可以指具有一定意义的文字、字母、数字符号的组合，如文件名、密码口令等，可以是图形、图像、视频、音频等，如微信语音聊天、微信视频聊天产生的音频或视频、微信朋友圈的照片等，还可以是客观事物的属性、数量、位置及其相互关系的抽象表示，如"阴、雨、下降、气温"等。

一般来说，数据可以划分为结构化数据、非结构化数据和半结构化数据三大类。

1. 结构化数据

结构化数据可以使用关系型数据表来表示和存储，如 Excel 表、MySQL、Oracle、SQL Server 等数据库表。结构化数据均表现为二维形式的数据。其特点是数据以行为单位，一行数据表示一个实体的信息，每一行数据的属性相同，可以通过固有键值获取相应信息，如一份学生的成绩表、企业员工某月的工资表等。结构化数据的存储和排列很有规律，这对查询和修改等操作很有帮助。但是，它的扩展性不好，如需要给成绩表中增加一个"平均分"字段，操作步骤就比较烦琐。

2. 非结构化数据

非结构化数据是没有固定结构的数据，无法用数字或统一结构来表示，如包含全部格式的办公文档、图像、音频和视频数据等。对这类数据，我们一般以整体直接进行存储，而且存储为二进制数据格式。

3. 半结构化数据

半结构化数据是介于完全结构化数据和完全非结构化数据之间的数据，它并不符合关系数据表或其他数据表的形式关联起来的数据模型结构，但包含相关标记，用来分隔语义元素，以及对记录、字段进行分层。因此，它也被称为自描述的结构数据，数据的结构和内容混杂在一起，没有明显的区分。属于同一类实体的非结构化数据可以有不同的属性，即使它们被组合在一起，这些属性的顺序也并不重要。例如，XML、JSON 和 HTML 文档都属于半结构化数据。

据统计，企业中 20% 的数据是结构化数据，80% 的数据则是非结构化或半结构化数据。

第二节　大数据概述

随着信息技术特别是信息通信技术的发展，互联网、社交网络、物联网、移动互联网、云计算等相继进入人们的日常工作和生活中，全球所产生的数据信息量呈指数式爆炸增长，已经远远超出了传统计算技术和系统的处理能力，最终导致大数据（Big Data）的产生。

一、大数据的发展历程

从计算机科学角度来看，数据生成方式从数据库技术被动式生成数据，采用数据库作为数据管理的主要方式开始，人类社会的数据产生方式主要经历了三个阶段，人类社会数据量出现了三次大的飞跃。

（一）被动式生成数据的运营式系统阶段

这个阶段最主要的特点是数据往往伴随着一定的运营活动而产生并记录在数据库中，这种数据的产生方式是被动的。

数据库技术使数据的保存和管理变得简单，几乎全社会都在以各种形式依赖生产、加工、销售、售后、交易与统计记录运营系统，运营系统在运行时产生的数据被直接保存在数据库中。此时，数据的产生是被动的，数据是随着运营系统的运行而产生的，更多依赖于人工收集数据。或者可以说这一阶段的数据主要是计算机系统产生的。

（二）主动式生成数据的用户原创内容阶段

互联网的诞生促使人类社会数据量出现了第二次大的飞跃。用户原创内容阶段的代表是 Web 2.0，这个阶段数据产生的方式是主动式的。

特别是区别于网站人员主导的 Web 1.0 时代，由用户主导而产生的 Web 2.0 时代最重要的标志就是用户原创内容。这类数据近几年一直呈现爆炸式的增长。特别是以博客、微博、微信为代表的新型社交网络的出现和以智能手机、平板电脑为代表的新型移动设备的出现，这些易携带、全天候接入网络的移动设备使得人们在网上发表自己意见的途径更为便捷。这一阶段数据的产生，增加了用户的主动作为，在第一阶段"计算机"产生数据的方式，叠加了"人"产生数据的方式。

（三）自动式生成数据的感知式系统阶段

感知技术尤其是物联网技术的发展，促使数据生成方式发生了根本性的变化，使人类社会数据量出现了第三次大的飞跃，最终导致了大数据的产生。

人类社会数据量第三次大的飞跃根本原因在于感知式系统的广泛使用，随着技术的发展，人们已经有能力制造极其微小的带有处理功能的传感器，并开始将这些设备广泛地布置于社会的各个角落，通过这些设备来对整个社会的运转进行监控，这些设备会源源不断地产生新数据，而这种数据的产生方式是自动的。这一阶段，每个安装了传感设备的物体都能产生数据，又在前面的阶段产生数据方式的基础上，叠加了"物"产生数据的方式。

简单来说，数据的产生经历了被动、主动和自动三个阶段，"计算机""人""物"产生的数据共同构成了大数据的数据来源，特别是 Web 2.0 和物联网的飞速发展导致海量数据的产生，所以，主动式、自动式的数据才是大数据产生的最根本原因。

二、大数据的定义

大数据是一个较为抽象的概念，正如信息学领域大多数新兴概念一样，大数据至今尚无确切、统一的定义。

维基百科关于大数据的定义为：在信息技术中，"大数据"是指一些使用目前现有数据库管理工具或传统数据处理应用很难处理的大型而复杂的数据集，其挑战包括采集、管理、存储、搜索、共享、分析和可视化。

互联网数据中心对大数据做出的定义为：大数据一般会涉及两种或两种以上数据形式，它要收集超过 100TB 的数据，并且是高速、实时数据流，或者是从小数据开始，但数据每年会增长 60% 以上。

大数据专家舍恩伯格·库克耶在《大数据时代》中给出的定义为：大数据即所有数据，不用随机分析法（抽样调查）这样的捷径，而采用所有数据进行分析处理。

美国高德纳（Gartner）咨询公司给出的定义为：大数据指无法在可承受的时间范围内用常规软件工具进行捕捉、管理和处理的数据集合，是需要新处理模式才能具有更强的决策力、洞察力和流程优化能力来适应海量、高增长率和多样化的信息资产。

简而言之，大数据是现有数据管理工具和传统数据处理应用方法很难处理的大型、复杂的数据集。

大数据所涉及的资料量规模巨大到无法通过目前主流软件工具，如 Excel、Access、SPSS、Oracle 等数据处理软件（需要强调的是并非这些软件失去了价值），在合理时间内达到撷取、管理、处理并整理成为帮助政府管理决策、企业经营决策的知识资讯，需要专业化非常规软件工具（如 Hadoop、Spark、Storm 和 Elastic Stack 等大数据技术平台）和分析专家去收集、管理和挖掘它们。借助大数据技术平台对海量数据的计算和存储等能力，将具有多样性和带有标注的数据送入与机器学习、深度学习等相关的某个分析算法中，训练出一个数学模型。当新产生的数据被送入这个数据模型时，数据模型就会给出一个相应的预测值。在实际应用中，这个预测值可用于决策和流程优化等。

举个百度预测的例子，某个旅游城市的酒店希望预测未来一个月的入住量，以便提前规划房间定价、营销策略和人工分工等工作。酒店只要从其 CRM 系统中导出过去两年每天的入住量数据，将其上传到百度大数据预测开放平台，并填写行业、地域、关键词信息，提交预测任务，百度大数据预测开放平台就会自动挖掘与酒店入住量相关的因素，如该酒店的百度搜索指数、微博热度、舆情、酒店附近人流量等指标，并结合入住量数据自身的季节性、周末效应、假日因素、中长期变化趋势，建立大数据预测模型，来准确预测该酒店未来一个月的入住量。让酒店相关的部门可以对未来一定时间内的客流量做出相对准确的预估，并以此来合理安排相应的资源分配。

三、大数据的特征

舍恩伯格·库克耶在《大数据时代》中提出，大数据应具备4V特征，它们分别是数据体量巨大（Volume）、数据类型繁多（Variety）、处理速度快（Velocity）和价值密度低（Value）。

（一）数据体量巨大（Volume）

大数据体量巨大，也叫大量化、规模化。大数据通常指几十TB至数PB规模以上的数据量。这是由于当代移动互联网、物联网、视频等各种仪器设备的使用，使人们能够感知到更多的事物，这些事物的部分甚至全部数据就可以被存储。特别是M2M方式的出现，使得交流的数据量成倍增长。

（二）数据类型繁多（Variety）

数据种类繁多，类型复杂，也叫多样性。随着传感器种类的增多以及智能设备、社交网络等的流行，数据类型也变得更加复杂，如今的数据类型早已不是单一的数字、文本形式，已扩展至订单、日志、办公文档、图像、音频、视频和HTML等，总体上分为结构化数据、半结构化数据和非结构化数据。相比结构化数据，非结构化数据对企业同样重要，企业不仅希望看到"树木"，更希望看到"森林"，这就意味着企业不仅希望实时分析结构化数据，也希望分析非结构化数据。但是，非结构化数据的格式、标准非常多，而且在技术层面上，非结构化信息比结构化信息更难标准化和理解。

（三）处理速度快（Velocity）

数据的产生速度快，流动速度快，数据存在时效性，需要快速处理，并得到结果。在经济高速发展、社会竞争日趋激烈的年代，决策和判断通常应具备时效性，企业只有把握好对数据流的掌控与应用，才能最大化地挖掘出潜藏的商业价值。大数据要求处理速度快，从各种类型的数据中快速获得高价值的信息，这是大数据与传统的数据挖掘技术有着本质区别的地方。

（四）价值密度低（Value）

随着数据量呈指数增长，隐藏在海量数据中的有用信息或有价值信息却没有相应比例增长，挖掘大数据价值类似于沙里淘金。价值密度的高低与数据总量的大小成反比，特别是，数据总量中的非结构化数据越来越多时，数据的价值密度就会越来越低。如连续监控的视频数据，可能有用的数据仅有一两秒。

四、大数据的价值

大数据对科学研究、思维方式和社会发展都具有重要而深远的影响。

（一）大数据创新科学研究的第四种范式

大数据最根本的价值在于为人类提供了认识复杂系统的新思维和新手段。在科学研究方面，大数据使得人类科学研究在经历了实验科学（在最初的科学研究阶段，人类采用实验来解决一些科学问题，如著名的比萨斜塔实验）、理论科学（采用数学、几何、物理等理论，构建问题模型和寻找解决方案，如牛顿第一定律、牛顿第二定律、牛顿第三定律）、计算科学（借助计算机的高速运算能力，对各个科学问题进行计算机模拟和其他形式的计算）三种范式之后，迎来了第四种范式——数据密集型科学。

随着数据的不断累积，其宝贵价值日益得到体现，物联网和云计算的出现，更促成了事物发展从量到质的转变，使人类社会开启了全新的大数据时代。如今，计算机不仅能模拟仿真，还能进行分析总结，得到理论。在大数据环境下，一切将以数据为中心，从数据中发现问题、解决问题，真正体现数据的价值。大数据成为科学工作者的宝藏，从数据中可以挖掘未知模式和有价值的信息，服务于生产和生活，推动科技创新和社会进步。虽然第三种范式和第四种范式都是利用计算机来进行计算，但是，二者还是有本质的区别。在第三种范式中，一般是先提出可能的理论，再搜集数据，然后通过计算来验证。而对于第四种范式，是先有了大量已知的数据，然后通过计算得出之前未知的结论。

（二）大数据超前的预测能力、预警能力，在众多领域创造巨大的衍生价值

1. 大数据决策成为一种新的决策方式

根据数据制定决策，并非大数据时代所特有。从20世纪90年代开始，大量数据仓库和商务智能工具就开始用于企业决策。发展到今天，数据仓库已经是一个集成的信息存储仓库，既具备批量和周期性的数据加载能力，也具备数据变化的实时探测、传播和加载能力，并能结合历史数据和实时数据实现查询分析和自动规则触发，从而提供战略决策（如宏观决策和长远规划等）和战术决策（如实时营销和个性化服务等）的双重支持。但是，数据仓库以关系数据库为基础，无论是在数据类型方面还是在数据量方面都存在较大的限制。现在，大数据决策可以面向类型繁多的、非结构化的海量数据进行决策分析，已经成为受到追捧的全新决策方式。比如，政府部门可以把大数据技术融入"舆情分析"，通过对论坛、博客、社区等多种来源数据进行综合分析，弄清或测验信息中本质性的事实和趋势，揭示信息中含有的隐性情报内容，对事物发展做出情报预测，协助政府决策，有效应对各种突发事件。

2. 大数据应用促进信息技术与各行业的深度融合

有专家指出，大数据将会在未来10年改变几乎每一个行业的业务功能。互联网、银行、保险、交通、材料、能源、服务等行业，不断累积的大数据将加速推进这些行业与信息技术深度融合，开拓行业发展的新方向。比如，大数据可以帮助快递公司选择运输成本最低的运输路线，协助投资者选择收益最大的股票投资组合，辅助零售商有效定位目标客户群体，帮助互联网公司实现广告精准投放，还可以让电力公司做好配送电计划，确保电网安全等。总之，大数据所触及的每个角落，我们的社会生产和生活都会因之发生巨大而深刻的变化，使得未来各行业企业投资重点不再是以建设系统为核心，而是以大数据为核心，处理大数据的效率逐渐成为企业的生命力。

3. 大数据成为提升国家治理能力的新方法

大数据是提升国家治理能力的新方法，政府可以透过大数据揭示政治、经济、社会事务中传统技术难以展现的关联关系，并对事物的发展趋势做出准确预判，从而在复杂情况下做出合理、优化的决策；大数据是促进经济转型增长的新引擎，大数据与实体经济深度融合，将大幅度推动传统产业提质增效，促进经济转型，催生新业态，同时，大数据的采

集、管理、交易、分析等也正在成为拥有巨大的新兴市场的业务；大数据是提升社会公共服务能力的新手段，通过打通各政府、公共服务部门的数据，促进数据流转共享，将有效促进行政审批事务的简化，提高公共服务的效率，更好地服务人民，提升人民群众的获得感和幸福感。

第三节　大数据技术

技术是大数据价值体现的手段和前进的基石，大数据处理的关键技术包括大数据采集、大数据预处理、大数据存储及管理、大数据分析与解释、大数据展现和应用等。

一、大数据处理的基本流程

大数据的处理流程可以定义为在合适工具的辅助下，对广泛异构的数据源进行抽取和集成，结果按照一定的标准统一存储，利用合适的数据分析技术对存储的数据进行分析，从中提取有益的知识并利用恰当的方式将结果展示给终端用户。

大数据处理的基本流程如图4-1所示。

图4-1　大数据处理的基本流程

数据采集（Data Acquisition，DAQ）：又称为数据获取，是利用一种或多种装置，从系统外部采集数据并输入系统内部。传统的数据采集来源单一，且存储、管理和分析的数据量也相对较小，大多采用关系型数据库和并行数据仓库即可处理。目前，大数据采集的方法有系统日志采集方法、网络数据采集方法和其他数据采集方法。

数据清洗：由于大数据处理的数据来源类型丰富，大数据处理的第一步就是对数据进行清洗，主要是对不能采用或者采用后与实际可能产生较大偏差的数据进行替换和剔除，从中提取出关系和实体，经过关联和聚合等操作，按照统一定义的格式对数据进行存储。

数据分析：是大数据处理流程的核心步骤。通过数据抽取和集成环节，已经从异构的数据源中获得了用于大数据处理的原始数据，用户可以根据自己的需求对这些数据进行分析处理，如数据挖掘、机器学习、数据统计等。数据分析的结果可以用于决策支持、商业智能、推荐系统、预测系统等。

数据可视化：大数据处理流程中用户最关心的是数据处理的结果，处理结果的展示方式有标签云、关系图等。正确的数据处理结果只有通过合适的展示方式才能被终端用户正确理解，因此数据处理结果的展示非常重要，可视化和人机交互是数据解释的主要技术。

二、数据采集

数据采集属于数据分析生命周期的第一步，它通过传感器、社交网络、移动互联网，对数据进行ETL（Extract-Transform-Load，提取—转换—加载）操作。即从数据源中抽取出所需的数据，经过数据清洗，最终按照预先定义好的数据模型，将数据加载到数据仓库中的过程。

(一)日志采集系统

每个企业的业务平台每天都会产生大量的日志数据,可以对这些日志信息进行采集、收集,然后进行数据分析,从而挖掘企业业务平台日志数据中的潜在价值,为企业决策和企业后台服务器平台性能评估提供可靠的数据。

目前,常用的开源日志采集系统有 Facebook 提出的 Scribe、Apache 提出的 Flume 等。Scribe 实际上是一个分布式共享队列,它可以从各种数据源上收集日志数据,放入它里面的共享队列中,再通过消息队列将数据发送(Push)到分布式存储系统中,并且由分布式存储系统提供可靠的容错性能。Flume 是一个分布式、可靠的服务,用于高效地收集、聚合和移动大量的日志数据,具有基于数据流的简单、灵活的架构。

(二)消息采集系统

采集网络用户在网站中的所有动作流数据,如搜索、浏览网页和其他用户行为产生的数据。由 Linkedin 公司开发的 Kafka 就是具有代表性的产品。Kafka 作为"网站活性跟踪"的最佳工具可以将网页、用户操作等信息搜集到 Kafka 中,并进行实时监控或离线统计分析等,满足在线实时处理和批量离线处理的要求。

(三)网络数据采集系统

该系统通过网络爬虫和一些网站平台提供的公共 API(如 Twitter 和新浪微博 API 等)从网站上获取数据。目前常用的网页爬虫系统有 ApacheNutch、Crawler4j、Scrapy 等。

Scrapy 是典型的网络数据采集框架,是为爬取网站数据、提取结构性数据而设计的爬虫开发框架。Scrapy 已经实现了爬虫程序的大部分通用工具,因此用 Scrapy 开发爬虫项目既简单又方便,任何人都可以根据需求进行修改,即可以很简单地通过 Scrapy 框架实现一个爬虫,抓取指定网站的内容或图片。这样就可以将非结构化和半结构化的网页数据从网页中提取出来,并将其提取、清洗、转换成结构化数据,存储为统一的本地文件数据。

(四)数据库采集系统

一些企业使用传统的关系型数据库 MySqL 和 Oracle 等来存储数据。除此之外,Redis 和 MongoDB 这样的 NoSQL 数据库也常用于数据的采集。企业每时每刻都在产生业务数据,而这些复杂的数据按照关系结构模型被归结为二元关系(即二维表格形式)再写到数据库中,通过对这些关系表格的分类、合并、连接或选取等操作来实现数据的管理,最后由特定的处理分析系统进行系统分析。

三、数据清洗

从各种渠道获得的源数据大多是"脏"数据,不符合人们的需求,如数据中含有重复数据、噪声数据(包含错误或存在偏离期望的离群值,如年龄="-10",明显是错误数据),以及数据不完整(如缺少属性值)等。而我们在使用数据的过程中对数据的要求是具有一致性、准确性、完整性、时效性、可信性、可解释性。大数据时代对数据精度和有效性的要求更为苛刻,因此,数据清洗过程必不可少。只有具有科学、规范的数据清洗过程,才能使数据分析的结论更为合理、可靠。

(一)缺失值的处理

缺失值是指粗糙数据中由于缺少信息而造成数据在聚类和分组时出现删失或截断的情

况，即现有数据集中某个或某些属性的值是不完全的。缺失值处理主要采用以下五种方法：

①忽略元组：当有多个属性值缺失或该元组剩余属性值使用价值较小时，应选择放弃。

②人工填写：该方法费时，数据量大时行不通。

③全局常量填充：该方法简单，但有可能导致数据集没有任何挖掘价值。

④属性中心度量填充：正常的数据分布可以使用均值填充，而倾斜数据分布应使用中位数填充。

⑤最可能的值填充：使用回归、基于推理的工具或者决策树归纳确定可能的填充值。

（二）重复值数据处理

重复值数据指多次出现的数据。若重复数据在整体样本中所占权重比其他数据大，容易导致结果的倾向性，因此对于重复数据常用的预处理方法是剔除，或者按比例降低其权重，进行数据的重新布局，形成概率分布。对于一般数量可控的重复数据，通常采用的方法是简单的比较算法剔除。对于重复的可控数据而言，一般通过代码实现对信息的匹配比较，进而确定、剔除不需要的数据。

（三）噪声数据的预处理

噪声数据（Noisy Data）是无意义的数据，这个词通常作为损坏数据的同义词使用，但现阶段其意义已经扩展到包含所有难以被计算机正确理解和翻译的数据，如非结构化文本。任何不可被源程序读取和运用的数据，不管是已经接收的、存储的，还是改变的，都被称为噪声数据。

数据中的噪声有两种：一种是随机误差；另一种可能是错误。例如，某位顾客的身高记录是 20 m，很明显，这是一个错误，如果这个样本进入训练数据，可能会对结果产生很大影响，这也是去噪中使用异常值检测的意义所在。当然，异常值检测远不止去噪这一个应用，网络入侵检测、视频中行人异常行为检测、欺诈检测等都是异常值检测的应用场景。

（四）数据类型转换

数据类型往往会影响到后续的数据处理分析环节，因此要明确每个字段的数据类型，比如，来自 A 表的"学号"是"字符型"，而 B 表的学号是"数字型"，在数据清洗时，就需要对二者的数据类型进行统一。

四、数据分析

数据分析是大数据处理流程的核心步骤，数据分析的结果可以用于决策支持、商业智能、推荐系统、预测系统等。

通过数据抽取、清洗和集成环节，已经从异构的数据源中获得了用于大数据处理的原始数据，用户可以根据自己的需求对这些数据进行分析处理，如数据挖掘、机器学习、数据统计等。

对大数据进行计算处理，可以分为批处理计算和流处理计算：批处理计算主要操作大容量、静态的数据集，并在计算过程完成后返回结果，适用于需要计算全部数据后才能完成的计算工作；流处理计算会对随时进入的数据进行计算，无须对整个数据集执行操作，而是对通过传输的每个数据项执行操作，处理结果立刻可用，并会随着新数据的抵达继续更新结果。数据处理有自然语言处理、多媒体内容理解、图文转换、地理信息等技术的支持。

数据分析包含两个要素，即理论和技术。在理论层面，需要统计学、机器学习、数据挖掘等知识；在技术层面，包括单机分析工具（如 SPSS、SAS 等）或单机编程语言（如 Python、R），以及大数据处理分析技术（如 MapReduce、Spark、IBM InfoSphere、Twitter Storm、Dstream、银河流数据处理平台、Pregel、PowerGraph、Dremel、Impala、Hive、Talend Open Studio 等）。

五、数据可视化

数据可视化是大数据生命周期管理的最后一步，也是最重要的一步。数据可视化是指将大型数据集中的数据以图形、图像的形式表示，并利用数据分析和开发工具发现其中未知信息的处理过程。

（一）可视化图表

可视化图表可以增强数据的呈现效果，方便用户以更加直观的方式观察数据，进而发现数据中隐藏的信息，提升数据分析效率，改善数据分析效果。常见的统计图表包括柱形图、折线图、饼图、散点图、气泡图、雷达图、堆积图、漏斗图、热力图、树图、关系图、词云等。

（二）可视化工具

目前已经有许多数据可视化工具，其中大部分都是免费使用的，可以满足各种可视化需求，主要包括入门级工具（Excel）、信息图表工具（Google Chart API、ECharts、D3、Tableau、大数据魔镜、Raphaël、Flo、Apache EChartst 等）、地图工具（Google Fushion Tables、Modest Maps、Leaflet、PolyMaps、OpenLayers、Kartograph、Quanum GIS 等）、时间线工具（Timetoast、Xtimeline、Timeslide、Dipity 等）和高级分析工具（R、Python、Weka、Gephi、Processing、NodeBox 等）等。

（三）可视化技术的发展方向

1. 可视化技术与数据挖掘相结合

数据可视化可以帮助人们洞察数据背后隐藏的潜在信息，提高数据挖掘的效率，因此，可视化技术与数据挖掘紧密结合是可视化研究的一个重要发展方向。

2. 可视化技术与人机交互相结合

实现用户与数据的交互可以方便用户控制数据、更好地实现人机交互，这是我们一直追求的目标。因此，可视化技术与人机交互相结合是可视化研究的一个重要发展方向。从大规模数据库中查询数据可能导致高延迟，会使交互率降低。可感知交互的扩展性问题是大数据可视化面临的挑战之一。

3. 可视化与大规模、高维度、非结构化数据相结合

目前，我们身处大数据时代，大规模、高维度、非结构化数据层出不穷，要将这样的

数据以可视化形式完美地展示出来并非易事，因此、可视化与大规模、高维度、非结构化数据相结合是可视化研究的一个重要发展方向。

第四节　大数据挖掘

大数据技术的意义不在于掌握庞大的数据信息，而在于对这些含有意义的数据进行专业化处理。

一、数据挖掘的概念

数据挖掘是指从大量的数据中通过算法搜索隐藏于其中的信息的过程。数据挖掘又可称为数据的知识发现，是从大量、不完全的、模糊的、有噪声、随机的数据当中，提取隐含在数据当中的、有价值的信息，通常与计算机科学有关，并通过统计、在线分析处理、情报检索、机器学习、专家系统和模式识别等众多方法实现数据分析的目标。它是一个基于机器学习、人工智能、数据库、模式识别等的决策支持过程，可以自动分析大量数据，做出归纳性推理，并从中挖掘出潜在模式，为用户提供决策性支持。

数据挖掘可以视为机器学习与数据库的交叉，它主要利用机器学习界提供的算法来分析海量数据，利用数据库界提供的存储技术来管理海量数据。从知识的来源角度来说，数据挖掘领域的很多知识"间接"来自统计学界，之所以说"间接"，是因为统计学界一般偏重于理论研究而不注重实用性，统计学界中的很多技术需要在机器学习界进行验证和实践并在变成有效的机器学习算法以后，才可能进入数据挖掘领域，对数据挖掘产生影响。

二、数据挖掘算法

1. 分类

分类是指找出数据库中的一组数据对象的共同特点，并按照分类模式将其划分为不同的类别，其目的是通过分类模型，将数据库中的数据项映射到某个给定的类别中。分类可以应用到应用分类、趋势预测中，如淘宝商铺将用户在一段时间内的购买情况划分成不同的类，根据情况向用户推荐关联类的商品，从而增加商铺的销售量。

假设有一名植物学爱好者对她发现的鸢尾花的品种很感兴趣。她收集了每朵鸢尾花的一些测量数据：花瓣的长度和宽度以及花萼的长度和宽度。她还有一些鸢尾花分类的数据，也就是说，这些花之前已经被植物学专家鉴定为属于 Setosa、Versicolor 或 Virginica 三个品种之一。基于这些分类数据，她可以确定每朵鸢尾花所属的品种。于是，她可以构建一个分类算法，让算法从这些已知品种的鸢尾花测量数据中进行学习，得到一个分类模型，再使用分类模型预测新发现的鸢尾花的品种。

典型的分类方法，包括决策树、朴素贝叶斯、K-最邻近算法、支持向量机和人工神经网络等。

2. 聚类

聚类类似于分类，但与分类的目的不同，是针对数据的相似性和差异性将一组数据分

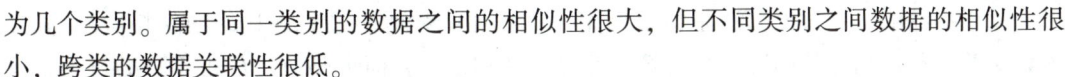

为几个类别。属于同一类别的数据之间的相似性很大,但不同类别之间数据的相似性很小,跨类的数据关联性很低。

聚类的常见应用场景有以下几种:

(1) 目标用户的群体分类

通过对特定运营目的和商业目的所挑选出的指标变量进行聚类分析,把目标群体划分成几个具有明显特征区别的细分群体,从而可以在运营活动中为这些细分群体采取精细化、个性化的运营和服务,最终提升运营的效率和商业效果。

(2) 不同产品的价值组合

企业可以按照不同的商业目的,并依照特定的指标来为众多的产品种类进行聚类分析,把企业的产品体系进一步细分成具有不同价值、不同目的的多维度的产品组合,并且在此基础上分别制订相应的开发计划、运营计划和服务规划。

(3) 探测发现离群点和异常值

这里的离群点是指相对于整体数据对象而言的少数数据对象,这些对象的行为特征与整体的数据行为特征很不一致。例如,某 B2C 电商平台上,比较昂贵、频繁的交易,就有可能隐含欺诈的风险,需要风险控制部门提前关注。

3. 回归分析

回归分析(Regression Analysis)是指确定两种或两种以上变量间相互依赖的定量关系的一种统计分析方法。在大数据分析中,回归分析是一种预测性的建模技术,它研究的是因变量(目标)和自变量(预测器)之间的关系。这种技术通常用于预测分析、时间序列模型以及发现变量之间的因果关系。通过回归分析,可以把变量间复杂的、不确定的关系变得简单化、有规律化。

4. 相关分析

相关分析法是测定事物之间相关关系的规律性,并据以进行预测和控制的分析方法。社会经济形象之间存在着大量的相互联系、相互依赖、相互制约的数量关系。这种关系可分为两种类型。一类是函数关系,它反映着现象之间严格的依存关系,也称确定性的依存关系。在这种关系中,对于变量的每个数值,都有一个或几个确定的值与之对应。另一类为相关关系,在这种关系中,变量之间存在着不确定、不严格的依存关系,对于变量的某个数值,可以有另一变量的若干数值与之相对应,这若干个数值围绕着它们的平均数呈现出有规律的波动。

5. 协同过滤

简单来说,协同过滤就是推荐技术,利用兴趣相投、拥有共同经验的群体的喜好,来推荐用户感兴趣的信息。协同过滤主要包括基于用户的协同过滤算法(UserCF)、基于物品的协同过滤算法(ItemCF)和基于模型的协同过滤算法(ModelCF)。

基于用户的协同过滤算法符合人们对于"趣味相投"的认知,即兴趣相似的用户往往有相同的物品喜好。当目标用户需要个性化推荐时,可以先找到和目标用户有相似兴趣的用户群体,然后将这个用户群体喜欢的而目标用户没有听说过的物品推荐给目标用户。

基于物品的协同过滤算法是给目标用户推荐那些和他们之前喜欢的物品相似的物品。该算法并不利用物品的内容属性计算物品之间的相似度，而主要通过分析用户的行为记录来计算物品之间的相似度，该算法基于的假设是：物品 A 和物品 B 具有很大的相似度是因为喜欢物品 A 的用户大多也喜欢物品 B。

基于模型的协同过滤算法同时考虑了用户和物品两个方面，通过已经观察到的用户给物品的打分，来推断每个用户的喜好并向用户推荐适合的物品。

三、起源于购物篮分析（Market Basket Analysis）的关联规则

关联规则最初是针对购物篮分析问题提出的，通过发现顾客放入"购物篮"中的不同商品之间的关联，分析顾客的购物习惯。这种关联的发现可以帮助零售商了解哪些商品频繁地被顾客购买，从而帮助他们制定更好的营销策略。

在一家超市里，有一个有趣的现象：尿布和啤酒赫然摆在一起出售。但是这个奇怪的举措却使尿布和啤酒的销量双双增加了。这不是一个笑话，而是发生在美国沃尔玛连锁店超市的真实案例，并一直为商家所津津乐道。沃尔玛拥有世界上最大的数据仓库系统，为了能够准确了解顾客在其门店的购买习惯，沃尔玛对其顾客的购物行为进行购物篮分析，想知道顾客经常一起购买的商品有哪些。沃尔玛数据仓库里集中了其各门店的详细原始交易数据。在这些原始交易数据的基础上，沃尔玛利用数据挖掘方法对这些数据进行分析和挖掘。一个意外的发现是："跟尿布一起购买最多的商品竟是啤酒！"经过大量实际调查和分析，揭示了一个隐藏在"尿布与啤酒"背后的美国人的一种行为模式：在美国，一些年轻的父亲下班后经常要到超市去买婴儿尿布，而他们中有 30% ~40% 的人同时也为自己买一些啤酒。产生这一现象的原因是：美国的太太们常叮嘱她们的丈夫下班后为小孩买尿布，而丈夫们在购买尿布后又随手带回了他们喜欢的啤酒。

表面上无关的事物之间存在联系是令人兴奋的，如果这一发现有商业价值，兴奋足以转化为激动，这正是数据挖掘的魅力所在。

（一）关联规则基本模型

什么是规则？规则形如"如果……那么……（If...Then...）"，前者为条件，后者为结果。例如一个顾客，如果买了 X，那么他也会购买 Y。

规则蕴含表达式：

$$X \rightarrow Y（尿布 \rightarrow 啤酒）$$

其中，X 和 Y 是不相交的项集。如何来度量一个规则是否够好？有两个指标，置信度（Confidence）和支持度（Support）。

设定一种商品为项（Item），如牛奶、尿布、啤酒、可乐等，一张交易单就是一个项集（Itemset）：$I = \{I_1, I_2, I_3, \cdots, I_m\}$，它包含 0 个或多个项的集合，如 {面包，牛奶，尿布，啤酒}。包含 k 个项的集合称为 k-项集，如 {牛奶，面包，尿布} 为 3-项集，{面包，牛奶，尿布，啤酒} 为 4-项集。

支持度计数（Support Count）指包含特定项集的事务个数 σ，例如交易事务中，有两项事务包含 {面包，牛奶，尿布}，则其支持度计数 σ（{面包，牛奶，尿布}）= 2。

给定一个交易数据库 D，D 中的每个交易事务 T（Transaction）都对应一个项集，都有一个唯一的记录标识符 TID 对应。

在 D 中，规则 $X \to Y$（尿布→啤酒）的支持度 S（Support）是 D 中事务 T 同时包含 X、Y 的百分比，有多少交易同时购买了 X 和 Y 中的商品，即概率：

$$\text{Support}, S(X \to Y) = \frac{\sigma(X \cup Y)}{|T|} \ (|T| 为数据库中事务总数)$$

在 D 中，规则 $X \to Y$（尿布→啤酒）的置信度是在 D 中事务已经包含 X 的情况下，包含 Y 的百分比，购买了 X 中商品的交易中，有多少同时也购买了 Y 中的商品，即条件概率：

$$\text{Confidence}, C(X \to Y) = \frac{\sigma(X \cup Y)}{\sigma X}$$

（二）关联规则中支持度和置信度的意义

低支持度、低置信度的关联规则都不是有意义的关联规则。如购买了牛奶和面包的顾客 100% 会同时购买篮球（高置信度），但是只有一位顾客同时购买了牛奶、面包和篮球，在大量的交易中，其支持度趋 0（低支持度）。同时，购买牛奶面包的顾客中只有 10% 还会同时购买篮球（低置信度）。

如果满足最小支持度阈值和最小置信度阈值，则认为关联规则是可信的、有趣的（强关联规则），阈值可由领域专家根据挖掘需要人为设定。

（三）"尿布与啤酒"关联规则的案例

顾客购买记录数据如表 4-1 所示。

表 4-1 顾客购买记录数据

TID	Itemset
1	面包，牛奶
2	面包，尿布，啤酒，鸡蛋
3	牛奶，尿布，啤酒，可乐
4	面包，牛奶，尿布，啤酒
5	面包，牛奶，尿布，可乐

顾客购买记录数据库 D 中项（Item）为面包、牛奶、尿布、啤酒、鸡蛋、可乐，包含 5 个项集（Itemset），TID 序号 1 项集为 2-项集，TID 序号 2、3、4、5 项集为 4-项集，共 5 个事务，$|T|=5$。其中，{尿布} 支持度计数 σ（{尿布}）= 4，{尿布，啤酒} 支持度计数 σ（{尿布，啤酒}）= 3。

那么，"尿布→啤酒"规则的支持度（Support）为：

$$S = \frac{\sigma(\{尿布，啤酒\})}{|T|} = \frac{3}{5} = 0.6$$

"尿布→啤酒"规则的置信度（Confidence）为：

$$C = \frac{\sigma(\{尿布，啤酒\})}{\sigma(\{尿布\})} = \frac{3}{4} = 0.75$$

若给定最小支持度 $S=0.5$，最小置信度 $C=0.6$，则认为购买"尿布"和购买"啤酒"之间存在关联。"尿布"和"啤酒"之间存在强关联关系，但不是因果关系。

第五节 文化旅游大数据

全球每年数十亿人次的旅游观光出行、旅游餐饮住宿、旅游预定查询、旅游电子商务早已汇集成庞大的人流、物流、资金流、信息流与数据流。现代旅游国际化、标准化、定制化、个性化与智慧化的发展趋势，迫切需要引进大数据分析技术，以满足蓬勃发展的文化旅游市场和旅游管理的需要。

一、文旅大数据概念及内涵

文旅大数据是指文旅行业的从业者、消费者所产生的数据，通常涉及文旅部门及企业等所产生的多元化的海量数据（宏观经济数据、旅游产业数据、交通区位数据、旅游资源数据、景区客流数据、酒店住宿数据、餐饮消费数据、文化消费数据），和游客在游前、游中、游后产生的游客行为数据、LBS定位数据、游客评论数据等。

文旅大数据是智慧旅游的"智慧之源"。文旅大数据充分利用大数据的方法和技术，将来源于政府、运营商（移动、联通、电信）、OTA企业（携程、美团、马蜂窝等）、BAT（百度、阿里巴巴、腾讯）互联网企业、银联、旅游景区、旅行社、酒店、博物馆、涉旅企业、文旅开发商、IT技术支持商、文旅大数据服务商等文化事业、文化产业和旅游业内多类型、多形态的数据进行采集、整合和加工处理，通过挖掘分析和可视化展示，让数据自己"说话"，科学揭示数据内在发展规律和社会公共价值，为政策制定、行业管理、资源保护、文化传承、产业发展、产品开发、公共服务、应急处置等提供强大的数据支撑，形成推动文旅产业融合和公共服务体系建设的现代化治理模式，使旅游参与各方的决策更加高效便捷，提高游客消费者满意度，使旅游更"智慧"。

文旅大数据研究游客和目的地在一定空间和时间范围内的规律和特征。在文化和旅游业这样一个边界模糊的复杂开放系统中，涉及很多关联行业的数据，伴随着游客空间位置实时变化，动态数据随时产生、随时发生变化，文旅大数据具有时间波动性、空间异质性特征，不同的时段游客旅游消费行为存在很大的差异，不同的旅游目的地空间也存在很大的差异。文旅大数据作为大数据应用的垂直领域，其基本特征既与大数据的特征有相同之处，但又有其文旅行业的行业特性，可概括为数据体量大、数据类型多、数据维度丰富、数据时空属性强等特点。

二、文旅大数据来源

文旅大数据主要源自政府部门数据、运营商数据、银联消费数据、互联网企业数据、文旅企业数据，如表4-2所示。

表 4-2　文旅大数据来源

数据来源		数据内容
政府部门数据	公安部门	游客基本信息、酒店入住数据、视频监控数据
	统计部门	区域经济数据、旅游产业统计,包括旅游收入、旅游人次、常住人口、GDP、人均可支配收入等
	林业部门	古树名木数据(基本信息、所在位置经纬度)、自然保护区、森林公园、湿地公园、野生动植物资源
	气象部门	景区及市区县的最新天气数据,包括气温、湿度、日照时长、平均风速等气象监测数据,气象灾害预警信息
	水利部门	河道、水库、水利风景区、最新水雨情信息、最新水雨情预警信息、水质监测数据等
	交通部门	公交站站点、公共自行车站点、客运站站点、客运码头、交通路线、交通班次、实时人流量、车流量、车辆来源、视频监控等数据
	环保部门	环境监测数据,包括 PM2.5、AQI(空气质量指数)、水质监测数据等
	国土资源部门	包括行政区划、地形地貌、旅游资源等相关 GIS 数据及遥感数据等
	文旅部门	博物馆、非遗景点、文保景点、文化休闲娱乐场所、文化节庆活动等数据
	民航部门	民航客流量数据、起降班次
运营商数据	中国移动、中国电信、中国联通	游客年龄、性别、客源地、出游时间、收入水平、交通方式、手机类型、旅游轨迹、热搜词、App 使用、景区热度、景区实时客流量等
银联消费数据	各大商业银行	线下刷卡、互联网支付、移动支付交易行为中的旅游消费金额及笔数、旅游消费人次等
互联网企业数据	BAT 企业数据	游客年龄、性别、学历水平、人生阶段、车产状况、消费水平、交通方式、搜索路径、搜索关键词、每日客流量、住宿偏好、餐饮偏好、景区热度、旅游轨迹、产品偏好、产品销量、产品热度、逗留时长等
	OTA 企业数据	游客年龄、性别、消费习惯、消费水平、购物偏好、旅游路线、景区偏好、住宿类型偏好、酒店星级偏好等,以及游客发布的评论、游记等网络文本数据
文旅企业数据	旅游景区数据	景区基础设施数据、景区客流量、门票预订量、旅游门票收入、景区车流量数据
	旅行社数据	跟团预订量、产品销量、目的地热度、停留时间、客源地及目的地等
	酒店宾馆数据	游客入住登记信息、游客住宿偏好、游客入住期间视频监控数据
	文旅企业数据	文化艺术产品消费人次、用户消费水平、用户画像等数据
	其他	……

（一）政府部门数据

政府部门文旅大数据主要包括文旅部门、工商部门、公安部门、交通部门、气象部门、环境部门、国土资源部门等政府部门获取的数据，例如各地区旅游局旅游统计数据、交通路网 GIS 数据、国土地理信息及遥感数据、酒店住宿数据、气象数据、环境实时监测数据、海关出入境数据、民航客流量数据等。

（二）运营商数据

运营商主要包括中国移动、中国联通、中国电信三大运营商，相对而言，运营商数据规模大、用户多、数据维度全面，包括游客属性数据、游客行为数据等。运营商数据主要基于手机信令数据，数据维度包括用户年龄、性别、客源地、客流量、出游时间、旅游消费，同时通过运营商基站定位可以获取用户的实时地理位置，从而可以分析游客在目的地逗留时长、旅游路线轨迹、客流空间密度分布等。

目前，运营商在文旅大数据方面的主要实践包括根据实时信令测算客流数量，对景区进行客流监控；对游客年龄结构、消费能力、App 使用情况等数据进行分析，形成客源分析报告；依据旅行轨迹、地理位置信息进行分析，为旅游线路优化、旅游目的地营销提供参考等。

（三）银联消费数据

涵盖线下刷卡、互联网支付、移动支付交易行为中"食、住、行、游、购、娱"等各类消费场景游客消费数据。利用银联、支付宝等交易平台，通过银联刷卡、支付宝支付等旅游消费数据，按客户地域分布剥离获得，具体包括交易金额、交易笔数、客户类型，将消费人群进行细分，预测旅游消费趋势。

（四）互联网企业数据

互联网企业（包括 BAT、OTA 平台）数据主要包括搜索数据、购物偏好、住宿偏好、消费水平、旅游路线等。

1. BAT 互联网企业

BAT 互联网企业数据来源同样是基于自身平台用户数据（例如百度搜索引擎、阿里巴巴的天猫及淘宝网、腾讯的微信及 QQ 等），与其他企业相比，BAT 互联网企业由于平台用户规模基数大，数据量较大，数据维度较为全面、丰富。同时，BAT 互联网企业数据源也呈现了不同特征，其中百度公司数据源主要以搜索数据及定位数据为主，腾讯公司数据源主要以社交数据及定位数据为主；阿里巴巴企业数据源偏向电商交易数据。

（1）百度数据

百度数据主要来自百度搜索、百度地图等平台的用户行为数据，通过收集搜索用户的网络行为数据及线下游客的旅行轨迹数据，可以分析游客画像、目的地搜索热度，同时预测未来旅游市场客流量变化，获知游客游览轨迹。

百度搜索引擎平均每天的搜索量达到上百亿次，游客的每次搜索请求，均构成了百度

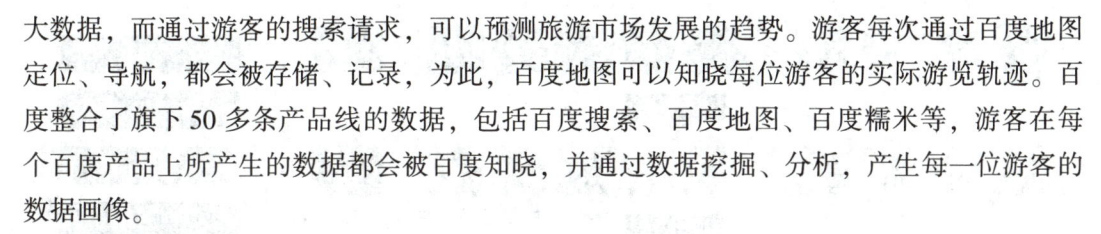

大数据，而通过游客的搜索请求，可以预测旅游市场发展的趋势。游客每次通过百度地图定位、导航，都会被存储、记录，为此，百度地图可以知晓每位游客的实际游览轨迹。百度整合了旗下 50 多条产品线的数据，包括百度搜索、百度地图、百度糯米等，游客在每个百度产品上所产生的数据都会被百度知晓，并通过数据挖掘、分析，产生每一位游客的数据画像。

(2) 阿里数据

阿里数据主要来自淘宝、天猫等平台的用户消费数据，通过游客的购物行为，阿里可以判断每位用户的消费能力、收入水平、消费偏好等，对游客消费行为、消费需求的把握更为准确。

(3) 腾讯数据

腾讯的微信平台具有上亿的用户规模以及价值较高的社交数据、消费数据、游戏数据等，并可以分析每位用户的社会关系、性格禀赋、兴趣爱好等。虽然，腾讯在文旅大数据行业涉足较晚，但发展势头迅猛。

2. OTA 企业

OTA 企业是指在线旅行社，携程网、去哪儿网、美团点评、途牛旅游网、驴妈妈旅游网、同程网、乐途旅游网、欣欣旅游网、芒果网、艺龙网、马蜂窝等都是典型的 OTA 企业。OTA 企业主要是通过自身平台的用户数据来进行挖掘分析、优化自身产品服务、最大限度挖掘市场潜在收益。从 OTA 平台数据源来看，虽然 OTA 平台数据规模要小于 BAT 互联网企业，但由于数据主要来自目的地游客数据，数据价值密度高、数据维度较为丰富，同时涉及游客交易数据。目前，OTA 企业在文旅大数据方面的实践主要包括通过门票、酒店、跟团等产品预订流量数据来分析目的地的吸引力和热度；通过对目的地游客数据的分析挖掘，了解潜在需求以便提升、优化产品及广告投放策略，提升营销效果。

(五) 文旅企业数据

文旅企业，包括酒店、餐馆、景区、文博企业等。文旅企业数据主要来源于各个文旅企业经营过程中所产生的运营数据，包括旅游景区的每日客流量、门票预订量、门票收入数据，视频、售检票、停车场、生态环境监测等物联数据等；旅行社的跟团游客预订量、产品销量、旅游时间、航班信息等；酒店住宿数据包括游客年龄、性别、入住时间、入住人数、停留时间等；文化企业数据包括文化艺术产品消费人次、用户消费水平、用户画像等数据。

三、文旅大数据分析处理流程

与其他产业数据分析处理流程相似，包括数据采集、数据清洗、数据分析、数据可视化、数据应用等环节，为公共数字文化体系建设和旅游精品创新加速赋能。文旅大数据分析处理流程如图 4-2 所示。

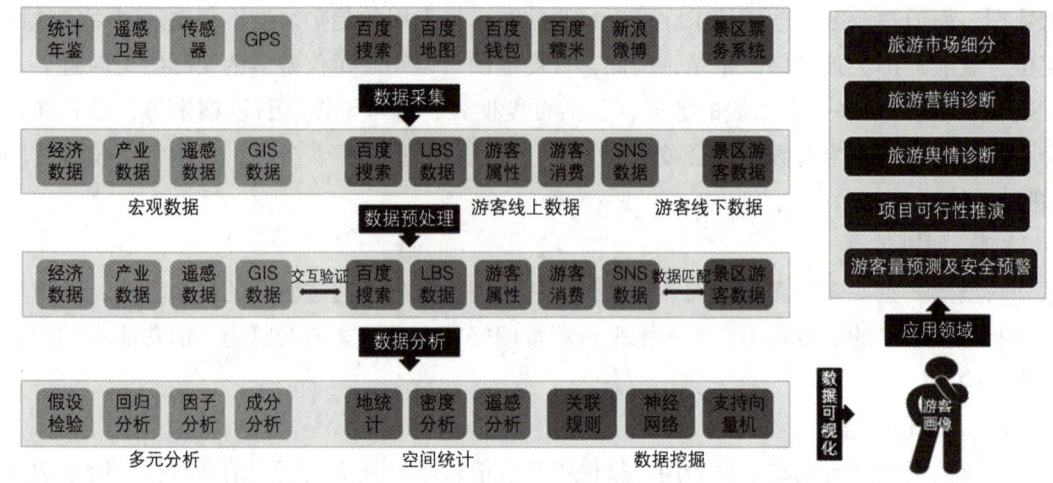

图 4-2 文旅大数据分析处理流程

（一）文旅大数据采集

数据采集是大数据处理流程中最基础的一步，文旅数据来源具有多元化特征，通过搜索引擎、在线旅游服务网站、电商网站、论坛攻略等采集网络大数据，通过旅游宏观数据库、遥感数据、问卷调查等采集原始传统数据，通过企业、景区采集商业经营数据，通过三大运营商采集移动数据等，通过银联采集游客消费数据，通过铁路、公路、民航、轮船等交通部门采集游客交通数据。

建设文旅大数据资源库和共享开放平台，构建文旅融合发展的数据资源池，优化数据采集方式，针对文化系统和旅游系统内多样化、多态化、多渠道的基础统计数据、行政管理数据、公共服务数据、产业运行数据、市场监管数据、网上舆情数据、视频监控数据，进行全方位、多层次、宽领域的采集整合、加工处理和分类存储。

（二）文旅大数据清洗

无论是从相关部门对接的结构化数据还是从网络获取的非结构化文本数据，大量的数据中必然存在冗余、缺失值、数据异常、格式不一致等问题，数据清洗就是利用统计学方法和清理规则，"去粗取精""去伪存真"，将非结构化数据整合成便于储存、分析、查询的高质量数据的过程。

（三）文旅大数据分析

数据分析是整个大数据处理流程中最核心的部分，因为在数据分析的过程中，会发现数据的价值所在。经过上一步骤数据的处理后，所得的数据便成为数据分析的原始数据，通过对目的地旅游线下数据和线上数据进行数据匹配，结合宏观旅游数据与微观旅游数据的交互验证，利用多元分析、空间统计、数据挖掘等技术针对特定的文旅业务和管理要求，对数据进行分析。

（四）文旅大数据可视化

数据可视化是指将相对晦涩的数据通过可视的、交互的方式进行展示，从而形象、直观地表达数据蕴含的信息和规律，把数据分析、数据挖掘的结果展示出来。可视化的形式直观、生动、易于理解，便于使用者对数据一目了然。

（五）文旅大数据应用

数据应用是数据具有落地价值的直接体现。通过大数据手段为行业治理、企业管理、游客服务全面赋能。

基于宏观经济数据、旅游产业数据、遥感数据、GIS 数据、游客属性数据、游客行为数据、LBS 数据等海量数据，通过用户痕迹复原分析法（User Trace Recover Analysis，UTRA），全景构建目的地大数据画像，全面把握目的地发展的外部环境与市场导向，深刻洞察游客基本属性与行为特征，精准分析游客旅游路线，实时监控游客量，为目的地及景区实现旅游市场细分、旅游营销诊断、景区精准管理提供有效手段，在客源市场定位、旅游市场细分、旅游营销诊断、项目可行性大数据推演、旅游舆情分析、游客量实时监测及安全预警方面对目的地及景区都具有极大应用价值。

四、文化旅游大数据的应用价值

在大数据时代，数据获取的来源不再仅仅局限于随机样本的选取与采集，而是基于总体数据，通过对总体数据进行集中的相关关系分析，对不同事件的发生概率进行直接预测，在很大程度上弥补了传统数据时代样本分析的不足与缺陷，使人们对事物认知的效率得到了极大的提升，更使人们的行为轨迹具有一定的可视化和可预测性。文旅大数据在行业内的应用价值，主要体现在基于大数据的精准化管理、基于大数据的舆情监测、基于大数据的精准营销、基于大数据的精准规划策划、基于大数据的精准服务等方面。

（一）基于大数据的精准化管理

对于旅游管理部门或旅游景区而言，文旅大数据为提升旅游目的地及旅游景区管理水平提供了有效手段，并推动我国旅游管理方式由被动式、滞后性传统事后管理模式向智能化、实时性、全面性现代化管理方式转变。

对于旅游目的地而言，通过文旅大数据实现对区域范围内旅游产业要素数据的实时采集，实现了对景区、酒店、旅行社、游客，以及娱乐、文化等产业要素的实时监测监管，全面了解目的地旅游市场的整体运行情况，从而提升管理部门对行业发展的掌控力度，洞察区域内行业发展"健康状况"与存在的"痼疾"，有效推动了文旅产业提质增效、转型升级。同时，通过文旅大数据为旅游管理部门提供业务上的数据支持及有力的旅游工作部署决策依据，提升了各业务部门的工作效率。

对于旅游景区而言，通过文旅大数据实现景区智慧化管理、运营，对景区客流、车流、人力、物力、游客安全、游客口碑等进行360°实时监测。一是通过监测景区内部游客客流量及客流分布，实现客流量承载力分析，建立预警红线并采取紧急措施，保障游客安全；二是实现对景区气象数据的实时监测分析，包括当前天气、风向、温度、湿度等，及时发布信息以让游客及时调整旅游计划；三是基于用户的线上使用情况和线下行为特征，对游客性别、年龄、消费水平、支付方式、停留时间、客源地等进行分析，实现景区精准营销；四是通过收集游客评价分析，对舆情事件做出及时预警，并有针对性地解决问题，以维护景区口碑等。

（二）基于大数据的舆情监测

舆情（Public Opinion）是"舆论情况"的简称，是较多群众关于社会中各种现象、问题所表达的信念、态度、意见和情绪等表现的总和。网络舆情是舆情在互联网空间的映射，是舆情的直接反映。网络舆情以网络为载体，以事件为核心，是广大网民情感、态度、意见、观点的表达、传播与互动，以及后续影响力的集合。旅游舆情是指游客对于在旅游目的地、旅游景区游览体验所表达的态度、意见和情绪的总和，包括游客口碑、新闻舆情两大类型，舆情数据来源包括 OTA 平台、媒体、论坛、微博等。与传统网络舆情不同，旅游舆情主要特征包括：

①特定人群，旅游舆情事件的爆发，往往是由游客所引发。

②特定对象，旅游舆情指向对象往往是旅游目的地、旅游景区、酒店民宿、餐馆、导游等。

③特定事件，旅游舆情引发的事件往往是游客在旅游行程中引发。

④特定平台，旅游舆情包括 OTA 平台发布的游客口碑，以及媒体、微博等网络平台传播的舆情事件。

基于文旅大数据对景区网络舆情信息进行全面、实时监测，对景区的互联网信息（包括新闻、门户、论坛、微博、微信、OTA 平台等）进行海量实时获取，并通过技术手段进行挖掘、分析，针对负面评价或者负面舆情及时进行预警，全面防患于未然，并有针对性地解决问题，从而有效提升负面舆情的应急处置能力，提升景区发展竞争力，维护景区良好的品牌形象。

（三）基于大数据的精准化营销

美国著名营销大师菲利普·科特勒在 2005 年首次提出精准营销的概念，"精准营销就是企业需要更精准、可衡量和高投资回报的营销沟通，需要制定更注重结果和行动的营销传播计划，还有越来越注重对直接销售沟通的投资"。传统市场分析数据的收集主要来自统计年鉴、相关政府部门数据、行业报告、行业专家意见及属地市场调查等，仅以基本人口统计维度粗略划分人群、猜测客户需求，形成单向的视听传播，更新周期滞后，准确度较低，数据的有效性非常有限，使旅游营销始终无法突破瓶颈。

在文旅产业发展过程中，如何快速适应市场变化、满足消费者需求是营销的重要命题，精准营销避免了营销投放的无用功，大数据的应用更为实现精准营销提供了可能。文旅大数据成为行业市场精准营销的利器。

1. 挖掘市场需求，实现市场细分

目前，微博、微信、论坛、新闻评论、电商平台等信息总量正以极快的速度不断暴涨。数据源广泛涵盖商家信息、个人信息、行业资讯、产品使用体验、商品浏览记录、商品成交记录、产品价格动态等海量信息。海量的数据通过聚合、挖掘、分析，实现对游客市场需求的精准识别，实现市场细分。

2. 精准定位核心客源市场

基于大数据实现对旅游目的地及旅游景区客源市场的精准定位，同时分析游客的消费行为，包括购买产品的花费、选择的产品渠道、偏好产品的类型、产品使用周期、购买产品的目的等。通过收集、分析海量数据来掌握游客的消费行为、兴趣偏好和产品的市场口碑现状，准确定位产品的目标客户群体，掌握营销投放的方向。

3. 合理选择营销渠道

文旅大数据分析了传统广告、媒体和 OTA 等营销渠道的优劣，确定线上、线下营销渠道的侧重点，针对大众市场和特殊市场，形成不同的投放策略。

4. 进行营销诊断，实施精准营销方案

利用数据分析选择最合适的营销方案。根据行为、兴趣爱好和产品口碑，制定有针对性的营销方案和营销战略；投消费者所好，实施后对营销活动进行活动效果跟踪，进行营销诊断。对于出现的游客抱怨、客源流失等不利因素，通过文旅大数据进行原因分析，及时采取整改措施，最终实现良性循环。

（四）基于大数据的精准规划策划

旅游规划策划传统数据类型，主要分为社会经济型数据与空间数据两大类，通过对旅游规划策划可应用的传统数据进行梳理，社会经济型数据的主要来源为各类统计年鉴；传统的空间数据包括地形图、遥感影像以及与之相关的规划图纸等。而这些传统的数据体系以及原有的收集和使用资料的手段，难以使这些零散的数据形成一个相对完整的体系，并有效地实现其价值。然而伴随着互联网技术的发展，旅游规划策划中的数据研究方法由以传统的统计年鉴、社会问卷调查和深入访谈等为主向以社交网络数据等为代表的网络数据的抓取与空间定位技术（全球定位系统、智能手机系统及定位服务系统等）的应用为主转变；数据内容呈现大样本量、实时动态和微观详细信息等特征，且更注重对研究对象地理位置信息的提取。

与传统规划不同，基于文旅大数据的规划策划，规划依据与数据分析紧密相连，数据来源更为广泛，具有全样本性和实时性，从而可以摆脱理论与实际无法结合的限制。文旅大数据的应用弱化了传统策划规划方法的风险，优化了规划策划决策，从而保证了项目的可操作性，实现了整体效益。

第一，文旅大数据为全面分析目的地现状提供依据。基于旅游规划策划项目地，反复筛选合理的描述与评价指标，通过各种海量、多源的大数据等相关资料，对项目地的用地现状、旅游动线组织、游客、旅游产品等方面的现状进行评估与分析描述等。第二，推演预测项目市场及实施效果。文旅大数据的应用便于了解游客的游前特征，明确游中轨迹，掌握游后反馈，从而确定准确的客源市场，分析漏损市场，掌握游客需求，并分析市场发展前景，预测发展效果。第三，定位策划目标，引导目的地形象设计。分析文旅大数据，得出目的地现有优势、竞合关系等，以关键词和市场需求为准；从文学、历史、文化等角度考虑，定位策划目标、目的地形象和宣传口号等。第四，引导设计旅游产品。通过各大 OTA 平台的数据收集，对相关数据重新进行清洗整合，如旅游偏好、语义分析等；分析游客需求偏好，整合文化和旅游资源，确定适宜开发的旅游目的地及项目，打造产业的文化内核，为规划设计师的旅游产品及吸引物设计提供理论依据与创意来源，从而使规划决策更科学。第五，完善产业要素布局。通过大量的数据输入，预测目标市场辐射，分析特定地点的周边游客兴趣点，如酒店、餐饮等，同时通过旅游大数据的匹配与分析，围绕六要素，结合游憩方式，构建系统的综合功能结构，进行生产力要素配置与布局，进行游憩功能结构设计与空间布局设计。

除此之外，文旅大数据在规划中，还可以了解服务设施的总量、布局等，为旅游服务设施建设提供全面的建设指导；掌握旅游线路供给现状、景点关联度等；组织设计新的线路，重点培育潜力线路等。

（五）基于大数据的精准服务

大数据驱动旅游产业变革，通过大数据可以跟踪整合游客浏览 OTA、旅游搜索引擎、

旅游攻略等记录，分析游客的兴趣与偏好，以多种形式实时推送相关旅游信息，线上预订产品并支付，做到旅游产品个性化定制销售；通过微信公众号或旅游 App 为游客及时提供主要景区（点）的交通、天气、预警通告、便民提示、预订预报、目的地资讯等服务信息，旅游行程中也可以动态了解所需信息，主动感知旅程周边旅行生活服务要素。旅游部门提供包括游客来源、客流人数、景区访问排名等数据分析，更能帮助游客了解最新的景区实时状况，并据此及时调整游玩线路，提升游客的体验度与满意度。

精准化服务的重点是针对特定对象、在特定时间与空间、运用特定形式、选择特定内容、提供特定的服务。因此，大数据游客精准服务是指基于海量规模多元化的数据整合，通过将大数据的分析预测和互联网的便捷交互有效结合，在游客游前、游中、游后提供精准服务、多元服务和敏捷服务，获得在线个性化定制、服务按时交付、信息公开等旅游体验。

大数据游客精准服务是基于对旅游产品、旅游线路的数据挖掘、分析，积累大量游客消费行为、旅游行为，形成线上线下一体化全域旅游资源信息整合、定制化服务。在行程开始前，基于大数据提供决策参考，在服务过程中调整与输出服务，在旅程结束后能够迅速反应游客评价，从而进一步提高服务质量。精准服务中充分应用文旅大数据，需要依赖高端技术的支撑，形成复杂的功能体系。服务类型根据游客旅游的全流程分为游前服务、游中服务、游后服务三种类型。

1. 游前服务

游前服务，顾名思义，即是出游前的游客精准服务，其中大数据的应用主要表现在搜索和预订方面，基于 OTA、搜索引擎等互联网平台众多用户的出游意愿和预订情况形成的数据库，涉及智能搜索、信息推送、便捷预定、产品比价和个性化定制等板块。

智能搜索服务依托大数据的发展，推动服务进入新的高度。游客搜索目的地相关信息，关键是语义的破解，大数据整合分析以往查询的历史、用户的使用习惯、用户请求的上下文等，实现关联查询，便捷迅速，得到目的地关注度、旅游景点热度、旅游线路推荐，为游客最终决策提供参考。

大数据中蕴含丰富的游客需求信息，采集高质量的真实预订数据，充分掌握游客来源地、年龄、消费偏好等基本画像，根据画像准确找到游客兴趣点，有针对性地进行信息推送。

同时，产品预订服务充分应用文旅大数据技术，根据定位扫描周边街景，游览店铺，查询价格，进行 360°全景体验，利用现实增强技术推动游前的预订服务，更加满足游客需求，简化预订的过程，服务更加便捷。

旅游是一种消费行为，产品价格是游客的关注点之一，产品比价是大数据游客精准服务的重要方面。通过大数据整理产品信息、关注价格走势、形成低价日历，提供多个供应商的价格参照，在机票和旅行团报价方面表现最为明显。

游前服务的重点是形成最合适的旅行线路、旅游产品。大数据将碎片化的信息整合，服务于游客进行个性化服务定制。大数据交叉参考游客对假期、食物、旅游和酒店的搜索，分析游客所偏好的价格区间、同龄人需求以及性别需求，根据游客目的地、游玩时间、酒店、景点要求等提供量身定制的旅游计划。

2. 游中服务

游中服务是在深层次分析和整合游客行为的基础上，进行目的地体验服务的全面化。实现服务的精准化必须依靠物联网和信息系统实时获取资源、环境、设施、人员等文旅大

第四章　基于文旅大数据的智慧文旅管理与服务

数据，与大数据中心及云计算平台提供的实时数据分析紧密结合。目前，游中服务包括游客中心服务平台、智能导览系统、语音导游、旅行轨迹、人脸识别、二维码扫描、便捷支付等。

游中数据的采集应用到LBS技术，分别从流量数据、属性数据和行为数据三个维度反映游客的动态特征，全景式地掌握游客的消费偏好以及旅游行为特征，并且进行动态分析，了解游客的潜在需求，从而在供给端进行资源的有效配置，成为游客体验度提升的重要路径。

通过手机信令平台接入数据的统计和分析，实时采集主要交通枢纽、核心景区和消费场所的游客人数、景点售票数、客流量等实时数据会在游客集中区域的显示屏上播放，游客可根据信息自主选择游览行程。

依托相关大数据平台和移动互联网技术，通过海量的样本数据采集和分析可以更好地掌握游客来源、年龄、性别等属性数据和抵达交通、迁徙轨迹、逗留时间等行为数据，形成智能导览系统，用户在参观游览的过程中，自动感应播放语音讲解，通过GPS定位，获取实时天气、交通、景观信息，从而实现智能导览。

利用银联、支付宝等交易平台，通过银联刷卡、支付宝支付等旅游消费数据，按客户地域分布剥离获得，具体包括交易金额、交易笔数、客户类型，将消费人群进行细分，便于开展不同类型的服务，缩短等待时间，也可使旅游行程更加安全和便捷。文旅大数据让游客的行程更加灵活，优化游客游览体验，提升游客满意度。

3. 游后服务

游后服务是通过旅游行程结束后游客的满意度，推动二次游览、口碑效应。游后服务看似简单，却是精准服务重要的一环，掌握游客满意度，游客游后及时回访，采取一定补救措施，然后抓住问题关键点改善服务，形成口碑推荐、游记分享，为更多的游客提供决策参考。

游后数据来源主要是OTA、攻略社区等平台的用户在行程结束后的真实点评、游记分享以及部分的用户投票，包括文字、图片、视频、音频等。同时，微博、微信等新媒体成为与游客交互的新途径，更加重视舆情数据，点评、投诉建议、意见反馈等。整合分析所有的游后数据，使得服务过程更加便捷，落实服务提升手段，提高服务满意度，发挥个性化服务的优势。

游后服务一是依据游客的消费行为、消费动机得到合理的补偿措施，便于游客及时跟进处理投诉过程，提高游客的游后满意度；二是针对游后游客点评和攻略中涉及的兴趣点，推送相应信息、优惠计划等，促进二次游览消费；三是游后数据服务于更多的游客，数量巨大的游记攻略、产品点评、用户投票，形成口碑排行，影响消费决策；四是充分掌握舆情，及时止损，有关部门通过调整服务产品，做到从根源提升服务质量。

五、文旅大数据应用存在的问题

（一）数据孤岛现象突出

文旅产业与多个产业交叉融合，大数据是推动文旅产业升级发展的关键力量，但政府部门、企业之间信息不对称，制度法律宽泛不具体。文旅大数据需要多源数据整合，但是，数据来源的充分性和准确性出于各种原因尚无法保障。网络文本数据集中于年轻群体，移动互联网数据集中于三大运营商，地图数据、搜索数据也集中于部分群体，并且常常被遮蔽。各类应用软件数据虽有打通的潜力，但又面临着诸多法律、制度、资本等方面的限制和影响。所以，当前并无完整、充分、准确的大数据，造成数据孤岛现象较为突出，数据的有效性、精准性存在问题。

同时，也不能简单认为把所有数据集中起来就是大数据。数据的质量是参差不齐的，数据的价值主要体现在数据反映的特征、规律和问题之中。因而，大数据的"大"存在着相对性，它不是无条件的大，还需讲究"精"，所有大数据建设的第一步都不是"广撒网"，而是要确定具体的目的和任务。

（二）重 IT 建设、轻数据应用

行业内现在普遍重视文旅大数据软硬件平台搭建，将关注点集中于数据获取和浅层的统计分析，对文旅大数据应用价值较为忽视。文旅大数据不等于大数据产品，其最终价值是基于大数据的应用助力文旅产业升级发展。为此，文旅大数据建设不仅仅在于 IT 平台开发，更应重视文旅大数据在行业内的应用。

目前，旅游大数据的建设主要集中于游客情况监测与分析、旅游舆情监管与预警、游客画像、旅游产业引导与查询等方面。这些建设多数是为了帮助政府、企业更好地开展管理工作，提高管理效率。在目前的实践中，多数大数据建设都是以技术驱动为主，以应用驱动为主的较少，因而旅游大数据建设所呈现的基本是一些展示性的成果。一些旅游数字化做得比较好的项目，如故宫数字展、云游敦煌等，都在视觉上极大程度地增加了游客的旅游体验，加强了游客的视觉感知，让游客深感震撼。但这种震撼很大一部分来源于对科技本身的感受。一些旅游市场长期存在的问题，如信息不对称、供需失衡以及市场秩序混乱等，尚未成为大数据的聚焦点，解决手段也十分有限。

（三）大数据中心重复性建设

文旅大数据的重要性逐渐被认可，行业各级主管部门纷纷投入旅游大数据中心的建设中，各部门、各地区信息化建设工作、信息化发展水平参差不齐，呈现"跟风""赶潮流"的现象，同时大数据中心建设模式和标准混乱，大数据中心的重复性建设问题比较突出。

（四）文旅大数据标准化建设不足

文旅大数据基础项目建设逐渐被重视，但目前文旅大数据相关规范及标准缺乏统一，各主体不能就产业数据建立深度相关性，各个单位之间大数据发展各自为营，这将不利于我国文旅大数据的整体发展。文旅大数据标准化建设需要管理部门、旅游企业等共同发力，从区域数据采集、数据存储、数据共享、数据分析等方面，统一规定信息对称交换的标准，而目前行业整体的数据标准化建设远远不足。

（五）文旅大数据专业人才欠缺

大数据解决方案的设计和实施，需要专业化分析复杂数据的工具和技术。文旅大数据的建设、运营、管理，需要相关人员具备专业的文旅行业及大数据知识储备。同时，目前各个文旅大数据相关企业及单位需要大量既精通文旅业务又能进行大数据分析的复合型人才。然而，国内目前产学研合作态势不强，人才培养不成体系，使得文旅大数据专业人才较为欠缺。

文旅大数据作为一个专门的技术系统和平台，数据技术团队与旅游管理和经营团队是分离的，他们相互之间还远没有达到完全理解、目标一致、行动一致的程度。在没有同时

精通旅游和大数据专门人才的背景下，一些地方的旅游管理部门或企业最终把数据库建成了资料库，完成任务后即束之高阁。事实上，数据技术人员和业务运用人员的有效合作，是发挥旅游大数据价值的关键所在。

（六）大数据隐私权有待加强保护

大数据一方面涉及游客个人信息，包括个人身份、习惯、身体特征等，用户无法察觉数据采集的过程，隐私信息泄露的风险很大，对游客会造成负面影响；另一方面经过用户同意的隐私数据在存储运输、开放共享、分析使用的过程中，没有实现隔离、可控与可追踪，更容易被泄露，隐私权在目前的安全机制下有待加强保护。如何在保证应用效率的基础上进行安全管理，是目前文旅大数据发展面临的重要问题。

第六节　八爪鱼网页数据采集与数据挖掘分析

八爪鱼网页数据采集器是由深圳视界信息技术有限公司研发的免费网络爬虫软件，是一款集网页数据采集、移动互联网数据及 API 接口服务（包括数据爬虫、数据优化、数据挖掘、数据存储、数据备份）等服务为一体的数据采集工具。在八爪鱼采集器中还链接了北京数可视科技有限公司开发的"花火数图"（https：//hanabi.cn/h2/index）数据分析、数据可视化短视频制作工具。

访问八爪鱼官方网站（https：//www.bazhuayu.com/），下载八爪鱼采集器客户端安装文件（.exe）到本地机器。然后关闭所有杀毒软件，双击 .exe 安装文件，即可开始安装，安装成功后，在开始菜单或桌面上可找到八爪鱼采集器快捷方式。

一、八爪鱼网页数据采集器工作原理

八爪鱼模拟人的行为，通过内置 Chrome 浏览器访问网页采集的数据。

八爪鱼采集数据的第一步永远是找到目标网址并输入，这同通过普通浏览器访问网页完全一样，在普通浏览器中需要点击"链接"进入详情页面，点击"翻页"按钮查看更多数据，在八爪鱼中也需如此操作。

在用八爪鱼采集数据的时候，一般情况下，一个网站需要配置一个采集流程。我们需要根据网页特性和采集需求，设计采集流程，将我们浏览网页的过程记录下来，之后八爪鱼就能根据设计好的采集流程，自动采集数据，其流程如图4-3所示。

八爪鱼采集网页数据有两种采集方式：本地采集和云采集。

①本地采集。本地采集就是用自己的本地电脑进行数据

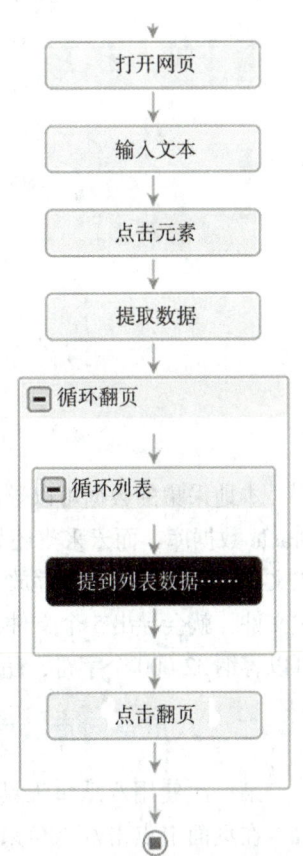

图 4-3　八爪鱼采集流程

采集，采集时手动单击"启动"按钮来运行，采集后数据存储在本地电脑。一般做好采集任务流程之后对任务流程进行测试排错或者只采集少量数据的时候，通常会用到本地采集的方式。启动本地采集后，八爪鱼采集器会新开一个任务采集窗口，采集过程中不可关闭任务采集窗口，否则将中断采集任务。在任务采集窗口单击"暂停"按钮，采集会停下来，此时我们可以对页面进行操作，比如网页需要登录，我们可以单击"暂停"按钮，然后手动登录，或者当网页出现验证的时候，我们也可以单击"暂停"按钮进行验证，也可以在采集过程中单击"暂停"按钮，将采集到的数据和当前网页数据进行对比，检查采集到的数据是否和网页上显示的一致，单击"继续"按钮则恢复采集，单击"停止"按钮则采集结束。

②云采集就是用八爪鱼提供的云服务器进行大规模数据的多线程并发采集。云采集可以关掉本地电脑，采集任务会在云后台进行7×24 h的不间断运行，实现无人值守采集，而且支持边采边导。本地采集的数据只支持单次保存，而云采集的数据默认可保存三个月，三个月之后将会被永久删除。

在数据采集完成之后，我们可以选择需要的格式进行导出。采集数据导出如图4-4所示。

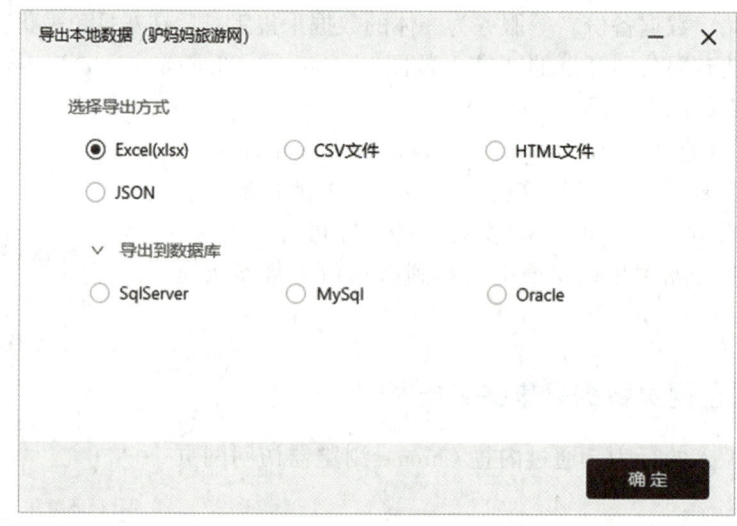

图4-4 采集数据导出

本地采集的数据可以导出为Excel、CSV、HTML、JSON文件并导出到SqlServer、MySql、Oracle数据库，而云采集还另外支持API接口的导出方式。如果导出Excel、CSV、JSON格式文件，一个文件最多存放2万条数据。如果一次性采集到10万条数据，那么导出这3种格式文件，就会导出5个文件，每个文件都包含2万条数据。另外，Excel的一个单元格最多可以容纳32 000个字符，超过就会被截断。导出为HTML格式，一条数据一个文件。

二、八爪鱼网页数据采集器注册

第一次使用八爪鱼工具前，需要注册一个八爪鱼账号。安装好八爪鱼采集器客户端后，在桌面上点击八爪鱼采集器快捷方式，弹出如图4-5左侧所示登录窗口，单击"免费注册"，弹出图4-5右侧所示的免费注册窗口，按窗口提示完成注册。

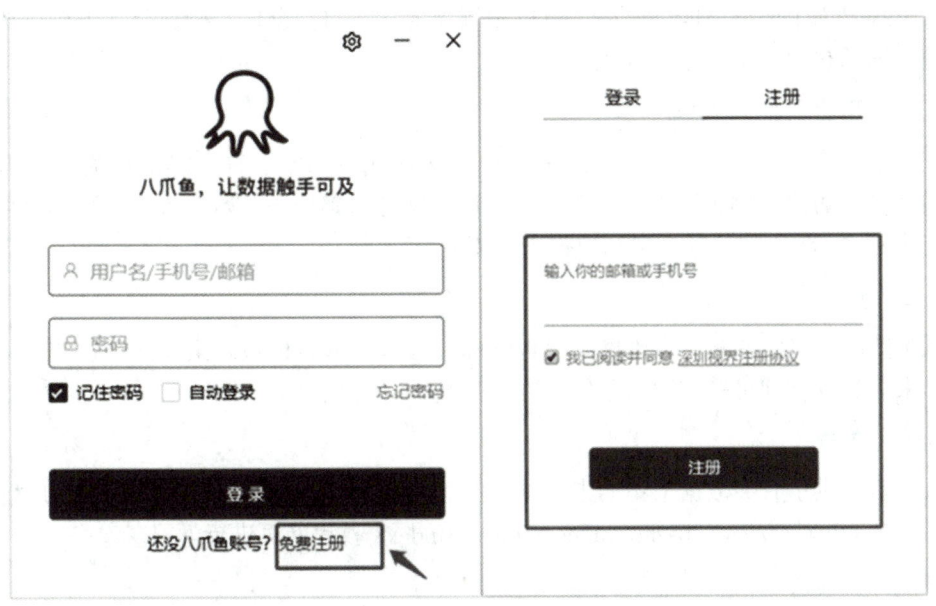

图 4-5　客户端登录窗口及免费注册账号窗口

然后，就可以用注册的账号登录进入客户端，开始数据采集。

三、八爪鱼网页数据采集器客户端界面

成功启动八爪鱼工具后，出现八爪鱼客户端界面，如图 4-6 所示。

图 4-6　八爪鱼客户端界面

客户端界面主要分成四个部分：窗口左侧为工具按钮，窗口右侧部分从上到下为开始采集输入框、热门采集模板、教程。

（一）开始采集输入框

在开始采集输入文本框中，输入采集目标网址或者网站名称，单击右侧的"开始采集"按钮，则可进行网页数据的采集流程设计。这是采集任务开始的入口，当然也可以在左侧工具栏"+新建"任务，启动数据采集流程。

（二）热门采集模板

展示热门的采集模板，点击网站模板图标，进入"通过模板采集数据"模式，无须自行设计采集流程，即可完成数据采集。

（三）教程

八爪鱼提供了有关数据采集的丰富的图文教程、视频教程，可以单击右侧的"更多"按钮，打开 https：//www.bazhuayu.com/tutorialIndex8 教程网页进行学习。

（四）工具按钮

八爪鱼客户端，在窗口左侧边栏提供了采集任务管理等多种工具，包括：

1．"+新建"按钮

新建自定义配置或模板采集数据任务；或者通过.otd 的文件形式进行采集任务的导入导出，便于与他人分享任务；还可添加新的任务组，便于任务比较多时，分组管理任务。

2．"任务"按钮

对已经创建的任务进行操作，如进行任务二次编辑、多次启动采集、按任务名搜索、按条件筛选；在任务选中状态下，可进行导出任务、删除任务、复制到组、移动到分组（包含移动到新建任务组）等操作。

3．"协作"按钮

提供团队协作平台，可统一管理团队成员的任务（查看/启动/复制）、数据（查看/导出/下载）、资源（云节点/代理 IP/验证码）等，促进团队协作，提升采集效率。

4．"定制"按钮

八爪鱼官方提供规则定制、数据定制、1 对 1 收费专属服务等增值服务。

5．"客服"按钮

使用软件过程中有任何问题，在工作时间都可联系人工客服。

6．"工具"按钮

放置八爪鱼常用小工具，正则表达式工具、定时入库工具、数据可视化短视频制作工具——花火数图等。

7．"教程"按钮

官网提供详细的教程，用户可根据自己的需要搜索教程学习。

8．"关于"按钮

展示软件版本号与说明。

9. "设置"按钮

可进行一些全局设置，如打开流程图、自动识别网页、删除字段不需要确认、本地采集优先启动加速模式等。

四、八爪鱼采集同程旅游景点评论

目前，在线旅行网站、旅游微博、微信、视频网站、社交网站等产生了数以亿计的数据，其中既包括在线旅游预订网站中用户的预订频率、价位，也包括旅游攻略网站中用户对酒店环境的评价，以及对旅游景点和公共服务设施的描述，还有景区、酒店内部管理所有的信息系统、视频监控系统、感知系统等所产生的大量数字、文字、视频数据。

下面通过采集同程旅游网景点评论数据说明八爪鱼采集网页评价数据的过程。

（一）预先观察梳理要抓取的数据。

打开同程旅游网 https：//www.ly.com，在页面上输入目的地"青城山"，搜索目的地页面。浏览页面并观察。浏览游客点评页面如图 4-7 所示。

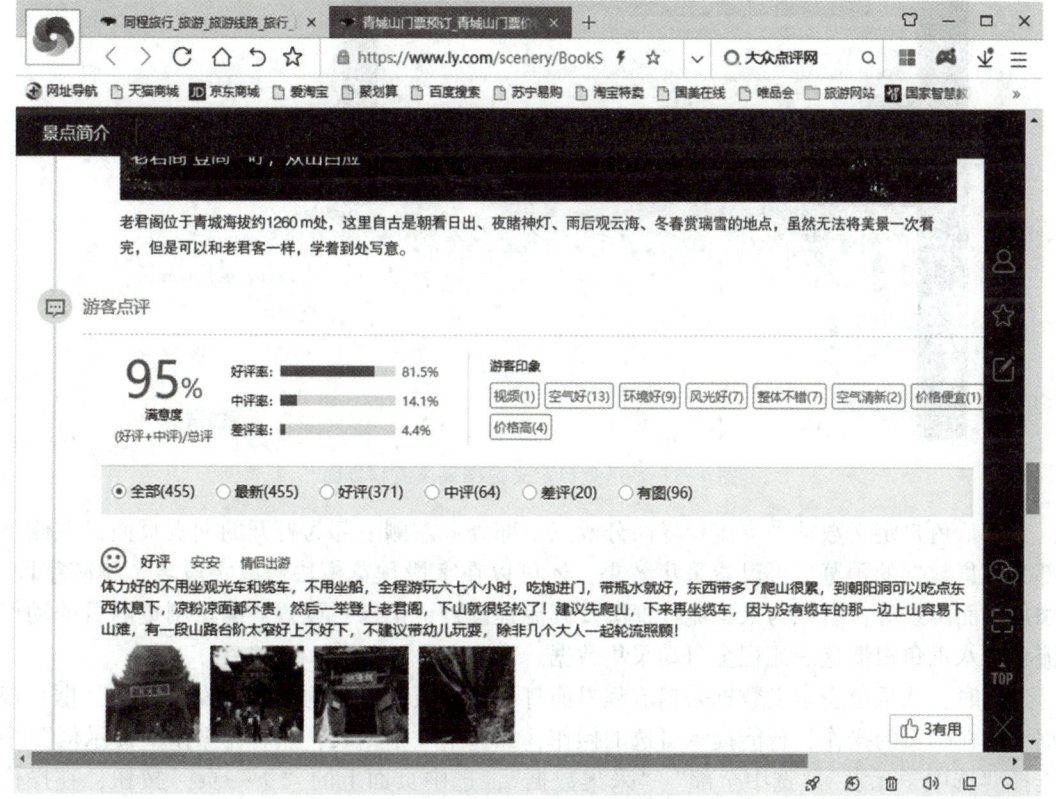

图 4-7　浏览游客点评页面

在游客点评区，我们可以看到游客的评论，包括游客提交的评价分析，分为好评、中评、差评三个等级和评论全文，认为此条评论有用的数量等，我们可以用八爪鱼工具进行采集抓取。

（二）设计采集流程

1. 打开目标网站网页

自动识别是自定义采集中一键智能生成采集流程的方式。通过输入的目标网址，单击"开始采集"按钮，进入自定义任务编辑页面，默认开启"自动识别"。可以点击客户端左侧"设置"工具，打开设置窗口，将"自动识别网页"开关关闭，关闭自动智能识别。

在八爪鱼客户端窗口输入框中输入"https：//www.ly.com"，单击"开始采集"按钮，进入自定义任务编辑页面。八爪鱼自定义数据采集流程界面如图4-8所示。

图4-8 八爪鱼自定义数据采集流程界面

八爪鱼自定义数据采集流程界面分成三个部分：左侧上部为打开的网页页面，左侧下部为采集数据的预览，可以看采集效果，还可以在字段预览模块修改字段名、删减字段、添加页面网址等；右侧为采集流程框图及其流程设置，记录、设置、编辑浏览网页的动作流程，八爪鱼根据这一流程全自动采集数据。

同时，八爪鱼自定义数据采集流程界面打开一个黄色标题的智能"操作提示"框，根据当前在网页的操作，智能提示可选的操作，如选中一个列表，然后在操作"提示框"中选择"选中子元素""选中全部""采集数据"，选中页面上的"下一页"按钮，在操作"提示框"中单击"循环点击单个链接"等。

2. 进入数据采集页面

单击页面目的地输入框，在弹出的"操作提示"框中选择"输入文本"，进一步在"操作提示"框中的"文本框1"中输入"青城山"，单击"确定"，可以在窗口右侧流程图中看到增加了"输入文本"的操作步骤，如图4-9所示。

第四章 基于文旅大数据的智慧文旅管理与服务

图 4-9 输入目的景区名称

单击页面"搜索"按钮,在弹出的"操作提示"框中选中"点击该按钮",如图 4-10 所示。搜索设置完成,则打开"青城山"景点页面,如图 4-11 所示。

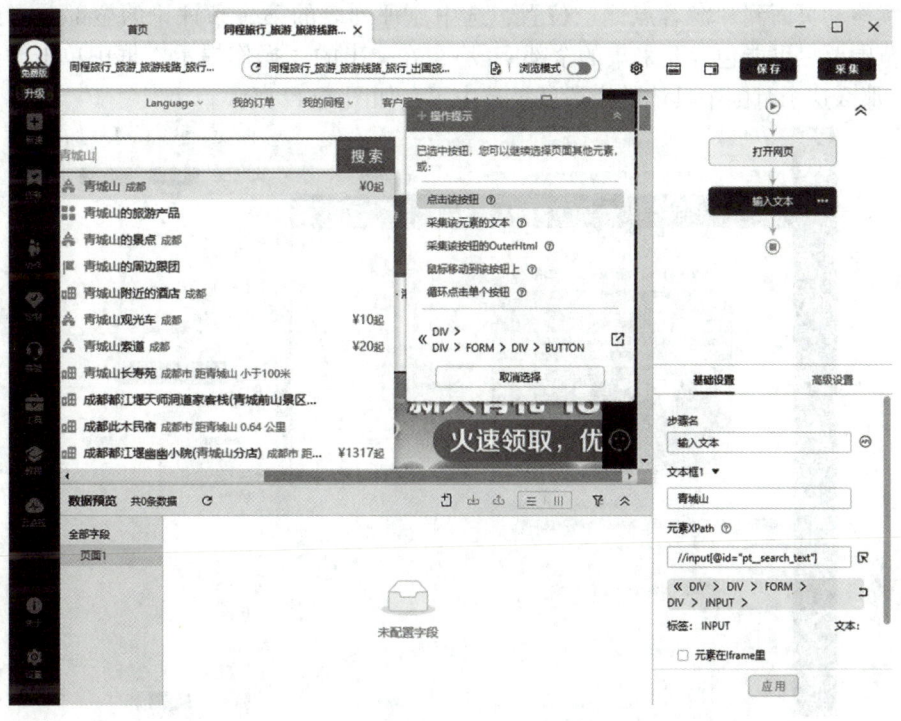

图 4-10 设置"搜索"点击流程

207

图 4-11　"搜索"点击设置流程完成，打开目的地界面

在打开的页面中，可以浏览到"青城山"景区景点介绍、游客点评的信息。

3. 提取详情页标题及评论

浏览到"青城山"页面，在标题"青城山"上单击，选中文字，在弹出的"操作提示"框中选中"采集该元素的文本"，将景区标题采集下来。

继续滚动页面到"游客点评"位置，选中点评列表的第一条评论的全部项（这个列表项的范围要尽可能包含要采集的全部字段），在弹出的"操作提示"框中单击"选中子元素"，那么这个范围中具体的字段就被选中了，如图 4-12 所示。

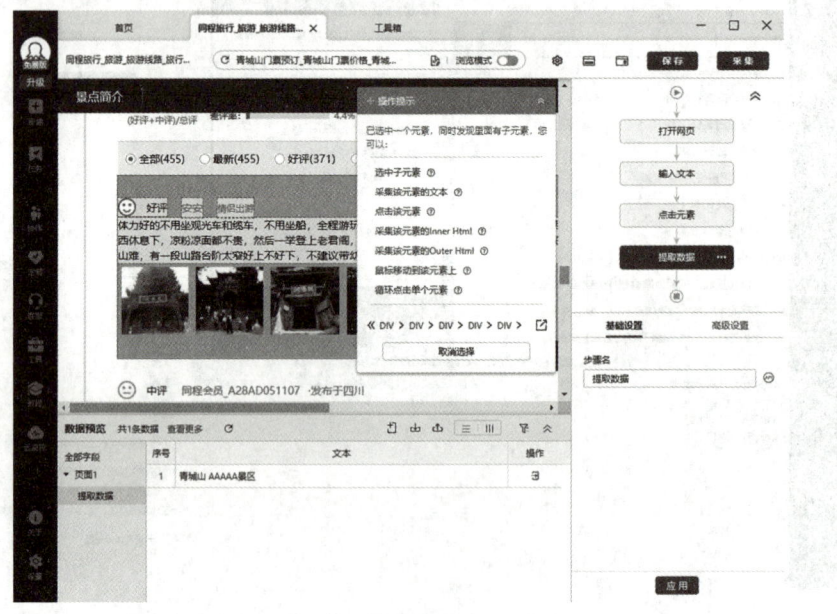

图 4-12　选取列表元素

第四章 基于文旅大数据的智慧文旅管理与服务

4. 建立循环提取

在上一步中,继续在弹出的"操作提示"框中单击"选中全部",这样本页的全部评论列表项和列表中的各个字段就都被选中了。继续单击"操作提示"框中的"采集数据",可以看到通过以上步骤,右侧流程图这里已经创建出一个循环列表,如图4-13所示。

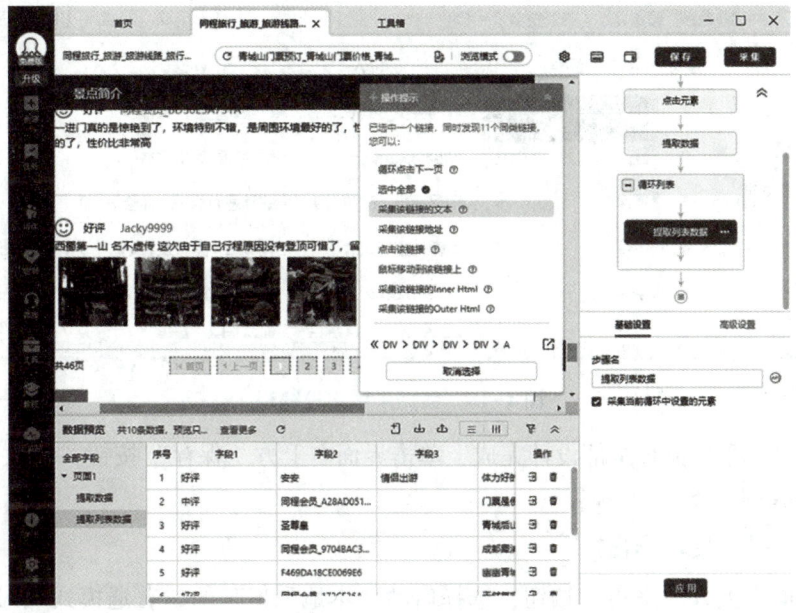

图 4-13 建立提取循环

5. 设置网页翻页采集

在评论区页面下方有"下一页"等类似的可以表示翻页的按钮,为了能够翻页采集数据需要进一步设置翻页操作。

设置评论页的翻页,与列表页的逻辑一样,在详情页选中代表"下一页"的按钮之后,在"操作提示"框中单击"循环点击下一页",即可设置翻页,如图4-14所示。

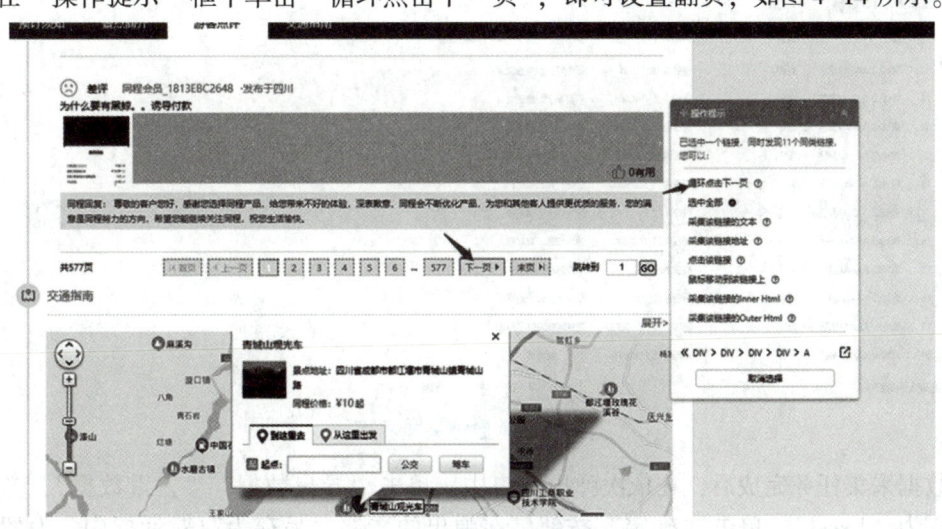

图 4-14 设置评论页的翻页

209

6. 调整编辑采集数据字段

在数据预览区中，可以对采集的字段名称、位置进行编辑修改，也可以删除不需要的字段，还可以增加一些字段，如"采集时间"等，如图4-15所示。

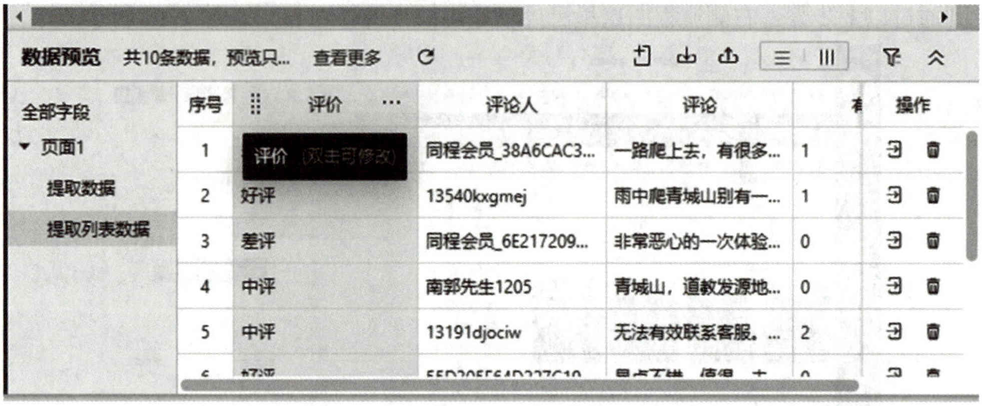

图4-15　数据采集字段编辑

至此，本例采集流程全部设计完成，单击界面右上方"保存"按钮，将此采集流程任务保存在"我的任务"中。

（三）数据采集与导出

单击界面右上方"采集"按钮，选择启动"本地采集"的"普通模式"，即可进入数据采集界面进行本地采集，如图4-16所示。

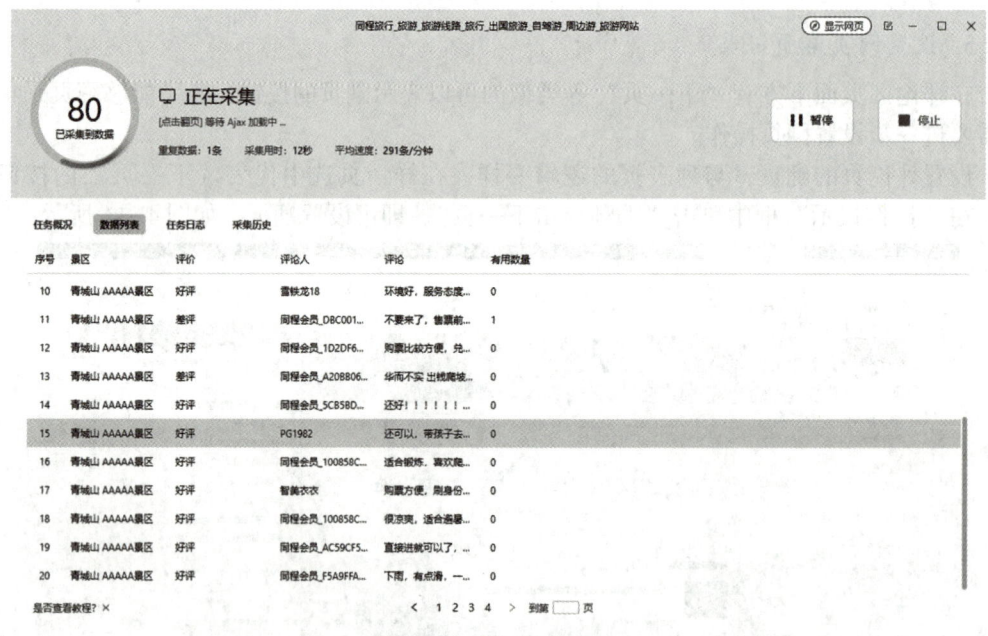

图4-16　数据采集界面

数据采集任务完成后，在依次弹出窗口中，单击"导出数据""去重数据"，选择导出方式为"Excel"，单击"确定"按钮，在弹出的文件"另存为"对话框中，设置采集数据文件的文件名和保存位置，如图4-17所示。

第四章 基于文旅大数据的智慧文旅管理与服务

图 4-17　保存导出采集的数据文件

据此，我们可以继续采集都江堰、峨眉山、广汉三星堆博物馆等景区的评论数据，也可以在其他有游客评论的网站采集数据。

五、数据分析与可视化

首选是利用 Excel 工具对采集到的评论数据进行整理、分析，同时将评论数据复制到记事本，经简单清洗后，另存为 ansi 格式的 .txt 文件供进一步分析使用。

（一）基于抓取的数据的分析

抓取到的数据主要包括：第一，景区名称，即被评价的对象，包括都江堰、峨眉山、青城山、广汉三星堆博物馆，其中青城山又被细分为青城山景区、青城山观光车、青城山索道；第二，评论，用户在同程上提交的评论全文；第三，评价，用户在同城上提交的评价分析，分为好评、中评、差评三个等级；第四，评论人，同城用户昵称；第五，有用数，认为此条评论有用的数量，如图 4-18 所示。

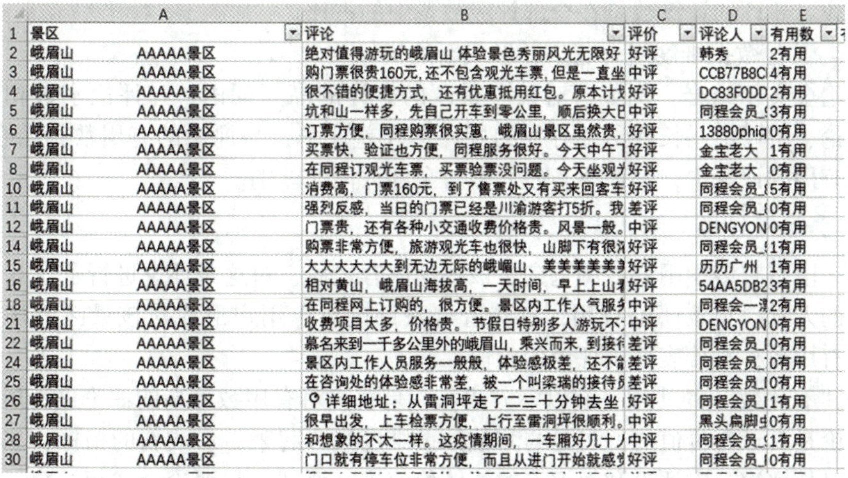

图 4-18　抓取数据展示

211

1. 评估哪些数据是有价值的、可用的

五个字段中，"评论人"是同城用户的昵称，涉及隐私，并没有完整展示，整体而言，数据价值相对较低，可利用性也相对较差。其余数据字段则相对比较重要。

数据维度中没有表征评论发表时间的指标，这一缺失使得趋势分析不再有可能，对于数据结论的分析是存在遗憾的。

2. 关于如何利用"景区名称"

作为数据筛选和聚合的条件，景区名称代表了评论的直接对象。其中，青城山的数据划分了更细的维度，可以实现数据的下钻。

此外，除了三星堆博物馆为4A级景区外，其余三个景区均为5A级景区。这也可以视为数据分析的维度之一。

3. 关于如何利用"评论"全文

这一字段是同程用户发表的关于各大景区评论文本内容的全文。在文本内容的基础上，可以衍生出新的数据，主要包括以下几种：

（1）评论字数

字数看起来简单，但是代表了作者的认真和重视程度，作者发表一篇长评论，显然比发表一篇短评论，要耗费更多精力和构思，因此也更能体现作者投入的真情实感。

（2）评论长度分类

可以根据评论的字数，将评论分为短评论、中评论、长评论。例如，1~30字为短评论，31~139字为中评论，140字以上（含）为长评论。

（3）评论中出现的高频词语

采用NLP（自然语言处理）工具对评论文本进行分词和词频统计。

4. 关于如何利用"评价"等级

这一字段是同程用户在发表评论时，选择的对景区的整体评级，在评级的原始数据上，可以衍生出以下数据指标：

（1）好评率、差评率

好评或者差评的评级数量在全部评级数量中的占比。

（2）与其他数据维度组合起来，形成新的指标

与评论全文相结合，例如，对某一景区的好评的高频词语；与评论字数相结合，例如，短评论、中评论、长评论中分别的好评率和差评率；与评论的有用数相结合，例如，在被认为有用的评论中，好评率、差评率与全部评论的差别。

5. 关于如何利用"有用数"

这一字段是有多少用户在浏览完了该评论内容之后，对这条评论进行了"有用"的认定。更多的人觉得某条评论有用，意味着这条评论对于用户形成对该景区的认知更有帮助。所以有用数，直接表征了评论的价值。

对于"有用数"的使用，有以下方式：一是直接对有用数最高的评论进行展现，展示怎样的评论是真正有价值的；二是与其他数据维度组合起来，形成新的指标，如与评论字数结合，对长评论、中评论和短评论的整体价值进行评判，与评论全文相结合，展现有价值的评论中的高频词语的特征，等等。

6. 总结

进行指标分析的时候，按照下面的步骤进行：

①对数据维度自身体现的数据特征进行分析、发现和洞察。

②对数据维度进行一定程度的处理，得到新的数据指标，对新的数据指标体现的数据特征进行分析、发现和洞察。

③将有一定关联的数据指标结合起来，进行分析、发现和洞察。

（二）发掘数据特征，完成可视化

1. 人气值

一段时间内同程用户对某一景区发表评论的绝对数量，代表了有多少人愿意公开发表对此景区的评论，表征了该景区在游客中的人气值，如表4-3所示。

表4-3　同程网上景区评论数统计　　　　　　　　　　　　　　单位：条

都江堰景区	峨眉山	三星堆博物馆	青城山		
			青城山景区	青城山观光车	青城山索道
2 694	2 326	2 424	329	4 019	3 167

此数据特征需要在同样的时间范围进行横向比较。使用花火数图可视化工具，可以用可视化图表直观展示各个不同景点人气值的对比结果。其操作步骤如下：

第一步，选择八爪鱼"工具"中的"花火数图"工具，或直接登录花火数图工具（https：//hanabi.cn），选择堆叠条形图模板，进入堆叠条形图的编辑页面后，首先进行数据的编辑，将表4-3中数据录入，如图4-19所示。

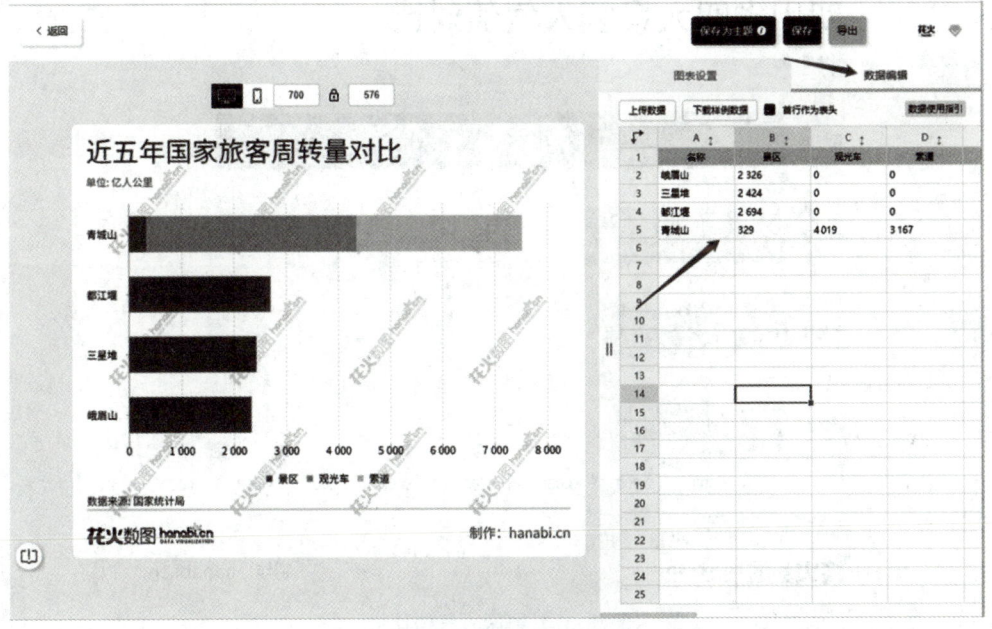

图4-19　堆叠条形图"数据编辑"页面

第二步，进入堆叠条形图的"图表设置"界面，进行图表文字的编辑。包括：图表标题改为"四川省四大景区人气值对比"，数据来源改为"八爪鱼、同程"，数据单位改为

"（单位：条）"，如图 4-20 所示。

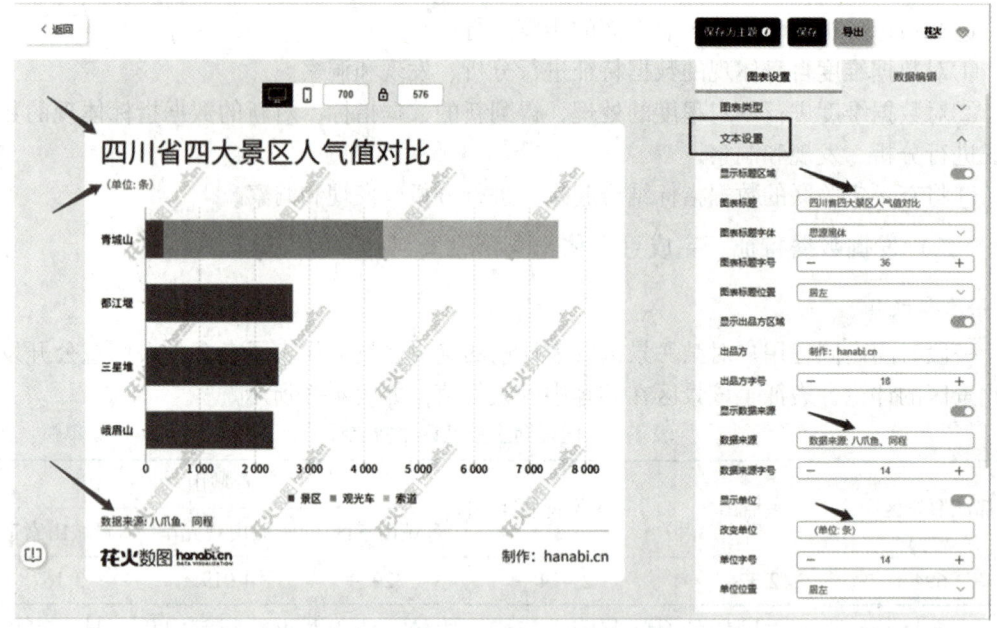

图 4-20　堆叠条形图的"图表设置"界面

在图表设置中，继续设置：①设置颜色主题，选择一组渐变色方案；②设置图例：选择不显示图例等更多其他的设置。

第三步，导出可视化图表，如图 4-21 所示。

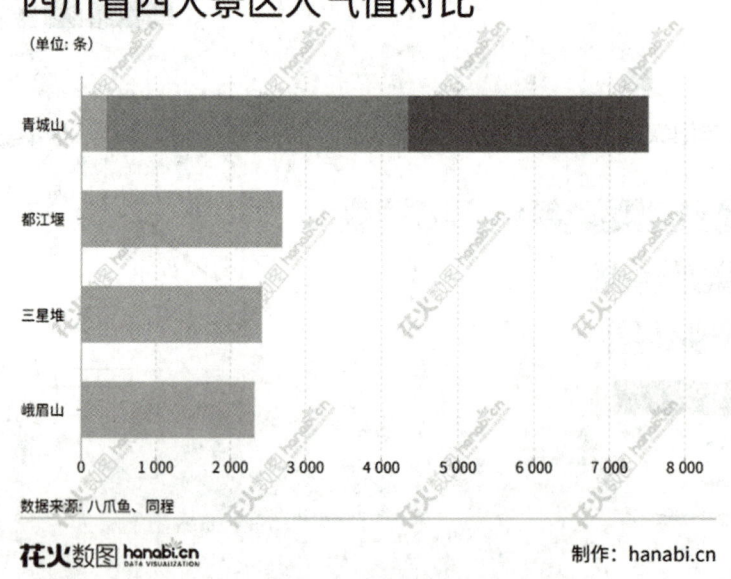

图 4-21　景区人气值比较

可以看出，青城山的人气远超其他三个景区，而在另外三个景区中，都江堰的人气则略高于峨眉山和三星堆。人气值与景点距离成都的距离可能有一定关系。

2. 好评率

一段时间内同程用户对某一景区发表评论中标记为好评或者差评的评论数量的占比。主要通过不同景点好评率和差评率的横向对比，表征游客对不同景点的满意度。表4-4是从原始数据中经过统计得到的几个景区的差评率和好评率的数值。

表4-4 同程评论等级统计

分类	整体	都江堰	峨眉山	三星堆博物馆	青城山
差评率	6.1%	2.4%	5.8%	1.9%	9.0%
好评率	83.5%	87.5%	81.6%	90.9%	80.2%
中评率	10.4%	10.1%	12.6%	7.2%	10.8%

无论是差评率还是好评率，都是百分比，对百分比进行比较，比较适合的可视化分析模型包括百分比堆叠柱形图、百分比堆叠条形图、对比环形图、水波图等。我们使用百分比堆叠柱形图，对四大景区的好评率和差评率进行比较。景区的好评率和差评率如图4-22所示。

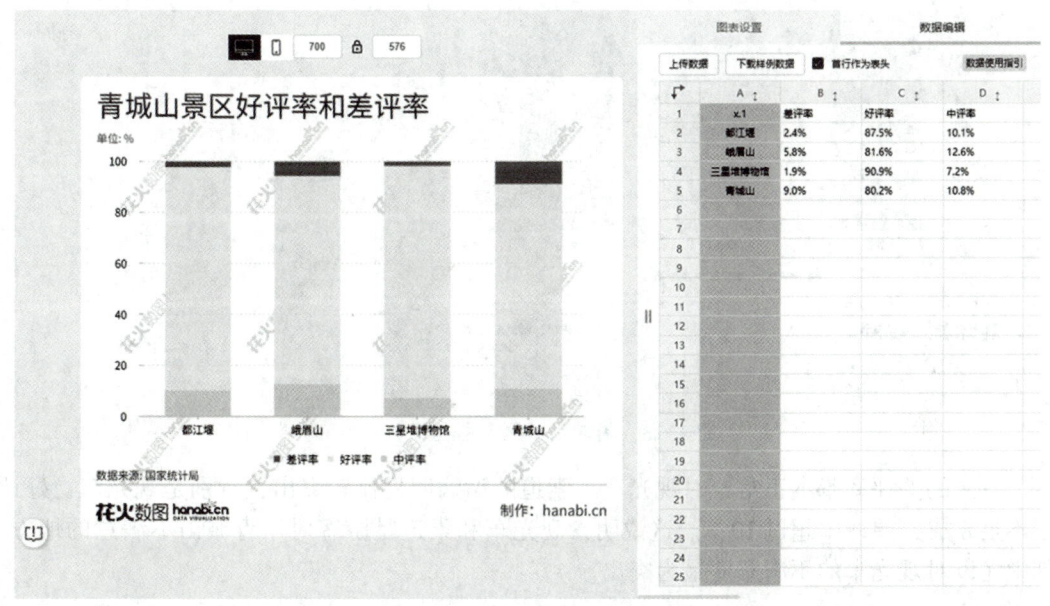

图4-22 景区的好评率和差评率

从数据来看，游客对三星堆的满意度最高，好评率超过了90%，而差评率1.9%也远低于其他的景点；青城山的满意度则最差，差评率高达9.0%，好评率则刚刚超过80%。人气不代表满意，三星堆官方评级仅为4A，低于其他三个景区，其满意度反而高于其他。

3. 青城山的下钻好评率

相比其他三个景区，青城山的好评率和差评率不尽如人意，那么青城山出了什么问题呢？幸运的是，青城山的评论区分了主要的对象，所以可以通过下钻的方式，看看在更细分的评论对象的满意度上的差异。青城山景区及服务设施的好评率和差评率如表4-5所示。

表 4-5　青城山景区及服务设施的好评率和差评率

分类	景区	观光车	索道
差评率	4.9%	10.1%	8.0%
好评率	80.9%	78.7%	82.1%
中评率	14.3%	11.2%	9.9%

同样的，我们使用百分比堆叠柱形图，对青城山景区及服务设施的好评率和差评率进行比较，如图 4-23 所示。

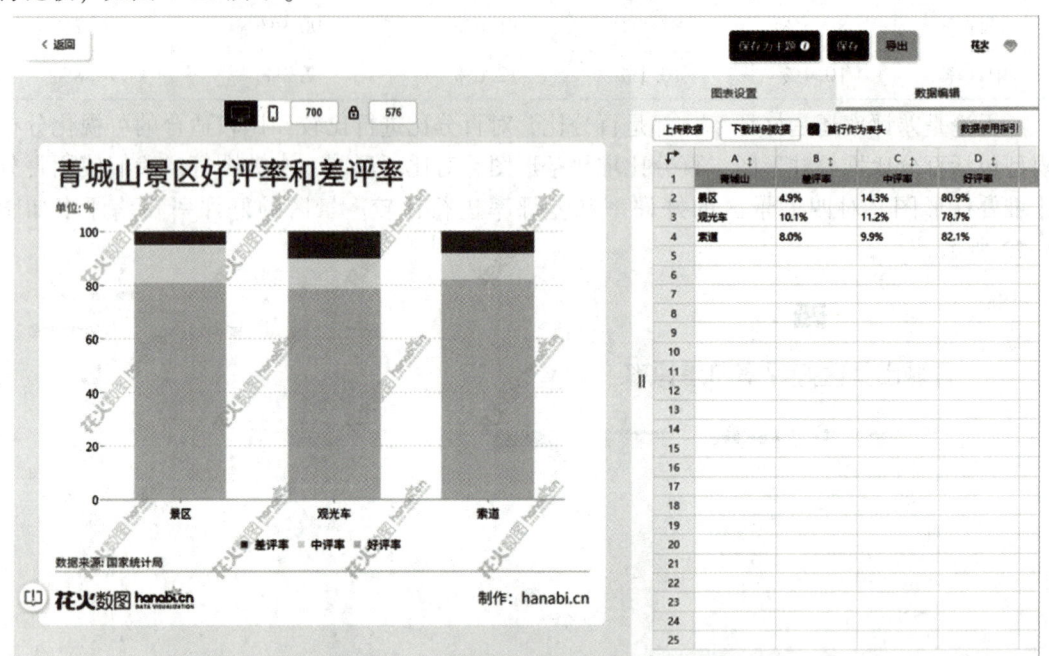

图 4-23　青城山景区及服务设施评价

景区的差评率基本正常，对观光车、索道的诟病明显比较突出，特别是观光车，好评率不足 8 成，差评率超过 10%。这说明，观光车和索道是游客对于青城山不满意的地方，其中尤以对观光车的不满意度最为突出。

4. 评论全文分析

我们已经知道游客对三星堆比较满意，对青城山，特别是青城山观光车则不太满意。那么这些不满意究竟出于什么原因呢？仅从评论数量、好评率、差评率显然还得不到答案。这个时候就需要对评论的全文进行深入挖掘和分析。

事实上，浏览游客已发表的评论，特别是长评论或者是差评，是我们大多数人在规划旅游时的必备功课。选择长评论是因为它有更丰富的信息，能帮助我们做出判断。选择差评，则是因为差评更多反映游客遇到的问题，而从心理学而言，问题是我们更关心的，因为吸取过来人的经验教训、避免踩雷是我们查看评论的最主要动机。

为了了解人们为什么对仅为 4A 景区的三星堆如此满意，我们可以按如下条件在 Excel 中筛选需要分析的文本：第一，三星堆；第二，好评；第三，有用数大于 0。加上有用数的原因是好评数量较高，大量好评内容价值较低。将筛选出的文本复制到文本文档中，并存为 ansi 格式。

花火数图可视化工具中的词云工具，集成了分词和词频分析能力，可以直接对文本进行分析。进入花火数图词云编辑界面，选择数据编辑中的上传评论数据文本文档，即可一键完成对文本的分词和词频分析，如图 4–24 所示。

	A	B	C	D
1	关键词	词频		
2	讲解	34		
3	可以	26		
4	三星堆	19		
5	没有	18		
6	非常	15		
7	值得	14		
8	同程	14		
9	门票	13		
10	里面	12		
11	还有	11		
12	震撼	11		
13	三星堆博物馆	10		
14	参观	9		
15	很多	9		
16	文物	9		
17	景区	9		
18	历史	8		
19	展品	8		
20	环境	8		

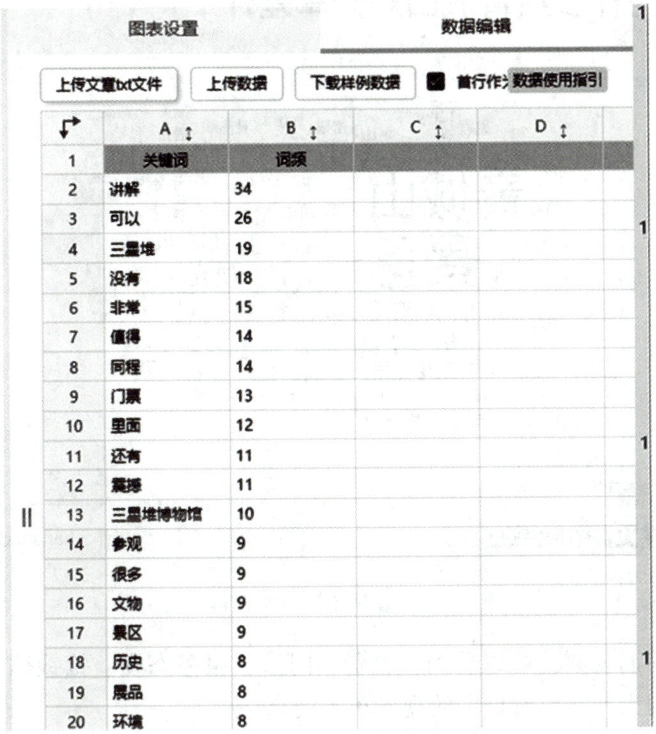

图 4–24　花火数图词云分词及词频统计

花火数图可以直接根据词频分析的结果生成词云，如图 4–25 所示。

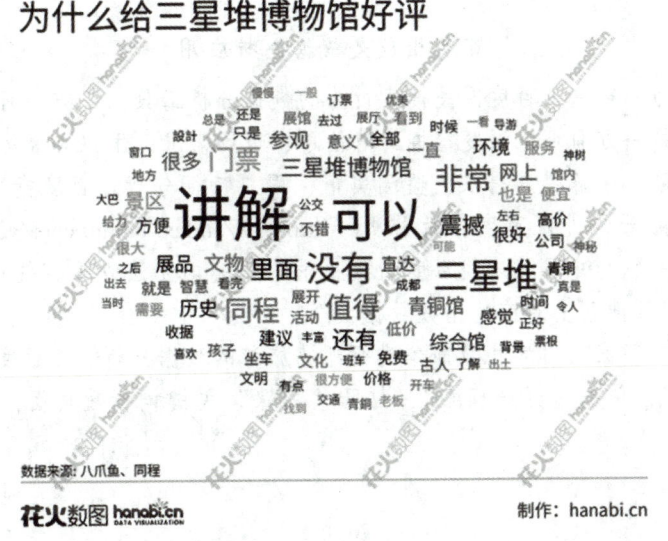

图 4–25　三星堆好评词云

词云图直观展示人们喜欢三星堆的原因,可以看到,讲解、值得、门票、震撼、文物、历史等是出现频率较高的词语,是人们喜欢的原因。

用类似的方式,我们生成青城山观光车差评词云,如图4-26所示。

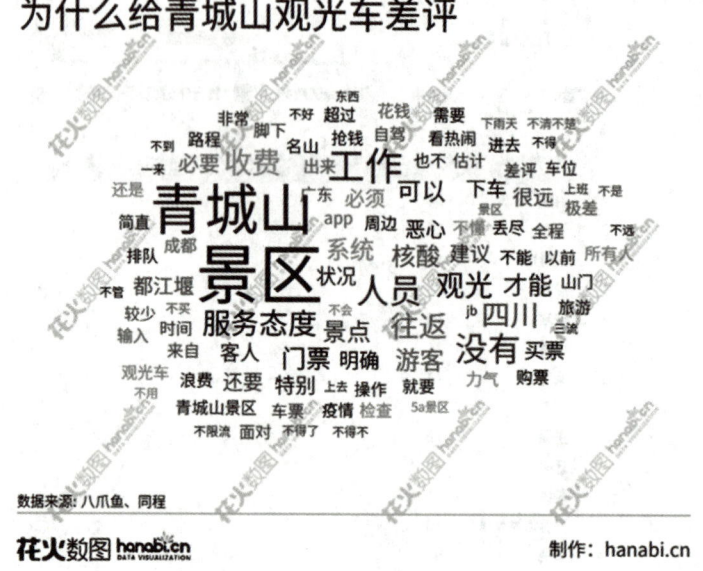

图4-26 青城山观光车差评词云

从最终生成的词云图,可以看到,收费、门票、服务态度、抢钱等成为主要的槽点,基本可以看出人们为什么对青城山的观光车不满意。

百度指数大数据分析应用

百度指数作为一款基于百度网民搜索行为的数据分析工具,一方面可以对关键词搜索趋势进行分析,另一方面可以深度挖掘舆情信息、市场需求、用户画像等多方面的数据特征,探索市场趋势、了解用户需求、监测舆情、用户特征分析。百度指数的使用很简单,登录个人的百度账号,进入百度指数首页(https://index.baidu.com/v2/index.html#/),在搜索框内输入一个关键词(未经百度指数收录的关键词无法查看相关指数数据),单击"探索"按钮,即可搜索出对应的指数数据。

本案例通过"邛崃"百度指数简单进行邛崃旅游的数据分析。在百度指数首页输入框中,输入"邛崃",单击"开始探索",打开"邛崃"关键词指数页面,百度指数页面如图4-27所示。

第四章 基于文旅大数据的智慧文旅管理与服务

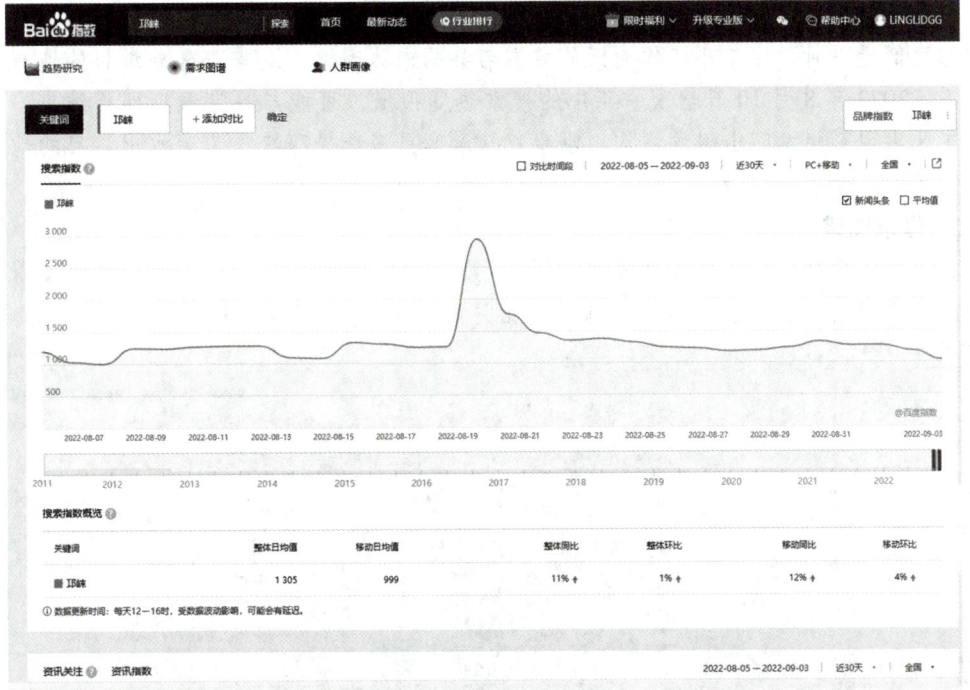

图 4-27　百度指数页面

在百度指数页面中，可以对市场趋势进行研究分析、相关需求分析、关注人群地域和性别年龄等属性分析。

1. 市场趋势研究

在搜索指数趋势图中，调整对比时间段为 2021-09-03 到 2022-09-03，对一年时间内搜索"邛崃"的趋势进行比对，得到如图 4-28 所示的趋势图。

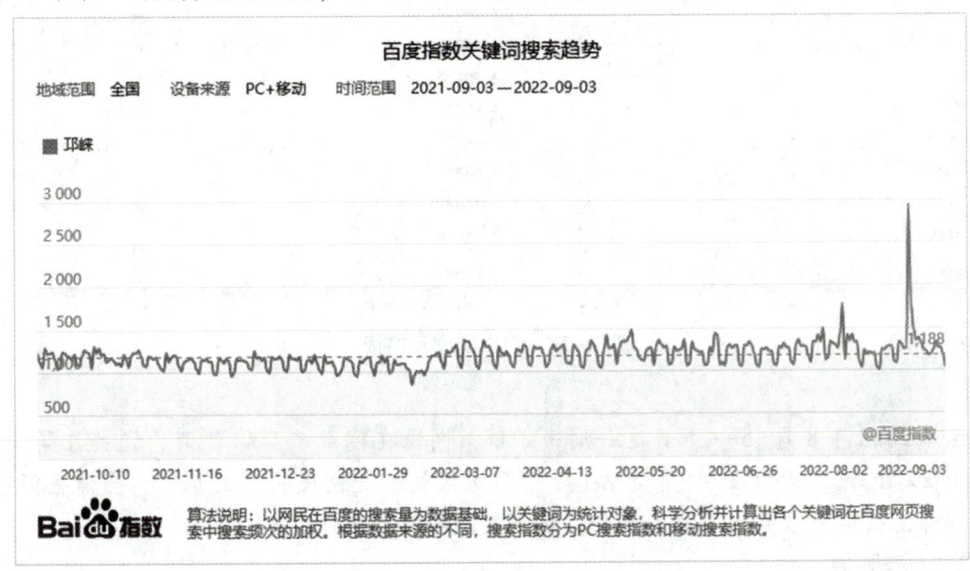

图 4-28　百度"邛崃"关键词搜索趋势
(来源：百度指数)

219

从趋势图上，可以看出"邛崃"在百度上搜索，一、四季度的热度低于二、三季度，周末热度低于平时，这与邛崃作为天府旅游名县周末休闲游、夏季避暑旅游目的地有一定的关系。2022年8月19日出现一年中的搜索热度顶峰，可能与暑期假期即将结束，而上一周末又出现彭州龙门山镇龙漕沟山洪事故，游客更多选择邛崃作为亲水出游目的地有一定的关系。

2. 需求图谱

在百度指数页，单击上方"需求图谱"，则展示提供"邛崃"这一中心词搜索需求分布信息，说明网民在搜索"邛崃"前后的相关关注方面。如图4-29所示。

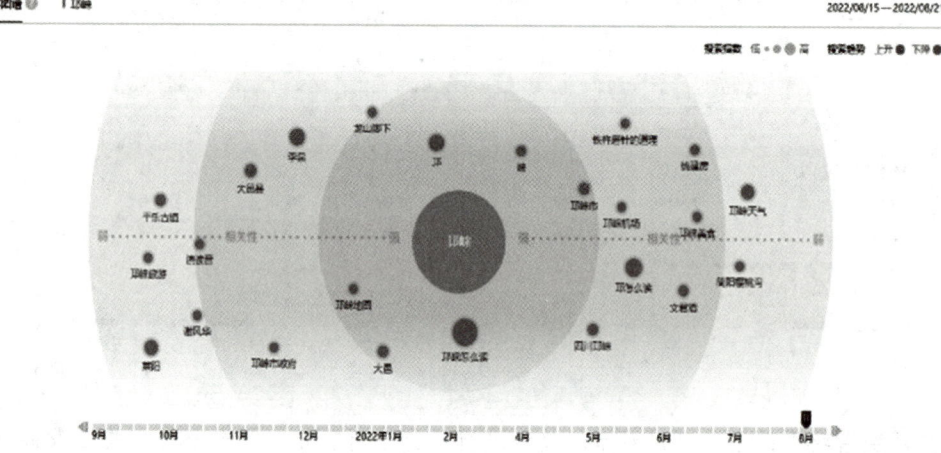

图4-29　需求图谱及热词
(来源：百度指数)

选择2022年8月15—21日这一周来了解，网民在搜索"邛崃"时，还关注了哪些？从图4-29看到，"天台山""平乐古镇""邛崃天气"是网民关注的焦点，当然我们也看到"邛崃怎么读"搜索热度排名第一，这可能是邛崃潜在的游客。

3. 人群画像

在百度指数页，单击上方"人群画像"，则展示搜索"邛崃"的网民人群在各省市的分布、年龄、性别分布，如图4-30所示。

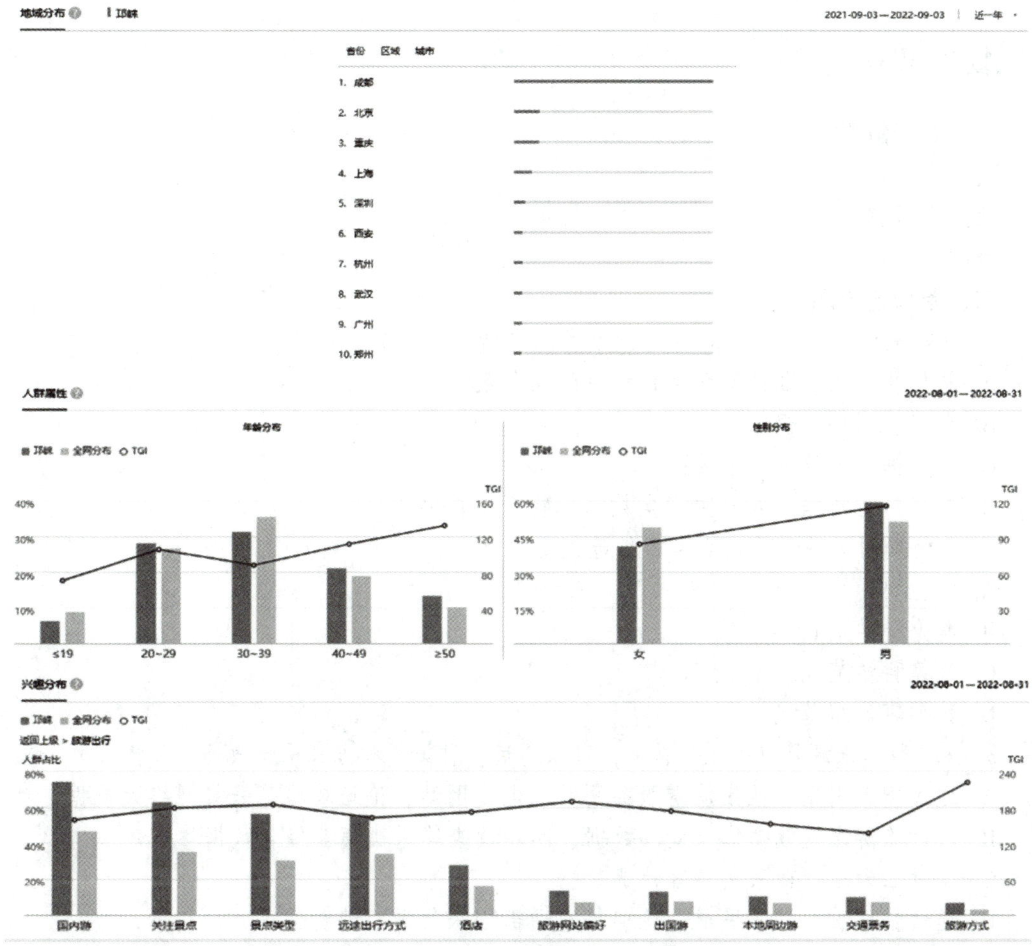

第四章 基于文旅大数据的智慧文旅管理与服务

图 4-30　人群画像

(来源：百度指数)

网民地域分布可以按省、区域和城市，图4-30按城市显示了近一年对在百度上搜索"邛崃"的网民分布，成都市遥遥领先，是邛崃旅游最重要的客源城市，其他城市网民对邛崃的关注度较成都低了很多，但北京、重庆、上海等地网民还是对邛崃有所关注，这些就是邛崃旅游要进一步开发的客源地，可进行针对性的运营和推广。

从图4-30可以看到，关注"邛崃"的网民年龄段集中在20~50岁，男性网民的数量明显高于女性网民，表明工作群体更关注邛崃，这与邛崃依托成都客源市场成为周末休闲游目的地有密切的关系。男性网民多于女性网民，如果网民进一步转变为游客，男性游客也会更多于女性游客，这说明邛崃旅游基础设施建设，如卫生间的设置，也需要进一步优化设置。

从图4-30还可以看到百度网民旅游出行的兴趣，更多关注国内游（受疫情影响，国外游很难成行）、景点的旅游、出行方式比较多，这部分人群还是比较关注景点，所以建设好的景点仍是一个地方吸引游客的重要标的物。

百度指数大众版的数据较为宏观，搜索趋势也仅仅是基于用户在百度搜索框内的搜索行为，更多行业深度数据分析需求还需要访问百度指数专业版。

221

复习思考

一、名词解释

大数据：

旅游大数据：

数据挖掘：

二、单项选择题

1. 一般来说，数据可以划分为三大类，包括（　　）。

A. 结构化数据、非结构化数据和半结构化数据

B. 文字、图形、视频

C. 大数据、中数据、小数据

D. 机器产生数据、人自主产生数据、物产生数据

2. 大数据创新科学研究的第四种范式是（　　）。

A. 实验科学范式

B. 理论科学范式

C. 计算科学范式

D. 数据密集型范式

3. 文旅数据来源具有多元化特征，可以通过多种渠道和方式采集数据，包括（　　）。

A. 通过搜索引擎、在线旅游服务网站、电商网站、论坛攻略等采集网络大数据

B. 通过旅游宏观数据库、遥感数据、问卷调查等采集商业经营数据

C. 通过三大运营商采集游客消费数据

D. 通过铁路、公路、民航、轮船等交通部门采集游客消费数据

三、简答题

1. 数据、信息和知识的关系是什么？
2. 大数据的发展历程是什么？
3. 大数据处理的基本流程是什么？
4. 文化旅游大数据的应用价值有哪些？

四、计算题

根据表4-1顾客购买记录数据，利用关联规则算法，计算"牛奶→面包"规则的支持度（Support）和置信度（Confidence）。

实训任务

使用"八爪鱼"工具在驴妈妈旅游网（http：//www.lvmama.com/）采集一家5A级旅游景区游客评论数据，要求采集近五年的全部评论信息，对新冠疫情前后的旅游人气、旅游感受所反映的旅游趋势进行数据分析，形成一份《××××景区基于驴妈妈旅游网驴友评论数据看未来发展》的研究报告。

第五章　旅游电子商务创新与变革

> **学习目标**
>
> 1. 了解电子商务、旅游电子商务的概念、交易模式和内涵特点。
> 2. 掌握旅游电子商务运行体系的组成及各部分之间的相互关联，深刻了解旅游电子商务的交易过程。
> 3. 了解在线旅游商务服务模式的发展与变革。
> 4. 了解旅游企业在电子商务方面的服务模式创新、商业模式创新、营销创新、金融创新等创新思想和举措，进一步掌握智慧旅游背景下旅游电子商务创新与变革的战略思想。

第一节　电子商务与旅游电子商务基本概念

前面我们已经学习了智慧旅游的理论与概念、智慧旅游发展的技术基础、智慧旅游的实践案例，也学习了智慧文旅大数据的相关知识，下面我们开始学习旅游电子商务。智慧旅游主要体现在管理的智慧、服务的智慧、营销的智慧等方面，这些智慧的基础来源于文旅大数据的分析，这些智慧的经济学目的，是要完成旅游经济活动中的交易过程，这就是旅游电子商务。

一、电子商务

关于电子商务的定义，国内外学者对此从不同角度开展了大量研究，可谓仁者见仁、智者见智，提出了许多富有见地的定义。

（一）电子商务（Electronic Commerce）的定义

国际商会于 1997 在法国巴黎举行的世界电子商务会议上对电子商务概念的界定是：

电子商务是指对整个贸易活动实现电子化。此概念的内涵与外延为："交易各方以电子交易方式而不是通过当面交换或直接面谈方式进行的任何形式的商业交易；电子商务又是多种技术的集合，具体包括交换数据、获得数据等。"

国际著名经济组织联合国经合组织在其工作报告（1998）中将电子商务定义为："电子商务是指建立在信息技术和远程通信技术基础之上的相关企业及消费者之间的现代商业交易活动。"

欧洲经济委员会在1997年的国际信息标准化大会上将电子商务描述为："电子商务是商务活动各方以国际互联网为贸易载体，而不是以传统的贸易方式比如物理交换和直接接触开展的贸易活动。"应当指出，欧洲经济委员会关于电子商务的载体指向比较宽泛，既包括国际互联网，也包括基于国际互联网的电子数据交换（EDI）、电子订货系统（EOS）等方式，也包括电子邮件、电子公告等电子通信方式。

IBM将电子商务的含义描述为："电子商务主要包括三大部分，分别是相关企业的内部网络、外部网络以及它们之间的交易；电子商务主要的问题解决对象包括内容管理、信息协同管理以及电子交易等。"

我国电子商务发展起步较晚，上海在全国走在前列，上海市电子商务安全证书管理中心将电子商务界定为："电子商务是指采用数字化电子方式进行商务数据交换和开展商务业务活动。"

北京大学郭庆教授关于电子商务的定义为："电子商务是指通过现代信息网络和通信技术开展的贸易以及其他商务活动的统称。"

由此，我们可以将电子商务的基本含义定义为：

电子商务是以现代信息技术、远程通信技术以及互联网技术为技术基础，实现超越时空、快速高效的商品买卖、贸易交往等商务活动的总称。

（二）电子商务的内涵

1. 电子商务是商务活动，需要环境保障

不同于传统商务活动，电子商务是在网络上完成的，交易双方不需要见面，因而确保商业活动的成功，至少需要以下几个方面的保障：

①可信交易环境。
②产品质量安全监督机制。
③金融移动支付。
④网络（电子）发票。
⑤会计档案电子化。
⑥物流配送体系。
⑦跨境贸易电子商务通关服务环境。

2. 信息技术在电子商务中起关键作用

在现代电子商务活动中，起关键作用的是信息技术，这里主要包括信息科学硬件技术和软件技术，正是它们构成电子商务与传统商务的根本区别。电子商务以计算机网络为主线，可提供网上交易和管理等全过程的服务，具有广告宣传、咨询洽谈、网上订购、网上支付、电子账户、服务传递、意见征询、交易管理等各项功能，对参加商务活动的商务主

体各方进行了高度的集成,对商务活动的各种功能进行了高度的集成。

3. 电子商务是新型经济社会活动

电子商务还远不止是网络购物,它是依托信息网络,以信息、知识、技术等为主导要素,通过经济组织方式创新优化重组生产、消费、流通、社会活动全过程,提升经济与社会运行效率与质量的新型经济与社会活动。

(三) 电子商务的分类

电子商务按交易涉及的对象划分,主要的电子商务模式有 ABC、B2B、B2C、C2C、B2M、M2C、B2A(即 B2G)、C2A(即 C2G)、O2O 等电子商务模式。

1. ABC 模式 = Agents to Business to Consumer

这是由代理商(Agents)、商家(Business)和消费者(Consumer)共同搭建的集生产、经营、消费为一体的电子商务平台。三者之间可以转化。大家相互服务、相互支持,你中有我、我中有你,真正形成一个利益共同体。

2. B2B = Business to Business.

这是商家(泛指企业)对商家的电子商务,即企业与企业之间通过互联网进行产品、服务及信息的交换,包括发布供求信息,订货及确认订货,支付过程及票据的签发、传送和接收,确定配送方案并监控配送过程等。

3. B2C = Business to Customer

这是商家(泛指企业)对消费者的电子商务,如今的 B2C 电子商务网站非常多,比较大型的有京东商城等。

4. C2C = Consumer to Consumer

C2C 是用户对用户的模式,C2C 商务平台就是通过为买卖双方提供一个在线交易平台,使卖方可以主动提供商品上网拍卖,而买方可以自行选择商品进行竞价,如淘宝网。

5. B2M = Business to Manager

B2M 所针对的客户群是该企业或者该产品的销售者或者为其工作者,而不是最终消费者。

6. M2C = Manager to Consumer

在 B2M 环节中,企业通过网络平台发布该企业的产品或者服务,职业经理人通过网络获取该企业的产品或者服务信息,并且为该企业提供产品销售或者提供企业服务,企业通过经理人的服务达到销售产品或者获得服务的目的。

7. O2O = Online to Offline

线上订购、线下消费是 O2O 的主要模式,是指消费者在线上订购商品,再到线下实体店进行消费的购物模式。

二、旅游电子商务

旅游电子商务是电子商务在旅游业的应用与发展。随着信息技术的不断进步,电子商务也日益向旅游业渗透，并取得了快速的发展。不过由于电子商务目前尚无比较规范统一地定义界定，因此关于旅游电子商务的确切概念还有待于进一步研究。

（一）旅游电子商务的定义

目前，国际上较为权威的关于旅游电子商务的定义是世界旅游组织在其官方出版物 E-Bussiness for Tourism（《旅游电子商务》）中的定义："旅游电子商务是指通过现代电子商务技术和手段对传统旅游业务进行流程再造的新的商务活动，它主要侧重于利用信息技术和国际互联网技术加强旅游相关企业之间，以及旅游服务企业和消费者之间，甚至包括旅游从业企业和政府机关之间的联系和沟通，从而提升旅游业的服务质量和经济效益。"

我国也有众多学者围绕旅游电子商务开展了许多富有成效的研究，并取得了可喜的成果。

学者巫宁、杨路明（2004）对旅游电子商务做了如下定义："旅游电子商务是通过先进的网络信息技术手段实现旅游商务活动各环节的电子化，包括通过网络发布、交流旅游基本信息和旅游商务信息，以电子化手段进行旅游宣传促销、开展旅游售前售后服务，通过网络查询、预订旅游产品并进行支付，以及旅游企业内部流程的电子化以及管理信息系统的应用等。"

上海交通大学的王富贵教授（2006）在其专著《旅游电子商务》中将其表述为："旅游电子商务是现代信息技术和传统旅游的有机整合，它充分发挥电子商务的快速度、高立体的宣传效果和质量，进行旅游产品和服务营销的一种商务活动。"

陈永康（2007）在其研究中指出："旅游电子商务是传统旅游业的升级版，它主要是通过远程通信技术和互联网技术开展旅游商务活动，具体业务包括旅游景区宣传、旅游产品开发、宾馆酒店预定、信息发布及查阅等。"

罗国红在其著作《旅游电子商务理论与实物》中明确提出了电子商务的含义："它是指通过电子商务技术将政府管理机构、旅游服务企业以及旅游消费者整合到一个高效的信息平台上，从而实现从信息查询、门票预订、在线支付、相关产品购买以及售后服务等诸多与旅游相关的业务一条龙服务。"

旅游电子商务是电子商务在旅游产业领域的应用，因此应从"现代信息技术"和"旅游商务"两方面来辨析旅游电子商务的概念。一方面，辅助旅游商务活动的现代信息技术应涵盖各种以电子技术为基础的通信和处理方式。旅游电子商务主要基于计算机网络技术，但随着现代通信技术的发展，出现了通过移动电话和移动终端等开展的商务活动。信息技术的发展将不断创造出更便捷、更可靠的旅游商务活动方式，为游客在旅行前、旅行中和旅行后的各阶段提供便利的商务服务。另一方面，对旅游商务应从更广义的商务活动来理解，包括契约型和非契约型的以商业为目的的各种活动，包括旅游市场营销、市场交易和旅游企业运作等。如果把"现代信息技术"和"旅游商务活动"看作两个集合，旅游电子商务将是这两个集合的交集，即现代信息技术与旅游商务过程的结合，是旅游商务流程的信息化和电子化。

从技术层面看，旅游电子商务要依托 Internet 和 Intranet（企业内部网）等基础网络，借助有线和无线终端来实现。计算机网络的无边界、开放性等特征保证了网络上各主体的互联互通，是进行信息存储、传输及处理的物理基础，是包括旅游电子商务在内的各种互联网应用得以实现的前提，终端设备是连接网络与各主体的节点，尤其是近年来以手机、平板电脑为主要发展潮流的无线终端设备，其便携性和易用性更加促进了在线旅游应用的推广，使旅游者真正进入了"无处不在"的旅游信息时代。

从应用和服务层面看，旅游电子商务实现的是服务于交易的全程电子化过程。这个过程大致可以分为两个层次：一个是较低层次的旅游电子商务，可以实现如旅游信息查询，在线航班预订的应用；二是较高层次的旅游电子商务，这个过程可以实现旅游现场活动（如就餐、乘车、观光）以外的所有商务活动，在网上将旅游信息流、商流、资金流进行完整的实现。

从商务活动实现层面看，旅游电子商务可以分为三个层次：一是面向市场，以市场活动为中心，包括促成旅游交易实现的各种商业活动（如网上发布旅游信息、售前咨询、网上旅游交易、网上支付、售后服务等）；二是利用网络重组和整合旅游企业内部的经营管理活动，实现旅游企业内部电子商务，包括旅游企业建设内部网，利用饭店客户管理系统、旅行社业务管理系统、客户关系管理系统和财务管理系统等实现旅游企业内部管理信息化；三是旅游经济活动基于互联网开展需要具体环境的支持：包括旅游电子商务的通行规范，旅游行业管理机构对旅游电子商务活动的引导、协调和管理，旅游电子商务的支持与安全环境等。

通过上述论述和分析，我们将旅游电子商务的基本含义定义为：

旅游电子商务是指一种基于现代信息技术的旅游营销与服务活动，是通过Internet、Intranet等基础网络，借助于有线或无线网络终端，在旅游者、在线旅游服务提供商、旅行社、旅游交通、景区景点、酒店饭店等各主体间实现的旅游信息咨询、产品预订、支付与结算以及服务评价等一系列电子化的服务与交易过程。

（二）旅游电子商务的内涵

旅游电子商务活动的开展，也需要有相应的旅游电子商务的支持与安全环境，包括旅游电子商务公共服务和监管机制、旅游电子商务可信交易体系、旅游服务电子合同签订规范、旅游电子商务的通行规范，以及旅游行业管理机构对旅游电子商务活动的引导、协调和管理，重点旅游景区游客流量等相关信息的在线发布机制等。

旅游电子商务的核心还是旅游商务活动，电子信息化只是一种手段，它使传统的旅游商务和消费活动更加便捷、高效，更好实现旅游供应商、旅游中间商、旅游消费者的共生共赢。它可提供旅游产品网上交易和管理全过程服务，包括旅游信息服务、数据交换、广告宣传、咨询洽谈、网上预订、合同管理、产品设计、在线支付、线上服务、客户调查等内容，它既涵盖了旅游交易活动各环节的电子化，又包括了旅游企业内部流程的电子化。旅游电子商务在Internet和Intranet基础网络应用的基础上，借助于有线和无线终端，依托旅游电子商务平台来实现旅游企业的经营与管理，技术是实现旅游电子商务的基础，是电子商务活动的基本手段。

从旅游商务活动实现层面看，旅游电子商务可以分为三个层次：

1. 旅游交易各项活动

面向市场，以市场活动为中心，通过综合性旅游电子商务网站、专业旅游电子商务网站、传统旅游企业创办的网站、团购网站和综合性电商开辟的旅游电商板块等，为游客提供全面、及时、准确的在线在途服务，包括信息咨询、业务查询、电子合同签订、预约服务、预约消费、门票预售、机票酒店预订、网上支付、投诉和个性化服务等活动，促成旅游交易的实现。

旅游电子商务相对于其他行业电子商务具有两个优势。首先，作为服务领域的旅游行业较少涉及实物运输，因此旅游电子商务基本上不用处理复杂且成本高的物流配送问题；其次，通过网上支付实现资金流转，免去了游客携款办理各种手续的麻烦。

2. 旅游企业内部流程的再造和整合

利用新一代信息技术，建设内部网，连接外部网络，旅游企业充分利用客户关系管理系统和财务管理系统等信息系统平台，实现企业管理数字化、业务数字化、经营数字化，再造和整合旅游企业内部的经营管理活动。

如景区提供电子门票、智能导游、电子讲解、在线预订、信息推送等服务，酒店实现自助入住和退房、客房多媒体自助服务、酒店智能客房控制、客房全网销售共享等，旅行社使用 EPR 管理系统，改善旅游企业服务流程。

3. 旅游新业态创新

利用互联网平台，围绕"食、住、行、游、购、娱"旅游核心要素，整合各类资源、要素、技术和产品，发展在线旅游众筹、众包、个性化定制等多种服务模式，创新在线旅游服务，如在线车辆租赁、在线度假租赁、民宿预订等旅游新业态。

（三）旅游电子商务交易模式

按照交易对象分类，在通常情况下，将旅游电子商务分为五类：商业机构对商业机构（B2B）的旅游电子商务、商业机构对消费者（B2C）的旅游电子商务、商业机构对政府（B2G）的旅游电子商务、消费者对商业机构（C2B）和消费者对消费者（C2C）的旅游电子商务。

1. B2B 交易模式

B2B 是指企业与企业之间进行电子商务活动，B2B 旅游电子商务可以大大减少电子商务平台、旅行社、酒店、景区景点、旅游交通等企业在办公、采购等方面的成本，并在树立品牌形象、增加企业竞争力等方面提高企业效率。这种类型是旅游电子商务的主流，也是各类企业在面临激烈的市场竞争时，改善竞争条件，建立竞争优势的主要方法。

旅游企业 B2B 交易模式主要有以下几种：

①旅游企业之间的产品代理，如旅行社代订机票与酒店，旅游代理商代旅游批发商销售旅游线路产品。

②组团旅行社之间相互拼团，以实现规模运作并降低成本。也就是旅行社在只拉到较少的游客时可以与时间要求相近、旅游线路一致的社团合并，但前提是要争得游客同意。

③旅游地接社批量订购当地旅游酒店客房、景区门票等，客源地组团社与目的地地接社之间的联系、委托、支付等，组团社和地接社间可议价并洽谈合作。

④酒店可在旅游电子商务平台上对不同的旅行社报价。

和其他行业相比，旅游业是 B2B 特征最为突出的行业之一。旅游业是需要"食、宿、行、游、购、娱"各类旅游企业之间协调配合的综合性产业，各个旅游企业间存在复杂的代理、交易、合作关系，因此 B2B 旅游电子商务具有很大的发展空间和发展潜力。B2B 旅游电子商务的实现方便了旅游企业间的信息共享和对接运作，提高了整个旅游业的运作效率。

从 2003 年开始精准定位后，同程旅行网旗下的"旅交汇"，原名"中国旅游交易网"，是中国领先的旅游 B2B 交易平台，为包括旅行社、酒店、景区、交通、票务代理等在内的旅游企业提供专业的交易、交流和信息化管理服务。

2. B2C 交易模式

B2C 是指企业与消费者之间进行的电子商务活动。B2C 旅游电子商务主要是借助于 Internet 开展的在线销售活动，可看作旅游的网上零售业。B2C 旅游电子商务交易模式，就是把旅游产品直接销售给客源市场的旅游消费者。在实现交易前，旅游消费者先通过网络获取旅游目的地信息，然后在网上自主设定旅游活动日程表，预订酒店、机票，报名参加旅行团等。

B2C 旅游电子商务把世界各地的旅游潜在需求者聚集到网络平台上，方便旅游者获取信息和查询、预订旅游产品，克服距离带来的信息不对称。通过 B2C 旅游电子商务网站订房、订票，是当今应用最为广泛的一种电子商务形式。另外，B2C 旅游电子商务还包含了旅游企业对旅游者销售旅游特色产品，由旅游电子商务网站提供中介服务等。

近年来，随着 Internet 的发展，特别是移动互联网和移动智能终端的应用，为企业和消费者开辟了新的交易平台，使得 B2C 旅游电子商务得到了较快发展。旅游企业开展 B2C 电子商务具有巨大的潜力，是今后旅游电子商务发展的主要方向。

创立于 1999 年的携程网，作为中国领先的综合性旅游服务公司，携程成功整合了高科技产业与传统行业，向超过 3 亿会员提供集无线应用、酒店预订、机票预订、旅游度假、商旅管理及旅游资讯在内的旅行服务，被誉为互联网与传统旅游无缝结合的典范。

3. B2G 交易模式

B2G 是指企业与政府机构之间的电子商务活动。B2G 旅游电子商务涉及的商业活动包括旅游企业网上交税、政府主导的旅游结算、政府旅游信息发布等。

通过 B2G 旅游电子商务，加强了政府对旅游企业的监管，提高了税收缴纳的效率。除此之外，全国一些旅游大省正在试行的旅游结算平台（如云南省的丽江市）在一定程度上解决了困扰旅游产业发展的"三角债"问题，规范了旅游市场，促进了旅游产品的健康发展。

2020 年 9 月 25 日四川省正式上线"智游天府"四川文化和旅游公共服务平台，该平台涵盖了四川省各市（州）、县（区、市）的文化产业、文化事业及旅游产业等方面的信息化建设内容，服务于各级政府文化和旅游主管部门及横向涉文旅政府部门，服务于景区、博物馆、文化场馆、酒店、餐饮、娱乐场所、旅行社等企事业单位，服务于游客（公众）。"智游天府"四川文化和旅游公共服务平台以移动终端（手机）为主，通过 App、微信公众号、小程序，整合和汇聚四川省文化和旅游资源，为公众提供文化类、旅游类和公共服务类三大类共 16 项服务。

4. C2B 交易模式

C2B 是由旅游者提出需求，然后由旅游企业通过竞标满足旅游者的出行需求，或者是由旅游者通过网络旅游团购与旅游企业讨价还价。C2B 旅游电子商务主要是在旅游电子中间商提供的虚拟开放的网上信息交互的平台，旅游服务需求者在网上直接发布其需求信息，旅游企业查询到其需求后，双方通过交流协商，自愿达成交易。

C2B 旅游电子商务是一种以需求方主导的交易模式，它体现了旅游者在旅游市场交易中的主体地位，对帮助旅游企业更加准确及时地了解客户的实时需求，对旅游业向产品丰富和个性满足的服务方向发展起到了重要的促进作用。美国人 Jay Walker 于 1998 年首创了"用户出价模式"电子商务网站——Priceline.com，基于 C2B 商业模式成为目前美国最大的在线旅游公司。由于存在机票在航班起飞 30 分钟前（截至办理值机）剩余机位价值已经归零，酒店到 24 时空房价值归零，这样时效性强的一次性商品属性，2021 年 9 月初，"我出价网"平台（https：//www.wochujia.com/index/index）正式上线，把供求双方信息做精准对接，通过平台弹性价格即砍价模式，商家在"我出价网"供应商后台收到主动报价的终端消费客人订单并达成交易，既减少了航空座位和酒店房间空置，提高了航空公司上座率和酒店资源利用，又帮助商家将剩余价值变现并增加了收益。

5. C2C 交易模式

C2C 是将大量的个人买主和卖主联系起来，以便进行商品的在线交易。

C2C 旅游电子商务的发展离不开旅游电子商务平台的高速发展，携程、艺龙、去哪儿、途家等网站都是该市场的有力推动者。目前，C2C 旅游电子商务主要涉及的业务有导游及陪游接地服务、旅游商品的销售、个人所有但对外经营的房间预订，以及个人农家乐、渔家乐的产品服务等。但值得注意的是，与其他 C2C 电子商务相似，消费者信任、税收、交易去安全性等也成为制约 C2C 旅游电子商务发展的重要因素。

第二节　旅游电子商务运行体系

旅游业是信息密集型和信息敏感型行业，非常适用互联网电子交易方式。全球旅游经济和旅游企业无一例外地受到旅游电子商务的冲击和影响。如今，旅游电子商务的各种形式都在高速发展，成为当今社会发展最快、绩效最显著的商务形式。而旅游电子商务是一个涉及各类旅游企业、旅游服务提供商、旅游机构以及旅游者等多方参与的、多层次的、复杂又相互关联的网状系统，需要将涉及旅游电子商务的所有参与方都纳入一个体系中进行研究，这就是旅游电子商务体系的概念。

一、旅游电子商务体系的构成

旅游电子商务体系（见图 5-1），主要由网络信息系统、电子支付系统、物流服务、电子商务服务商、旅游信息化组织、旅游目的地营销机构、旅游企业和旅游者、旅游电子商务规范和旅游产业经济环境等组成。

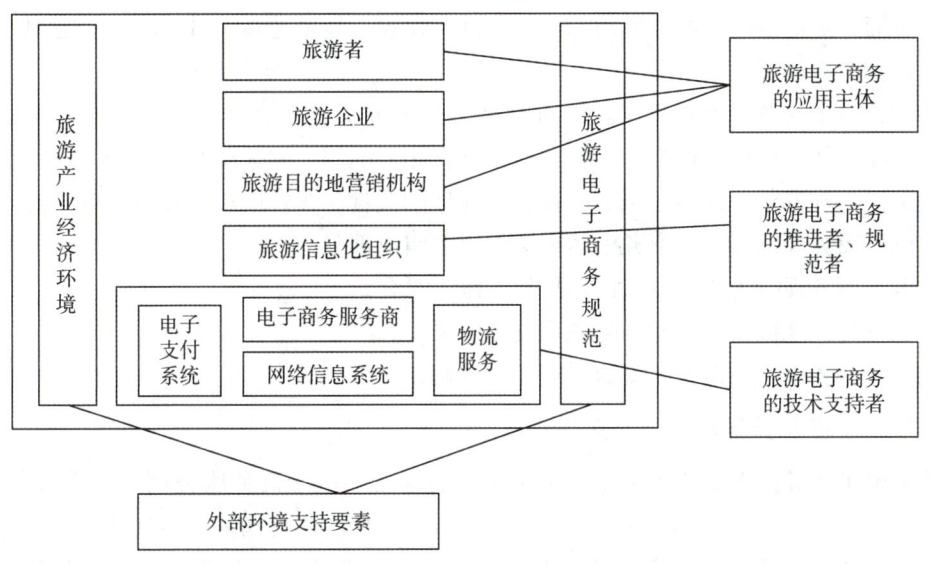

图5-1 旅游电子商务体系

其中,网络信息系统是旅游电子商务体系的骨架和基础。国际互联网是一个开放式的无政府状态的资源共享网站,任何一个进入国际互联网的访问者都可以看到网上的信息。与国际互联网相对的是企业内部网,就是"在母公司与子公司以及业务密切的单位之间,可以利用因特网,再加上一定的保密措施后建立起直供内部使用的局域网"。企业内部网是国际互联网的微缩,内部网内的成员可以高度共享网内信息。企业内部网对于信息共享要求高的企业是必需的,因为内部网同互联网一样,是向企业提供信息的神经系统。由于内部网只连接了少部分的相关企业而把其他未入网的企业排除在外,所以它为网内的企业提供了一定保护。同时,小范围间的信息高速流通有利于避免信息资源流失和由于信息过于庞杂而无法获得有用的信息,增强了网内企业的市场竞争力。

电子商务服务商是旅游电子商务的技术支持者,旅游目的地营销机构、旅游企业和旅游者是旅游电子商务的应用主体,旅游信息化组织是旅游电子商务的推进者、规范者,电子支付系统、物流服务和旅游电子商务规范是其他一些重要的支持要素。图5-1显示了一个完整的旅游电子商务体系,它是在网络信息系统的基础上,由旅游机构(旅游目的地营销机构和旅游企业)、使用互联网的旅游者或潜在旅游者、旅游信息化组织、电子商务服务商以及提供物流和支付服务的机构共同组成的信息化旅游市场运作系统,并受到一些外部环境的影响,包括旅游产业经济环境、社会环境和法律法规环境等几个方面。

(一)旅游电子商务外部环境

1. 旅游产业经济环境

经济、社会、自然、技术、人、社会文化、法律、政治、政府、国际关系趋势等旅游产业经济环境,是旅游电子商务发展外部支持条件。

2. 电子商务规范

规范是对重复性事物和概念所做的统一规定,它以科学、技术和经验的综合成果为基础,以促进最大社会效益和获得最佳秩序为目的。

电子商务规范是电子商务活动的各种标准、协议、技术范本、政府文件、法律文书等的集合，其中以标准为最重要。

注意，电子商务规范的绝大多数内容是以标准的形式存在的，有时规范指的就是标准，而标准也往往被称作规范，两者在许多场合相互混用，并无明显的差异和界定。从某种程度上讲，规范化是推动电子商务社会化发展的关键，其作用表现在以下几个方面：

①电子商务规范是电子商务整体框架的重要组成部分。
②电子商务规范为实现电子商务提供了统一平台。
③电子商务规范是电子商务的基本安全屏障。
④电子商务规范关系到国家的安全及经济利益。

（二）旅游电子商务的技术支持系统

旅游电子商务技术支持系统，包括网络信息系统、电子商务服务商、电子支付系统、物流配送体系。旅游电子商务的信息沟通是通过数字化的信息沟通渠道实现的，一个首要条件是参与各方必须拥有相应的信息技术工具，能够接入网络信息系统。为保证旅游企业、旅游机构和旅游者能够畅通地利用数字化沟通渠道，使信息技术走进旅游业、服务于旅游业，需要有专业技术服务提供者，即电子商务服务商的参与。支付结算既可以利用传统手段，也可以利用先进的网上支付手段。物流配送可以依赖传统的物流渠道。

1. 网络信息系统

旅游电子商务体系的基础和骨架是网络信息系统，它是提供信息、实现交易的平台。旅游电子商务中涉及的信息流、资金流等都和网络信息系统紧密相关。网络信息系统，是电子商务服务商根据旅游企业的需求，在计算机网络基础上开发出来的，它可以成为旅游企业与旅游者之间进行信息交流的平台。在一定的安全和控制措施的保证下，旅游企业可以将信息发布在网站上，旅游者可以通过互联网搜寻和查看信息。交易双方还能在网络信息系统的支持下及时便捷地交流，通过网络支付系统实现网上支付。旅游预订和交易的相关信息，则可帮助旅游企业更好地组织旅游接待服务，以保证旅游业务的顺利进行。旅游电子商务所依托的网络信息系统可分为互联网及移动互联网、Intranet、EDI。

（1）互联网及移动互联网

基于互联网及移动互联网的软硬件信息系统，能够 24 h 不间断地提供内容丰富、覆盖面广的旅游信息。信息提供成本不随空间距离而增加，并且支持影像、图片、声音等多媒体形式，为跨空间地开展旅游商务活动提供了保障，并为旅游企业的经营管理提供了一个全新的数字化信息系统平台。

由于互联网、移动互联网有着开放、便捷的信息处理和沟通优势，当它与旅游业结合时，能为旅游机构提供巨大的商业机会。

（2）Intranet

Intranet 是在互联网基础上发展起来的企业内部网，或称内联网。它在原有的局域网上附加一些特定的软件，将局域网与互联网连接起来，从而形成企业内部的虚拟网络。内部网与互联网之间最主要的区别在于内部网中的信息受到企业防火墙安全网点的保护，它只允许被授权者进入内部 Web 网点，外部人员只有在许可条件下（如拥有访问密码，通过指定的 IP 等）才可进入企业内部网。Intranet 能为旅游企业分布在各地的分支机构及企业内部各部门提供企业资源共享，使企业各级管理人员获取自己所需的信息。如今内联网在大型旅游饭店、旅行社集团中被广泛使用，有效地降低了通信成本，并推进了企业内部的无纸化办公。

（3）EDI。

EDI 主要应用于旅游企业之间的商务活动。EDI 电子商务，就是按照商定的协议，将商业文件标准化和格式化，并通过计算机网络，在商务伙伴的计算机网络系统之间进行数据交换和自动处理。

一方面，相对于传统的分销付款方式，EDI 大大节约了时间和费用；而相对于开放的互联网，EDI 也较好地解决了网络安全问题。但另一方面，EDI 是通过购买增值网服务，即租用 EDI 网络上的专线来实现的，费用较高，网络速度较慢。此外，EDI 所需应用程序还需要专门的操作人员自行开发，并且需要业务伙伴也使用 EDI，这在一定程度制约了 EDI 的企业应用，至今在旅游业中仍未广泛普及，只有航空公司和大型饭店集团才有能力使用。

目前，EDI 在旅游业中的应用主要集中在计算机预订系统（CRS）和全球分销系统（GDS）中。

2. 电子商务服务商

电子商务服务商是旅游电子商务的技术支持者。根据服务内容和层次的不同，可以将电子商务服务商分为两大类：一类是系统支持服务商，为旅游电子商务系统提供系统支持服务，为旅游电子商务参与方的网上商务活动提供技术和物质基础；一类是专业的旅游电子商务平台运营商，它建设、运营旅游电子商务平台，为旅游企业、机构及旅游者之间提供沟通渠道、交易平台和相关服务。

（1）系统支持服务商

对于系统支持服务商，根据技术和应用层次的不同可分为三类：

第一类：接入服务商（Internet Access Provider，IAP）。

它主要提供互联网通信和线路租借服务。如我国电信企业中国电信、中国联通提供的线路租借服务。

第二类：互联网服务提供商（Internet Service Provider，ISP）。

它主要为旅游企业建立电子商务系统提供全面支持，旅游机构和旅游者上网时一般只通过 ISP 接入互联网，由 ISP 向 IAP 租借线路。

第三类：应用服务系统提供商（Application Service Provider，ASP）。

它主要为旅游企业、旅游营销机构建设电子商务系统时提供系统解决方案。这些服务一般都是由专业的信息技术公司提供。有的 IT 企业不仅提供电子商务系统解决方案，还为企业提供电子商务租借服务，企业只需要租赁使用，无须开发自己的电子商务系统。

（2）专业的旅游电子商务平台运营商

专业旅游电子商务平台的特点是规模大、知名度高、访问量大，有巨大的用户群。一方面，它为旅游电子商务活动的实现提供信息系统支持和配套的资源管理服务，是旅游企业、旅游营销机构和旅游者之间信息沟通的技术基础；另一方面，它为网上旅游交易提供商务平台，是旅游市场主体间进行交易的商务活动基础。

旅游电子商务平台运营商为旅游企业提供的商务服务形式：一是面向旅游者的网上商厦，它出租一些空间给旅游企业，帮助旅游企业制作介绍其产品和服务的页面，并负责客户管理、预订管理和支付管理等。旅游者只需登录相关网站便可查询到跟旅游相关的各类信息，并可根据自己的需要和预算选择相应服务（如客房、娱乐、餐饮、交通、接待等），整个过程方便快捷，费用低廉。二是提供旅游企业间合作与交易的同业交易平台，它通过搜集和整理旅游企业的供求信息，为供求双方提供一个开放的、自由的交易平台，并提供供求信息发布和管理服务。三是提供旅游产品拍卖中介服务。旅游电子商务平台，降低了旅游交易成本，提高了旅游商务活动的效率。

专业的旅游行业电子商务平台运营商，作为中间商并不直接参与网上旅游电子商务活动。

3. 电子支付系统

旅游电子商务实现交易，交易双方在空间上是分离的。为保证交易的顺利进行，必须提供相应的支付结算手段和物流配送手段（虽然后者在旅游业中需求很少）。电子支付结算，是旅游电子商务完整实现的很重要的一环，关系到购买方的信用、能否按时支付、旅游产品的销售方能否按时回收资金并促进企业经营良性循环等问题。电子支付系统的稳步发展，是旅游电子商务得以顺利实现的重要因素。

旅游前、中、后三个阶段，都有可能涉及各种支付问题，在传统现金支付、银行卡支付之外，为适应电子商务的发展，发展出很多快捷安全的支付方式。

（1）第三方支付平台

第三方支付平台是指客户和商家首先都要在第三方支付平台处开立账户，并将各自的银行账户信息提供给支付平台的账户中。客户把货款先转给第三方支付平台，然后第三方支付平台通知商家已经收到货款，商家发货；客户收到并检验货物之后，再通知第三方支付平台付款给商家，最后第三方支付平台再将款项划转到商家的账户中。现在用得比较多的第三方支付平台有支付宝、微信钱包、财付通、快钱、易宝支付、百付宝、网易宝、环迅支付，等等。

支付宝自 2014 年第二季度开始成为当前全球最大的移动支付厂商，主要提供支付及理财服务，包括网购担保交易、网络支付、转账、信用卡还款、手机充值、水电煤缴费、个人理财等多个领域。在进入移动支付领域后，为零售百货、电影院线、旅游、连锁商超和出租车等多个行业提供服务。

微信支付是腾讯公司集成在微信客户端的支付功能，用户可以通过手机快速完成支付流程。微信支付以绑定银行卡的快捷支付为基础，向用户提供安全、快捷、高效的支付服务。目前，微信支付已实现刷卡支付、扫码支付、公众号支付、App 支付，并提供企业红包、代金券、立减优惠等营销新工具，满足用户及商户的不同支付场景。

（2）数字人民币 DECP

DECP 最大的特点，是通过 NFC 功能实现双离线交易。DECP 与现金相比，省去了发行、印刷、回笼和储藏等环节，同时，由于是数字货币的属性，不需要像现金一样携带，节省了人力成本，最关键的是，由于 DECP 受中国人民银行直接管控，所有的账户对中国人民银行都是公开的,因此,不存在实物现金易被伪造、匿名不可控、洗钱等风险。

(3) 网银转账

网银转账是指电子商务的交易通过互联网,利用银行卡进行支付的方式。消费者通过互联网向商家订货后,在网上自行操作付款给商家,完成支付。

4. 物流配送体系

物流的基本含义是,按用户的要求,将物的实体从供给地向需要地转移的过程。旅游电子商务的物流主要是机票、票据的递送业务。物流在旅游电子商务中的比重并不大,但也存在消费者的分布地区分散、递送批量小、频率高等问题。替代旅游电子商务物流环节的解决方案是电子票务。所谓电子票务,是指通过网络信息技术手段实现远程售票的电子化,包括票种、余量的即时网上查询、网上预订、网上支付、实时出票、本地打印、网上验票等功能。

在旅游电子商务环境下,相关旅游企业应建立健全旅游商品物流体系的完整架构,服务客户需要。该物流体系主要包括旅游商品展销系统、旅游商品运输和仓储系统、现代化物流信息系统和递送网络四个子系统。高度发达的物流配送系统,可以让旅游者在旅途中安心购物,如线上下单线下取物的O2O模式、手机途中下单酒店、机场取物的M2O模式。

当然,在旅游活动过程中,还有人员的流动,需要交通体系的全面支持。

(三) 旅游电子商务的应用主体

旅游目的地营销机构、旅游企业和旅游者是旅游电子商务的应用主体,旅游电子商务中的一切资源都要为它们所用。

1. 旅游目的地营销机构

负责目的地旅游促销事务的组织即旅游目的地营销机构(Destination Marketing Organization,DMO)。它是政府主导、企业参与的旅游电子营销的一种较为成熟的模式。

旅游目的地营销机构承担的职能通常包括以下几个部分:包装和旅行开发、促销、形象设计和提升作用、促销统筹、拓展分销渠道、增加或强化旅游目的地旅游信息供应。

2. 旅游企业

旅游企业是旅游市场的主体,包括饭店酒店、景点、公园、购物中心、博物馆、主题乐园、剧院、运动中心、夜总会、餐厅、酒吧、交通企业、出境旅游代理商、旅行社、会展旅游组织者、入境旅行社、旅行社代理商、目的地管理企业等,由他们向旅游者提供旅游中的各项服务。

旅游企业作为旅游商务活动的一方,只有上网才能进行网上商务活动,同时,旅游企业作为市场主体,必须为其他参与交易方提供服务和支持,如提供产品信息查询服务、支付结算服务、相关递送服务等。

旅游企业电子商务系统的组成如图5-2所示。一个完整的旅游企业电子商务系统,由企业内部网络系统、企业管理信息系统和电子商务网站等部分有机组成。其中,企业内部网络系统是企业内部沟通、交流信息的平台,企业管理信息系统是信息加工、处理的工具,电子商务网站是企业拓展网上市场的窗口。

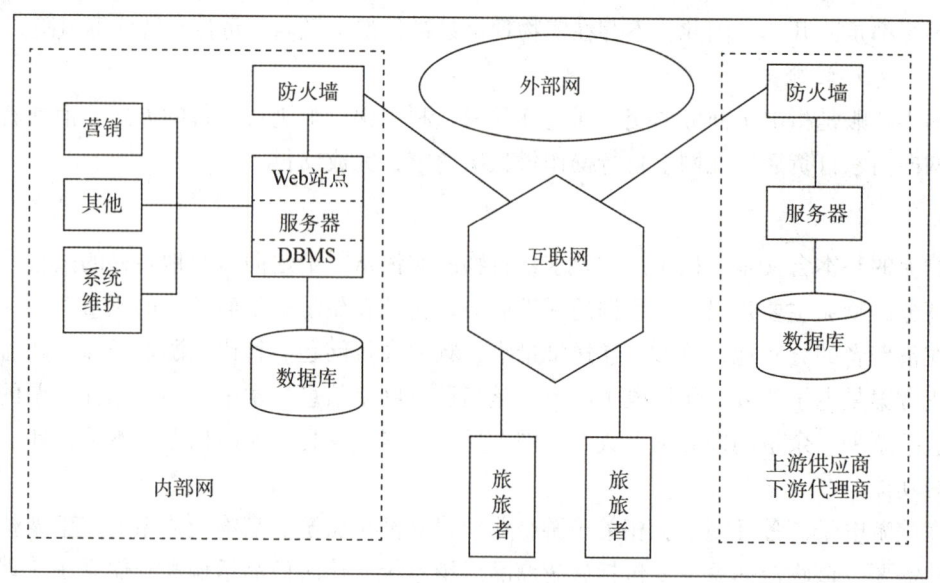

图 5-2 旅游企业电子商务系统的组成

旅游企业在企业网络系统的基础上，与互联网相联，内部是企业管理信息系统实现内部管理信息化、商务活动现代化，并通过电子商务站点连接上下游供应商、代理商，连接旅游者，拓展网上商务活动。现阶段，许多旅游企业对电子商务的实施还远未达到这样的境界。一些旅游企业只建设了电子商务站点，而未实现外部电子商务与内部管理系统的衔接，有些旅游企业网站上只提供旅游信息，而无法实现预订和交易。

但总的来说，计算机信息网络技术与旅游行业的结合已为旅游饭店、旅游交通、旅行社、旅游景区景点等企业提供了比较完善的信息化解决方案，并正在推广普及。

3. 旅游者

旅游者是旅游电子商务服务的重要主体，旅游电子商务系统能为旅游者提供覆盖旅游各个阶段的多种服务，如表 5-1 所示。

表 5-1 旅游者在旅游各阶段商务服务活动

阶段	旅游计划阶段	对比决策阶段	旅游预订阶段	旅游途中阶段	旅游分享阶段
业态	旅游攻略社交网络平台	旅游信息垂直搜索比价平台	各类在线预订平台	位置场景服务平台	点评和社区分享平台
企业	马蜂窝、穷游网等	去哪儿、TripAdvisor（猫途鹰）等	携程、同程、艺龙、途家等	百度地图、高德地图、大众点评、美团等	驴评网、TripAdvisor（猫途鹰）

①旅游前做计划、对比决策、预订服务。提供旅游目的地信息、与旅游相关的公共信息（包括天气、航班、列车、公交、其他交通信息、汇率等）、旅游企业信息（如餐厅、酒店、旅行社等）、旅游产品信息；提供旅游者与旅游企业之间的交流渠道，旅游者可通过电子邮件、聊天室、留言板等与旅游企业进行交流，进行旅游咨询，得到关于旅行安排的建议；提供旅游产品预订，旅游者可通过电子商务平台预订旅游产品，得到确认，可进行网上支付。

②旅游中基于位置场景服务。旅游者可了解旅游目的地的各种情况，查询旅游服务设施，还可以做下一站的行程安排。

③旅游后信息分享服务。旅游电子商务网站提供了信息交流和反馈的渠道，旅游者可以通过网站进行投诉、提出建议、填写调查问卷等；旅游企业可以将过去接待的旅游者信息录入客户关系数据库中，定期向其传递符合其偏好的旅游促销信息。

同时，旅游者信息技术水平和对新技术的热情，又促进旅游电子商务技术的发展与应用。

（四）旅游电子商务的推进者、规范者

旅游信息化组织是旅游电子商务的推进者和规范者。如全球智慧城市与产业联盟（Global Alliance of Wisdom City & Industry）、国际智慧旅游创新联盟、中国智慧酒店联盟、中国智慧景区联盟、智慧旅游城市联盟、中国智慧旅游联盟等。

旅游信息化组织推动旅游营销机构和旅游企业更好地在旅游电子商务体系中定位自己，从先进的、新的通信技术中获益；推进旅游电子商务标准化；制定旅游网络营销政策法规。这些工作通常由政府旅游管理部门和旅游信息化方面的专业性机构来完成。

二、旅游电子商务交易流程

旅游电子商务可提供旅游产品网上交易和管理的全过程服务，它具有信息服务、广告宣传、咨询洽谈、网上预订、网上支付、在线服务、意见征询、交易管理等功能。

电子商务的核心是完成交易，至少应包含三个部分：促成交易、完成交易、交易后服务，完成交易的市场活动有两个有机组成部分：一是信息沟通交换；二是产品及服务的市场交易。所以，一个完整的旅游交易过程包括信息流、资金流、物流和人员流，如图5-3所示。

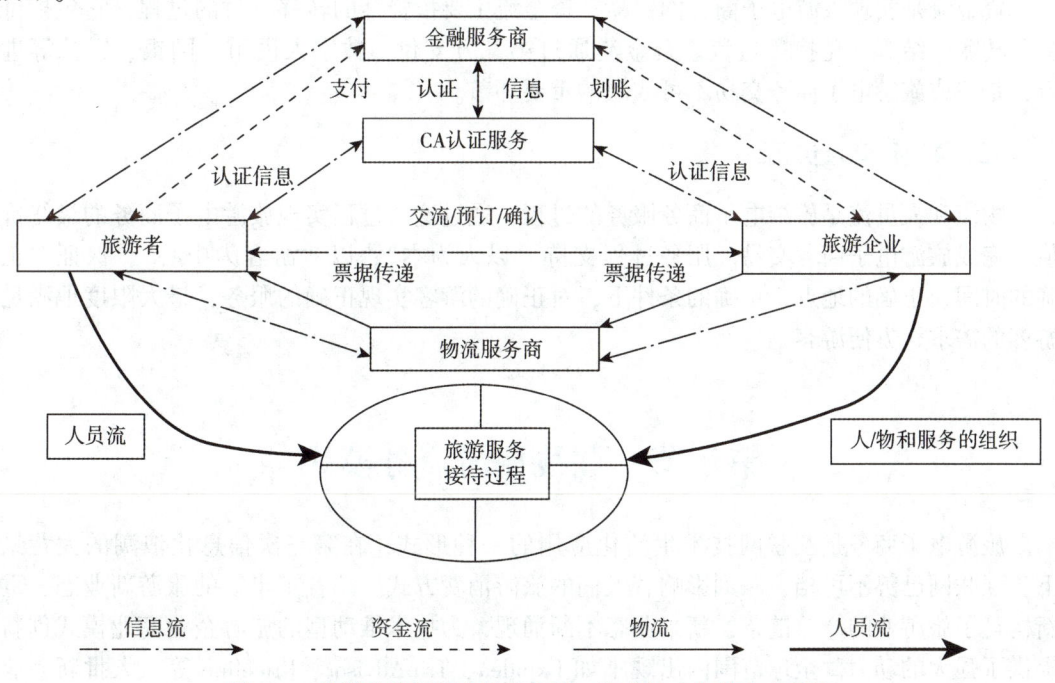

图5-3 旅游交易过程中的信息流、资金流、物流和人员流

需要注意的是，在旅游商务活动过程中，这四种"流"不是独立存在的，它们的关联性决定了整个旅游商务活动过程。其中，信息流与资金流、物流和人员流密切相关，它反映了资金、人员和物三要素在流动前、流动中和流动后的状况，记录下整个旅游商务活动。信息流是对资金流、物流和人员流的反映和控制，并且贯穿于开放的互联网电子商务系统、业内分销系统和旅游企业内部管理信息系统之中。

（一）旅游信息流

旅游是信息依托型产业，信息流在旅游电子商务体系中具有特别突出的重要性，它是旅游电子商务体系的灵魂，是旅游电子商务的主要内容、依据，是实现旅游电子商务的基础。信息流的顺畅与否将直接影响交易的效率高低与成败。

旅游信息资源的范围很广，包括旅游目的地信息、旅游企业信息、旅游产品信息、旅游者信息和旅游供求信息等五大类信息。

旅游电子商务中的基本信息流是开放的、不涉密的、多对多或一对多的，通常包括以下内容：旅游机构（旅游目的地营销机构、旅游企业）在其网站上发布介绍旅游地各种情况的资料、形象宣传以及旅游产品信息，供旅游者查询；旅游机构通过信息中介，即专业的旅游网站发布信息，供旅游者查询；旅游企业之间通过相互访问网站，了解产品和服务，发掘同业合作机遇；旅游者查询旅游信息，向旅游机构网站或信息中介反馈信息，包括登记个人资料、留言、响应市场调查等；旅游机构利用客户信息数据库，主动通过电子邮件等手段向潜在客户发送信息，实现主动营销。与基本信息流不同，旅游电子商务中的交易信息流是一对一的、封闭的、不作为公开信息发布的，如预订、付款、开票等信息，是供求双方点对点完成的。

（二）资金流

资金流是实现旅游电子商务的保障。资金流主要指资金的转移支付的过程，它包括付款、转账、结算、兑换等过程。资金流通过第三方支付、数字人民币、网银、银行等进行，是完成旅游电子商务交易不可或缺的重要环节。

三、物流和人员流

物流和人员流是旅游电子商务服务的过程，通过这一过程实现旅游电子商务的最终价值，完成旅游电子商务交易。服务过程支持"以人为本"，以"游客为中心"，保证在正确的时间、正确的地点、正确的条件下，对正确的游客实现正确的服务，最大限度地满足游客的需求，方便游客。

第三节　在线旅游商务模式

旅游电子商务是互联网技术生活化应用的一种形式，在第三次信息化浪潮的大背景下，互联网已势不可挡，深刻影响着人们的旅游消费方式，孕育了丰富的旅游新业态，重新构建了旅业业的产业链条，新兴业态不断涌现，为技术推动型的旅游企业商业模式创新提供了强大的动力。全球范围内出现了如 Expidea、TripAdvisor、Priceline 等一大批新兴业态的旅游企业。相应地，我国的在线旅游企业也不断成长，携程、芒果、去哪儿、艺龙、同程、欣欣等一批新兴业态增长迅速，除了庞大的旅游网站群体之外，综合门户网站、旅游垂直搜索引擎、旅游网店、SNS、社会网络、博客等电子营销渠道也得到了飞速发展，整个旅游电商的产业生态链条逐步形成并向纵深发展。

在线旅行服务的兴起与发展，从根本上改变了旅游业的发展曲线、旅游企业的操作方式及业务流程，影响了旅游业与旅游企业的营销方式、销售渠道、盈利模式、相关利益群体的关系等多个方面。

一、门户网站的旅游频道

随着在线旅行服务的出现与快速发展，巨大的市场空间和利润空间吸引了诸多眼球。在门户网站中，几乎都不同程度地涉及了旅游的内容，如新浪网生活空间的旅游频道、搜狐和网易的旅游栏目、中华网的旅游网站等。在大多数门户网站的旅游频道中，都包含了相关的旅游信息，如旅游新闻信息、旅游政策信息、行业活动信息、目的地和旅游企业信息动态、旅游景区信息、旅行社信息、酒店信息、票务公司所提供的产品和服务信息、反映旅游者的旅游经历和感受的文章、图片、视频等。门户网站的旅游频道依靠自身流量大、点击率高、资源多的优势，将"建立权威的旅游信息交流平台"作为发展战略的主要方向，从事网上营销代理，提供预订酒店、设计旅游线路、经营交通票务和设计旅游计划等服务。这和门户网站要求大而全的特点是吻合的。但由于旅游业务仅仅是其网站的一部分，是对现有网站内容的补充，其信息的专业性、权威性、全面性等方面相对于其他类型的专门旅游网站要差一些，竞争力也较弱。加上缺乏行业优势，故而没能完全展现网上旅游的魅力。而且从运营的层面来说，这样大而全的方式对于浏览者并没有太大的黏性，当然也就不太可能产生很好的商业效益了。如搜狐旅游频道（https：//travel.sohu.com/）、新浪旅游频道（https：//travel.sina.com.cn/）、网易旅游频道（https：//travel.163.com）等。

二、新兴在线旅游服务商

随着旅游市场的成熟、消费者需求的增长以及互联网技术的完善，资本市场的运作催生了新兴的在线旅游服务商。最早的在线旅游服务商是1999年成立的携程旅行网，随后艺龙旅行网、同程旅行网、去哪儿旅行网等多种商业模式在市场需求的推动下不断涌现。这类网站基本复制了美国电子商务的模式，有的以网上预订为主，除了提供旅游资讯外，开始在网上预订和销售机票、酒店、度假产品等；有的是搜索引擎，为旅游者提供搜索、比较服务；有的是旅游社区，为旅游者提供分享、评论的平台。

（一）综合性的"一站式"服务在线旅游服务商

综合性的"一站式"服务的在线旅游商提供全面的旅游资讯服务与在线预订，包括机票预订、酒店预订。在线旅游服务商是以计算机互联网技术为基础，通过与潜在旅游者在网上直接接触的方式，向旅游者提供旅游产品和服务的企业，它是一种新型的商务模式和企业形式，实际上就是开展旅游电子商务的一类新兴公司。旅游线路主要是自由行的预订和商旅服务等，采取线上与线下呼叫中心相结合的方式，可以在线支付也可以线下支付。这类资讯+预订+交流的一站式服务目前在在线旅游市场中占据最大的市场份额，具有一定的垄断地位。其代表性的服务商有以下几个：

1. 携程旅行（https：//www.ctrip.com/）

携程旅行成功整合了高科技产业与传统旅游行业，向超过 9 000 万会员提供集酒店预订、机票预订、度假预订、商旅管理、特惠商户及旅游资讯在内的全方位旅游服务，是目前国内最大、全球市值第二的在线旅游服务公司。

携程一直将技术视为企业的活力源泉，在提升研发能力方面不遗余力。携程建立了一整套现代化服务系统，包括客户管理系统、房量管理系统、呼叫排队系统、订单处理系统、E-Booking 机票预订系统、服务质量监控系统等。依靠这些先进的服务和管理系统，携程为会员提供更加便捷和高效的服务。

携程模式就是通过保证信息在各地酒店、航空公司和消费者之间顺畅的流通，将预订市场原先散落在各处的需求与供给整合到统一平台，提供更加有效率的服务，并靠赚取差价和佣金实现盈利的商业模式。这种模式，尽管简单，但是充满智慧并行之有效。

在携程出现之前提供酒店和机票预订服务的公司都是区域性的，没有哪家公司能在全国范围内订酒店和机票，且没有一家公司能做到全天候服务。这种分散的服务方式让质量控制难以执行。携程正是找到了这一产业缝隙，并将它与互联网结合，才获得今天的成功。如今的携程扮演着航空公司和酒店分销商的角色，它建立了庞大的酒店及机票产品供需方数据库，它能做到一只手掌控着全国千万以上的会员，另一只手向酒店和航空公司获取更低的折扣，自己则从中获取佣金。

2. 同程旅行（https：//www.ly.com/）

同程旅行是国内知名的一站式旅游预订平台，由同程集团旗下同程网络与艺龙旅行网于 2018 年合并而成，提供酒店、机票、火车票、景点门票、周边游、境内游、出境游、签证、邮轮、定制游等产品预订服务。

同程艺龙致力于打造在线旅行一站式平台，业务涵盖交通票务预订、在线住宿预订、景点门票预订，及多个场景的增值服务，用户规模超过 2 亿。

"旅交汇"是同程旗下网站，是国内一流的旅游 B2B 交易平台，原名"中国旅游交易网"，为包括旅行社、酒店、景区、交通、票务代理等在内的旅游企业提供专业的交易、交流和信息化管理服务，目前拥有注册旅游企业会员 14 万余家，其中 VIP 会员 10 000 余家，被誉为永不落幕的旅游交易会。2008 年，同程旅游进入旅游软行业，目前基于 SaaS 平台的旅行社、酒店、航空代理软件已拥有客户 1 400 余家，其中同程旅游六合一旅行社管理软件拥有客户 1 000 余家，正在成为国内旅行社信息化的标准软件。

"一起游"属于同程旗下网站，面向大众提供丰富的以目的地为中心的旅游攻略、旅游资讯、旅游博客、旅游社区等旅游出行信息。

（二）垂直搜索服务在线旅游服务商

随着互联网的发展，旅游产品直接提供商的服务日益增加，一方面为消费者提供了更优惠的价格，而另一方面也增加了消费者搜索的工作量，旅游搜索引擎因此应运而生。垂直搜索服务通过一套庞大的智能比价系统，可以让消费者在几千个网站中搜寻机票、酒店、度假、签证等最有效的旅游信息，它们不参与直接交易，只是用无形之手来推动所有行为的运转。由于可以搜索到更多的直销网站，旅游搜索引擎相较于在线预订服务商，可以给消费者提供更多的选择和更优惠的价格。

旅游搜索引擎专注于旅游领域，帮助网民获取旅游信息以及选择旅游方式，提供多种旅游产品搜索和比较，并且帮助消费者快速流畅地购买产品。旅游搜索可以搜索各航空公司和其他的旅游资料，并将消费者连接到最佳的网站上订票，仅仅扮演着一个"媒人"的角色。旅游搜索作为一种以行业为分类的垂直搜索，其主要的目的是让有关旅游的信息可以更加精准地展现在搜索者的面前。旅游搜索网站正在发挥信息整合平台的作用，成为有旅游需求的用户获取信息和预订产品越来越重要的渠道。垂直搜索在消费者和供应商之间搭建了一座桥梁，这种货比三家的做法，吸引了大批对价格敏感的用户。垂直搜索服务在线旅行服务商的典型代表是去哪儿旅行网（https：//www.qunar.com/）。

去哪儿旅行网创立于2005年，2015年与携程合并，但继续作为独立的上市公司运营，与携程在在线旅游市场切磋并进，为旅游者创造差异化的产品与价值。

去哪儿旅行网通过网站及移动客户端的全平台覆盖，以自有技术为驱动，随时随地为旅游服务供应商和旅游者提供专业的产品与服务。凭借其便捷、先进的智能搜索技术对互联网上的旅行信息进行整合，去哪儿旅行网的产品与服务覆盖国内外机票、酒店、度假、门票、租车、接送机、火车票、汽车票和团购等多个领域，帮助旅游者智能地安排旅行。

作为一家深耕于在线旅游行业的产品技术公司，去哪儿旅行网拥有海量的用户出行数据、业内领先的产品开发能力及强大的资本实力。截至2019年3月，去哪儿旅行网搜索覆盖全球68万余条航线、580家航空公司、147万家酒店、9 000家旅游代理商、120万余条度假线路、1万余个旅游景点，并与国内外超100家航空公司进行了深度的合作，构建起一个融合线上、线下全价值链的在线旅游服务生态系统，持续提升用户的旅游品质。

（三）旅游社区服务在线旅游服务商

现在是社会媒体的时代。旅游社交网站为旅游者提供了交流与分享的平台，具有相当的实用性。旅游者可以从拥有本地知识或者有过真实旅游体验的人们身上获得个性化的建议与旅游窍门，获得更有价值的出行信息。同时分享与评论不仅使自身的旅游得以延续，也为其他旅游者提供了更多的出行参考。这类网站越来越受到旅游者的关注与好评。

马蜂窝（https：//www.mafengwo.cn/）是国内知名的旅游社交网站，是旅游社区服务在线旅游服务商的典型代表，是颇受年轻一代喜爱的在线旅游平台。

自2010年公司化运营以来，经大量旅游者自主分享，马蜂窝社区的信息内容不断丰富和完善，成为年轻一代首选的"旅游神器"。基于10年的内容积累，马蜂窝通过AI技术与大数据算法，将个性化旅游信息与来自全球各地的旅游产品供应商实现连接，为用户提供与众不同的旅游体验。马蜂窝独有的"内容获客"模式，高效匹配供需，助力平台商家提升利润率，并重塑旅游产业链。

与父辈们常用的传统在线旅游网站相比，马蜂窝更潮、更酷，深谙"年轻一代的选择"，帮助他们从不同角度，重新发现世界。得益于"内容+交易"的核心优势，马蜂窝更理解年轻人的偏好，让复杂的旅游决策、预订和体验，变得简单、高效和便捷。马蜂窝是旅游社交网站，是数据驱动平台，是新型旅游电商。作为全球旅游消费指南和中国领先的自由行服务平台，提供全球60 000个旅游目的地的涵盖交通、酒店、景点、餐饮、购物、用车、当地玩乐等信息和产品的预订服务。

三、旅行社类在线旅游服务

现在越来越多的旅行社网站也开始为旅游者提供旅游攻略、点评、交流社区、照片视频分享等服务，以及预订服务。

（一）传统旅行社自有的在线旅游网站

随着互联网的兴起与发展，传统旅行社现有资源遭遇瓶颈，开始运用自身优势注册域名建立网站。这类在线旅游网站主要为本旅行社服务，提供线路与景点信息、旅游咨询及附加服务等。如中国旅游集团有限公司（https：//www.ourtour.com/）等。

（二）传统旅行社所有的自主经营的在线旅行网站

一些较大的传统旅行社，资金充足，在服务本社业务的基础上，为了分得在线旅行市场的一杯羹而建立在线旅行网站。这类网站虽然最初由母社出资，但是独立核算，自主经营。这类网站最大的特点是依靠母社强大的实力和充足的客源，在市场竞争中占有一定的优势。他们提供的产品与服务多样，规模较大，点击率较高，在一定程度上可以实现在线预订与支付，可以与综合性的在线旅行服务提供商相抗衡。如中青旅遨游网（http：//www.aoyou.com/）等。

四、酒店类在线旅游服务

酒店类在线旅游服务出现得较早。最早的中央预订系统（CRS）就是由假日酒店研制开发的。全球预订系统（GDS）每年为全球各地的酒店输送大量的客源，Hotels.com也是提供全球酒店预订的网站。除了综合性的酒店类在线旅游网站外，还有大量的酒店自建的网站在进行直销，如Hilton、Accor、金陵酒店、7天连锁酒店等，这类网站为旅游者提供本酒店的咨询及预订服务，很多预订服务是与呼叫中心共同完成的。如7天连锁酒店（http：//www.7daysinn.cn）等。

五、景区类在线旅游服务

景区类的在线旅游服务起步较晚，与其他业态相比也是最不成熟与完善的一类。景区类在线旅游服务主要有景区门票在线预订网站和景区自办资讯类网站。前者以景点票务为切入点，拥有自己的预订平台，同时提供相关资讯与社区类服务。有的在线旅游服务商根据自由行游客的行为特征，为旅游者推出了个性化的自由行服务。后者主要以提供资讯为主。如九寨沟景区官方网站（https：//www.jiuzhai.com）等。

六、其他类在线旅游服务

其他类主要指与旅游活动相关的一些在线服务，比如火车票查询预订（https：//www.12306.cn）、汽车票务网（如四川汽车客运票务网，https：//www.scqckypw.com/）、租车服务（如神州租车，https：//www.zuche.com/）、各航空公司直销网站（如四川航空公司官网，https：//www.sichuanair.com/）、大众点评网（https：//reserve.dianping.com/pc/poi/list）等。

第四节 旅游电子商务创新发展新动态

随着中国互联网的快速发展，旅游电子商务产业发展进入加速期，旅游电子商务市场占整个旅游产业的比重正在不断上升。在旅游市场持续扩容和信息技术广泛应用的双重推动下，旅游电子商务正围绕消费者需求，一是"旅游传统企业的电子商务化"进行服务创新，二是"信息系统支撑商业模式创新"，积极开拓旅游电子商务新模式，创新发展。

一、"以人为本"开展旅游者服务创新

旅游业是一种体验经济，智慧旅游应从旅游者出发，通过信息技术提升旅游体验和旅游品质。旅游者在旅游信息获取、旅游计划决策、旅游产品预订支付、享受旅游和回顾评价旅游的整个过程中都应能感受到智慧旅游带来的全新服务体验。智慧旅游可以通过科学的信息组织和呈现形式让旅游者方便快捷地获取旅游信息，帮助旅游者更好地安排旅游计划并形成旅游决策。智慧旅游还可以通过基于物联网、无线技术、定位和监控技术，实现信息的传递和实时交换，让旅游者的旅游过程更顺畅，提升旅游的舒适度和满意度，为旅游者带来更好的旅游安全保障和旅游品质保障。

（一）成本优先

根据国内外在线旅游商业模式的竞争情况，可以清晰发现，在线旅游的商业价值正在从过去的以在线旅游代理带来的销售效率和便捷化，向未来的为旅游供需双方节约成本的方向发展。

虽说宏观经济环境不好，抑制了人们出行的意愿和购买力，但更深层的原因则是商家和消费者强烈的去中间化意愿。旅行社、航空公司、酒店等各类商家需要跳开代理机构，找到直接的消费者。消费者需要更好的性价比、更超值的旅游。只有超值的特惠才会真正吸引消费者，转化为购买行为。所以我们进入了一个全面的高性价比为王的时代。

消费者永无止境地热衷于在网上搜寻优惠和超值产品。据海外某调研机构判断，未来消费者为了省钱，愿意花更多的时间进行前期调研，找到最好的特惠，力争在有限的预算内获得最大的回报。这就是为什么比价搜索网站会大行其道，这也是基于精选原则的特惠服务被旅游者青睐的原因。围绕特惠展开的各种商业模式不断涌现，除了直销、团购等成了市场的新宠之外，可以想象，Priceline 式的逆向拍卖也将在不久成为人们的热门话题。

（二）移动旅游

随着智能手机越来越广泛的应用，旅游业将发生巨大转变，未来整个旅游价值链，包括旅游管理和旅游交易，大多将通过智能手机这一中介媒质完成，这意味着旅游业已从原来的互联网的 PC 时代，迈入无所不在的"智能手机"时代。

现在和旅游相关的 App、微信小程序已有不少，从酒店客房预订到景点搜索，再到最新的酒店管理、行业监管，传统的旅游服务，已转移到手机终端这一战场，并且获得社会化媒体以及 LBS 的助力，正在形成一种革命性的力量。

面对如此趋势，智慧旅游管理者和服务供应商们应不失时机，通过客户端向旅游者提供旅游资源信息、旅游交通信息、旅游住宿信息、旅游餐饮信息、旅游服务机构信息、旅游管理机构信息、娱乐休闲信息、自然社会信息、图形信息等信息及相关服务，帮助旅游者制订旅游计划，顺利进行旅游消费，提高旅游者的体验质量以及保障旅游者的权益等，使服务更实时化、更具便捷性、可搜索性、可分享性；并通过手机与旅游者绑定，实现个性化服务。

(三) 社会媒体

过去，旅游者进行旅游决策时，往往信任其他旅游者的行程经验，酒店客人会去查找其他客人的点评。而如今互联网已经社会化，人们更愿意利用网络社交社区内的好友智慧，协助自己获得明智的旅游决策，这意味着人正在成为营销的中心。旅游服务商、产品提供商和消费者之间可以建立起双向的、持续的互动关系。当前互联网社交媒体的运用向社交商务的过渡发展很快，尤其在中国，现已有上亿人使用微博，构建了庞大的人际网络。蕴藏的商机极其巨大，可做的旅游服务创新也潜力无穷。

二、构建旅游公共服务平台

通过智慧化路径推动传统旅游业向现代服务业转型的一个重要环节就是帮助旅游企业实现业务系统的信息化，实现信息化的服务提供。而当前国内旅游企业，包括各类景区、酒店、旅行社等相比生产型企业，信息化程度较低，这样智慧旅游的主要任务之一就是建构可运营的旅游公共服务平台，支撑中小旅游企业的服务信息化。

（一）形成开放性与标准化的在线交易模式

每个旅游企业通过资质审查后都可以成为电子商务平台的成员，每个接入网上交易市场的成员借助于统一的技术平台与交易标准，就可发布、查询供需信息和进行交易。有了开放统一的接入与交易标准，旅游电子商务平台就能在大范围内集合各方资源，真正发挥网络的效应。旅游电子商务平台使旅游企业的产品发布与推荐、上游产品组合、同业合作、客户关系管理等全部在线进行，同时使旅游者能方便地在线查询、比较选择、预订旅游产品并实现支付。旅游电子商务平台使信息充分汇聚、交流，提高了信息价值，使沟通更方便，交易更便捷。

（二）构建信息通畅的市场环境

旅游业是一个由众多子行业构成、需要各子行业协调配合的综合性产业，其"食、住、行、游、购、娱"各类旅游企业之间存在复杂的代理、交易、合作关系，离不开旅游电子商务平台构建信息通畅的市场环境。专业旅游电子商务平台的特点是规模大、知名度高、访问量大，有巨大的用户群。它就像提供了一个虚拟的旅游交易市场，收集并整理旅游市场信息，提供虚拟的交易场所，为参加旅游商务活动的各个方面提供信息通畅的市场环境，降低交易成本，提高商务活动效率。旅游电子商务平台能吸引众多有目的的访问者，它还能为各类旅游机构发布新闻和宣传促销信息，由于自身的优势，是一种有效的媒体。

（三）推动中小旅游企业电子商务的发展

我国旅游企业以中小规模企业居多，如果自行建设网站，不仅每个企业都要投入相当多的资金和人力，而且众多小规模网站知名度难以提升，不易形成效益。而企业加盟旅游电子商务平台，无须自备技术力量，只需要最基本的联网设备，将自身的信息传递到电子商务平台上，信息即可发布。费用上只需交纳会员年费和预订佣金，比较经济。这种模式更能发挥专业电子商务平台技术上的优势并形成规模效益，是一种集约利用资源的模式。一些成功的旅游电子商务平台已经有相当大的访问流量和预订量，在旅游市场上具有一定影响力，是中小旅游企业选择销售渠道时不可忽视的途径。

(四) 通过规模化实现低成本、高效率

电子商务平台的公共性保证了服务面的广泛性，使实现规模效应、降低成本成为现实。电子商务平台是一个开放的通用的系统，建设一套交易系统、结算系统、后台技术支持系统就可以被众多的旅游企业使用，与企业各自为政分别建设相比，其使用效率明显提高了。同时，同行业在同一个电子商务平台上开展商务活动也会提高市场的商业效率。利用电子商务平台能有效地推动旅游企业宣传网络化、旅游产品信息化和旅游交易电子化，将提高旅游企业开展电子商务的效率和效益。

旅游公共服务平台提供的公共服务是指具有鲜明行业特性的、跨领域普遍使用的可重用服务，这些服务通常与企业的核心业务逻辑没有必然联系，但它们的目的是保障企业核心服务的提供，是影响业务流程顺利完成的必需环节，一般通过标准开放的网络协议和标准接口被外部访问和使用。例如电子认证、服务计费、用户授权、信用评价、在线客服、智能挖掘等都统称为公共服务。公共服务的研发可以有效地降低企业的业务开发门槛，同时企业只需关注自己核心业务的提供，大大地提高了核心竞争力，可重用的标准化公共服务也可以规避"信息孤岛"问题，从而帮助企业快速实现信息化。

三、智慧旅游营销

旅游千头万绪，最重要的事情有两件——内抓精品，外抓营销。我们身处一个快速变革的时代，旅游者的旅游需求在变，大众化、经常性、高频次出游成为一种生活；散客化、自助化、自驾游，出游更加开放自由；多样化、个性化、分层化，内容需求更加多元；品质化、全程化、智能化，出游过程舒心便利，这也要求旅游营销实现快速变革。

(一) 旅游营销与旅游宣传、旅游促销

在旅游发展实践中，旅游营销常常与旅游宣传、旅游促销的概念相混淆。

1. 旅游宣传

"宣传"（Propaganda），是指采用一定活动方式，阐述某种主义、主张、思想、观点以争取特定对象达到既定目的，是一种具有文化性、教育性与政策性作用的活动，一种以商业利益为目标的活动，比如广告。

旅游宣传是旅游营销的主要手段和方式之一，是通过广告、公共关系甚至人员将旅游目的地或旅游产品的形象、内涵、特色等信息传播给旅游者。旅游宣传就是让潜在旅游者心动，以进行后续的旅游决策、旅游预订购买和旅游体验等行为，变为真正的旅游者，旅游宣传要挖掘宣传对象的心理特征和理解信息的习惯，将旅游目的地和旅游产品以新颖、简洁的渠道传递给消费者，从心沟通，由心而动。

2. 旅游促销

"促销"（Sale Promotion），就是"促进销售"的意思。促销是在销售环节，运用一些特殊手段大力促进产品销售，包括促销组合、人员推销、广告、营业推广以及公共关系等。

旅游促销，即旅游促进销售，其概念可以表述为：旅游营销者将有关旅游企业、旅游目的地及旅游产品的信息，通过各种宣传、吸引和说服的方式，传递给旅游产品的潜在购买者，促使其了解、信赖并购买自己的旅游产品，以达到扩大销售的目的。可以说，旅游

促销是在旅游宣传的基础之上进一步的旅游营销手段，是旅游营销后期阶段主要进行的工作。

旅游促销的实质就是要实现旅游产品供应商与潜在购买者之间的信息沟通。旅游营销者为了有效地与购买者沟通信息，可通过发布广告的形式传播有关旅游产品的信息，可通过各种营业推广活动传递短期刺激购买的信息，也可通过公共关系手段树立或改善自身在公众心目中的形象，还可通过派遣推销员面对面地说服潜在购买者。广告、营业推广、公共关系和人员促销等四种因素的组合和综合运用就称为促销组合。

3. 旅游营销

"营销"（Marketing），根据市场需要组织产品生产，并通过销售手段把产品提供给需要的客户被称作营销。"营销"有经营、运营、管理的意思，围绕满足和创造消费者需求这个目的，涵盖经营全过程，从策划、规划、计划、生产、管理、销售、售后及反馈到过程中的校正、再计划。"营销"有比宣传和促销更深的含义，涵盖更广的领域，而促销更侧重于战术。

旅游营销是旅游经济个体（个人和组织）对思想、产品和服务的构思、定价、促销和分销的计划和执行过程，以实现经济个体（个人和组织）目标的交换。

旅游营销具有三层含义：

第一，以交换为中心，以旅游者为导向，以此来协调各种旅游经济活动，力求通过提供有形产品和无形服务使旅游者满意，来实现经济和社会目标。

第二，旅游营销是一个动态过程，包括分析、计划、执行、反馈和控制，更多地体现旅游经济个体的管理功能。旅游营销是对营销资源（如旅游营销中的人、财、物、时间、空间、信息等资源）的管理。

第三，旅游营销适用范围较广。一方面体现在旅游营销的主体广，包括所有旅游经济个体；另一方面旅游营销的客体也多，不仅包括对有形实物的营销，还包括对无形服务的营销，以及旅游经济个体由此发生的一系列经济行为。

旅游营销是让潜在旅游者变为真正旅游者的过程。旅游宣传和旅游促销都是旅游营销的一种方式。旅游宣传和旅游促销各司其职，分别处于旅游营销的前期和后期阶段。其中，旅游宣传是让旅游者"心动"，旅游促销是让旅游者在心动的基础上做出旅游决策、实施旅游预订，由心动、进一步心动逐步到"行动"。新时代营销必须明确对象，那就是旅游者，真正从旅游者的需求出发。

旅游宣传、旅游促销和旅游营销的互相配合，促进了旅游业的大发展、大变革，特别是在互联网和旅游业充分融合的大背景下，旅游宣传、旅游促销和旅游营销的手段都在发生着日新月异的变革，旅游业的营销变革也随之而来。

（二）新媒体营销

新媒体营销是建立在通信网络的基础上，使消费者在消费的过程中通过通信网络快速与旅游企业直接建立起联系，使得消费信息快速、准确地传递到企业，同时企业可以向消费者提供其他增值服务。过去的旅游营销主要是通过旅行社，很少一部分通过旅游者口碑进行传播，而现在线上旅行社、OTA企业、要素企业、社交传播平台等都成为营销渠道，新媒体营销方式快速铺开，旅游受众群体变为旅游传播群体，营销变得更简单、更智慧、更精准，见效快、覆盖广、渗透强、持续长、成本低。

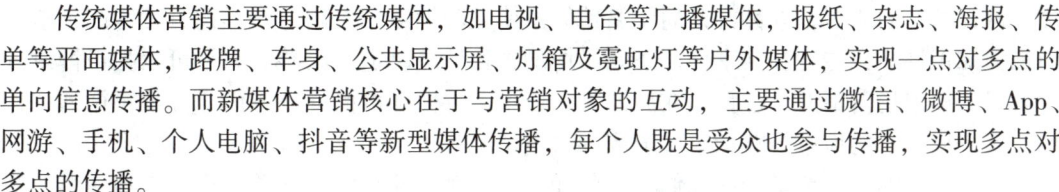

传统媒体营销主要通过传统媒体，如电视、电台等广播媒体，报纸、杂志、海报、传单等平面媒体，路牌、车身、公共显示屏、灯箱及霓虹灯等户外媒体，实现一点对多点的单向信息传播。而新媒体营销核心在于与营销对象的互动，主要通过微信、微博、App、网游、手机、个人电脑、抖音等新型媒体传播，每个人既是受众也参与传播，实现多点对多点的传播。

1. 分享营销

分享营销就是让旅游平台的用户或者会员，通过分享活动、产品、内容吸引流量，从而提高成交量。其促销方式新颖、多样、实惠，能为旅游者带来更丰富、更多元、更个性的体验，能够将娱乐、休闲、工作融为一体。分享营销建立在通信网络尤其是新媒体快速发展的基础上，核心是旅游者体验旅游产品和服务，通过平台进行互动分享，从而有效提升旅游地或景区的影响力，因为旅游者本身就是分享内容的生产者和传播者，因而其推广更能打动人心。

这类营销其实质就是消费者的口碑传播，据市场调查，旅游口碑是大多数出游者获得旅游信息并据此做出旅游决策的主要途径，只不过信息来源的渠道由原先单纯的线下转变为线上，好的口碑分享确实可以起到四两拨千斤的效果。

对于分享营销来说平台建设和内容生产是两个要点。从平台看，除传统互联网平台外，还包括众多新媒体平台，如微信、微博、QQ、Ins 等社交类平台；知乎、论坛、豆瓣、马蜂窝等内容类平台；抖音、西瓜、快手、火山小视频等视频直播类平台。从内容生产看，旅游地需要从旅游者角度出发，制造有传播性的热点，可以是网红建筑，可以是热点项目，也可以是精心设计的活动，等等；再加上平台的反馈互动，及时的内容推介，可以实现让消费者从潜在到正式的过程。

2. 社群营销

社群是在自媒体兴起时，有共同需求、兴趣、爱好和亚文化特征聚集起来的群体。社群经济，现在特指互联网社群，是一群有共同价值观和亚文化的群体，基于信任和共识，被某类互联网产品满足需求的群体，是一种由用户自己主导的商业形态，可以获得高价值，降低交易成本。

而社群营销就是彼此之间有相同或相似的兴趣爱好或者一定的利益关系，通过某种平台聚集在一起，通过产品销售或者服务，满足不同群体需求而产生的一种有着独特优势的营销方式。社群营销的平台很广，比如线上的论坛、微博、QQ 群、微信群、贴吧、陌陌等，线下的社区也可以是社群营销的平台。社群是有共同价值观和爱好的人群，更容易培养具有忠诚度的粉丝；社群营销的圈内传播率高，而且容易复制和裂变，实现销售转化，是非常顺应时代的营销手段。旅游社群一般是以意向的旅游产品类型或旅游地类型进行划分，比如亲子社群、徒步社群、低空飞行社群、非遗社群、草原游社群、摄影社群等，针对不同的社群要有针对性的运营方式。

社群的建立与运营一般有三大步骤。首先锁定目标市场创建社群，进入某一社群的成员一般有共同的爱好，需增加入群的仪式感；其次通过运营管理增加用户黏性，有群主、有群规、有互动；最后通过持续内容输出激活消费，日常活动和专题活动相结合。

3. 微博营销

微博是旅游营销重要的自媒体平台，目前国内主要城市旅游行政管理部门、旅游景区、旅行社、酒店等基本都已开通了微博。微博互动性强，费用低廉，拥有无穷的创造性与极强知识性、自主性和共享性。正是微博的这种性质决定了旅游业完全可以把微博融入旅游目的地市场营销的全过程。在旅游者、成本、方便和可信度等方面充分发挥微博的作用，实现旅游目的地市场营销整个流程的再造。

①微博能够向旅游者传播他们渴求的知识与信息，并且促使旅游者产生实地一游的愿望。在参与微博互动的基础上，在高度求知欲、成就欲的驱动下，现实与网络的界限逐渐模糊，潜在旅游者直接参与营销传播活动。高强度参与，意味着并不仅仅是一般的"页面浏览"或随意的广告点击，也不仅仅是简单的心理参与或所谓达到"接触"，而是潜在旅游者带着自己的情感和兴趣去参与、去满足。这就与普通的营销方式区别开来。

②微博的信息传递无须直接费用，旅游目的地可以为旅游者大幅削减成本，从而获取竞争优势。通过介入微博营销，旅游目的地减少了对收费昂贵的相关媒体（如电视）的依赖，从而为旅游者降低了成本。而且可以很方便地把旅游目的地的促销转化为微博内部的促销活动。

比如，通过参与微博互动，旅游者可以得到旅游目的地的各种方便和优惠（如价格优惠、预订优先、VIP待遇等），旅游者可以从虚拟社会中得到现实社会真正的实惠，景区也可以从这种促销中吸引大批客源。

③微博的内容题材丰富，发布方式方便。潜在旅游者在阅读微博文章的同时，可以深入了解旅游目的地信息。无论是天气地理、历史民俗还是风土人情、奇闻轶事，都可能成为潜在市场转变为现实市场的契机。

④微博文章形式正式，可信度高。微博文章比一般的论坛信息发布所具有的最大优势在于，每篇微博文章都是一个独立的网页，而且微博文章很容易被搜索引擎收录和检索，这样使得微博文章具有长期被用户发现和阅读的机会，一般论坛的文章读者通常较少，而且很难持久，容易被人忘记。旅游企业可以利用微博这一特点树立自己的品牌形象，建立良好的口碑和公信度。

微博是旅游目的地的公共关系平台、旅游产品营销平台和顾客关系管理平台，具有互动性强、传播快、传播面广的特点，而且以其语言清新、方式灵活的特点，深受网友喜欢。但微博给予的"回报"却有大相径庭之势。从单纯的内容发布，到与网友的互动，即使同样的信息、活动，但因操作的人以及策划、执行策略的不同，效果千差万别。

微博，可迅速及时地向客户传递信息，在旅游营销中可以起到预热、引爆、互动及反馈的作用，运用微博推介旅游，是一个长期性的事情。在运营推广中，要注重微博的曝光率，提高大众对其熟知的同时利用加"V"，或相关性微博的互动转发，提高旅游微博在粉丝中的到达率；注重微博内容的价值相关性，提高受众的肯定度，把传统硬性广告变成用户乐于互动分享的内容。

4. 各类交友软件平台营销

曾经在许多旅游策划者印象中，中国的网民大都是一些经济收入低、不具备高消费能力的年轻人。现在，这种情况已经彻底改变了。在北京、上海、广州等地区，在已经形成对互联网信息依赖的网民中，大专以上文化程度占68.5%，已婚网民占39.9%，网民已经是中国消费能力很强的主流人群。

可能对于许多旅游企业来说，旅游营销与网络的结合不是新话题，但是，许多旅游企业对网络营销的理解与利用，却仍停留在浅层次的阶段，没有很好地利用网络手段的多样性和互动性。如何花最少的钱，去运用和整合尽量多的资源，并且通过多种传播方式影响受众，达到传播效果的最大化和最佳化，已经成为旅游企业进行市场推广与传播的重要课题。

交友软件平台可以为旅游行业客户提供一整套整合推广方式。如专门开立专题页面，提供旅游相关新闻报道、专业评论和资讯服务，开设品牌专区、热点资讯、嘉宾访谈、新景图库、品牌展厅、美女旅游、旅游花絮、景区视频、服务指南、网友互动等多个热门栏目，还可以推出独有的订阅、TIPS 定向消息、迷你首页等不同类型的推广方式，提供多种平台。

同时，其聊天对话框、在线游戏、虚拟人物、微型新闻页面以及系统公告和系列软件等都可以成为旅游景区进行植入式营销的平台。

"病毒式传播"也是交友软件平台的一大优势。"群"是它们独有的一项功能，通过群，用户与用户之间可以即时沟通，也可单独聊天，最重要的是"群"是按照某种人脉关系建立的，如旅游群、户外群。群的空间私密而独立，如果把论坛比作公开的酒吧，那么称"群"为私人会所再恰当不过了。

在这个平台上，旅游景区可以利用"病毒式营销"在短暂的时间内快速地、爆炸式地传递给成千上万的旅游者，负载着景区品牌或旅游信息的聊天对话框、聊天界面皮肤、传情图片被广泛传播到呈几何级数增长的人群中，营造一个极佳的互动体验平台。用户和网站的相互契合以及几亿的在线用户数，使得交友软件平台的传播效果十分显著。

5. 短视频营销

抖音 App 提供了各种各样的背景音乐，自带的超炫酷剪辑技能，让每个人都能通过自己的创意拍出看起来酷炫并且专属的 15 s "大片"，并在社交网络快速传播。抖音已经成为继微博、微信之后，又一个具有全民影响力的营销手段。

中国互联网观察 2018 年 6 月的报告显示，中国消费者在移动端每天花费大约 58 min 看在线视频。从某数字营销公司发布的关于 2019 年社交媒体的分析报告中可以看到，89% 的用户每天都观看在线视频，而在移动端观看视频的人数相较于使用电视、手机银行或者地图导航等服务功能来说，更高得多。从传统的"双微"到如今的"双微一抖"，不难看出短视频不仅成为大众娱乐的重要方式，而且成为品牌营销的重要阵地。抖音短视频的分享营销火了一批目的地。曾经火爆一时的永兴坊摔碗酒因抖音传播火遍大江南北，很多游客不远千里来到西安，只是为了摔碗录个视频。酒碗 5 元一个，平常可以摔 3 000 只碗，周末可以达到 2 万只碗，真是"抖一抖"名利双收。其他抖音网红景点还有重庆的"轻轨穿楼"、洪崖洞、厦门鼓浪屿的"土耳其冰淇淋"，山东宽厚里的"连音社"，张家界的天门山，恩施狮子关景区的水上浮桥等。这些地方都借助抖音平台形成了滚雪球式的疯狂传播，掀起"虚拟"与"现实"的互动热潮，达到以小博大、以轻博重营销效果。短视频当然并不止有抖音一个，快手、B 站、西瓜视频、皮皮虾、小红书等平台都拥有着巨大的短视频流量值得挖掘，而短视频功能，也越来越成为互联网产品的底层功能。

当然短视频营销更多还是一种加分项的营销手段，想要保证营销流量的转化，还是需要有可持续的优质产品作为支撑。

6. 微电影营销

微电影是指专门在各种新媒体平台播放的、适合在移动和短时休闲状态下观看的、具有完整策划和系统制作体系支持的具有完整故事情节的视频短片。微电影的传播主渠道是新媒体，受众观影更加便捷，其传播模式呈现双向和交互的特点，已经成为当代网友喜爱的休闲方式。2012年2月起，四川省旅游局《爱，在四川》系列微电影《美食篇》《熊猫篇》《温江追梦篇》《汶川篇》陆续在YouTube、FaceBook、Twitter、优酷、爱奇艺、土豆、56网、酷6网、新浪视频、搜狐视频等国内外重要的主流视频和社交网站上线，潜移默化地将四川的旅游资源和文化资源传播出去，起到了良好的旅游营销效果。

7. 电视媒体旅游营销

借助电视媒体进行旅游营销的方式多种多样，如影视剧、综艺节目、风光短片等，主要侧重活动现场报道和互动性强的栏目进行展示、展演类营销宣传。《花千骨》《芈月传》《琅琊榜》《明妃传》《非诚勿扰》等影视剧的播出，带动拍摄地旅游火爆。

旅游真人秀节目作为典型的电视节目体验式营销，将旅游目的地通过电视节目中的旅游体验真实地直播展现给潜在的旅游者，对潜在旅游者选择旅游目的地、进行旅游决策、改变旅游方式等具有深刻的影响。如《两天一夜》《奔跑吧，兄弟》《爸爸去哪儿》《超人回来了》《喜从天降》《明星到我家》等综艺节目，其拍摄外景地顺理成章地走进了观众的视野，游客开始争先前往那些或名不见经传或久负盛名的外景地，带动当地旅游的发展。

（三）智慧旅游营销

谈到智慧旅游营销，必然要和传统旅游营销进行对比。所以，要强调一点，智慧旅游营销并不是要放弃传统旅游营销，而是要在传统旅游营销的基础上，通过渠道创新、方法创新和技术创新，从分散到整合，从粗放到精准，做到精准、有效、可检验，全面提升旅游营销的效率和效果，更好地达到推广旅游资源、销售旅游产品的目的。知识经济时代，创新是永恒的主题，旅游营销也需要在发展中创新、在创新中发展，通过改变传统的思维方式和工作模式，赋予营销以新的时代特色。

旅游千变万化，但万变不离其宗，不管是营销也好，品牌也罢，打动旅游者的心永远是第一位。这就意味着要更加精准地把握旅游者需求，更加统一地整合营销力量，更加富有创意，创造新颖多变的营销亮点，因此从分散到整合，从粗放到精准，从平常到精彩的营销变革已在发展过程中逐步凸显。大数据技术的发展为精准营销定位提供了便利，要建立具有针对性和层次性的营销宣传体系，打造个性化、综合化的营销策略体系。首先是让人知。在对旅游目标市场进行准确定位的前提下，通过确立最适宜的品牌形象、广告、口号等，以最有效的营销方式，提升目的地知名度，强化旅游者印象，让旅游者对于旅游目的地产生向往，一般包括形象营销、IP营销等。其次让人来。以前期宣传为基础，建立丰富的旅游产品内容体系，以货真价实的硬核产品让旅游者有不虚此行的感觉，一般包括节事营销、美食营销、影视营销等。最后是怎么游。将高品质、人性化、现代化的旅游服务贯穿于整个营销体系当中，通过高效的服务营销、前沿的数字营销、网络营销等手段最终留住旅游者，提高重游率，构建完整的金字塔式营销体系。

1. 智慧旅游营销的关键在于营销的精准定位

智慧旅游营销的关键在于营销的精准定位，即明确目标市场，精准客户画像。大数据、抽样调查、客户管理平台可以在不同阶段有效地协助营销主体进行精准的市场定位。

大数据针对项目前期阶段缺乏运营和客户基础弱的现实问题，可以更快速地对潜在目标市场进行分析和匹配；抽样调查针对项目实施阶段需要在市场喜好基础上进行产品设计的情况，可以对相对明确区域和类型的客源市场进行针对性调研，以判断潜在市场偏好；客户管理平台即客户关系管理系统，是以客户为中心，集客户行为记录、客户数据挖掘、数据分析、老客户研究、精准营销为一体的系统工程，可以在项目运营阶段有效记录旅游者信息，包括其社会人口学特征、消费行为和偏好、消费路径及停留时间，并通过对客户消费行为数据的收集与分析，有针对性地帮助旅游产品和服务升级，推动二次开发。

精准营销的数据来源主要有三种途径，一是与百度、谷歌、搜狗等搜索引擎合作获取旅游者需求数据；二是从官网、点评网、OTA 旅行网等网络途径获取数据，比如携程、同程、马蜂窝、途家、途牛等；三是自行建立的数据搜集分析系统，比如迪士尼的 My Magic 系统、科罗拉多大峡谷的门票系统、华侨城的电子门票系统、方特的魔法学院入学网站……以从各种途径获得的数据为依据进行发掘整理，研究不同消费群体消费行为，形成评估报告，确定营销重点，从而进行营销内容的制定和营销体系的架构。

2. 智慧旅游营销的基础在于网络营销

网络营销是指旅游目的地利用通信网络资源开展营销活动。网络使得信息得以更快、更广、更丰富、更互动、更低成本的传递，为旅游者提供更低廉的价格和更完美的服务。

旅游网站是最初目的地营销的基础平台，随着科技的发展，官方网站、官方微博、官方微信，以及视频网站、社交网站、垂直细分媒体和综合资讯网站都成为网络营销的载体。网络营销要注重突出旅游形象，完善旅游服务功能，在吸引旅游者的同时也促进消费转化。

网络营销主要有三种模式：第一，打包整合。这种模式主要是利用官方网站、官方微信以及 App，能够提供旅游地介绍、旅游要素产品发布、内容定制、活动推广、景点搜索、酒店订房、票务预订、主题线路、评论反馈等服务，能够通过全面网络服务起到宣传推广的作用。第二，高频曝光。这种模式主要以官方微博、主题短视频等社交媒体作为宣传支撑，能够通过事件的创意策划，实现快速传播和推广。第三，特色细分。这种模式主要针对垂直服务的专业旅游网站，可以在出行的不同阶段进行相应的营销宣传。

3. 智慧旅游营销增强旅游企业盈利能力

金牌银牌不如品牌，金杯银杯不如口碑，要敢吹、会吹、经得起吹。旅游企业的发展必须重视营销。

（1）旅行社营销

作为旅游业三大支柱之一的"旅行社"，担负着组合旅游产品并直接向旅游者推荐和销售的职能，同时又担负着向旅游产品供应企业及时反馈旅游市场需求的职能。因此，如何更好地利用互联网这一平台收集信息、传递信息、综合利用信息，让旅游信息的流传不再受时间、空间的限制，旅游资源的拥有者和最终的旅游者之间能够建立起更直接的关系等，都使得"开展有效的网络经营"成为旅行社在即将到来的网络大时代中生存和发展的必然。

①从单一的咨询服务功能转为多维的信息交流。

旅游咨询服务是旅行社的传统功能之一。在对旅游目的地没有非常有效的了解途径的条件下，旅游者只能求助于旅行社所提供的市场信息和以往的接待经验。现在互联网正在为旅游者提供越来越多的有关旅游目的地、旅游交通等方面的信息。大到目的地概况、风土人情，小到具体的酒店、餐馆、出租汽车等，这些信息可以由旅游者直接上网查询。这种网上查询还具有信息量大、直截了当、互动便捷等优点，还能提供在线行程预订和支付等功能，在一定程度上较好地整合了旅游服务资源和技术服务资源，为更广大的散客旅游者（包括各类商务、公务旅游者）提供更个性化的服务。

②推出更能满足个性化需求的旅游产品和丰富的服务项目。

随着旅游市场的不断完善，旅游者已开始逐步走向消费成熟化，他们不仅需要传统的包价团队旅游，而且越来越多的旅游者希望根据自己的特殊兴趣和爱好，选择有针对性、有主题、有重点的旅游方式。因此，旅行社可利用因特网向旅游者分类提供超大量的旅游信息，通过必要的组装指导服务，形成因团而异、因人而异的时尚旅游产品。虽然人们可以通过网络预订客房、预订交通，但对于大多数观光型旅游者，自己组合路线是很难达到最优化的，个性化的、整套的一条龙服务却只有旅行社才可以提供，旅行社的产品组合能力是旅行社的主要盈利能力之一。旅行社应把业务重点放在产品的设计组合上，提高产品的技术含量，同时应该开设直接面对旅游者的服务，以市场为中心，以满足旅游者的要求为宗旨，适应散客旅游和个性化旅游趋势。

③打破传统的宣传促销方式，开展更广泛有效的网络营销。

旅行社传统的营销宣传手段主要是印发小册子和做电视、报纸广告等单向的灌输式信息交流方式。这种促销方式的受众范围狭小不说，对不需要旅游的接收而言，完全不在意此类广告信息，但对需要旅游的接收者来讲，信息量又感到不足，因此促销效果不理想。随着互联网电子商务的迅速发展，网上双向交互的促销逐渐成为旅行社和旅游消费者之间进行信息沟通的桥梁，旅行社可以通过网站、微博、公众号、抖音、小红书等开展广泛有效的网络营销。

④延伸旅行社售后服务功能，整合营销。

美国《旅游代理人》杂志曾对一些旅游者不再光顾原旅行社的原因做过系统调查，调查结果显示，有68%的旅游者不再光顾原旅行社的原因是旅行社缺乏售后服务和不积极争取回头客。一些旅游者之所以不再光顾原旅行社，最重要的原因是这些旅行社对他们今后旅游抱着"爱来不来"的冷淡态度伤害了旅游者二次消费的意愿。

其实，旅游者为了减少购买旅游产品服务的风险，一般会选择有过良好体验已经熟悉的旅行社。正因如此，西方国家的旅行社都极为重视售后服务，并采取了多种多样的售后服务形式以争取每位旅游者再次光顾，如建立游客微信群，在旅游者返回后的第二天就向其打问候电话，或在微信群对其致以问候，给旅游者寄送意见征询单、明信片，举行游客招待会等。

旅行社行业竞争日益激烈，保持和争取客源迫在眉睫，旅行社只有做好售后服务，才能巩固与扩大客源。这次旅行的结束意味着下次旅行的开始，做好熟客的服务工作就可以使他们在下次旅行时再与本旅行社联系。因此，做好售后服务工作是保持旅游者和不断扩大市场的好措施，这种做法有方向、有基础、成本低、效果好。旅行社可利用计算机来建立和管理客户档案，还可利用网络加强与客户的联系，进行售后跟踪服务，了解他们的新需求，以便推出符合潮流的旅游产品。

（2）酒店营销

从渠道的发展趋势来看，出于酒店自身定位不同、服务能力差异、目标客户不同等原因，促使未来渠道需要具备多元化的营销能力。酒店的在线营销有在线分销和在线直销两种方式，在线分销主要是通过 OTA 进行，在线直销主要是通过酒店官网或其他在线平台，直接面对个人用户达成销售。

现有在线营销格局正在改变，官网、垂直搜索和 OTA 将并行成为酒店在线预订的三大主要渠道。B2C 平台、移动应用、团购网站将作为主要渠道补充，使得酒店在线预订渠道更加丰富。

在线分销主要是通过 OTA 进行，OTA 为酒店每卖出一个房间，酒店就向 OTA 支付一定比例佣金（通常为 15%~20%）。典型的 OTA 代表性网站，如携程、艺龙等为代表的一批在线 OTA 企业快速崛起，一方面，在互联网上为传统的酒店行业开辟了新营销通路和销售渠道，为酒店业的发展注入了活力。但另一方面，OTA 通过佣金对酒店利润的侵蚀是无法回避的事实。另外，OTA 覆盖的酒店数量、类型、区域相对局限，还有大量的线下酒店的推广需求很难被满足。

部分营销理念较为先进的酒店，在 OTA 分销渠道的基础上，开始建立酒店官网，发展会员体系，以摆脱对 OTA 的过度依赖。但官网需要较大的成本投入和技术支持，所以主要是一些有规模和实力的酒店集团和连锁酒店采用，数量众多的非星级酒店和单体酒店很难有能力发展官网直销渠道。以淘宝网、去哪儿网、酷讯为代表的旅游电子商务平台类网站，由于分销成本低和技术上的优势，降低了酒店在线直销门槛，为数量众多的非星级单体酒店和民宿客栈等酒店企业提供了新的直销渠道，成为旅游快速搜索与预订平台。在国外，一些酒店企业在 FaceBook、Twitter 和 YouTube 等网站发布产品打折信息和赠送礼品，充分利用社交网站来建立品牌忠诚度和实现部分直销功能。

携程、艺龙代表的 OTA 模式为酒店业网络营销市场发展的第一阶段，在线直销、垂直搜索，尤其是酒店直销的需求爆发将引导酒店网络营销市场走向下一个爆发期。

（3）景点景区营销

景点景区营销，按照营销活动的空间不同，可以分为三大营销阵地：在目的地营销、在客源地营销和在他目的地营销。在目的地营销是指在旅游目的地当地，不针对特定目标群体开展的泛营销活动。营销对象为本地居民和本地旅游者。营销内容包括会展营销、节庆营销、人员推销和广告，这些营销内容以线下互动为主。其目的是形成良好的口碑，提高美誉度和重游率，最终形成源源不断的游客流。在客源地营销是指针对旅游目的地以外的主要客源市场所在地的潜在旅游者和旅游中间商，通过多种传播渠道将旅游目的地的形象、产品和服务传递给目标市场受众，并通过各种营销手段刺激旅游消费的营销方式。在客源地营销需要综合运用营销思路与手段，多元传播旅游目的地的旅游产品与服务，使营销走得出去，旅游者走得进来。在他目的地营销也叫间接客源地营销，是指对正在其他旅游目的地旅游的旅游者营销自己旅游目的地产品和形象的精准营销活动。

①旅游 IP 营销。

许多景区或依赖垄断性自然资源紧抓门票和内部交通收入，或依赖唯一性人文资源带动区域综合开发收益。文化旅游在一定程度上可以摆脱资源的束缚，"创意"可以赋予禀赋一般甚至较差的资源以魅力；反之，禀赋绝佳的资源缺乏"创意"的滋养也将逐步失去魅力。景区的宣传营销服务系统整合既需要整合各类技术，实现旅游信息传播的全面、及时，同时也需要有"故事"，按照旅游者的体验习惯，做到形象、具体、生动。

IP 是 Intellectual Property 的缩写，本意是"知识财产"，在营销学上 IP 是能够仅凭自身的吸引力，挣脱单一平台的束缚，在多个平台上获得流量，进行分发的内容。旅游 IP 营销包括旅游景点的重新设计、串线的调整、片区的打造、旅游目的地的形成等。IP 的形式多种多样，既可以是文学艺术作品或一个完整的故事，也可以是一个概念、一个形象。IP 具有互动化、人格化和跨界化特点，能够有效助力旅游地提升旅游者互动性、树立鲜活形象、形成跨界传播影响力。

在国外，对于旅游 IP 的开发早已经悄然兴起。许多人因为英剧《神探夏洛克》迷上了福尔摩斯。其实在这之前，不论是在日本动画片《名侦探柯南》中，还是从福尔摩斯系列侦探小说中，人们早已熟悉福尔摩斯和他居住的贝克街 221B 号。虽然贝克街 221B 号如同福尔摩斯一样是虚构的，但是有头脑的英国人还是于 1990 年将福尔摩斯博物馆开张，吸引不少游客甚至名人的来访。

在国内，也有一些 IP 开发的成功案例。据 TBO（旅游商业观察）介绍，《盗墓笔记》的"十年之约"引发吉林长白山景区拥堵；《花千骨》使得广西德天瀑布关注度直线飙升；《狼图腾》带来四川若尔盖草原声名大噪。再比如，"有一种生活叫周庄"从 IP 创立初始发展至今，从最初的古镇观光旅游到现如今原生态旅游目的地的打造，沿用了多种不同的方式方法，将眼光逐步瞄向海外市场，使旅游文化产品走向国际化。同时也借助部分国外的社交软件，使周庄进入更多有意向来华旅游的外国人的视线中。

IP 的营销其实是从 IP 选择到 IP 运营再到 IP 落地的过程，这个过程当中包含了各种营销方式，比如形象口号拟定、品牌 Logo 设计、吉祥物打造、产品营销、活动营销、事件营销等，让 IP 鲜活饱满、有生命力。

一般而言，IP 的选择有两种方式，一是引进成熟的 IP，这类 IP 一般要明确合作模式，是买断经营还是授权经营，需尽量沿用原创 IP 的营销手段和方式，比如小猪佩奇、乐高、迪士尼人物、环球影城人物等；另一类是新的 IP，这类 IP 需要有中看无，从当地的人、文、地、景、产当中挖掘和提炼，围绕主题元素架构情节，演绎故事，创造与时尚消费契合的故事，并能够传递普适性的情感和价值观，通过产品内容的打造和营销推广的方式，放大 IP 的品牌价值。以这种方式创造出一批如新木兰从军、杜甫很忙、大闹天宫、熊本熊、功夫熊猫等接地气的好 IP。

IP 的传播和引爆需要多种营销方式，比如可以通过制造具有公益、热点、危机效应的突发事件，可策划利用名人效应、体育赛事、反常规事件等引起市场关注；可以举办主题活动，采用幽默、恶搞、争议、社会热点等形式发起热点话题活动，通过线上线下、网络平台直播、传统媒体与新媒体联合等实现扩散性传播。熊本县策划组织了很多事件和话题，比如策划熊本熊执行公务中失踪进而引起大阪市民全体关注，比如策划全面寻找腮红活动从而借势展示全县的绿色农产品，比如策划冰桶挑战、熊本熊骑小摩托等活动，让人对熊本熊爱不停止。

IP 是产品成为爆款的引火线，产品是 IP 得以保有生命力的核心。IP 是一件很好的外衣，但关键还在于如何将其转化为能够令消费者产生共鸣的消费体验。在快速变化的新时代，消费者决定购买产品往往并不是只看产品本身，而是综合看产品所处的场景，希望从日常生活的场景切换到不一样的消费场景，因此需要围绕 IP 主题故事进行情感设计、仪式设计、氛围设计、活动设计，并融合多元化的消费盈利业态，最终形成个性化的消费互动体验。IP 还需要渗透到旅游产业链条的各个环节，形成不同的盈利消费点，包括电影、动漫、游戏、绘本、手作、音乐剧、文创商品、游乐园、主题餐厅、表情包等，通过激活这些衍生品的销售渠道，增强消费者的购买黏性，这也是一种强化品牌 IP 的重要途径。

②景点旅游到全域旅游。

在景点旅游模式下，一方面，居民建房子，不会考虑到旅游景观的需要，水利建设等工程项目也只是考虑防洪、排涝、抗旱工程目的，基本上不会顾及旅游用途与需求；另一方面，景区开发时，也没有考虑到当地居民的需求。因此，在景点旅游的模式下，封闭的景点景区建设、经营与社会是割裂的、孤立的，有的甚至是冲突的，造成景点、景区内外"两重天"。而全域旅游就是要改变这种"两重天"的格局，将一个区域整体作为功能完整的旅游目的地来建设、运作，实现景点景区内外一体化，景城一体化，做到人人是旅游形象，处处是旅游环境。

景区建设与旅游目的地城市基础建设和公共服务设施建设一体化，把旅游发展融于城市建设全过程、全方位，充分发挥城市的旅游功能。把旅游项目引入城市，景区旅游环境打造与旅游目的地城市环境风貌建设一体化，完善城市休闲旅游功能，使景区与城市在产业上一体化，推动城市产业转型升级。同时，旅游产业属于劳动密集型产业，就业门槛低，吸纳再就业人员能力强，可充分解决就业不足的现实民生问题。

景区繁荣可以带动旅游目的地城市发展，如餐饮商贸、基础服务设施、城市功能完善、居民就业等。城市旅游环境的改善提升对景区旅游发展又具有推动作用，二者相辅相成、相互促进。

四、互联网旅游金融服务创新

互联网旅游金融服务正成为带动旅游市场增长的主要力量，而互联网旅游金融只是旅游金融的一环。旅游金融是旅游和金融的交叉点，它的涵盖面比较广，它的产品也比较多，如支付和理财、保险经纪、商业保理、分期付款、金融租赁等。

旅游金融的特点和优势有以下几方面：一是旅游行业是资金丰富的行业，很多旅行社账户里都有很多钱，旅游行业跟多达 108 个行业有相关和交叉，有很多的资金收付；二是旅游行业是综合体，它的资金分布是非常不均匀的，有的旅游企业账户里的钱不知道怎么花，但是很多旅游企业非常缺钱，等着钱做业务；三是旅游行业的资金周转非常快，资金周转率弥补了行业利润薄的缺陷；四是其他行业中小企业的融资难，让旅游金融有了很大的发展空间。

一些在线旅游大企业在前端加强资金应收账款和应付账款的速度，先收客户的资金，后端压整个供应链的款，有很多资金可以使用，具备做旅游金融的天然优势，完全可以在消费金融和供应链金融等方面发力；还可以为各银行提供各种解决方案，做消费信贷，如途牛推出了途牛白条；也可以融资租赁，包括景区的运营、智能停车场、索道，凡是旅游行业能给别人带去订单的地方都可以变成融资租赁。

（一）融资租赁

所谓融资租赁（Financial Leasing），又称设备租赁（Equipment Leasing）或现代租赁（Modern Leasing），是指实质上转移与资产所有权有关的全部或绝大部分风险和报酬的租赁。资产的所有权最终可以转移，也可以不转移。融资租赁的主要特征是：由于租赁物件的所有权只是出租人为了控制承租人偿还租金的风险而采取的一种形式所有权，在合同结束时最终有可能转移给承租人,因此租赁物件的购买由承租人选择,维修保养也由承租人负责,出租人只提供金融服务。租金计算原则是:出租人以租赁物件的购买价格为基础,按承租人占用出租人资金的时间为计算依据,根据双方商定的利率计算租金。它实质上是依附于传统租赁的金融交易,是一种特殊的金融工具。

(二)阿里旅行信用住

阿里旅行信用住是建立在消费的信用基础上,蚂蚁金服芝麻信用分级、支付宝担保、蚂蚁花呗消费信贷环环相扣,是一个非常完美的互联网消费大数据、互联网消费金融工具相结合的产品。在消费者端,芝麻信用分达到 600 分的用户,在阿里旅行平台上预定信用住合作酒店,或在前台办理入住之时,使用信用住,将无须交付押金、无须刷卡,直接出示身份证即可快速获取房卡,在退房时直接将房卡交付前台即可离店,无须排队、等候。酒店在客人离店后发起收款,支付宝会将房费即时结算到酒店账户。如用户开通"花呗",这笔费用会自动使用蚂蚁花呗支付,用户只需在规定时间内像还信用卡一样,偿还蚂蚁花呗的账款即可。由于信用住相当于酒店的自营渠道,也不会发生在 OTA 预订后到店无房的窘况。

阿里旅行信用住是一个全面开放平台生态。阿里旅行将一个原来是一种相对封闭式的平台,主要签约有直连能力的集团商家,以及通过石基(企业平台签约的单体酒店),开放给更多的行业商家,推行通过平台到 TP(代运营 TP、代签约 TP)到 PMS(石基、其他厂商)的生态模式,意味着将有更多的单体酒店加入信用住平台,共享这一模式。阿里旅行宣布将开放给商家更多的用户数据,精准推送给商家匹配的精准人群,全力扶持集团酒店,帮助酒店集团建立线上自运营能力,实现自主营销和精准营销。

案 例

携程跨界谋复苏:积极探索跨界合作,与其他领域巨头"抱团取暖"

就在几天前,携程集团创始人、董事局主席梁建章刚刚完成了他的第 24 场"BOSS 直播"。当晚,该直播单场成交总额达 2 956 万元,总订单数为 38 056 单。

从 3 月首次尝试当网红主播开始,如今的梁建章对于"主播"这一新身份已经驾轻就熟。

携程日前发布的一份报告坦言,"旅游市场已经回不到过去了",并呼吁线下门店积极主动拥抱变化,利用携程强大的产品库与供应链资源,结合自身优势,向售卖全品类产品、服务全类型客户的新零售门店全面转型。

显然,从线上到线下,从决策层到一线员工,携程集团上下正主动拥抱后疫情时代的新变化,积极转型,加强跨界营销与跨界合作,谋求"满血复活"。

1. 跨界营销 深挖市场潜力

在"BOSS 直播"中,北京市民翟雅芳抢到了两张五星级酒店北京世园凯悦酒店的团购券。她告诉记者:"计划带孩子去京郊玩两天,就打算住这家酒店。之前看要 1 056 元一晚,团购只要 888 元,还多了一份晚餐套餐以及一瓶红酒,非常划算。"

数据显示，当天直播期间，北京世园凯悦酒店在推出 1 000 份团购券的基础上又增加了 1 000 份，也被迅速抢光。显然，高星酒店仍然有巨大的市场潜力。

今年 3 月 5 日，携程发布了以"10 亿元复苏基金+规模化预售"为核心的"旅游复兴 V 计划"。半个多月后，以高星酒店预售为核心的携程"BOSS 直播"在三亚·亚特兰蒂斯酒店正式开启。

在"BOSS 直播"开始前，高星酒店受到疫情冲击影响，频繁出现乱象，预售环节、价格策略纷纷出现问题。对此，携程集团 CEO 孙洁表示，现在的旅游直播大幅优惠是建立在疫情影响减弱这个特殊基础上的。长远来看，直播能否对高星酒店产生影响，取决于价格、供应链、内容、服务等多种因素。单纯依靠低价、折扣的增长不可持续，而且会对高星酒店的品牌"调性"造成负面影响。

与其他直播相比，携程"BOSS 直播"将梁建章个人 IP 与高星酒店进行了深度捆绑，在"高星+高性价比"的选品策略下，形成了对于高星酒店品牌"调性"的保护，携程直播间重复购买 2 次或以上的用户占比超过 60%。

"得益于在国内中高端酒店市场的优势与采购、客服等资源，携程一方面能够获得高端酒店独家价格，为用户争取最大幅度的优惠；另一方面还能从产品包装、流量注入、渠道分销、市场营销、售后服务等方面为合作伙伴提供从设计到售后的'一价全包服务'，为高星酒店复苏提供全方位助力。"孙洁说。

数据显示，在"高星+高性价比"的选品策略下，携程"BOSS 直播间"预售产品均价仍在 1 200 元以上。得益于爆款的涌现，携程直播正在有效帮助高星酒店加速"回血"。统计显示，携程"BOSS 直播"首批到期的酒店预售产品核销率接近 50%。

同时，在充分保障品牌"调性"的基础上，携程还通过"预售+营销+传播"三位一体的全流程服务，让携程"BOSS 直播"的"破亿"速度从 1 个月缩短至 1 个星期。

2. 跨界合作　寻求优势互补

在跨界营销之外，携程还在积极探索跨界合作，与其他领域巨头"抱团取暖"。

8 月底，携程集团与联通大数据公司共同推出"联通智游——旅游产品预订分析平台"，为文旅行业管理部门及相关企业提供定制化、模块化的数据平台服务。这也是携程集团与联通大数据公司首次围绕文旅大数据展开合作。

事实上，携程正在以智慧旅游为抓手，借助云计算、大数据、物联网、移动互联网及区块链技术，助力国内旅游目的地发力旅游业"新基建"并吸引客群。

比如，携程智慧旅游大数据中心能够从 OTA 游客数量、消费分析、年龄分析、交通产品分析、酒店产品分析、门票产品分析、游客趋势预测、舆情信息等多角度出发，辅助企业及管理部门做好科学决策。

今年 3 月以来，携程已与包括海南、贵州、甘肃等国内数十个省份达成战略合作，"智慧旅游"成为政企合作高频词。目前，携程智慧化"新基建"内容已经涵盖景区、酒店、机场、城市交通、产品售前售后等多个场景，力争以软硬件相结合的方式满足行业主管部门、涉旅企业以及游客对于智慧旅游的需求。

8 月 16 日，携程与京东集团在京签署战略合作协议，双方将在用户流量、渠道资源、跨界营销、商旅拓展、电商合作等方面开展全方位合作。根据协议，携程将为京东提供实时产品及极具市场竞争力的产品价格。京东将接入携程的核心产品供应链,并将京东平台的用户流量开放给携程,在日常运营及精准营销方面为携程供应链提供全方位支持。

值得注意的是,在此次战略合作中,双方还明确提出将以携程优品京东旗舰店为平台加强合作。双方的合作无疑将为"旅游直播+电商购物"带来更加丰富的想象空间。

3. 线下突围　加速转型步伐

作为业内布局门店数最多的企业,携程旗下近 8 000 家门店遍及 28 个省区市。随着疫情影响减弱,携程线下门店陆续复工复产,并积极向售卖全品类产品、服务全类型客户的新零售门店转型。

"旅游资源丰富的省份在复工复产方面具备较强的实力。"携程集团旅游渠道事业部 CEO 张力表示:"短期来看,出境游何时复苏很难判断,但省内游已经回暖,越来越多的游客选择利用周末、小长假等参与到周边游中。因此,各省份旅游资源的比拼将成为文旅产业复苏的重中之重,旅游资源越多、服务越好、产品组织能力越强的省份潜力越大,也越有可能在这一轮竞争中脱颖而出。"

携程最新发布的《2020 年暑期旅行消费报告》显示,虽然当下的出行人数与去年同期相比仍处于低位,但与之前几个月相比,市场已经明显回暖。同时,高品质产品、"安心游"已成为游客关注的新重点。

结合这些市场新趋势,携程线上产品、线下门店均在积极转型。

"疫情影响终将结束,旅游需求不会消失。在专注国内业务复苏的同时,携程还将继续专注于提升产品与服务的核心价值,为旅游行业的复苏做好准备。"梁建章说。

(来源:《经济日报》、新浪财经综合,2020 年 9 月 11 日)

复习思考

一、名词解释

电子商务:

旅游电子商务:

旅游营销:

融资租赁:

二、单项选择题

1. 按照交易对象分类,通常情况下,将旅游电子商务分为(　　)。
   A. 国内游、边境游、港澳游、入境游和出境游
   B. B2B、B2C、C2C、B2G、C2C
   C. 食、住、行、游、购、娱
   D. 生态旅游、主题旅游、文化旅游、健康旅游、观光旅游

2. 电子商务的核心是(　　)。
   A. 促成交易
   B. 完成交易

C. 交易后服务

D. 信息沟通交换

3. 旅游信息是旅游资源、旅游活动和旅游经济现象等客观事物的反映，旅游信息资源包括（　　）。

A. 旅游目的地信息、旅游企业信息、旅游产品信息、旅游者信息和旅游供求信息

B. 信息流、物流、资金流、人员流

C. 旅游信息的数量、旅游信息的质量、旅游信息的标准化

D. 微信、微博、公众号、网站

4. "同程旅行"网站属于（　　）。

A. 综合性的"一站式"服务的在线旅行商

B. 垂直搜索服务在线旅游服务商

C. 旅游社区服务在线旅游服务商

D. 门户网站的旅游频道服务商

5. 新媒体营销核心在于与营销对象的互动，主要通过新型媒体传播，新型媒体是（　　）。

A. 电视、电台

B. 报纸、杂志、海报、传单

C. 路牌、车身、公共显示屏、灯箱及霓虹灯

D. 微信、微博、App、网游、手机、个人电脑、抖音

三、简答题

1. 旅游电子商务活动三个实现层次分别是什么？
2. 旅游电子商务运行体系由什么组成？
3. 携程旅行商业服务模式有哪些？
4. 网络营销主要模式有哪些？

四、论述题

为什么说开展有效的网络经营成为传统旅行社在网络大时代中生存和发展的必然？

实训任务

旅游线路是旅游产品的重要组成部分，是联结旅游者、旅游企业及相关部门、旅游目的地的重要纽带，对区域旅游开发、旅游企业的生存与发展、旅游者的旅游体验等都有重要意义。大多数旅游者都希望在舒适度不受影响并且体力允许的情况下，能够花费较少的费用和较短的时间游览较多的风景名胜。一般情况下，游客出游，或由旅行社向游客出具"旅游行程计划安排"（见表5-2），游客按行程旅游，接受旅游服务。现在，由于自驾游、智慧旅游的兴起，游客出行更加具有自主性，但在出游前也需要做好充分的准备，也需要做一份"旅游行程计划书"。

表 5-2 旅游行程计划安排

日期	行程	景点	交通	餐	住宿
第一天	呼市—昆明	乘机 8L9946/20：00—00：30 飞昆明，安排入住酒店	飞机	×	昆明
第二天	昆明—楚雄石林	昆明—楚雄（180 km，车程约 2 h）；游览著名风景名胜区——石林（游览时间 2 h 左右）。乘车赴楚雄，入住酒店	汽车	早中晚	楚雄
第三天	大理—鹤庆大理古城、洋人街	大理—丽江（180 km，车程约 3 h）；乘机赴至大理后游览大理古城、洋人街（游览时间 120 min）下午体验白族三道茶歌舞表演（90 min 左右）。后欣赏洱海，观看白族鱼鹰表演（游览时间约 60 min）。后乘车赴鹤庆或丽江；至鹤庆 2.5~3 h 或至丽江 3.5 h，抵达后入住酒店	飞机	早中晚	鹤庆或丽江
第四天	丽江虎跳峡风景区	早出发至丽江乘车前往虎跳峡，途中观长江第一湾，抵达虎跳峡后用中餐，后游览虎跳峡风景区（游览约 2 h 左右）。乘车返回丽江，车程约 2 h。入住酒店	汽车	早中晚	丽江
第五天	丽江—西双版纳玉龙雪山、白水河、蓝月谷、玉水寨	丽江—玉龙雪山（33 km，车程约 40 min），丽江古城（33 km，车程约 40 min）；早餐后，游览玉龙雪山风景区，欣赏大型实景原生态民族表演——《印象·丽江》（60 min），游蓝月谷、黑龙潭公园（30 min 左右），晚餐自理。根据时间乘车至机场，乘机前往西双版纳	汽车飞机	早中晚	西双版纳
第六天	西双版纳野象谷景区	西双版纳—野象谷（45 km，车程约 60 min）；游览野象谷风景区。观看大象表演、百鸟园、蝴蝶园、树上旅馆。乘车赴西双版纳市区	汽车	早中晚	西双版纳
第七天	昆明原始森林公园	西双版纳—原始森林（11 km，车程约 20 min）；游览原始森林公园（整个景区游览时间 180 min 左右）之后返回景洪市区。晚餐后根据时间送机，在西双版纳乘机飞昆明，抵达后入住酒店	汽车飞机	早中晚	昆明
第八天	昆明—呼市	早餐后，根据航班专车送到机场，结束愉快旅程	飞机	早	

通常情况下，在设计旅游线路时，需要注意以下几点：

第一，查找资料：使用百度等搜索引擎，广泛查阅找资料；访问携程旅行网、马蜂窝、相约久久旅游网、穷游网等专业旅游网站，充分了解自助旅游的相关情况；访问目的地地方政府文化与旅游网站和当地旅游企业网站，详细查阅目的地情况。

第二，确定要去的地方——目的地：收集目的地资料，目的地主要的旅行地及其亮点，它们在地图上是怎样排列的，大体交通情况，当地的社会稳定和治安状况。预定活动，做好目的地行程。

第三，确定游程时间：做好去程和回程线路，了解途中景点、交通、餐饮、住宿等情况，预订途中旅游活动项目。

第四，确定旅游费用：预定交通、住宿、餐饮，根据费用，再次细化与修改目的地及途中旅游行程，做好预算。

第五，为出行做好准备：①为了旅途拍照好看买点新衣服；②计划一下什么东西要打包，药品、特殊装备、防晒霜、洗漱袋、转换插头等；③如需要，提前购买当地电话卡或租用随身Wi-Fi、换汇；④需要打印的预定单打印，重要证件和收据复印留档；⑤加载一份目的地的离线地图。

以小组为单位，每组4~6人，组长负责制，请同学们充分利用现代信技术手段和网络工具，根据旅游线路设计流程，设计一条为期3天的省内旅游线路，制作一份详细的、图文并茂的旅游行程计划书。

参 考 文 献

[1] 金振江，宗凯，严臻，等. 智慧旅游［M］. 2版. 北京：清华大学出版社，2015.
[2] 李云鹏，晁夕，沈华玉. 智慧旅游：从旅游信息化到旅游智慧化［M］. 北京：中国旅游出版社，2013.
[3] 陈涛，徐晓林，吴余龙. 智慧旅游：物联网背景下的现代旅游业发展之道［M］. 北京：电子工业出版社，2012.
[4] 肯尼斯 C. 劳顿，简 P. 劳顿. 管理信息系统［M］. 黄丽华，俞东慧，译. 13版. 北京：机械工业出版社，2016.
[5] 宋彦，彭科. 城市空间分析GIS应用指南［M］. 北京：中国建筑工业出版社，2015.
[6] 黄羊山，刘文娜，李修福. 智慧旅游：面向游客的应用［M］. 南京：东南大学出版社，2013.
[7] 李丽红. 虚拟现实技术在教育领域中的应用及其效果评价研究［M］北京：旅游教育出版社，2015.
[8] 田景熙. 物联网概论［M］. 南京：东南大学出版社，2012.
[9] 罗汉江. 物联网应用技术导论［M］. 大连：东软电子出版社，2013.
[10] 刘鹏. 云计算［M］. 2版. 北京：电子工业出版社，2011.
[11] 王万森. 人工智能原理及其应用［M］. 2版. 北京：电子工业出版社，2007.
[12] 王跃. 我国移动智能终端操作系统平台发展研究［J］. 信息通信技术. 2012，6（4）：20-34.
[13] 罗平. 移动智能终端操作系统的发展分析［J］. 韶关学院学报（自然科学），2014，35（8）：33-35.
[14] 崔伟男，闵栋. 移动智能终端操作系统发展趋势分析［J］. 电信网技术，2013，5（5）：1-4.
[15] 刘璞，于璐，徐志德. 智能终端操作系统比较分析与应用研究［J］. 移动通信，2013，37（5）：11-14.
[16] 何军红，赵习频. 移动营销的商业模式分析［J］. 特区经济，2009（7）：262-264.
[17] 徐树华，王娇. 移动营销及营销模式的发展历程［J］. 移动通信，2011，35（23）：60-63.
[18] 廖卫红，周少华. 移动电子商务互动营销及应用模式［J］. 企业经济，2012，379（3）：67-71.

[19] 韩婷. 移动电子商务互动营销模式的构建［J］. 电子商务, 2016（2）：32-33.

[20] 卢静宜. 移动电子商务互动营销模式应用分析［J］. 企业导报, 2015（10）：107-108.

[21] 廖卫红. 移动电子商务互动营销模式应用研究［J］. 中国流通经济, 2012, 26（1）：85-89.

[22] 王惊雷. 企业微信营销研究及策略分析［J］. 价格月刊, 2014（9）：68-71.

[23] 凤旭燕. 消费者对微信营销的接受意愿影响因素研究［D］. 北京：北京邮电大学. 2015.

[24] 戴慧祺. 移动互联网背景下的微信营销探究［D］. 南昌：江西师范大学. 2014.

[25] 金永生, 王睿, 陈祥兵. 企业微博营销效果和粉丝数量的短期互动模型［J］. 管理科学, 2011, 24（4）：71-83.

[26] 泥川. 微博营销模式研究［D］. 西安：陕西师范大学, 2014.

[27] 赵黎昀. 微博营销探析：策略研究与前景分析［D］. 开封：河南大学, 2012.

[28] 熊小彤. App营销对消费者购买行为影响实证研究［D］. 武汉：湖北工业大学, 2014.

[29] 刘峰. 手机App营销模式及其关键问题分析［J］. 电子商务, 2014（10）：37-38.

[30] 孙永波, 高雪. 移动App营销研究评述与展望［J］. 管理现代化, 2016（1）：82-85.

[31] 李欣璟. 移动互联时代的App营销［J］. 传播与版权, 2014（8）：93-94.

[32] 聂雅兰. 移动互联网时代App营销［J］. 东方企业文化, 2013（13）：82-83.

[33] 陈娜. 基于移动终端的智慧旅游信息服务的应用［J］. 山西电子技术, 2015（2）：56-58.

[34] 胡祎. 地理信息系统（GIS）发展史及前景展望［D］. 北京：中国地质大学, 2011.

[35] 江红忠. 浅谈IS及其在房产管理中的应用［J］. 地矿测绘, 2006, 22（2）：24-25.

[36] 杨立勋, 殷书炉. 人工智能方法在旅游预测中的应用及评析［J］. 旅游学刊, 2008, 23（9）：17-22.

[37] 张妮, 徐文尚, 王文文. 人工智能技术发展及应用研究综述［J］. 煤矿机械, 2009, 30（2）：4-7.

[38] 邹蕾, 张先锋. 人工智能及其发展应用［J］. 理论研究, 2012, 30（2）：11-13.

[39] 中国互联网络信息中心（CNNIC）. 中国互联网络发展统计报告［R］. 2016.

[40] 阿里数据经济研究中心. 云计算开启信息经济2.0［R］. 2015.

[41] 中国电子信息产业发展研究院. 云计算：中国DT发展之基：云计算及阿里生态系统的社会经济影响［R］. 2016.

[42] 迪士尼My Magic+智慧旅游服务系统[EB/OL].（2014-04-15）[2022-10-21］. http://www.pinchain.com/article/6350.

[43] 华为公司与敦煌市签署战略合作协议 共建"丝绸之路旅游云"［EB/OL］.（2016-03-15）[2022-10-21］. http://www.dhcn.gov.cn/content/newsDetail/fbb9253d535fd0f50153603ba6540002.

[44] 莫高窟喜获"2015年度中国互联网+旅游先行者"荣誉[EB/OL].(2015-12-29)[2022-10-21].http://www.sendinfo.com.cn/newsDetail.htm?id=4281.

[45] 互联网+时代 敦煌智慧化旅游建设如何"玩出"新花样？[EB/OL].(2015-12-15)[2022-10-21].http://www.sendinfo.com.cn/newsDetail.htm?id=4240.

[46] "十一"国庆长假出行你必须知道的旅游数据[EB/OL].(2015-09-30)[2022-10-21].http://www.aliresearch.com/blog/article/detail/id/20655.html.

[47] 成都推出文化文物数字化平台[EB/OL].(2015-01-20)[2022-10-21].http://culture.people.com.cn/n/2015/0120/c172318-26413720.html.

[48] "虚拟故宫"正式落成 可扮演不同角色游览[EB/OL].(2008-10-15)[2022-10-21].http://tech.qq.com/a/20081015/000302.htm.

[49] 中国位置服务门户网[EB/OL].http://www.cnLBS.com/.

[50] 浅析滴滴出行过去和畅想未来[EB/OL].(2016-01-24)[2022-10-21].http://www.chinaz.com/manage/2016/0124/499050.shtml.

[51] 机器人占领上海国际酒店用品展,世界首批"酒店机器人团队"引爆海内外[EB/OL].(2021-03-30)[2022-10-21].http://mp.weixin.qq.com/s?__biz=MjM5MTAxMjE4Ng==&mid=408426236&idx=1&sn=6fdfcbd71cc18f53eb91ef8e3d64ea24&scene=5&srcid=0402F0dy9KBnkSRrKJYfM2IX#rd.

[52] 看大数据应用如何在酒店行业发挥作用[EB/OL].(2014-08-16)[2022-10-21].http://www.68dl.com/bigdata_tech/2014/0816/43.html.

[53] 吴英鹰.大数据背景下旅游企业网络营销的创新：基于AISAS消费者行为分析[J].中国商贸,2013(35)：107-108.

[54] 曾岚玉.大数据时代下旅游目的地信息系统需求分析[J].技术与市场,2014(10)：221-222.

[55] 唐晓云.用大数据把握旅游管理部门宏观调控的主动权[J].旅游学刊,2014(10)：9-11.

[56] 该怎么应对处置大数据存储问题[EB/OL].(2014-09-07)[2022-10-21].http://www.68dl.com/research/2014/0907/4984.html.

[57] 美国政府：打造大数据为基础的创新平台[EB/OL].(2014-09-07)[2022-10-21].http://www.68dl.com/research/2014/0907/2870.html.

[58] 华为用"大数据剖析"构建安全[EB/OL].(2014-08-09)[2022-10-21].http://www.68dl.com/research/2014/0908/5249.html.

[59] 面向服务的大数据剖析平台解决方案[EB/OL].(2014-09-21)[2022-10-21].http://www.68dl.com/research/2014/0921/8507.html.

[60] 刘晓曙.大数据时代下金融业的发展方向与趋势及其应对策略[J].科学通报,2015(60)：453-454.

[61] 薛辰.国际大数据研究论文的计量分析[J].现代情报,2013(33)：129-134.

[62] 涂新莉,刘波,林伟伟.大数据研究综述[J].计算机应用研究,2014(31)：1612-1616.

[63] 徐子沛. 大数据 [M]. 桂林：广西师范大学出版社，2012.

[64] 符健. 解读大数据 [Z]. 证券研究报告，2011.

[65] 陈敏. 大数据时代：打造银行的数据化能力 [J]. 金融电子化，2013（5）：77-78.

[66] 方方. "大数据"趋势下商业银行应对策略研究 [J]. 新金融，2012（286）：25-28.

[67] 王艳. 银行如何应用大数据 [J]. 中国经济报告，2013（12）：45-48.

[68] 孙浩. 金融大数据的挑战与应对 [J]. 金融电子化，2012（7）：51-52.

[69] 罗建华，陈建科. 基于旅游电子商务中数据挖掘应用的研究 [J]. 电子商务，2011（8）：28-32.

[70] 张翔. LC集团旅游品牌建设研究 [D]. 西安：西北大学，2011.

[71] 查良松. 信息技术及其在旅游业中的应用 [J]. 黄山学院学报，2005（5）：28-31.

[72] 梁昌男，马银超，路彩虹. 大数据挖掘：智慧旅游的核心 [J]. 开发研究，2015（5）：134-139.

[73] 维克托·迈尔舍恩伯格. 大数据时代：生活、工作与思维的大变革 [M]. 盛杨燕，周涛，译. 杭州：浙江人民出版社，2013.

[74] 马建光，姜巍. 大数据的概念、特征及其应用 [J]. 国防科技，2013（2）：10-17.

[75] 李业志，陈艳，胡悦. 大数据在互联网经济发展中的应用 [J]. 计算机光盘软件与应用，2014（8）：89.

[76] 李聪. 大数据背景下中小企业融资问题探析 [J]. 现代商贸工业，2013（24）：101-103.

[77] 奇兰涛，杨唯实. 大数据环境下银行数据分布与存储架构设想 [J]. 中国金融电脑，2013（7）：39-40.

[78] 李庆莉. 大数据战略 [J]. 中国金融电脑，2013（7）：10-12.

[79] 陈柳. 大数据时代下金融机构竞争策略研究 [J]. 海南金融，2013（12）：8-11.

[80] 易敏，冯伟. 大数据：商业银行竞争新领域 [Z]. 中国经济报告，2013.

[81] 孙玉玲. 大数据时代数字出版产业的发展趋势 [J]. 出版发行研究，2013（04）：60-61.

[82] 尹培培. 大数据时代的网络舆情分析系统 [J]. 广播与电视技术，2013（07）：44-47.

[83] 杨正洪. 智慧城市大数据、物联网和云计算之运用 [M]. 北京：清华大学出版社，2014.

[84] 赵伟. 大数据在中国 [M]. 南京：江苏文艺出版社，2014.

[85] 杨路明. 旅游电子商务理论与应用 [M]. 北京：化学工业出版社，2015.

[86] 马洪江. 智慧旅游战略研究 [M]. 北京：科学出版社，2014.

[87] 郝康理，刘建尧. 旅游新论 [M]. 北京：科学出版社，2015.

[88] 李宏. 旅游目的地新媒体营销策略、方法与案例 [M]. 北京：旅游教育出版社，2014.

[89] 阿里研究院. 互联网+从IT到DT [M]. 北京：机械工业出版社，2015.

[90] 郝康理，柳建尧. 智慧旅游导论与实践 [M]. 北京：科学出版社，2014.

［91］郝康理，柳建尧. 旅游新论：互联网时代旅游业创新与实践［M］. 北京：科学出版社，2015.

［92］陈刚，童隆俊，金卫东，等. 智慧旅游：南京之探索［M］. 南京：南京师范大学出版社，2012.

［93］王亚博，曾现进，王珺，等. 文旅大数据：理论与实践［M］. 北京：中国建筑工业出版社，2019.

［94］林子雨. 大数据导论［M］. 北京：人民邮电出版社，2020.

［95］任佩瑜，王苗，任竞斐，等. 从自然系统到管理系统：熵理论发展的阶段和管理熵规律［J］. 管理世界，2013（12）：182-183.

［96］毛道维，任佩瑜. 基于管理熵和管理耗散的企业制度再造的理论框架［J］. 管理世界，2005（2）：108-117，132.

［97］厉新建. 旅游体验研究：进展与思考［J］. 旅游学刊，2008（6）：90-95.

［98］杨振之，谢辉基. 旅游体验研究的再思［J］. 旅游学刊，2017，32（9）：12-23.

［99］查建平. 中国低碳旅游发展效率、减排潜力及减排路径［J］. 旅游学刊，2016，31（9）：101-112.

［100］冯凌. 我国旅游业科技创新特征与技术支撑体系研究［J］. 科技管理研究，2018，38（4）：117-120.

［101］刘发军、赵明丽. 智慧旅游标准体系建设研究［J］. 信息技术与标准化，2013（8）：49-52.